THE SHERLOCK HOLMES BOOK

“人类的思想”百科丛书
精品书目

更多精品图书陆续出版，

敬请期待！

DK

"人类的思想"百科丛书

THE SHERLOCK HOLMES BOOK

福尔摩斯百科

英国 DK 出版社 著

王晋 侯佳 译

電子工業出版社
Publishing House of Electronics Industry
北京 • BEIJING

Original Title: The Sherlock Holmes Book

版权贸易合同登记号　图字：01-2015-6377

图书在版编目（CIP）数据

福尔摩斯百科 / 英国 DK 出版社著；王晋，侯佳译．— 北京：电子工业出版社，2017.1
（“人类的思想”百科丛书）
书名原文：The Sherlock Holmes Book

ISBN 978-7-121-30192-6

Ⅰ．①福…　Ⅱ．①英…　②王…　③侯…　Ⅲ．①推理－通俗读物　Ⅳ．① B812.23-49

中国版本图书馆 CIP 数据核字（2016）第 255678 号

策划编辑：郭景瑶（guojingyao@phei.com.cn）
责任编辑：雷洪勤
印　　刷：鸿博昊天科技有限公司
装　　订：鸿博昊天科技有限公司
出版发行：电子工业出版社
　　　　　北京市海淀区万寿路 173 信箱　邮编：100036
开　　本：850×1168　1/16　印张：22　字数：666 千字
版　　次：2017 年 1 月第 1 版
印　　次：2022 年 4 月第 4 次印刷
定　　价：148.00 元

凡所购买电子工业出版社图书有缺损问题，请向购买书店调换。若书店售缺，请与本社发行部联系，联系及邮购电话：（010）88254888，88258888。

质量投诉请发邮件至 zlts@phei.com.cn，盗版侵权举报请发邮件至 dbqq@phei.com.cn。

本书咨询联系方式：（010）88254210，influence@phei.com.cn，微信号：yingxianglibook。

FOR THE CURIOUS
www.dk.com

FSC www.fsc.org 混合产品 源自负责任的森林资源的纸张 FSC® C018179

扫码免费收听 DK“人类的思想”
百科丛书导读

“人类的思想”百科丛书

本丛书由著名的英国DK出版社授权电子工业出版社出版，是介绍全人类思想的百科丛书。本丛书以人类从古至今各领域的重要人物和事件为线索，全面解读各学科领域的经典思想，是了解人类文明发展历程的不二之选。

无论你还未涉足某类学科，或有志于踏足某领域并向深度和广度发展，还是已经成为专业人士，这套书都会给你以智慧上的引领和思想上的启发。读这套书就像与人类历史上的伟大灵魂对话，让你不由得惊叹与感慨。

本丛书包罗万象的内容、科学严谨的结构、精准细致的解读，以及全彩的印刷、易读的文风、精美的插图、优质的装帧，无不带给你一种全新的阅读体验，是一套独具收藏价值的人文社科类经典读物。

“人类的思想”百科丛书适合10岁以上人群阅读。

《福尔摩斯百科》的主要贡献者有David Stuart Davies, Barry Forshaw, David Anderson, Joly Braime, John Farndon, Andrew Heritage, Alex Whittleton, Liz Wyse等人。

目 录

前言

早期的冒险史

大侦探

传奇归来

福尔摩斯谢幕演出

最后的演绎法

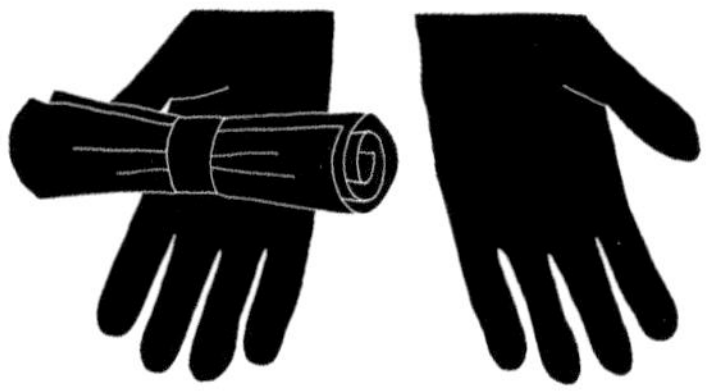

福尔摩斯的世界

序 言

拿出一张鹰鼻瘦削、头戴猎帽、口衔烟斗的剪影给世界上任何一个人看，他可能都会说出这是歇洛克·福尔摩斯。亚瑟·柯南·道尔笔下的这个侦探角色自1887年面世以来，已经发展到了神话般的地步，在全球各地拥趸无数。关于福尔摩斯的图书、电影、戏剧和电视节目越来越多，超过了史上任何一个文学作品中的人物。

为什么是福尔摩斯呢？这个具有超凡魅力的侦探和他忠诚的朋友兼传记作家究竟有什么吸引人的地方呢？要回答这个问题，并不简单。当然，我们可以给出很多现成的答案。福尔摩斯本人就集高深莫测、行为古怪、才华横溢于一身，但他并非无懈可击，这也是他更具吸引力的一个原因。福尔摩斯的英雄形象经过了一代又一代人的证明。罗纳德·诺克斯率先开启了轻松有趣的福学游戏，研究了由于华生笔误出现的矛盾和遗漏之处。他确立了某些案件的真实日期，弄清楚了其中较为模糊的地方，比如华生结过几次婚，福尔摩斯上的哪所大学，特纳太太的身份，莫里亚蒂兄弟是否都叫詹姆斯。

福尔摩斯和华生之间的友谊是探案全集引人入胜的关键之一。态度冷漠、不动感情的福尔摩斯（虽然如此，他也曾说“少了我的博斯韦尔，我都该找不着方向了。”），与忠诚、宽容、勇敢的华生，构成了道尔笔下绝妙的一对。读福尔摩斯的乐趣还在于故事发生的时间。那个时代，不管发生什么不法之事，全球法律与秩序的最高捍卫者都会拨乱反正——当时的英国街上跑着双轮马车，笼罩着厚厚的雾霭，“煤气灯只能照20英尺的路”。跟随着住在贝克街221B号的人，也就是柯南·道尔笔下的传奇人物，我们也回到了梦幻般的童年。柯南·道尔爵士自己也曾说过，这些故事是写给“那些已长成半个大人的男孩，还有心中还是半个孩子的男人”。

当读者沉浸在这些让人拍案叫绝的故事中时，他们摆脱了当下的束缚，自由地跳上马车，穿过黑暗的街道，心里明白“好戏再次开场了”。

当然，除了书中的福尔摩斯以外，还有很多精妙绝伦的改编版本。电影、电视、舞台和广播等版本都让道尔笔下的这位大侦探锦上添花。它们带来了吸人眼球的新视角和新观点，呈现了福尔摩斯不为人知的一面。

我第一次接触歇洛克·福尔摩斯，大概是在11岁的时候，当时我无意中在学校图书馆的书架上看到了《巴斯克维尔的猎犬》，而巴兹尔·拉思伯恩主演的福尔摩斯电影也正在电视上播出。和我合作的另一位顾问编辑巴里·福肖告诉我，正是巴兹尔·拉思伯恩主演的福尔摩斯电影引领他进入了福尔摩斯的世界，尤其是那部令人毛骨悚然的《福尔摩斯之死亡珍珠》。这种文学与电影的有效结合，让我心甘情愿地当一辈子的福迷。这种结合如今依然十分强劲，吸引着一群群崇拜者来到贝克街那扇神圣的大门。

我一直认为，柯南·道尔在创作福尔摩斯的过程中为我们提供了一幅画像，这幅画与数字彩绘画很像。换句话说，这幅画像是不完整的，等着我们根据自己的视角将缺失的部分填充完整。本书试图说明、检验并解读这一迷思，填补福学研究的很多空白，似乎可以解答上面的那个问题：为什么是福尔摩斯？本书可以视为一份研究福尔摩斯的内容丰富、引人入胜的习作。

顾问编辑

戴维·斯图亚特·戴维斯

（David Stuart Davies）

INTRODUCTION

前言

想想这样一幅剪影：猎鹿帽、鹰钩鼻，外加一个烟斗。坦率说，亚瑟·柯南·道尔爵士笔下的歇洛克·福尔摩斯是所有侦探小说中最有名的人物。此外，福尔摩斯还是最容易辨认的小说人物，这种现象不仅限于西方。虽然福尔摩斯这个形象的塑造多少要感谢之前小说中出现的侦探人物，但他绝对为后来的所有侦探人物树立了典范。即使那些没有模仿他的人物，也一定要有一些独特之处，这足见福尔摩斯的深远影响。

这位才华横溢的演绎法大师，如今的人气还和年轻的柯南·道尔塑造他时一样高涨。他和他那位忠实的传记作家约翰·H.华生医生同住在贝克街221B号。毫无疑问，歇洛克·福尔摩斯是一位永不凋朽的人物，本书将从各个方面对这位大侦探做一番颂扬。

早期的灵感

当美国作家埃德加·爱伦·坡书写C.奥古斯特·迪潘的故事时，他笔下的这位隐居侦探十分善于观察、逻辑推理和横向思维，将自己的技能展现给一位未提及姓名但深深为其所折服的讲述者。这一系列故事实际上开创了侦探小说的体裁，为福尔摩斯的塑造奠定了基础，迪潘就是福尔摩斯的原型。

柯南·道尔仔细研读了爱伦·坡的小说，比如《莫格街凶杀案》（1841年）。他借用了迪潘的很多概念，并在此基础上充分发挥，其高度远远超过了爱伦·坡所能想象的。除此之外，柯南·道尔还深受爱丁堡大学约瑟夫·贝尔博士的影响。贝尔博士是位极具魅力的教师，在他的影响下，柯南·道尔40年来创造了一部流芳百世的精品，被誉为推理小说中的《圣经》，有关大侦探福尔摩斯的每一篇故事、每一本小说都新意百出，极具感染力。

> **在所有的侦探当中，没有谁搞过像我这么多的研究，也没有谁拥有像我这么高的天赋。**
>
> 歇洛克·福尔摩斯
> 《暗红习作》（1887）

柯南·道尔激起了很多读者的兴趣，他们已经迷上了福尔摩斯。当作者试图（在短篇小说《最后一案》，见142~147页）杀死这个他已经厌烦的角色时，全国都震怒了。

忙碌的作家

柯南·道尔的一生也和他所写的离奇小说一样引人注目，尤其是他对唯灵论越来越感兴趣的晚年时期。众所周知，他对自己创造的歇洛克·福尔摩斯这个角色可谓爱恨交加。当年，《笨拙》周刊登出了一幅很有名的漫画，其中柯南·道尔和大侦探福尔摩斯拴在了一起。柯南·道尔时常表达自己壮志未酬的心情，他希望自己因为其他作品被人铭记。不过，正是福尔摩斯而不是他钟爱的历史小说让柯南·道尔成为当年最著名、最受欢迎的作家之一。

著名的二人组

除了大侦探那叹为观止的天赋以外，柯南·道尔在福尔摩斯短

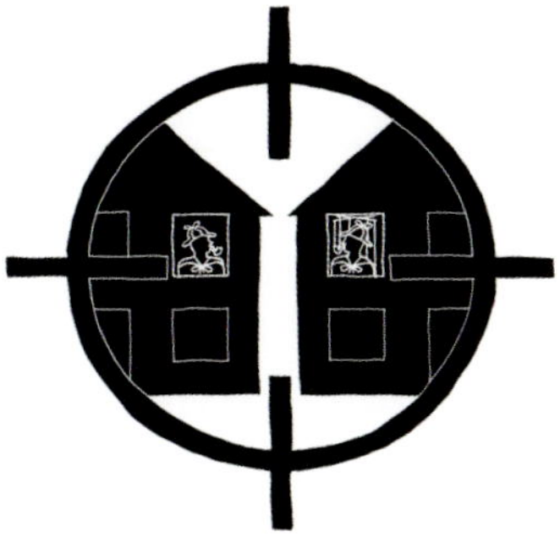

篇小说和长篇小说中还创造了另外一项持久的成就，那就是逻辑缜密的神探与同伴华生之间的友谊（后者是读者的代理人）。通过巧妙的处理，柯南·道尔将这种情谊描述得十分令人满意。福尔摩斯系列故事中的很多乐趣不仅源自那骇人听闻的破案情节，而且还蕴含在福尔摩斯和华生的交流之中。

字里行间的福尔摩斯

《福尔摩斯百科》不仅探究了探案全集中的56个短篇和4部令人难忘的长篇（其中最著名的当然是《巴斯克维尔的猎犬》，见153~161页），而且采用了神探本人在所有案件中所使用的方法，即用法医的眼光关注所有福尔摩斯会关注的事情，包括作者本人的生平和性格，还有柯南·道尔的其他作品。

原著之外的世界

虽然福尔摩斯的原著仍然是这位神探闻名遐迩的重要元素，但正是书中福尔摩斯和华生无穷无尽、绵延无期的灵活性，赋予了他们各种不同的解读，即使今天也是如此。这是福尔摩斯的模仿者们，比如阿加莎·克里斯蒂笔下的赫尔克里·波洛，所无法企及的。

福尔摩斯这个人物之所以能够流芳百世，其中一个原因在于改编成剧本时，不管是舞台作品，还是影视作品，都十分灵活，富有感染力。演员们喜欢拿着放大镜，叼着烟斗，拉着小提琴，待在贝克街221B号那间凌乱而舒适的房间。从最早的扮演者，到21世纪重塑福尔摩斯大获成功的本尼迪克特·康伯巴奇，我们在此向所有扮演过福尔摩斯的重要演员致敬。

本书还收录了其他相关的文学作品，这些作品写的也是大侦探的冒险传奇，但并非柯南·道尔所著。这种情况早在柯南·道尔健在的时候就开始了，柯南·道尔的儿子阿德里安也包括在内。很多年来，福尔摩斯的模仿作品层出不穷，有的中规中矩地重新讲述了原著中的故事，有的则彻底进行了翻新。

其他探讨的领域还包括：柯南·道尔的作品对犯罪小说的影响，福尔摩斯故事所揭示的维多利亚时代的历史和社会现实，19世纪的犯罪学和法医学，以及逻辑思维和演绎法。

大侦探

简言之，《福尔摩斯百科》涵盖了福学的方方面面。大侦探歇洛克·福尔摩斯是柯南·道尔笔下最令人着迷的角色，这部百科全书是对福尔摩斯的礼赞。■

顾问编辑
巴里·福肖
戴维·斯图亚特·戴维斯

> **排除掉所有不可能的情形之后，剩下的东西就必然是事情的真相，不管它有多么匪夷所思。**
>
> 歇洛克·福尔摩斯
> 《四签名》(1890)

真实如钢，耿直如剑

亚瑟·柯南·道尔爵士

1859年5月22日，亚瑟·伊格内修斯·柯南·道尔出生在爱丁堡。他的母亲玛丽·福利拥有爱尔兰血统，她的祖先可以追溯到诺森伯兰郡颇具影响力的珀西家族，再往上可以追溯到金雀花家族。亚瑟小的时候，母亲会给他讲历史故事、冒险传奇和英雄事迹，这为他后来成为作家播下了灵感的种子。亚瑟成长在一个大家庭，家中有十个孩子，他是老大。对于母亲而言，生活十分艰难，她要用丈夫微薄的工资养活全家。亚瑟的父亲查尔斯·阿尔塔芒·道尔是个公务员，偶尔也从事艺术创作。查尔斯容易癫痫发作，还深受抑郁症和酗酒的折磨，最终送到精神病院中，于1893年去世。

教育及其他影响

为了帮助亚瑟离开压抑的家庭，道尔夫人攒钱将他送入了斯托尼赫斯特学院。这是一家严格的耶稣会寄宿学校，位于兰开夏郡偏僻的一隅。正是在这家学校，他开始质疑自己的宗教信仰。到1875年离

> 对书的那种热爱，是上天赐下的最好礼物。
>
> 亚瑟·柯南·道尔
>
> 《穿过魔法门》(1907)

此照片摄于20世纪20年代，柯南·道尔正在比格内尔·伍德的花园中写作。这座乡村宅子位于汉普郡的新福里斯特，是柯南·道尔家度假的地方。

校时，亚瑟坚决反对基督教。他开始找寻其他信仰，这条路持续了一生之久，终点停在了唯灵论。也是在斯托尼赫斯特学院，他遇到了一个名叫莫里亚蒂的同学，这个名字后来在他的著作中起了很大的作用。柯南·道尔总是将碰到的琐事、花边新闻、想法和概念收集起来，以备日后所用。

柯南·道尔在奥地利费尔德基希的耶稣会学校又学习了一年后，决定到爱丁堡大学学习医学，让这个出了很多画家的家庭吃惊不小。在爱丁堡大学期间，即1876年到1881年，他遇到了两位教授，后来成为他笔下角色的原型。在他的自传《回忆与历险》（1924）中，他描写到，拉瑟福德教授“蓄着亚述人一样的胡须，声如洪钟，胸膛宽阔，举止奇特”。柯南·道尔后来在他著名的科幻小说《失落的世界》（1912）中，将这些特征赋予了小说的中心人物乔治·爱德华·查林杰教授。不过，柯南·道尔与约瑟夫·贝尔博士的关系更为重要。贝尔博士对历史和病人境遇的演绎法十分神奇。这就是歇洛克·福尔摩斯的原型和灵感来源。有趣的是，福尔摩斯的第一部短篇小说集《福尔摩斯冒险史》（1892）上面写着“献给我昔日的老师约瑟夫·贝尔”。据说，柯南·道尔把贝尔看成自己的父亲，因为他家里正好缺少这样一位长辈。

《斯特兰德杂志》创办于1891年，是一份图文并茂的月刊，以刊登短篇故事为主，其中包括备受欢迎的福尔摩斯故事全文。

为了交大学学费，同时帮助母亲支撑家庭，柯南·道尔做过很多兼职工作，比如在伯明翰、谢菲尔德、什罗普郡当医生助理。他甚至还在一艘北极的捕鲸船上当过船医。这段经历也为他的写作提供了素材，尤其是《“北极星”号船长》（1883）和《黑彼得》（见184~185页）。

弃医从文

1882年毕业后，柯南·道尔和乔治·图尔纳维尔·巴德医生在德文郡普利茅斯开业行医。巴德也毕业于爱丁堡大学，为人古怪多变，二人的合作很快瓦解，柯南·道尔收拾行囊到汉普郡的南海城行医。此时，他已经开始尝试小说写

1859年
柯南·道尔5月22日出生于爱丁堡，父亲名为查尔斯·阿尔塔芒·道尔，母亲名为玛丽·福利。

1876年
进入爱丁堡大学，学习医学，遇到了约瑟夫·贝尔博士——福尔摩斯的主要灵感来源。

1883年
开始在南海城行医。

1885年
迎娶路易丝·霍金斯（“图伊”），一位病人的妹妹。

1887年
第一本福尔摩斯小说《暗红习作》出版。

1891年
福尔摩斯第一篇短篇小说《波西米亚丑闻》发表于《斯特兰德杂志》。

1897年
遇见琼·莱基，坠入爱河。

1900年
第二次布尔战争（*1899—1902*）期间，随英军赴南非，任军医。

作，并发表了几篇短篇小说。不过，正是在南海城，他才下定决心成为一名成功的作家。随着从医经验的不断积累，柯南·道尔开始构思一篇侦探小说，其中的主人公叫作谢林福德·福尔摩斯，用约瑟夫·贝尔的演绎法破案。在《回忆与历险》中，他写道：“读了一些侦探小说之后，我发现几乎所有案件都是偶然破解的。我想我可以试着写一个故事，其中的主人公对待案情就像贝尔博士对待疾病一样，同时用科学取代故事中的爱情。”这种构思最终在《暗红习作》（见36~45页）得以实现，主人公的名字由谢林福德变为歇洛克，一段传奇故事就此诞生。这部小说发表在1887年《比顿圣诞年刊》上，柯南·道尔这部小说的版权仅换来了25英镑的稿费。

《暗红习作》发表后，柯南·道尔将注意力放在了历史小说上。他第一部历史小说的灵感来自母亲曾给他讲的故事，以及对沃尔特·司各特爵士著作的敬仰。这本小说名为《麦卡·克拉克》（1889），背景是蒙茅斯叛乱。小说获得了巨大成功，稿费不菲，正是这部小说让柯南·道尔相信将来可以靠写作为生。

1890年，美国的《利平科特杂志》向柯南·道尔约稿，希望他撰写第二部福尔摩斯小说。柯南·道尔用了不到一个月时间写出了《四签名》（见46~55页）。不过，直到1891年《斯特兰德杂志》陆续刊登12篇短篇小说（后来收录在《福尔摩斯冒险史》中）时，福尔摩斯这一人物形象才真正在公众中引起了共鸣。当时，是柯南·道尔主动联系的《斯特兰德杂志》。“我突然想到一系列只塑造一个人物的故事，要是读者感兴趣，就会吸引他们成为杂志的忠实读者。”事实的确如他所料。从贝克街的这位侦探第一次出现在《斯特兰德杂志》起，就是在《波西米亚丑闻》（见56~61页）中，杂志六个月来的主要卖点就是新刊登的福尔摩斯故事。

1902年 因为支持布尔战争的一本小册子以及战时服役，被授予**爵士**称号。

1906年 7月4日路易丝**死于肺结核**。

1907年 9月18日迎娶他“亲爱的朋友”**琼·莱基**。

1912年 **《失落的世界》**发表，这是第一个关于**查林杰教授**的故事。

1917年 **《福尔摩斯谢幕演出》**以图书形式出版。

1918年 10月18日**长子金斯利**去世。

1922年 深陷**唯灵论**的顶峰时期，出版**《仙子的到来》**。

1924年 自传**《回忆与历险》**出版。

1930年 7月7日在萨里郡温德尔舍姆的**家中去世**。

婚姻和侦探小说的中断

1885年，柯南·道尔与路易丝·霍金斯（“图伊”）喜结连理，她是柯南·道尔一个病人的妹妹。这段婚姻因为路易丝的长期病痛而饱受折磨。1891年，道尔夫妇从南海城搬到伦敦东南部南诺伍德的滕尼森路，在这里柯南·道尔离文学圈更近。不过，生了玛丽（1889）和金斯利（1892）之后，路易丝经诊断得了肺结核。她的身体每况愈下，始终没有病愈。1894年，他们离开伦敦，搬到萨里郡欣德黑德一处名为“安德肖”（Undershaw）的新建别墅，柯南·道尔认为这里的空气更适于路易丝的健康。

虽然第一部福尔摩斯系列小说大获成功，但柯南·道尔很快厌倦了这个角色。他勉强接受了稿费更高的约稿，着手写第二部系列小说，但他认定这将是最后一本。他想用更多的时间写历史小说，因为他认为历史小说更有价值，更像是正经作家的一种追求，并且会为他赢得更大的认可。

1893年，他和路易丝去了一趟瑞士。在瑞士期间，他游览了莱辛巴赫瀑布，认定这将是“可怜的福尔摩斯的葬身之处，虽然我的银行账户也要随之埋葬了”。所以，在第二本集子《福尔摩斯回忆录》的最后一个故事中，他让福尔摩斯和犯罪组织的首脑莫里亚蒂教授两人扭作一团，双双滚落莱辛巴赫瀑布的深处。

虽然公众强烈抱怨柯南·道尔扼杀了福尔摩斯，但他并不在意，而是集中精力写了其他作品，包括一本写摄政生涯的书（《罗德尼·斯通》，1896），一本关于拿破仑战争的书（《贝纳克叔叔》，1897），还有很多短篇小说。

随着柯南·道尔的作家名气不断提高，财富不断增多，他越来越多地融入公共生活和文学圈。他结交了很多有名的朋友和熟人，其中包括不少作家。他们像柯南·道尔一样，创造了很多令人难忘的角色，即使在他们去世后仍被人们所铭记，比如布莱姆·斯托克（《吸血鬼伯爵德古拉》）、J.M.巴里（《彼得·潘》）、罗伯特·路易斯·史蒂文森（《化身博士》），以及奥斯卡·王尔德（《道林·格雷》）。

战争与侦探小说的复活

柯南·道尔在布尔战争（1899—1902）中表现积极。当时南非战火纷飞，他不仅在布隆方丹的朗曼野战医院参与救助，而且上了前线。随后，他详细记载了这场战争，还写了一份为英军行动正声的小册子。

在十九世纪和二十世纪之交，柯南·道尔突然想到一个情节，可以写一篇新的推理小说，即《巴斯克维尔的猎犬》（见152~161页）。在朋友弗莱彻·鲁宾逊记者的帮助下，柯南·道尔搭好了故事的框架。这时，柯南·道尔发现这部小说需要一个核心人物来扮演侦探，于是他让歇洛克·福尔摩斯复活归来。1901年，这部小说开始在《斯特兰德杂志》连载。1902年以图书形式出版。同年，柯南·道尔因为那本关于布尔战争的小册子以及在前线的优异表现被授予爵士头衔。不过，很多人觉得这一荣誉更多的是为了感谢他让福尔摩斯再次归来。到1904年，柯南·道尔抵挡不住巨额稿酬的吸引，开始撰写更多的福尔摩斯短篇小说。

20世纪20年代，柯南·道尔和第二任妻子琼以及他们的孩子（从左至右依次为：莉娜·琼、丹尼斯和阿德里安）前往美国途中。

柯南·道尔最喜欢的故事

1927年，《斯特兰德杂志》举办了一场比赛，让读者猜一猜在所有的福尔摩斯故事中，柯南·道尔最喜欢哪些。

柯南·道尔在《斯特兰德杂志》上发表了一篇名为“我是如何做出选择的” 文章，以作说明。因为《福尔摩斯旧案钞》尚未结集成书，所有其中的故事本不应该在所选之列，但柯南·道尔还是选择了其中的《狮子鬃毛》和《戴面幂的房客》。

就自己所喜欢的故事，他列了如下清单：首先是《斑点带子》《红发俱乐部》和《跳舞小人》，原因是这些故事情节的原创性；接下来是《最后一案》《波西米亚丑闻》和《空屋子》，原因分别是“唯一一个真正让福尔摩斯竭尽全力对付的敌人”，“对女人的兴趣高过了以往”，“解释了福尔摩斯其实没死的难题”。

因为其中涉及的戏剧性时刻，柯南·道尔随后还选择了《五粒橘核》和《修院学堂》；因为“外交和案情的错综复杂”选择了《第二块血迹》；因为“恐怖和新奇”选择了《魔鬼之足》。因为描写了福尔摩斯的早期生活，“这段历史给故事增添了些许不同之处”，所以《马斯格雷夫典礼》也榜上有名。最后，他加上了《莱吉特镇谜案》，福尔摩斯在这个案件中“也许最能体现他的足智多谋”。

20世纪20年代，魔术师和脱逃艺术家霍迪尼通过表演戳穿通灵术。他曾与柯南·道尔友好往来，但二人因为一次降神会而闹翻。

二次婚姻

柯南·道尔和妻子路易丝的关系更像是一种坚固的友谊，而不是轰轰烈烈的爱情。直到碰到琼·莱基，他才真正体会爱情的力量。琼·莱基比柯南·道尔小14岁，是个漂亮的苏格兰女子。二人的初次相识是在1897年，柯南·道尔一眼便爱上了她。他把自己对琼的感觉一五一十地告诉了母亲和密友。他的朋友们对这件事的意见不一。柯南·道尔的妹夫E.W.赫尔南（著有业余神偷拉菲兹系列小说）十分生气，他认为柯南·道尔这是对妻子不忠。柯南·道尔因为自身强烈的骑士精神，没有和琼·莱基发生关系。尽管如此，这种进退两难的境地还是让柯南·道尔心里备受折磨。因为对病榻上的妻子的感情和责任，柯南·道尔始终陪伴在她的身边，但与此同时他对琼的热爱让他身心俱疲。

1906年路易丝去世，柯南·道尔一年后娶琼为妻。婚礼过后不久，他们搬到了萨塞克斯郡克劳巴罗城的一处新房，名为“小温德尔舍姆”（Little Windlesham）。婚后，二人生活十分美满，琼生育了三个孩子，分别是丹尼斯（1909）、阿德里安（1910）和莉娜·琼（1912）。

站在正义的一方

在此期间，柯南·道尔试图通过自己的努力为乔治·艾达吉洗清罪名。乔治是印度拜火教徒，被控在沃里克郡残害牛马。柯南·道尔采用笔下大侦探的方法，证明乔治之所以攻击动物，是因为他视力很差。（这起案件引起了作家朱利安·巴恩斯的兴趣，他2005年在历史小说《亚瑟与乔治》中讲述了这个故事。2015年这部小说被搬上电视。）

除此之外，柯南·道尔发现不公时，也会仗义相助。他认为有误判的时候，道德标准会促使他加以调查。有一次，他曾试图解救一战中因叛国罪被判死刑的罗杰·凯斯门特，但并没有成功。同样，他坚称被控谋杀罪的德国犹太人奥斯卡·斯莱特是清白的。在柯南·道尔的努力下，被判无期徒刑的斯莱特服刑18年后于1927年释放。

唯灵论

1914年第一次世界大战爆发之后，柯南·道尔帮助当地建立了志愿军——这是国民自卫军的前身。此外，他还担任战地记者，到前线采访。也许是因为那么多年轻的生命被惨无人道地屠杀，柯南·道尔燃起了对唯灵论的兴趣。1916年，他决定在自己剩下的日子全身心投入到这种信仰上。柯南·道尔的儿子金斯利1918年在索姆河战役中受伤，随后死于肺炎，年仅26岁。儿子的悲惨死亡更巩固了柯南·道尔的这一决定。

在生命的最后十年，柯南·道尔花费了大部分时间和精力，在澳大利亚、美国、加拿大和南非传扬唯灵论。在考验灵媒时，他小心而深入，但有时也会上当受骗。批评他的人抓住这些机会，指责他很容易上当。当约克郡柯亭立的两个年轻女孩声称，在家附近的湿润山谷看到了仙子，并拍下照片时，柯南·道尔（和神智学领袖爱德华·加德纳）宣称，照片是真实的，从这件事上看，他确实很容易轻信别人。

> 一个人的灵魂和理智是属于他自己的，不管它们向哪里引领，他都要前行。
>
> 亚瑟·柯南·道尔致《苏格兰人报》的一封信（1900年10月）

正是因为柯南·道尔对唯灵论的着迷，以及不断寻找来生的证据，他和魔术师哈里·霍迪尼交上了朋友。霍迪尼也是唯灵派，但他们二人的友谊很短暂，因为一次招魂会而分道扬镳。在那场招魂会上，柯南·道尔的妻子琼担任灵媒，她收到了霍迪尼已逝母亲的一张字条。因为霍迪尼母亲是匈牙利的犹太人，完全不懂英语，所以霍迪尼斥责那次招魂是假的。后来，这位魔术师还写了一篇文章讽刺这件事，二人从此结下了矛盾。

完美的句号

唯灵派的四处宣讲十分艰苦，很耗体力，柯南·道尔的健康因此受损。那时，他已经快70岁了，但他似乎并没有考虑自己的年龄。1929年，他的胸部开始剧痛，被诊断为心绞痛。医生建议他停止所有的唯灵论讲演，但柯南·道尔很坚持，他不想因为无法兑现承诺而让公众失望。在去阿尔伯特音乐厅的路上，他心绞痛突然发作，此后所有的体力活动均被禁止。不久之后，家人有一次发现他趴在家里的走廊上，手里抓着一朵白色的雪花莲。原来他透过窗户看到了雪花莲，于是从病榻上起身，摘了一朵花。此时，柯南·道尔知道自己大去之期已经不远。他去世前几天写

1917年两个年轻女孩伪造的“花仙子”照片骗了很多人，包括柯南·道尔在内，他们都相信仙子的存在。实际上，这两个女孩从杂志上剪下的图片，然后用帽针将图片固定好。

一篇新的福尔摩斯故事？

2015年，在苏格兰塞尔扣克的一间阁楼里发现了一篇新的福尔摩斯小说。这篇名为“福尔摩斯：发现边界之城”的故事收录在《桥之书》（Book o' the Brig）短篇小说集中。柯南·道尔可能于1904年写了这则故事。（不过，此事尚未确定。）1902年，当地的一座桥被洪水冲毁，这本小册子的目的就是为修桥筹款。柯南·道尔经常造访塞尔扣克，可能撰写这个故事是为了帮助当地人筹款。当时，他积极投身政治，正在竞选加入自由党统一派。

在这则故事中，福尔摩斯通过观察和演绎预测华生正准备去塞尔扣克，举办义卖活动为修桥筹款。故事承袭了福尔摩斯的典型风格。福尔摩斯说，虽然华生没有告诉他自己的计划，但他的行动“已经出卖了他心中的想法”。

道：“读者会说我的一生有很多异乎寻常的经历，现在最伟大最光荣的一次正等着我呢。”他告诉家人自己不想在床上老去，于是他们把他扶到一把椅子上。在那里，他可以透过窗户看到萨塞克斯郡的乡村风光。1930年7月7日清晨，柯南·道尔在家人的陪伴下离开了人世。他最后一句话是对他挚爱的琼说的：“你真是妙不可言。”

柯南·道尔葬在温德尔舍姆家中的花园里，但随后遗体迁至不远处明斯特德的教堂墓地。他的墓碑上刻着：“真实如钢，耿直如剑。”

多才多艺的人

亚瑟·柯南·道尔爵士一生中在很多方面都很出色。他的文学作品涵盖的领域也许比19世纪和20世纪初的其他作家都广泛。除了侦探小说，他还写诗、舞台剧、家庭类的戏剧、恐怖小说、航海小说、历史演义、医生的故事和各种唯灵论小册子。

不过，除了是一位卓尔不群的作家之外，柯南·道尔还是一个才华横溢、精力充沛、富有创新精神的人，并且极富远见和个性。他身处维多利亚时代，却有着20世纪的眼光。他的热情激励他参与各种各样的活动：他参选议员，虽然没有成功；他参加玛丽勒本板球俱乐部，有一次甚至接住了职业板球运动员W.C.格雷斯的球；他提倡在瑞士越野滑雪；他是拥有汽车的第一批人；他很喜欢摄影，为《英国摄影杂志》供稿。当然，他还是名医生，这一头衔是他最看重的。拥有这么多优秀的特质，难怪他笔下最著名的文学人物歇洛克·福尔摩斯也同样光彩夺目。■

> **我父母之间矢志不渝的爱情，是我所知道的最美妙的事情之一。**
>
> 阿德里安·柯南·道尔
>
> 《纽约时报》（1930年7月8日）

柯南·道尔最终和第二任妻子琼安葬在一起，墓地位于汉普郡明斯特德的诸圣堂。

我名叫福尔摩斯，专长就是知道别人不知道的事情

歇洛克·福尔摩斯

歇洛克·福尔摩斯是有史以来小说中最伟大的侦探人物。他具有异于常人的观察、推理以及发现事实的能力；他精于乔装术；他更是一个谜。

“有感情的机器人”

起初，福尔摩斯看起来几乎没有什么深度。他就是一颗聪颖的脑袋、一个计算器，没有个性，没有情感。甚至柯南·道尔1892年接受《书人》杂志的采访时都说，“福尔摩斯完全属于非人类，没有心，但极具逻辑性”。在《马泽林钻石》中，福尔摩斯自己也说：“我整个人就是一颗脑袋，华生，其他部分仅仅是附件而已。”

也许柯南·道尔的初衷就是创造一个铁石心肠、像机器人一样的人；一个没有感情、头脑仿佛计算机一样的人。如果真的如此，那他可没有达到目的——谢天谢地，这样的人物肯定没有多少意思，更别提让人喜欢或是钦佩了。从某种程度上说，公众对福尔摩斯的钟爱

因为福尔摩斯的知名度，贝克街221B真的安了一块蓝色的门牌。在柯南·道尔那个年代，虽然贝克街是存在的，但并没有221号。

高大消瘦、眼睛深陷、鹰钩鼻子，人们一眼便能认出歇洛克·福尔摩斯。右图是20世纪20年代买烟时里面附带的一张卡片，可以用于收藏，上面画的就是福尔摩斯。

源于一种自然倾向，他们运用自己的想象填补有关福尔摩斯的空白。人们天生就愿意相信，那些否认自己有情感的人内心肯定埋藏着深厚的感情。此外，人们之所以喜欢福尔摩斯，还因为故事中其他人对福尔摩斯的深厚情谊，其中包括哈德森太太，后来的雷斯垂德督察，尤其是约翰·华生。华生可能偶尔觉得福尔摩斯的自大很让人生气，但他对福尔摩斯的忠诚和喜欢是毫无疑问的，以至于有些评论家说华生和福尔摩斯是恋人的关系，当然这并没有确凿的证据，却说明福尔摩斯绝不仅仅是个聪明的机器人。福尔摩斯经常有一些很难捕捉的表现，来回报华生的忠诚与喜爱。

复杂的内心

柯南·道尔还表示，在福尔摩斯冷酷的外表下面蕴藏着复杂深厚的情感。为了逃避无聊的生活，他会注射可卡因。他还会拉小提琴，拉得很好但却很异样，似乎有一种无法表达的情感从中涓涓流出。在与很多的人接触中，包括罪犯在内，福尔摩斯的怜悯之情可见一斑。有些案件中，福尔摩斯觉得自然公义已经得到了伸张，便放过了涉案的罪犯，而不是将其交给司法处置。柯南·道尔刻画的场景，以及福尔摩斯的非凡魅力表明，还有需要深挖的东西。也许他是个品格极为高尚的人，在侦查过程中为了更崇高的事情牺牲了自己的情感。也许因为自感不足以及内心的伤痛，他掩藏了自己的情感，全身心投入到工作中。这两个原因都可能是对的。

外貌

关于福尔摩斯，有一点是毫无歧义的，那就是他的外貌。西德尼·佩吉特最先为福尔摩斯画了插画，刊登在《斯特兰德杂志》上，这大概经过了柯南·道尔的认可。在这些插画中，福尔摩斯棱角分明，又高又瘦，体格健壮。他很有力气，在任何肢体冲突中都能取胜。福尔摩斯的粗花呢衣服和斗篷，以及猎鹿帽和他那标志性的手杖和烟斗一样出名，而这些都出自佩吉特的画笔，而非柯南·道尔。

西德尼·佩吉特是为福尔摩斯故事画插画的第一人，插画（如左图所示）刊于《斯特兰德杂志》。福尔摩斯备受欢迎的相貌主要归功于他。

福尔摩斯的背景

柯南·道尔很少提到福尔摩斯生活中的细节，这更增加了福尔摩斯的神秘感。《福尔摩斯谢幕演出》中的案件发生在1914年，当时福尔摩斯60岁，所以他大约是在1854年出生的。他的祖上都是“乡绅”，祖母是法国艺术家韦尔内的妹妹——这里说的韦尔内可能是夏尔·奥拉斯·韦尔内（1758—1836），而不是他的父亲克洛德·约瑟夫·韦尔内（1714—1789）。读者唯一知道的一个家人就是福尔摩斯的哥哥迈克罗夫特。

福尔摩斯说，他是在上大学的时候培养了自己的演绎法，因此评论家猜想他上的是哪所大学。作家多萝西·L.塞耶斯推理说是剑桥大学西德尼·萨塞克斯学院，而有些学者更倾向于牛津大学。福尔摩斯在牛津大学有一位好友，叫维克多·特雷弗。正是因为他，福尔摩斯涉足了“苏格兰之星号”那起案件（见116～119页）。从那以后，除了华生他好像没有交过任何朋友。在《五粒橘核》（见74～79页）中，华生说：“多半是你的朋友吧，对吗？”福尔摩斯回答说：“我只有你这么一个朋友。”他的不喜交往伴随他一生之久。

19世纪70年代，福尔摩斯大学毕业后搬到了伦敦，开始住在大英博物馆附近的蒙塔古街。他在圣巴塞洛缪医院有些关系，因为他既不是学生，也不是那里的工作人员，但却可以在医院的实验室里做实验。他正在搞他的副业，当一名顾问侦探。不过直到1881年碰到华生，二人搬进221B号之后，他才全身心地投入到这个行当中。

与华生一起的生活

福尔摩斯和华生住在一起有8年的时间。华生不仅见证了福尔摩斯作为侦探的卓越功勋，还将大部分案件记录下来。不过，有些案件是华生不知道的。后来，大约在1889年，华生爱上了玛丽·莫斯坦，因此搬离了贝克街221B，在

> 我选择了这份特殊的职业……这世上干这行的只有我一个。
>
> 歇洛克·福尔摩斯

伦敦西部开了一家诊所。

华生结婚后，他和福尔摩斯之间的关系逐渐疏离，我们听到的案件越来越少。直到在《最后一案》中，福尔摩斯于1891年5月4日在和大反派莫里亚蒂的打斗中，落入莱辛巴赫瀑布，似乎命丧黄泉。数年后，当福尔摩斯再次出现在伦敦，华生（以及读者们）着实大吃一惊，所涉案件为《空屋子》（见162~167页）。福尔摩斯失踪的三年，被福迷称为“大裂谷时期”（Great Hiatus）。福尔摩斯对这三年的叙述十分简略，只是提到他在西藏、波斯和喀什穆有些扣人心弦的经历，后来在法国南部的蒙彼利埃住了下来，主要工作就是做科学实验。因为信息很少，福迷们猜测，通过迈克罗夫特的关系，他至少为英国政府的间谍工作效过力。

福尔摩斯归来的时候，华生已经开始了鳏居的生活。他们恢复了原来的关系，直到最后华生再次搬出贝克街221B，福尔摩斯退隐到伊斯特本附近的南海岸，他住在一间小屋中，沉浸在静谧生活的快乐中，同时燃起了养蜂的热情。不过，他不能完全抵挡住诱惑，在新的居住地偶尔还会做一点侦探工作，正如1907年的《狮子鬃毛》（见278~283页），后来还在英国加入第一次世界大战前夕为英国外交部做了件重要的事情，见《福尔摩斯谢幕演出》。此后，60岁的福尔摩斯彻底功成身退。

福尔摩斯的灵感

虽然福尔摩斯作为侦探的知名度无人能比，但他绝对不是第一个虚构的神探。埃德加·爱伦·坡、埃米尔·加博里欧和威尔基·柯林斯都写过侦探小说。从某种程度上说，这些侦探多多少少都可以在福尔摩斯身上找到影子。从爱伦·坡那里，柯南·道尔借鉴了“密室”的概念，以及用演绎法分析线索；从加博里欧那里，柯南·道尔学会了法医学和犯罪现场调查。

不过，当被问起他从哪里得到福尔摩斯的灵感时，他没有提到任何一个小说中的人物，而是说起了现实生活中的约瑟夫·贝尔博士。贝尔博士是柯南·道尔在爱丁堡大学上学时遇到的一位教授，以观察缜密和演绎能力著称。此外，贝尔对法医学也很感兴趣，人们常常称他为刑事审判专家。1892年，柯南·道尔写信给贝尔：“我能创造出歇洛克·福尔摩斯这个人物，一切都要归功于你。”但是贝尔回信说：“……你本人就是歇洛克·福尔摩斯，这你是知道的。”■

迈克罗夫特·福尔摩斯

福尔摩斯的哥哥迈克罗夫特为小说注入了很多活力，但就像莫里亚蒂一样，他直接出现的次数只有两次。迈克罗夫特的早年生活，读者一无所知，只知道他比福尔摩斯大七岁。如果说还有什么，就是他比福尔摩斯更聪明。福尔摩斯说：“他的头脑极度缜密，极有条理，极其擅长存储事实，世上无人可以匹敌。”因为他的才华，迈克罗夫特在英国政府的情报机关中处于中心位置，他是情报的重要来源。正如华生所说，迈克罗夫特是“这个国家最不可或缺的人物”。“他的意见一次又一次决定了国家的大政方针。”有批评人士认为，迈克罗夫特是英国情报部门的负责人，不过这一点并没有明确说明。

迈克罗夫特在现实生活中的原型可能是罗伯特·安德森，他是英国情报局和英国刑事调查局的负责人，也是19世纪90年代政府政策的重要顾问。他在政府中的任职与故事中的迈克罗夫特十分相符。

我是砥砺他头脑的磨石，可以刺激他的思维

约翰·华生医生

在探案全集中，除了四个故事以外，约翰·华生医生是所有福尔摩斯故事的叙述者。他不仅见证了福尔摩斯的才华，还孜孜不倦地记录了侦探的事迹，通过回忆录的方式将之传达给公众。在《波西米亚丑闻》（见56~61页）中，福尔摩斯承认华生作为传记作家的卓越才能，当时他坚持让华生留下来见见他的新客户。福尔摩斯说："少了我的博斯韦尔，我都该找不着方向了。"福尔摩斯将华生比作备受尊崇的詹姆斯·博斯韦尔（1740—1795），绝对是对华生的一种赞誉。博斯韦尔是萨缪尔·约翰逊博士的传记作家，还是一名日记作家和律师。

重要人物

华生的文学手法比较简单，却独出心裁。由华生直接向读者讲述案情，故事会贴近读者，引人入胜。他向读者解释案情的发展时，读者与他心系一起。当华生见证福尔摩斯的破案手法，时而困惑时而惊奇时，读者也与他一起经历起伏的波澜。福尔摩斯的成功破案往往会让华生大吃一惊，读者也是一样，但福尔摩斯即将揭露谜底时，读者也会感受到拨开云雾的惊喜。

但是，华生绝不仅仅是个旁观者。与冷酷务实的福尔摩斯相比，华生就是一个热心愉快的凡夫俗子。在《暗红习作》创作初期，柯南·道尔赋予福尔摩斯一个名叫奥蒙德·萨克的搭档，后来才决

贝克街寓所

福尔摩斯和华生在贝克街租的房子，房东是坚忍卓绝的哈德森太太。虽然她在整本故事中的出现十分短暂，但她对这两个人的喜欢上是不言而喻的。她不仅能够忍受福尔摩斯在屋里做化学实验、练习枪法、注射毒品，而且随时给拜访福尔摩斯各色人等开门。

贝克街221B是一间套房，占据房子的二层和三层。起居室在二层，可以俯瞰街道，福尔摩斯的卧室在起居室的后面。华生的卧室在楼上，可以看到后院。实际上，贝克街221B并不存在，当时贝克街只有83号。现在的福尔摩斯博物馆位于当时的贝克街上，不过房子与故事中的描述十分相似。1990年，正式挂牌为221B号。

作为福尔摩斯的密友和搭档，华生（左）正在和福尔摩斯交谈。本图出自西德尼·佩吉特之手，原刊于1893年3月的《斯特兰德杂志》，为《证券行办事员》的插图。

定使用更接地气的名字约翰·H.华生。华生十分忠诚、牢靠，完全值得信任。福尔摩斯偶尔对华生有些无礼，而华生也抱怨过这位大侦探的自负。但是，正如福尔摩斯在《巴斯克维尔的猎犬》中所说的，“他就是您最理想的人选，最适合担当您危难时刻的左膀右臂。”

在《查尔斯·奥古斯都·米尔沃顿》中，雷斯垂德描述一名罪犯时说，“中等身材，体格健壮，方下巴，粗脖子，蓄着小胡子”。福尔摩斯说，这听起来说的好像是华生，实际上正是如此。华生是受过军队训练的神枪手，以前身体很强壮，曾是著名的布莱克希斯橄榄球俱乐部的队员。不过，他在战争中负过伤，喜欢抽烟喝酒。

华生的往事

在《暗红习作》中，读者都知道华生1878年毕业于伦敦圣巴塞洛缪医院，这说明他应该是1853年左右出生的。之后第二次阿富汗战争爆发，他作为军医参加了诺森伯兰第五燧发枪团。1880年7月在迈万德战役中受伤，可能胳膊或腿部中了枪，这个细节在故事中有所出入。在医院养病期间，染上伤寒，被遣送回国，但健康已经遭受了“无法挽回的伤害”，领着半高不低的退伍金。

因为在伦敦无亲无故，华生过着漂泊的生活。正是在这样一个人生低谷，华生碰到了他在医院时的老朋友斯坦福德。斯坦福德将华生引见给了正在找人合租贝克街221B的福尔摩斯。

从此以后，华生的生活围绕着福尔摩斯以及他的传奇事迹展开。不过，华生后来搬离了221B，成为一名成功的医生。福尔摩斯十分相信华生的医术，在《垂死的侦探》中，他不让华生靠近，以免揭穿他正在装病。

> **华生老兄！这年月什么都在变，唯有你屹立依然。**
>
> 歇洛克·福尔摩斯

个人关系

要弄清楚华生的婚姻不太容易。读者知道，他娶了玛丽·莫斯坦为妻。这位年轻的小姐曾在《四签名》中寻求福尔摩斯的帮助，但在《空房子》中，她似乎已经不在人世。不过，在后面的故事中，华生确有妻室，福迷们经常猜测此人的身份。华生曾经说过，他“到过三个大洲，见过许多不同种族的女人”，第一次见到玛丽·莫斯坦时，他就认为自己见过的所有女子都比不上她，但这可能仅是一个坠入爱河的男人的夸张说法。

有时候，华生的表现很迟钝。不过，虽然他的头脑没那么灵光，但他的可靠和忠诚绝对可以弥补这一弱点。华生是福尔摩斯坚如磐石般的唯一朋友，福尔摩斯在《垂死的侦探》中清楚说明了华生在他心中的分量。他说：“你不会让我失望的！你从来没让我失望过。”■

他像蜘蛛一样端坐在网子的中央

詹姆斯·莫里亚蒂 教授

柯南·道尔之所以创造詹姆斯·莫里亚蒂教授，就是为了给大侦探福尔摩斯提供了一个合适的对手，让他们在《最后一案》上演一次巅峰对决。在瑞士莱辛巴赫瀑布那次短暂而富有戏剧性的碰面之后，莫里亚蒂显然已葬身瀑布，他还有一次直接现身是在《恐怖谷》中，这个故事发生在福尔摩斯侦探生涯的早期。虽然仅出现两次，但他像阴魂不散的恶魔一样笼罩着后来的故事。莫里亚蒂的形象在读者心中已经根深蒂固，我们现在谈到福尔摩斯，基本都会提到他的头号敌人。莫里亚蒂和大侦探的传奇生涯已经永久性地联系在了一起。

电影《莫里亚蒂》（在美国上映时名为《歇洛克·福尔摩斯》）1922年在英国上映。德国演员古斯塔夫·冯·赛费特蒂茨饰演聪明绝顶的超级反派莫里亚蒂教授。

不相上下的对手

莫里亚蒂教授之所以如此具有威慑力，可能是因为他就是福尔摩斯的另一个翻版：如果大侦探选择一条邪恶的道路，很可能会成为莫里亚蒂。莫里亚蒂就是镜子中一个令人毛骨悚然的福尔摩斯。他们二人都有着高高的额头、敏锐的双眼，但莫里亚蒂更甚。他又高又瘦，双眼深陷，下巴突出，脸“不停地左摇右摆，摆动的速度十分缓慢，方式也十分古怪”。莫里亚蒂出身名门，受过很好的教育，这为他未来的社会地位奠定了基础。他拥有惊人的数学天赋（柯南·道尔十分讨厌数学），21岁时写了一篇代数方面的论文，在整个欧洲获得了认可。他还因为一本关于小行星动力学的名著而名声大噪，福尔摩斯曾说这本书的水平到了登峰造极的地步。随后，莫里亚蒂成为英国一所大学的数学教授。但是一些未指名道姓的“恐怖传言”开始萦绕

> “有史以来最了不起的阴谋家、所有暴行的策划者、控制地下世界的神经中枢，左右民族命运的大脑——他就是这么个人物！”
>
> 歇洛克·福尔摩斯

在他的周围，于是他搬到伦敦，开始了犯罪生涯。多辉煌的生涯啊！莫里亚蒂成为终极大师，利用自己惊人的智慧操控着一张巨大的犯罪网，可以说是史上最大规模的犯罪团伙。他位于这张网的中心，却藏而不露，丝毫没有被人怀疑的可能，就像数学名人莫里亚蒂教授一样。他就像“蜘蛛一样”坐在网的中央，在幕后操纵着这张犯罪之网。“他是这座伟大城市里半数罪案的主谋，那些未能破获的悬案几乎都是出自他的策划。”福尔摩斯正是因为拥有和他一样的智慧，最后才找到了蛛丝马迹。

控制地下世界的神经中枢

莫里亚蒂的谋划十分精明，不管是抢劫、勒索还是伪造，没有人能够证明他的犯罪赃物的来源。福尔摩斯将他比作乔纳森·怀尔德，后者是18世纪的“一个罪魁……伦敦罪犯的幕后主使，他为他们出谋划策，提供人手，回报则是百分之十五的赃物”。怀尔德假装是捉小偷的人，因此赢得了金钱和荣誉，但他也是策划这些犯罪的主谋。研究福尔摩斯的学者发现，多位犯罪头目可能都是柯南·道尔创作莫里亚蒂的灵感来源，不过其中最典型的是现实生活中的犯罪天才亚当·沃思。莫里亚蒂和沃思的作案手法如此类似，美国侦探威廉·平克顿，认为柯南·道尔应该付给他一些版税，因为他曾在一次越洋航行中和道尔讲过沃思的故事。

我们说亚当·沃思是莫里亚蒂的原型，主要有两个重要线索。第一，在《最后一案》中，莫里亚蒂也被称为“犯罪界的拿破仑”，这原本是亚当·沃思的绰号。第二，在《恐怖谷》中，福尔摩斯说莫里亚蒂教授的书房中挂了一幅价值连城的著名画作，其中画了一个卖弄风情的年轻女子，这幅画只能是偷的。我们很容易看出，这是柯南·道尔在影射沃思曾经拥有过的托马斯·庚斯博罗的画作——《安妮·鲁特瑞尔（坎伯兰公爵夫人）》。沃思用刀将这幅画从画廊的画架上取出来，据说他深深地迷恋上了它。■

*右图为莫里亚蒂，该插画出自**西德尼·佩吉特**之手，最早出现在《最后一案》中，发表在1893年12月的《斯特兰德杂志》上。*

亚当·沃思

德裔美国人亚当·沃思（1848—1902）因为在伦敦的家中编织了一个重要的犯罪网络，被苏格兰场的罗伯特·安德森称为“犯罪界的拿破仑”。像莫里亚蒂一样，沃思也极其善于操控，他与自己策划的犯罪保持一定的距离。不过，和莫里亚蒂不同的是，沃思反对使用暴力，他对自己的下属像家人一样。实际上，他最后（因为轻罪）被捕入狱，就是为了帮助团伙中的一个人。沃思的犯罪生涯始于美国，以抢劫银行为主，随后搬到伦敦，成为一位备受尊敬的艺术收藏家，以及一个犯罪集团的头领，该集团以抢劫和伪造为业。

多年来，他用智力战胜了全球的警察。他的犯罪活动不涉暴力，十分顺利，没有留下任何犯罪证据。例如，没有任何证据证明他偷了托马斯·庚斯博罗的画作，但这幅画却跟了他25年之久，后来他通过精明的谈判，以2.5万美元的价格交出了这幅画。

我是个注重实际的人，福尔摩斯先生，没有证据是不会下结论的

G.雷斯垂德督察

G.雷斯垂德督察是苏格兰场的侦探，在探案全集中多次出现。很多其他警探也露过面，比如《黑彼得》中的斯坦利·霍普金斯督察，《狮子鬃毛》中的巴德尔督察。但他们的出现时间很短，只有雷斯垂德始终贯串全文。他第一次出现是在《暗红习作》，柯南·道尔37年后写《三个加里德布》时，登场的人中还有他。

雷斯垂德的名字，柯南·道尔可能取自在爱丁堡大学求学时的一个同学约瑟夫·亚历山大·雷斯垂德；而开头的“G”可能源自埃德加·爱伦·坡《失窃的信》（1845）中的巴黎警察局长G先生。在华生眼中，雷斯垂德是个“黑眼睛的小个子，脸色蜡黄，面相阴险”。后来，他又描写说雷斯垂德“身材瘦削，鬼鬼祟祟，神情狡猾，十足的侦探模样”。关于雷斯垂德的其他信息，我们不得而知，但他可能代表着新一代的警察，他们坚持不懈，从最基础的工作做起，一点点向上攀登。这种警察首次出现在查尔斯·狄更斯的《荒凉山庄》（1853）以及威尔基·柯林斯《月亮宝石》（1868）中，代表人物分别是巴克特警官和卡夫警官。

现实抑或虚构？

巴克特和卡夫的原型都是现实生活中的乔纳森·“杰克”·威切督察（1814—1881）。他是苏格兰场侦探部门的八位元老之一，该部门于1842年建立。因为1860年臭名昭著的康斯坦斯·肯特谋杀案，威切的名声达到顶峰。凯特·萨默

右图为雷斯垂德督察在《纸盒子》中逮捕詹姆斯·布朗纳的场景，首次发表在英国的《斯特兰德杂志》（*1893*）。

> 我实在没法像你说的那样，漫山遍野地去找什么跛了一只脚的左撇子先生。我可不想成为苏格兰场的笑柄。
>
> 雷斯垂德督察

斯凯尔2009年在《威切先生的疑虑》中回忆了这一案件。当时，读过相关小说以及犯罪报道的读者都感到尤为震撼，这样一个身份卑微的人却揭露了富裕的上流人士的黑暗一面。当然，才华横溢的福尔摩斯出身名门，他第一次见到雷斯垂德时，几乎无法掩饰对他的不屑一顾。“（格雷森和）雷斯垂德算得上是矬子里的将军。两个人都雷厉风行，精力充沛，只可惜有点儿保守——应该说是保守得要命。”福尔摩斯对他们的讥讽很快变得十分明显。不过，柯南·道尔很可能是从现实生活中找到的灵感。

败坏的名誉

苏格兰场的声誉在威切那个年代十分显赫，到19世纪80年代，因为约翰·肖尔督察及其同事被亚当·沃思耍得团团转，苏格兰场可谓名誉扫地。亚当·沃思是现实生活中的犯罪大师，也是柯南·道尔笔下莫里亚蒂的原型之一。沃思让肖尔看起来十分蠢笨无能，虽然坚持追捕了多年，但肖尔并未将沃思捉拿归案。1888年，在耸人听闻的开膛手杰克连环谋杀案中，警探们也没有任何进展，这让苏格兰场的声誉跌落到了谷底。

彼此尊重

不过，随着时间的推移，福尔摩斯对雷斯垂德的傲慢态度似乎有所缓和。起初，雷斯垂德也不怎么高看福尔摩斯。也许是感受到了福尔摩斯的讥讽，他宣称自己是个注重事实的侦探，而不像福尔摩斯这样的业余侦探那样喜欢抽象的思考。但是，当他看到福尔摩斯破获了一起又一起案件后，他开始欣赏福尔摩斯的方法。同样，福尔摩斯也开始承认雷斯垂德的优点，并且将自己通过演绎法取得的成功让给雷斯垂德去请赏。

在《纸盒子》中，福尔摩斯承认，雷斯垂德“一旦认清了自己该干的事情，他就会像牛头犬一样死不松口。说老实话，就是凭着这股执拗劲儿，他才成为苏格兰场的精英人物。”当福尔摩斯在《空房子》归来时，他十分信任雷斯垂德，并没有向他掩藏自己的秘密。雷斯垂德也回敬说：“很高兴看到你返回伦敦，先生。”到了《六尊拿破仑胸像》时，雷斯垂德定期拜访贝克街221B，给福尔摩斯带来新消息，或是寻求他的建议。雷斯垂德甚至对福尔摩斯说：“……我们以你为荣。明天你要是大驾光临的话，我们那里所有的人，不管是资格最老的督察，还是年纪最轻的探员，都会跟你握手，向你表示祝贺。”福尔摩斯因此深受感动。■

贝克街侦缉特遣队

虽然福尔摩斯表面上是个特立独行的人，但他侦破案件的过程中很少会完全一个人行事。在有些调查中，大侦探得到了一支无形军的帮助，他们由街上的各色小无赖组成，称为“贝克街侦缉特遣队”。在《暗红习作》中，华生是这样描述的，他们是“六个街头流浪儿，我从来没见过身上这么肮脏、衣衫这么褴褛的孩子”。但是，福尔摩斯知道他们的价值，说他们是“贝克街侦缉特遣队”。他们可能穿得破烂不堪，但是一天一个先令，他们“哪里都能去，什么都能打听到”。除了福尔摩斯，没有人会注意到这些脏兮兮的孩子。但在很多故事中他们都提供了重要信息。他们当中领头的孩子叫作威金斯。除了贝克街侦缉特遣队，福尔摩斯还挑选了社会更底层的人来帮助他，比如14岁的卡特莱特，在《巴斯克维尔的猎犬》中，他挨个宾馆查看废纸；还有小听差比利。

THE EARLY ADVENTURES

早期的冒险史

1874年
福尔摩斯破获第一起案件。（见《“苏格兰之星”号三桅帆船》，*116~119页*）

1876—1881年
柯南·道尔在爱丁堡大学学习医学。

1877年
福尔摩斯独自一人在伦敦的蒙塔古街租了间房子。（见《暗红习作》，*36~45页*）

1880年7月
华生在阿富汗迈万德战役中遭遇枪伤。（见《暗红习作》，*36~45页*）

1881年1月
福尔摩斯和华生在伦敦的圣巴塞洛缪医院见面。他们一起租下了贝克街221B。（见《暗红习作》，*36~45页*）

1882年6月
柯南·道尔搬到南海城，开始行医。他宣布放弃自己的天主教信仰。

1887年6月
维多利亚女王庆祝登基50周年。

1887年12月
柯南·道尔在《比顿圣诞年刊》发表《暗红习作》（见*36~45页*）。

福尔摩斯和华生生活中的事件

本章内容

长篇小说
《暗红习作》，1887年
《四签名》，1890年

短篇小说集
《福尔摩斯冒险史》，1892年
波西米亚丑闻
红发俱乐部
身份问题
博斯库姆溪谷谜案
五粒橘核
翻唇男子
蓝色石榴石
斑点带子
工程师的拇指
单身贵族
绿宝石王冠
铜色山毛榉

1887年，英文版小说《暗红习作》发表在《比顿圣诞年刊》上，歇洛克·福尔摩斯和约翰·华生医生首次进入公众的视野。这篇小说的主要人物还包括苏格兰场两位运气不佳的警探格雷森和雷斯垂德，以及福尔摩斯的小帮手们“贝克街侦缉特遣队”。这篇小说并没有大获成功，但幸运的是，美国《利平科特杂志》的编辑很喜欢这篇小说（三年后在杂志上刊发了《四签名》）。

在《暗红习作》中，美国人杰弗逊·霍普用自己的血写下了“Rache”（复仇）一词，他是来英国报仇的。探案全集的一个惯用手法由此形成：始于异国他乡的案件肯定会由伦敦的福尔摩斯破获。在阿富汗迈万德战役受伤回到伦敦后，华生不由自主地选择了大英帝国这一“巨大的污水池”。

加快的节奏

柯南·道尔1891年3月搬到伦敦，那时他已经放弃在英国南海岸的行医生涯，打算开家眼外科诊所。福尔摩斯的前四篇短篇小说就是在此后几个月完成的，很快便发表在新开办的《斯特兰德杂志》上。这次，神探福尔摩斯一炮走红，读者的热情是柯南·道尔始料未及的。福尔摩斯的人气也保证了《斯特兰德杂志》的成功，此后，福尔摩斯的故事在以图书形式出版前，均先在这本杂志上发表。《福尔摩斯冒险史》的最后六篇故事，

1889年1月

华生迎娶玛丽·莫斯坦，重新开业行医。（见《证券行办事员》，见114~115页）

1889年2月

柯南·道尔发表历史小说《麦卡·克拉克》（见344页）。

1890年2月

美国的《利平科特杂志》刊发《四签名》。10月份以图书形式出版。

1891年3月

柯南·道尔经由威尼斯、米兰和巴黎，到达伦敦。他寄住在蒙塔古广场23号。

1891年4月～5月

福尔摩斯和莫里亚蒂消失在莱辛巴赫瀑布。“大裂谷时期”开始。（见《最后一案》，142~147页）

1891年5月

柯南·道尔放弃医学，决定以写作为生。

1891年7月

《斯特兰德杂志》开始连载福尔摩斯短篇小说。

1892年10月

柯南·道尔发表《福尔摩斯冒险史》。

柯南·道尔得到的稿酬是300英镑，与《暗红习作》的25英镑形成了鲜明对比。1892年10月，书籍《福尔摩斯冒险史》出版时，柯南·道尔将它献给爱丁堡大学的医学教授约瑟夫·贝尔，福尔摩斯的灵感部分来源于贝尔教授。

复杂的性格

我们都知道，在《暗红习作》中，华生列了一张有关福尔摩斯知识领域的清单。实际上，此时大侦探福尔摩斯纯粹是一个推理机器。不过，在《四签名》中，他注射可卡因，演奏小提琴，表明了性格中的其他因素，这可能是因为对“唯美主义”的崇拜。福尔摩斯表现出一种厌世的情结，这种情结对他的影响很深，英文的“厌烦”（boredom）都不足以表达，而是用了法语的“无聊”（ennui）。不过，第二部小说中却充满了体力活动，这是第一部小说中所没有的。实际上，福尔摩斯总是违背华生对他的看法，这可能是因为柯南·道尔偶尔的矛盾，或是大侦探福尔摩斯本人的模棱两可。

虽然福尔摩斯的性格中存在不同，但他的外表很早便已确定下来，因为西德尼·佩吉特的插画最初和故事一起发表在《斯特兰德杂志》上。福尔摩斯的形象是以画家的弟弟沃尔特为原型设计的，最后还加上了一顶猎鹿帽。

融入异国元素

异国情调始终贯串在福尔摩斯的早期冒险中，比如《四签名》中的印度背景，《斑点带子》中格莱米斯比·罗伊洛特医生从印度带回的“沼泽蝰蛇”，《博斯库姆溪谷谜案》中将英国罪犯运到澳大利亚，《五粒橘核》中伊莱亚斯·奥彭肖在美国内战的战功。早期的故事中还有一种幽默的氛围，《红发俱乐部》就是一个恰当的例子，其中讲述了易上当受骗的当铺老板杰贝兹·威尔逊。在《波西米亚丑闻》中，福尔摩斯对“女投机分子”艾琳·阿德勒的倾慕也为后面的故事奠定了基调：福尔摩斯经常同情所谓的罪犯，而非上流社会的主顾。■

生活的乱麻苍白平淡，凶案却像一缕贯串其中的暗红丝线

《暗红习作》（1887年）

背景介绍

类型

小说

英国首次发表

《比顿圣诞年刊》，1887年12月

图书出版

沃德·洛克出版公司，1888年7月

人物

斯坦福德，华生之前的同事。

雷斯垂德和托拜厄斯·格雷森警探，苏格兰场的警察。

伊诺克·德雷伯，摩门教长老。

约瑟夫·斯坦杰森，摩门教长老，德雷伯的秘书。

杰弗逊·霍普，年轻的美国人。

约翰·兰斯巡警，警察。

威金斯，伦敦街上一群小无赖的领头人。

夏彭蒂耶夫人，德雷伯的女房东。

亚瑟·夏彭蒂耶，海军军官，夏彭蒂耶夫人的儿子。

爱丽丝·夏彭蒂耶，夏彭蒂耶夫人的女儿。

约翰·菲瑞尔，摩门教徒发现的迷路者。

露西·菲瑞尔，约翰·菲瑞尔的女儿。

布里格姆·扬，现实生活中摩门教的首领。

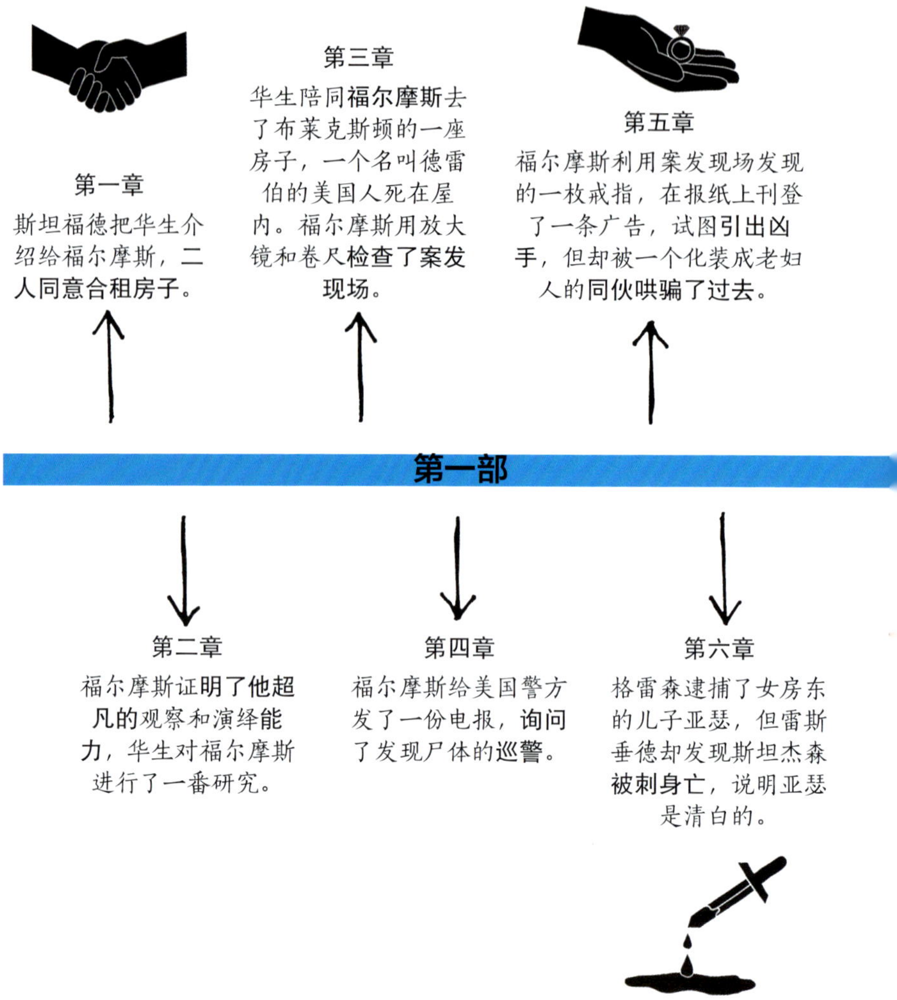

那是在1880年，当军医的约翰·H.华生在阿富汗受伤退役。回到伦敦后，他靠军队下发的半高不低的抚恤金生活。他正在找人合租房子。华生以前的同事斯坦福德把他介绍给了福尔摩斯（此人自称为世界上唯一的“顾问侦探”），二人租下了贝克街221B号的房间。

福尔摩斯收到警察的求助信后，邀请华生同去现场。他们在布莱克斯顿的一间屋子遇到了格雷森和雷斯垂德督察。屋内有一具尸体，福尔摩斯通过死者嘴唇的酸味推断他中毒而死。文件显示他名叫伊诺克·德雷伯，是美国人，和他的秘书斯坦杰森一起，住在夏彭蒂耶夫人那里。

案发现场发现了一个女人的婚戒。在问过发现尸体的兰斯巡警后，福尔摩斯怀疑兰斯看到的那个在房屋周围的醉汉实际上就是凶手，凶手当时是回来找戒指的。通过其他证据，福尔摩斯推断凶手是个马车夫，但他当时并没有告诉华生。

格雷森逮捕了女房东的儿子

第七章

福尔摩斯将凶手杰弗逊·霍普引到贝克街，并逮捕了他，**让格雷森和雷斯垂德大吃一惊**。

第二章

几年后，在摩门教的大本营**盐湖城**，菲瑞尔已是一个成功的农夫，露西爱上了非魔门教徒杰弗逊·霍普。

第四章

露西和他的父亲，还有霍普在天黑的掩护下，奔赴卡森城，**试图逃离**摩门教的控制，**但以失败告终**。

第六章

故事又回到了贝克街，被捕的霍普**没有因为替露西报仇而后悔**，他简单讲述了自己在伦敦追踪仇人的过程。

第二部

第一章

很多年前在犹他州的沙漠中，**摩门教的圣徒救**了约翰·菲瑞尔和他的女儿露西，但前提是他们必须**改信摩门教**。

第三章

当摩门教领袖布里格姆·扬说**露西必须嫁给**已经有多位妻子的**德雷伯或斯坦杰森**长老时，菲瑞尔和女儿打算逃跑。

第五章

斯坦杰森杀了菲瑞尔，当露西被迫嫁给德雷伯后，**她伤心至死**。德雷伯和斯坦杰森离开犹他，**变成教外人士**。霍普一直追踪他们，直到欧洲。

第七章

霍普在上庭前死去，**福尔摩斯告诉华生他如何破解的案件**，华生发誓会将案件公之于众。

亚瑟·夏彭蒂耶。亚瑟因为德雷伯对他的妹妹爱丽丝的粗鲁行为而争吵起来。雷斯垂德怀疑秘书斯坦杰森是凶手，但却发现他被刺身亡，而此时亚瑟已被拘留。斯坦杰森那里发现了一个装有两个药丸的药盒。回到贝克街221B，福尔摩斯用一只生病的小狗做了试验，第一丸药是没有毒的，但第二丸却毒死了那条小狗。

福尔摩斯从美国警方那里得知，德雷伯曾要求警方保护，以免他被一个名叫杰弗逊·霍普的人所害。福尔摩斯让“贝克街侦缉特遣队”那帮小无赖去找一个叫此名的马车夫，并把他引到贝克街。霍普到了以后，福尔摩斯当着格雷森和雷斯垂德的面逮住了他。

小说的第二部开始于1847年的犹他州盐湖城。从这段故事中，我们知道霍普爱上了一个叫露西的漂亮女子。斯坦杰斯杀了她的父亲，她被迫嫁给德雷伯后伤心而死。故事后来又回到了贝克街，霍普说，他让德雷伯从两个药丸中选一个。德雷伯选了一个，霍普吃了剩下那个。结果德雷伯选的那个有毒，因此毒发身亡。霍普不小心将一个信物，就是露西的婚戒，落在了现场。

霍普在上庭前死于一种心脏病。让华生生气的是，报纸上的报道将所有破案的功劳都归给了格雷森和雷斯垂德，几乎没怎么提福尔摩斯。■

福尔摩斯的传奇故事是从这里开始的。在1887年小说《暗红习作》的开篇几页，柯南·道尔不仅打造了英雄福尔摩斯异常古怪、才华横溢的特点，还点名了大侦探与华生之间的重要关系，描绘了维多利亚时代伦敦的景象。二人的关系以及故事的背景都为后面众多福尔摩斯故事的成功奠定了重要基础。

在华生和福尔摩斯见面之前，华生的朋友斯坦福德提醒他，可能和他合租的这个人“似乎对准确无误的知识有一种热情”，可能有点儿过于科学和冷血。斯坦福德告诉华生，福尔摩斯甚至会在解剖室里用棍子击打尸体，目的就是看看人死后会形成什么样的瘀伤。（柯南·道尔之所以提到这一点，是希望说明神探福尔摩斯站在了犯罪调查的最前沿。）福尔摩斯声称，他创造了一种开拓性的新方法，可以用来鉴定血迹，即“歇洛克·福尔摩斯鉴定法”。虽然我们在后面的故事中没有看到这种方法的应用，但这并不重要，柯南·道尔只是想说明福尔摩斯是世界上第一个运用法医学的侦探。

魔术师般的福尔摩斯

不过，福尔摩斯的天分并不限于法医学。第一次见面时，福尔摩斯就对华生说：“依我看，您应该在阿富汗待过。”他卓越的观察能力显露无遗。福尔摩斯还能够观察到极小的细节，用理性和灵感将它们编织到一起，最后得出结论，就像一个魔术师表演令人惊奇的魔术一样。

> **你已经把侦探工作提升到了近于精密科学的高度，这世上再没有人让它更进一步了。**
>
> 华生医生

1880年7月第二次英阿战争期间，华生在迈万德战役中受伤。上图是英国王室乘骑炮兵团从迈万德战场撤离的场面。

后来，在贝克街221B，华生拿起了一份杂志，读到了一篇文章，写的是演绎和分析的科学。其中说道：“通过一个人的指甲、衣袖、靴子、裤子的膝盖部位、食指和拇指的老茧、表情、衬衫袖口……从中可以清楚看出一个人的职业。”华生把杂志丢在一旁，大声地称文章“简直莫名其妙”，“是某个窝在扶手椅上的懒汉想出来的理论”。福尔摩斯说那篇文章是他写的，然后解释了他是怎么知道华生近期去过阿富汗的。

华生是名医生，再加上福尔摩斯对他的细心观察，推论出他最近在阿富汗战场待过，最后还受了伤（见下方）。福尔摩斯说：“这趟思维列车的整个行程都不到一秒钟。”这是福尔摩斯傲气的典型表现。

缔造传奇

福尔摩斯具有非凡的观察能力，众所周知，柯南·道尔的灵感来源于爱丁堡大学医学院的老师约瑟夫·贝尔医生（见43页）。在后来的《福尔摩斯长篇小说集》（1929）序言中，柯南·道尔写道：“经过严格的医疗诊断训练后，我觉得如果这种一丝不苟的观察和推理方法用于破案，可能会建立起更科学的系统。”

为了让福尔摩斯更具吸引力，柯南·道尔知道福尔摩斯不能仅仅是个懂科学的人：他必须本身就颇具魅力。当时的社会是十分虚伪，人们为了礼仪会将钢琴腿包上，但却对伦敦东区猖獗的卖淫置之不理。没有什么比一个漠视传统的“波西米亚人”更能引人入胜了。

> **最普通的案件往往最难破解，原因就是它没有可资演绎的新奇特征。**
>
> 歇洛克·福尔摩斯

柯南·道尔赋予了福尔摩斯很多特质。捧读小说，读者很快就能发现福尔摩斯小提琴拉得很好，拳击和剑术也不错，还精通单手棍术（一种使用木棍的武术）。他写过一篇关于烟灰的文章，兜里揣着卷尺和放大镜，寻找线索时喜欢自言自语。

福尔摩斯对自己的大脑非常自豪，他曾将大脑比作阁楼，只用来存储重要的信息。正如他所说：“在我看来，人的大脑最初就像一间空无一物的阁楼，里面的摆设得靠你自个儿去选去放……要是你以为那间小阁楼的墙壁是有弹性的，想撑多大都可以，那可就错了。”当福尔摩斯说他不知道地球绕着太阳转时，华生大吃一惊。福尔摩斯随即告诉华生：“既然我已经知道了这个理论，我一定要尽量把它忘掉。”

坐在扶手椅上的侦探

福尔摩斯对华生说，如果伦敦的警方或私家侦探遇到难题时，会来找他，他甚至都用不着起身，就能把他们领上正轨。在《暗红习作》中，他扮演的就是这种角色，这一点比后来的故事都要明显。甚至在主要案件登场之前，华生就发现很多人来拜访他，男的女的，老

福尔摩斯通过观察华生医生，得出了结论。

华生带有医生的气质，还有军人的派头，所以肯定是名军医。

他面庞黝黑，手腕却是白的，说明他经受了很多的日晒。

他憔悴的脸表明他遭受了艰苦生活和疾病的折磨。

他的左胳膊保持这一种很不自然的僵硬姿态，表明他受过伤。

↓

华生随军队赴国外之后，现已退役。

的少的，三教九流，什么人都有（包括警探、“一位年轻的姑娘”、“一个犹太小贩”，还有一个“白发苍苍的老先生”）。他们都是私家侦探社介绍过来找福尔摩斯帮忙的。

《暗红习作》中主要案件上演时，福尔摩斯来到案发现场，满怀热情地展开了调查。华生说：“看着他，我不由想起了那种血统纯正、训练有素的猎狐犬，想起猎狐犬在树林里来往奔突，狺狺吠叫，不找出中断的嗅迹决不罢休的样子。”不过，破案的大部分过程，福尔摩斯并没有外出直接参与行动。最终罪犯是在贝克街的起居室被捕的。

柯南·道尔在后来的故事中不得不调整这种写法，让福尔摩斯走出房门调查案件，赋予他更多的行动，或者用华生在《暗红习作》所说的，让他更像一名“业余侦探”。不过，他从来没有完全失去在舒适的扶手椅上侦破案件的喜好。

他很喜欢别人夸赞他的侦探手法，就像女孩子喜欢别人夸她漂亮一样。

华生医生

福尔摩斯的知识领域——录自华生

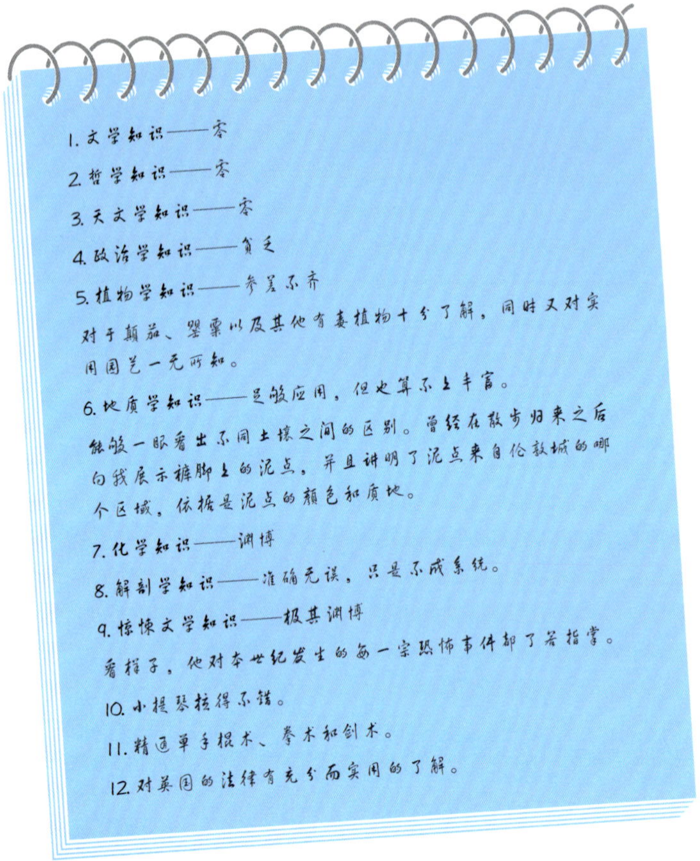

华生的重要角色

每位天才都需要一个平凡的人，才能衬托出他的非凡能力。柯南·道尔笔下的华生起到的就是这种作用。柯南·道尔在开头几章就确立了华生的特点：他身体和精神都不是很好。在故事开头时，华生没有朋友，也没有什么工作。他自己说：“我的生活是多么漫无目的，能吸引我注意力的事物又是多么稀少。”他大把的时间都用来密切观察他的室友，甚至还列了一张名为“福尔摩斯的知识领域”的清单。不过，华生的很多观察，比如福尔摩斯的文学知识为零，从后面的故事看来都是不准确的。

有一小段时间，华生对福尔摩斯的研究已经成为一种习惯。他说：“这个人让我无比好奇。”不过，华生很快就成为布莱克斯顿谋杀案中福尔摩斯的成熟助手。华生在调查案件的过程中做了详细记录，这可能是他自己的兴趣。不过，当他决定用文章证明福尔摩斯在捉拿罪犯方面的天赋异禀时，这些笔记十分有用。也正是因为这样做，福尔摩斯和华生之间的友谊迅速成长：华生从福尔摩斯的搭档变为他的传记作家，这和日记作家詹姆斯·博斯韦尔很像，后者在一个世纪之前，曾为著名作家塞穆尔·约翰逊做传。

福尔摩斯笔下的伦敦

当柯南·道尔在《暗红习作》中重现伦敦的街道和花园时，他并不在伦敦。他写这个故事时还住在汉普郡朴茨茅斯附近的南海城。不过，他肯定从地图和地名索引中了解了首都的地理情况。读故事时，仿佛有一辆二轮马车带着我们从贝克街穿过了伦敦的几个有名的区域，比如布莱克斯顿、坎伯威尔、肯宁顿公园和尤斯顿。正如罗伯特·路易斯·史蒂文森创作《化身博士》（1899）时一样，柯南·道尔也用自己的家乡爱丁堡作为原型描写伦敦。发现第一具尸体的劳里斯顿花园街是虚构的，原型是爱丁堡的劳里斯顿街。不过，除了虚构的地方以外，还有一些真实的地方，有些甚至留存至今。比如，在故事开篇，华生在皮卡迪利大街的克莱蒂伦酒吧门前碰到了斯坦福德，这个酒吧目前仍在。

维多利亚时代的伦敦是很多福尔摩斯故事的大背景，那时柯南·道尔甚至还没有搬到伦敦。故事中的伦敦布景既有虚构的，也有真实的。

可以原谅的错误

要想找《暗红习作》的毛病，还是很容易的。故事结构生硬，案情本身有点不自然，罪犯杰弗逊·霍普的性格也没有什么特点。在后来的其他故事中，福尔摩斯会碰到极具魅力、性格独特的反派，但这些特征霍普并不具备，柯南·道尔只是把他当成一颗棋子，对故事情节起到推波助澜的作用。

《暗红习作》还有一个问题：大侦探福尔摩斯太过聪明，很快就能抓住案件的核心。因为福尔摩斯成功解开了谋杀谜团，故事讲到一半就抓住了罪犯，余下要做的事情就不多了。于是，柯南·道尔通过倒叙的手法，带领读者回到了犹他州的沙漠，详细述说了霍普、德雷伯和斯坦杰森的恩恩怨怨，以及他们与摩门教的关系。因此，福尔摩斯不得不先行退场，直到小说的最后两章才再次出现。

福尔摩斯这种破案过快的天分属于一个结构问题，柯南·道尔在后面的小说中总也未能解决这个问题。在《四签名》（见46~55页）和《恐怖谷》（见212~221页）中，他再次使用了倒叙法。在《巴斯克维尔的猎犬》（见152~161页）中，福尔摩斯也缺席了很长时间，不过华生的身影却一直贯串全文。

现代读者可能会觉得柯南·道尔在侦探小说的中间插入很长的倒叙很奇怪。当时，柯南·道尔认

给予灵感的老师

在1924年的自传中，柯南·道尔解释了他从哪里想到了福尔摩斯的惊人演绎能力。“我想到了我的老师约瑟夫·贝尔……”在爱丁堡大学医学院，约瑟夫·贝尔医生（1837—1911）让柯南·道尔当他的门诊助手。柯南·道尔回忆贝尔道“……很快地看几眼病人，都比我问诊之后了解得多”。

有一次，贝尔给病人看病，身边围着学生。他说面前的这位病人曾在军队服役，是苏格兰高地军团的士官，最近刚从巴巴多斯退役。学生听了十分惊讶。贝尔解释说：“先生们，你们看，他的举止很有修养，但却不脱掉帽子。军队的人都这么做，如果他退役很长时间的话，就会习惯一般人的做法。他有一种权威的气势，而且显然是苏格兰人。至于巴巴多斯，他得的是象皮病，这种病源自西印度群岛，而非英国。”

> 眼前的案子迷雾重重，可以刺激人的想象；如果没有想象的余地，恐怖就不复存在了。
>
> 歇洛克·福尔摩斯

为，这样做可以给故事蒙上一层异域情调，尤其是作者撰写这篇小说时，对摩门教的报道可谓铺天盖地。在写这篇小说的前一年，柯南·道尔参加了朴茨茅斯文理学会的一次会议，会上提到了的一夫多妻制。在他动笔写《暗红习作》时，他显然阅读了大量有关摩门教的资料，因此觉得甚至可以将现实生活中的布里格姆·扬作为小说中的人物。柯南·道尔描写犹他州时参考了大量资料，正如他描写伦敦时一样。不过，他在写格兰德河时并不仔细，它的位置与事实有所出入。当被人指出这个问题时，据说柯南·道尔承认“会出现这种小问题”。

几乎无人比肩的福尔摩斯

如果你字斟句酌地阅读，可能会发现很多纰漏，但这些问题最后看来其实并不重要。留在读者脑海中的还是精心打造的中心人物福尔摩斯。

这种妙笔从《暗红习作》的第一部分就可以一目了然。其中，福尔摩斯针对布莱克斯顿那间房子中的尸体，进行了一系列惊人的演绎，这种推理在犯罪小说领域内几乎无人能敌。福尔摩斯一到现场，立刻指责格雷森没有把小路保护好，破坏了原来的重要足迹。他说：“就算有一群牛从那上面踩过，情形也不会比现在更糟。”在房间里，福尔摩斯拿着放大镜趴在地上，之后飞快说出了一连串事实，华生、格雷森和雷斯垂德听得目瞪口呆。

福尔摩斯仔细检查了案发现场签上那个用血写成的字“*Rache*”。字母的书写方式为他缉拿凶手归案提供了重要线索。

柯南·道尔把福尔摩斯的能力和华生的普通放在一起，更加凸显了福尔摩斯的非凡。当福尔摩斯和两位笨拙的侦探形成对比时，这

布里格姆·扬

柯南·道尔在福尔摩斯小说中使用的唯一一个真实人物就是布里格姆·扬（1801—1877）。扬出生在美国佛蒙特，1823年成为卫理公会派教徒。读了《摩门经》后，他加入了约瑟夫·史密斯的基督耶稣后期圣徒教会，后来成为教会领袖。他带领教徒穿过沙漠，到达犹他州的“应许之地”，因此被称为“美国的摩西”。摩门教将大本营设在盐湖城。

柯南·道尔对扬以及摩门教的描绘可能有些苛刻，但他决不会因为事实而放弃一个好的故事。另外，这种事情在当时没有什么特别的争议。不过，后来，有人批评柯南·道尔诽谤摩门教。柯南·道尔去世数年后，布里格姆·扬的后代利瓦伊·埃德加·扬声称，柯南·道尔曾经私下道歉说，“他受到了当时其他有关摩门教著作的误导”，而且承认自己写了“一本粗鄙的书”。

种效果更是得到了放大。在彼此竞争的过程中，雷斯垂德和格雷森的表现只能说明自己在敏锐和悟性方面与福尔摩斯相差有多远。两位警探都无法解释案发现场四处的血迹，不过福尔摩斯暗地里已经猜到（后来被证明是正确的），这是因为有人流了鼻血。雷斯垂德向格雷森和福尔摩斯吹嘘，凶手之所以在墙上写下了“Rache”，是因为他想写“Rachel”（蕾切尔）没写完，不过福尔摩斯推翻了他的说法，指出“Rache”在德语中是“复仇”的意思。

不朽的书籍

1947年，乔治·奥威尔在《李尔王、托尔斯泰和弄人》写道，和所有其他作家一样，莎士比亚迟早也会被遗忘。如果柯南·道尔也是如此，很难设想他笔下最著名的人物会不会遭遇同样的命运。目前，歇洛克·福尔摩斯已经超越了最初的小说形式。

据说，柯南·道尔仅用三周便写成了《暗红习作》。他对这本小说抱有很大的希望。不过，潜在的出版商最初并没有多少热情。《康希尔杂志》拒绝刊登《暗红习作》，说这本小说读起来像是一本质量低劣的“恐怖小说”。最后，柯南·道尔被迫接受1887年《比顿圣诞年刊》少得可怜的一次性稿费25英镑，这本年刊的价钱实际上只有一先令，换算过来就是现在的5便士。雪上加霜的是，这部小说的首秀在读者群里并没有引起多少波澜。签字放弃版权后，柯南·道尔的第一部福尔摩斯小说再也没有为他带来收入，即使一年后以图书形式出版时也分文未入。不过，从此以后，《暗红习作》一直都在销售，正如福尔摩斯的其他小说一样。■

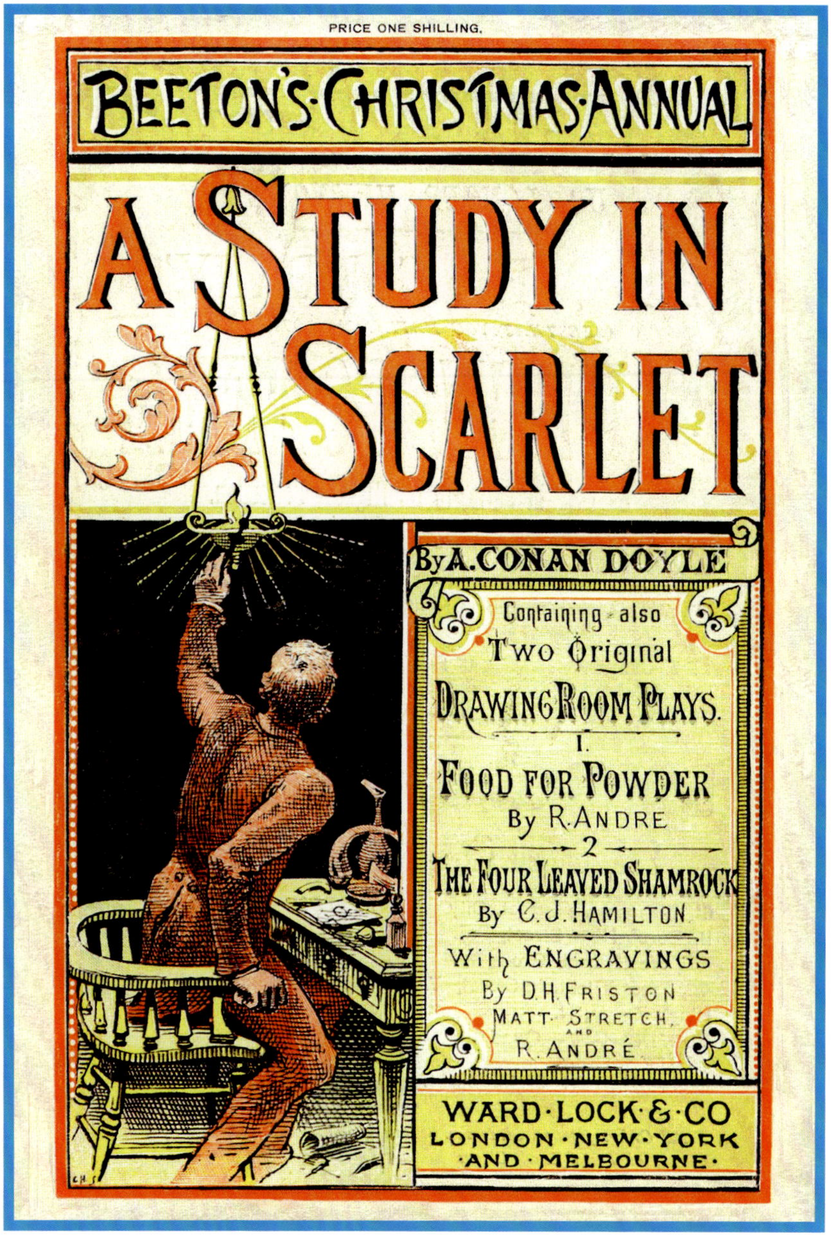

《比顿圣诞年刊》是一本平装杂志，出版于1860年至1898年。载有第一篇福尔摩斯小说的杂志目前仅存10本。

我从不破例，有例外就不叫规矩

《四签名》（1890年）

背景介绍

类型

小说

英国首次发表

《利平科特杂志》，1890年12月

图书出版

斯宾塞·布莱克特出版公司，1890年10月

人物

玛丽·莫斯坦，年轻的女家庭教师。

莫斯坦上尉，玛丽的父亲。

萨德乌斯·舒尔托，英国绅士。

巴索洛缪·舒尔托，萨德乌斯的哥哥。

麦克默多，庞第切瑞别墅的门房。

拉尔·劳，庞第切瑞别墅的男仆。

伯恩斯通太太，庞第切瑞别墅的女管家。

舒尔托少校，萨德乌斯和巴索洛缪的父亲。

乔纳森·斯莫，英国人。

马哈默特·辛格、阿卜杜拉·汗、多斯特·阿克巴，乔纳森·斯莫的同党。

童加，安达曼群岛的土著人。

埃瑟尼·琼斯，苏格兰场的侦探。

莫迪凯·史密斯，船主。

瑟希尔·福瑞斯特太太，玛丽·莫斯坦的东家。

第一章

华生责备福尔摩斯注射毒品，福尔摩斯分析了华生手表背后的故事。

第二章

玛丽·莫斯坦找福尔摩斯帮忙弄清楚两件事：一是父亲的失踪，二是她每年都会收到一颗匿名寄来的珍珠，现在赠送者想要见她。

第三章

玛丽给了福尔摩斯一张纸条，上面画着一座建筑的平面图，潦草地写着“四签名”。这张纸条是在她父亲的文件里发现的。

第四章

送珍珠给玛丽的萨德乌斯·舒尔托说，玛丽的父亲已经去世，而他自己已故的父亲将“阿格拉宝藏”藏了起来。现在他的哥哥巴索洛缪找到了宝藏。

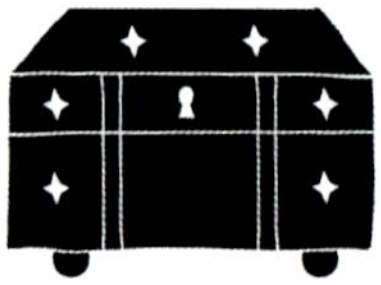

第五章

福尔摩斯、华生、萨德乌斯发现巴索洛缪被一根有毒的棘刺杀害，宝藏失窃。

故事发生在1888年，福尔摩斯因为没有需要解决的案子，开始注射可卡因，华生看到后很失望。玛丽·莫斯坦给福尔摩斯带来了一个难题。玛丽的父亲是一名军官，曾驻扎在印度，十年前在伦敦失踪。当时，她父亲的朋友舒尔托少校告诉她，他不知道莫斯坦上尉回国了。上尉失踪四年后，玛丽每年都会收到一颗匿名寄来的珍珠，现在这位神秘的赠送人想要和她见面。

玛丽给福尔摩斯看了一张纸条，这张纸条是在她父亲的文件里找到的。上面画着四个十字，还写着“四签名——乔纳森·斯莫、马哈默特·辛格、阿卜杜拉·汗、多斯特·阿克巴”。

当天晚上，福尔摩斯、华生和玛丽去见送她礼物的那个人。他就是舒尔托少校的儿子萨德乌斯·舒尔托。萨德乌斯解释说，他的父亲临死前曾坦白，莫斯坦上尉失踪的那天晚上曾来找他，在争吵过程中突然死去。舒尔托少校处理了尸体。他们二人拥有一整箱珠宝，就

第六章

根据线索，福尔摩斯推断凶手身材矮小，同犯只有一条腿，名字应该是“乔纳森·斯莫”，四签名中的一位。

第七章

凶手踩到了杂酚油，所以福尔摩斯和华生用一只名叫“托比”的追踪犬，循着气味追踪凶手。

第八章

托比带着福尔摩斯和华生到了码头，斯莫租了一艘名叫“曙光号”的汽艇，并将汽艇藏了起来。福尔摩斯让贝克街特遣队设法找到这艘船。

第九章

福尔摩斯化装成一名水手，找到了那条船。他让苏格兰场的埃瑟尼·琼斯准备一艘警船。

第十章

夜幕降临时，“曙光号”出现了。福尔摩斯、华生和琼斯乘坐警用快艇追赶“曙光号”，最后用枪打死了斯莫的同党，逮捕了斯莫。

第十一章

华生带着箱子去找玛丽，但箱子却是空的。斯莫已经将宝藏扔到了泰晤士河中。玛丽和华生彼此倾诉了爱慕之情。

第十二章

斯莫讲述了阿格拉宝藏的始末，以及萨德乌斯的父亲怎么背着“四签名”的当事人将宝藏藏了起来。华生和玛丽订婚。

是阿格拉宝藏，但是少校去世前没有告诉萨德乌斯和他的哥哥巴索洛缪宝藏藏在了哪里。萨德乌斯兄弟有的只是那些珍珠，曾为是否应该将其送给玛丽而争论不休。也是从那时起，萨迪乌斯开始寄珍珠给玛丽。

萨德乌斯告诉他们，巴索洛缪已经在家里找到了宝藏。他们到达那栋别墅时，发现巴索洛缪被毒刺杀害，宝藏同时失窃。福尔摩斯推论说，一个装着一只木腿的男人，名为斯莫，和凶手在一起。苏格兰场的埃瑟尼·琼斯逮捕了萨德乌斯。福尔摩斯发现，斯莫租了快艇“曙光号”，但藏了起来。当萨德乌斯提供了不在场的证据后，缓和下来的琼斯同意给福尔摩斯准备一艘警用快艇。

那天晚上，“曙光号”向下游呼啸驶去，福尔摩斯、华生和琼斯在后面紧追不舍。“生番”童加将吹管对准他们，射出毒刺，但他们开枪打死了童加，他从甲板上掉入河中。最后，他们抓住了斯莫，不过他把财宝扔到了泰晤士河中。斯莫告诉他们，在1857年的印度反英大起义中，他和辛格、汗，还有阿克巴因为宝藏杀了一个人，然后把宝藏藏在了阿格拉古堡中。最后他们被捕，送到安达曼群岛的罪犯流放地。几年后，他们同意将宝藏分给舒尔托少校和莫斯坦上尉，以换得自由。但是，舒尔托背叛他们私吞了宝藏。斯莫发誓要报仇，他和岛上的一个土著人（“生番”）逃离了小岛，找到了舒尔托。

故事的结尾洋溢这一种欢乐的气氛，华生告诉福尔摩斯他和玛丽有了婚约。■

如果柯南·道尔1889年8月没有收到邀请去伦敦摄政街的朗廷酒店赴宴，歇洛克·福尔摩斯可能只会昙花一现，不会再出第二本小说。这份邀请来自《利平科特杂志》的总经理约翰·马歇尔·斯托达特。《利平科特杂志》是一份成功的美国杂志，准备在伦敦发行英国版本。斯托达特读了《暗红习作》后非常喜欢。更重要的是，他十分精明，意识到侦探小说即将风靡。这种认识可能因为弗格斯·休姆《双轮马车的秘密》的销量极高。这本侦探小说写于1886年，背景是澳大利亚的墨尔本。

柯南·道尔不知道另一位作家也受邀出席，他就是奥斯卡·王尔德。在餐桌旁，这两个人肯定会形成鲜明的对比，一个是传统严肃的苏格兰医生，一个是引人注目的唯美主义者。柯南·道尔在自传中曾说这是一个“黄金般的夜晚”。席间，斯托达特请王尔德和柯南·道尔每人为杂志写一篇中短篇小说。王尔德写的是《道林·格雷的画像》。不久之后，柯南·道尔写信给斯托达特：“目前来看，我的故事要么叫‘六个人的签名’，要么叫‘舒尔托家族的问题’。您说想要一个刺激的标题。我会给《暗红习作》中的歇洛克·福尔摩斯一个新的案子，让他去解决。”

柯南·道尔用不到一个月的时间就完成了这篇小说。在杂志上发表时，名为“四个人的签名”，随后以图书形式出版时，书名为“四签名”。

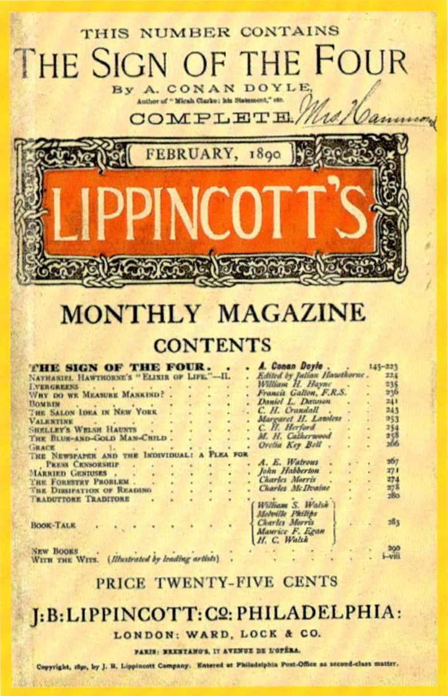
THIS NUMBER CONTAINS
THE SIGN OF THE FOUR
By A. CONAN DOYLE,
Author of "Micah Clarke: his Statement," etc.
COMPLETE

FEBRUARY, 1890

LIPPINCOTT'S

MONTHLY MAGAZINE

CONTENTS

THE SIGN OF THE FOUR	*A. Conan Doyle*	145-223
NATHANIEL HAWTHORNE'S "ELIXIR OF LIFE."—II.	*Edited by Julian Hawthorne*	224
EVERGREENS	*William H. Hayne*	235
WHY DO WE MEASURE MANKIND?	*Francis Galton, F.R.S.*	236
BOMBIN	*Daniel L. Dawson*	241
THE SALON IDEA IN NEW YORK	*C. H. Crandall*	243
VALENTINE	*Margaret H. Lawless*	253
SHELLEY'S WELSH HAUNTS	*C. H. Herford*	254
THE BLUE-AND-GOLD MAN-CHILD	*M. H. Catherwood*	258
GRACE	*Orelia Key Bell*	266
THE NEWSPAPER AND THE INDIVIDUAL: A PLEA FOR PRESS CENSORSHIP	*A. E. Watrous*	267
MARRIED GENIUSES	*John Habberton*	271
THE FORESTRY PROBLEM	*Charles Morris*	274
THE DISSIPATION OF READING	*Charles McIlvaine*	278
TRADUTTORE TRADITORE		280
BOOK-TALK	*William S. Walsh, Melville Philips, Charles Morris, Maurice F. Egan, H. C. Walsh*	283
NEW BOOKS		290
WITH THE WITS. (*Illustrated by leading artists*)		i-viii

PRICE TWENTY-FIVE CENTS

J:B:LIPPINCOTT:Co: PHILADELPHIA:
LONDON: WARD, LOCK & CO.
PARIS: BRENTANO'S, 17 AVENUE DE L'OPÉRA.
Copyright, 1890, by J. B. Lippincott Company. Entered at Philadelphia Post-Office as second-class matter.

《利平科特杂志》把《四个人的签名》放到了最醒目的位置。1890年3月在美国P.F.科利尔出版公司将其发表在《一周一次图书馆》上时，名字改为“四签名”。

性格丰富的福尔摩斯

此时，柯南·道尔比写《暗红习作》时技艺更为娴熟。在《四签名》中，他不仅要唤醒读者心中的福尔摩斯，而且还要赋予这位大侦探更多的特征，让其更富有深度。

柯南·道尔因为与王尔德的接触，在这部小说中赋予了福尔摩斯更多波西米亚人的特性。在《四签名》的开篇，读者会发现神探福尔摩斯会注射毒品。“福尔摩斯从壁炉台的角落拿起一只药瓶，又把一支皮下注射器从整洁的山羊皮匣子里拿出来……”华生记录着，“最后，他把针头扎了进去，又把针筒一推到底，跟着就再次倒在那把天鹅绒面的扶手椅上，心满意足地长出了一口气。”

福尔摩斯既注射吗啡，也注射可卡因，不过他似乎更喜欢可卡因。他告诉华生，他之所以沉溺于这种危险的做法，只是想减少生活的无聊。只有有问题需要解决时，他才会活跃起来，把这些人造的兴奋剂扔在一边。

把福尔摩斯刻画成一个瘾君

奥斯卡·王尔德头脑灵敏，穿着和习惯奇特，鄙视老套的惯例，他给年轻的柯南·道尔留下了深刻的印象。

> **我对按部就班的单调生活深恶痛绝，非常渴望精神上的强烈刺激。**
>
> 歇洛克·福尔摩斯

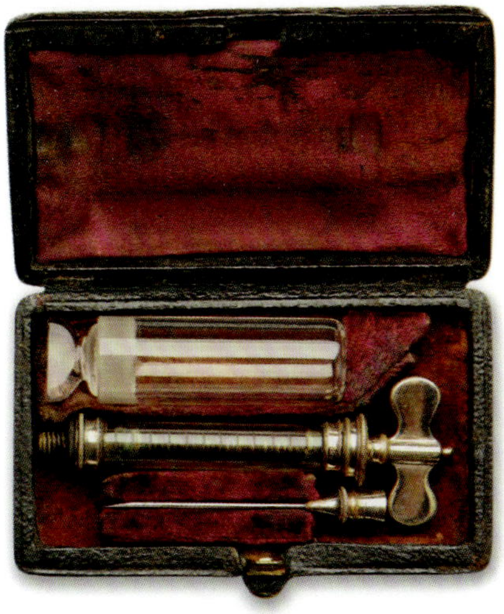

图中的玻璃药瓶和银制皮下注射器用于19世纪。福尔摩斯也将自己的药瓶和注射器放在一个类似的盒子里。他喜欢注射“百分之七”的可卡因溶液。

子，不失为聪明的做法，福尔摩斯立刻变得更加前卫，更加有趣。读者也第一次领略了福尔摩斯的表演天分：在寻找“曙光号”时他成功地化装成一个年迈的海员，成功地骗过了华生和琼斯。琼斯说：“你真可以去当演员，还是个了不起的演员。”在《暗红习作》中，凶手的匿名同谋曾化装成一位老妇人，不过福尔摩斯本人乔装打扮后给人的印象更为深刻。在随后的《波西米亚丑闻》中，福尔摩斯还化装成一个喝醉酒的马夫和一位头脑简单的牧师。

精通文学的大侦探

在《暗红习作》中，华生和福尔摩斯初识的那段时间，华生列了一张清单，上面写着福尔摩斯的文学知识为零。不过，在《四签名》中，柯南·道尔笔下的福尔摩斯对英国文学和外国作家都很熟悉。福尔摩斯推荐华生读一读温伍德·瑞德的《人类的牺牲》，这是一本抨击基督教的著作，也是柯南·道尔很喜欢的一本书。福尔摩斯在讽刺琼斯时引用了德国作家歌德的话：“尽人皆知，人类总是鄙视自己无法理解的东西。”

这一丰富的文学知识可能是因为柯南·道尔受了王尔德的影响，但并没有什么情节上的作用。这只是起到粉饰门面的作用，让福尔摩斯用才华打动读者。那个“黄金般的夜晚”还有一个影响，从华生对萨德乌斯·舒尔托的描述可以看出来。萨德乌斯仿佛是带着面纱的王尔德。“大自然赋予了他一片耷拉的下嘴唇，”华生写道，“他那口参差不齐的黄牙由此显得格外触目惊心，而他不停地用手去捂自己的下半边脸。”这也是王尔德的标志性动作。

天才福尔摩斯

柯南·道尔的读者已经知道福尔摩斯十分聪明，所以没有必要把他塑造成一个精通各个方面的大师。但作为作者，柯南·道尔本

> 没有脑力工作可做，我真是活不下去。
>
> 歇洛克·福尔摩斯

印度反英大起义

19世纪60年代和70年代期间，柯南·道尔可能在学校了解到了印度反英大起义（即英国人所说的“印度兵变”），当时这件事对英国人而言还历历在目。大起义1857年爆发，孟加拉部队中的印度兵开枪打死了英国军官，起义全面升级，迅速蔓延至印度北部和中部。几个月的时间，阿格拉等要塞均被围困，直到1858年英国重新掌权。柯南·道尔很可能是从阿尔弗雷德·威尔克斯·德雷森少将那里得知了有关阿格拉的细节。德雷森少将是柯南·道尔在朴茨茅斯文理学会的赞助人。1876年到1878年，德雷森曾在印度指挥第21炮兵旅，并重新武装了多个要塞，包括阿格拉在内。柯南·道尔对当时殖民地人民心态的解读，以及起义对人性的揭露，十分引人入胜。斯莫、莫斯坦和舒尔托等人因为贪恋阿格拉宝藏，人格发生了扭曲。在大起义期间，英国士兵趁乱打劫的事情时有发生，这个话题柯南·道尔在《驼背男人》中（见132~133页）会再次提到。

《四签名》1923年拍成默片，英国演员埃利·诺伍德（1861—1948）饰演福尔摩斯，亚瑟·M.卡林饰演华生。诺伍德一生在47部电影中扮演福尔摩斯。

人对自己美化的大侦探形象十分满意。他写信给斯托达特说："很高兴，福尔摩斯从头到尾都是极好的。我觉得这很公平，虽然我对自己的东西都不怎么满意。"

从《暗红习作》开始，柯南·道尔在刻画人物时有一点始终未变。他总会在案子尚未开始之前，让福尔摩斯展现一下他的观察和演绎能力。柯南·道尔在后面的很多故事中都会继续使用这一写作手法。例如，在《巴斯克维尔的猎犬》中，福尔摩斯用莫蒂默医生的手杖试探了华生的推理能力。华生没有得出正确的推论，但福尔摩斯却断言这位医生比较年轻，养了一条中型犬。重复使用这种方法，既可以提醒已经十分熟悉福尔摩斯的读者他的天赋，同时也会在新读者群中树立这种形象。

在《四签名》中，福尔摩斯再次展现了自己的演绎法。通过华生鞋上泥土的颜色，以及桌子上未动过的邮票和明信片，他推断出华生去威格默尔街邮局发了一封电报。他又查看了华生刚刚得到的一块表，用平常那种没有感情的态度说道，这块表原来属于华生的哥哥，他"沾上了酒瘾"，最近刚刚去世。

两种关系

随着玛丽·莫斯坦小姐的到来，柯南·道尔给福尔摩斯和华生的关系打开了新的一面。华生立刻爱上了玛丽。整篇小说中，华生医生的表现都像是个为情所困的青年，这说明他声称自己"到过三个大洲，见过许多不同种族的女人"是不可信的。任何读者可能都想知道是哪三个大洲，有过什么样的经历。华生在故事中深深地迷恋上了玛丽，他语无伦次地给她讲了一个故事。"一杆火枪在夜静更深的时候探入我的帐篷，我又如何抄起一支'虎崽'双筒枪冲它开火。"当欠考虑的萨德乌斯告诉玛丽，她的父亲已经死了时，华生说他"简直想冲他的脸上来一拳"。当萨德乌斯说玛丽将拥有价值25万英镑的财产时，华生满脑子都在想自己不可能和玛丽小姐有什么未来了。因此，华生写道，当有疑病症的萨德乌斯问华生对他的健康有没有什么专业意见时，"福尔摩斯一口咬定，说在无意中听到我警告他（萨德乌斯）服用蓖麻油不能超过两滴，否则就会大祸临头，同时又建议他大量服用番木鳖碱，以舒缓神经"。

华生和福尔摩斯之间的关系，在柯南·道尔的笔下十分可信。他们之间的关系从《暗红习作》开始有了很大的发展。小说中描述了他们在家里共处时的细节，便可以作为明证。故事一开始，我们看到他们二人像老朋友一样拌嘴，他们彼此感到很舒适，也很自然地说出自己内心的想法。华生毫无顾忌地批评福尔摩斯注射毒品，因为他很关心他。

这两位男士很享受单身的安逸生活，他们的房间有一种绅士俱乐部的宽松气氛。房中唯一的女性

> 主顾对我来说只是一个零件，只是问题当中的一个要素。感情因素跟理性演绎水火不容。
>
> 歇洛克·福尔摩斯

玛丽·莫斯坦

华生第一次见过玛丽后向福尔摩斯感叹说：“真是个漂亮姑娘！”福尔摩斯回答：“是吗？我倒是没注意。”华生赞美玛丽的光芒四射，但在读者眼中，她只是位谦虚的小姐。不过，她得知父亲已经去世时，表现得十分坚强；巴索洛缪·舒尔托那歇斯底里的女管家看到她时，立刻觉得很平静。那位年长的女性喊道：“能看到您这张温柔平静的脸，真是谢天谢地。看到您我觉得好受多了。”玛丽的东家显然也很喜欢她。华生发现：“她显然不是一名寄人篱下的仆从，而是一位受人尊敬的朋友。”最重要的是，她听说宝藏不见了时感到如释重负。

当华生告诉福尔摩斯他的婚约时，福尔摩斯说：“我真的无法向你道喜。”不过，他承认华生的选择是对的，还说她“可能还会对咱们一直在做的这类工作大有帮助”。很明显，玛丽未来的角色将是一位贤内助。

是房东哈德森太太。哈德森太太在小说中是一个母亲般的人物，并不起眼。他们的住处贝克街221B是这座喧嚣都市中的一处避风港。

当华生宣布他与玛丽有了婚约后，读者伤心地意识到这种舒适的状态即将走向尾声。华生将要组建自己的幸福家庭，留下福尔摩斯一人，还有他的皮下注射器——或者这只是读者的想法。在后来《斯特兰德杂志》刊发的短篇小说中，要么华生经常去贝克街221B，要么故事的背景会设在他们都是单身的时候。最后，在《空屋子》中，我们知道玛丽已经去世。在《诺伍德的建筑商》中，华生卖掉了他的诊所，搬回了贝克街221B。

完美塑造

和柯南·道尔的上一部小说一样，《四签名》中也有矛盾和瑕疵。其中的原因包括，柯南·道尔写这本小说时有些匆忙，且不愿意看之前的作品核对事实和细节。例如，华生在战争中受伤的地方从肩膀变成了腿；华生在这本小说中有一个哥哥，但之前说他举目无亲。受到更多关注的是柯南·道尔对安达曼群岛土著童加的描述。柯南·道尔把他刻画成一个野蛮的“生番”，这是不准确的。安德鲁·朗1904年在《季刊》上发表文章称：“安达曼（土著）人（在《四签名》中）受到了严重的诽谤。他们既没有乖戾的性情，脑袋也不像扫把那样乱作一团，也没有武器。”柯南·道尔可能故意忽略事实，把童加塑造成一个令人反感的角色，这样这个“生番”被杀时读者也不会难过。不过，在维多利亚时代，歪曲“野蛮人”的手法很常见，所以从童加身上我们可以看出柯南·道尔绝对是他那个时代的人。

但是，柯南·道尔在《四签名》中塑造的福尔摩斯可是让人眼前一亮。在漆黑的夜晚，当四轮马车载着福尔摩斯、华生和玛丽去见萨德乌斯的路上，福尔摩斯说出沿途经过的街道的名称，这说明他十分熟悉伦敦。“罗切斯特街。现在是文森特广场，现在又到了沃萨桥路。我们显然是在往萨里郡那

1789年，安达曼群岛上建立了第一个罪犯流放地。印度反英大起义之后，英国人建了一座新监狱，用来关押他们抓获的俘虏。右图中，犯人正在海滩上吃饭。

边走……”当他们到达舒尔托家的祖宅庞第切瑞别墅时，福尔摩斯再次像“训练有素的猎狐犬”一样，饶有兴趣地投入到案发现场的调查中，就像在《暗红习作》中一样。华生记录：“他拿出自己的放大镜和卷尺，跪到地上，飞快地在房间里爬来爬去，一会儿测量，一会儿对比，一会儿勘查……”福尔摩斯利用自己非凡的演绎能力让苏格兰场的埃瑟尼·琼斯看起来像一个十足的傻瓜，就像上一部小说中的格雷森和雷斯垂德一样。

罪犯的性格

《四签名》还塑造了一个更令人难忘、性格更为复杂的罪犯，远远胜过《暗红习作》中那个平淡肤浅的霍普。斯莫眼神凶悍，因为被鳄鱼咬伤装了一条木腿。这个人物的灵感主要来自罗伯特·路易斯·史蒂文森《金银岛》（1883）中的朗·约翰·西尔弗。在《穿过魔法门》（1907）中，柯南·道尔是这样描述史蒂文森的，“……是他发明了身有残疾的反派”，他“经常使用这一手法，效果十分生动，可以说这已经成了他的专利。暂不说海德……里面还有可怕的瞎子皮尤、缺了两根手指的黑狗，以及一条腿的朗·约翰·西尔弗。”

> 我从来都不猜。猜测是一种糟糕透顶的习惯，足以摧毁一个人的逻辑思考能力。
>
> 歇洛克·福尔摩斯

纵观《四签名》的始末，斯莫一直在和自己的良心做斗争，因此是一个值得同情的人物。他的结局如何，小说并没有点明。最坏的情况，他会被处以绞刑，这在维多利亚时代比较流行；最轻的刑罚，正如他自己所说的，“在达特莫尔监狱挖排水沟”，为后来《巴斯克维尔的猎犬》中王子镇的那座大监狱做了铺垫。

经典之作

读过《四签名》后，有两幅图画会长久地萦绕在脑中。第一个是案发现场对死者的描述。巴索洛缪“脸上挂着恐怖至极的诡异笑容”，“不光是他的五官扭成了一种最为不可思议的模样，连他的四肢也是如此”。第二个是柯南·道尔像狄更斯一样，描绘了维多利亚时代氛围独特的伦敦。华生写下了如下令人过目难忘的句子：“斯特兰德街的路灯变成了一个个模糊的光点，漫射的灯光在湿滑的人行道上投下了一团团暗淡游移的光晕。”当时，伦敦是一个欣欣向荣的港口城市。柯南·道尔笔下繁忙的河岸场景栩栩如生。华生回忆起童加的戏剧性死亡时说道：“远来此地的奇异客人已经葬身在泰晤士河底的

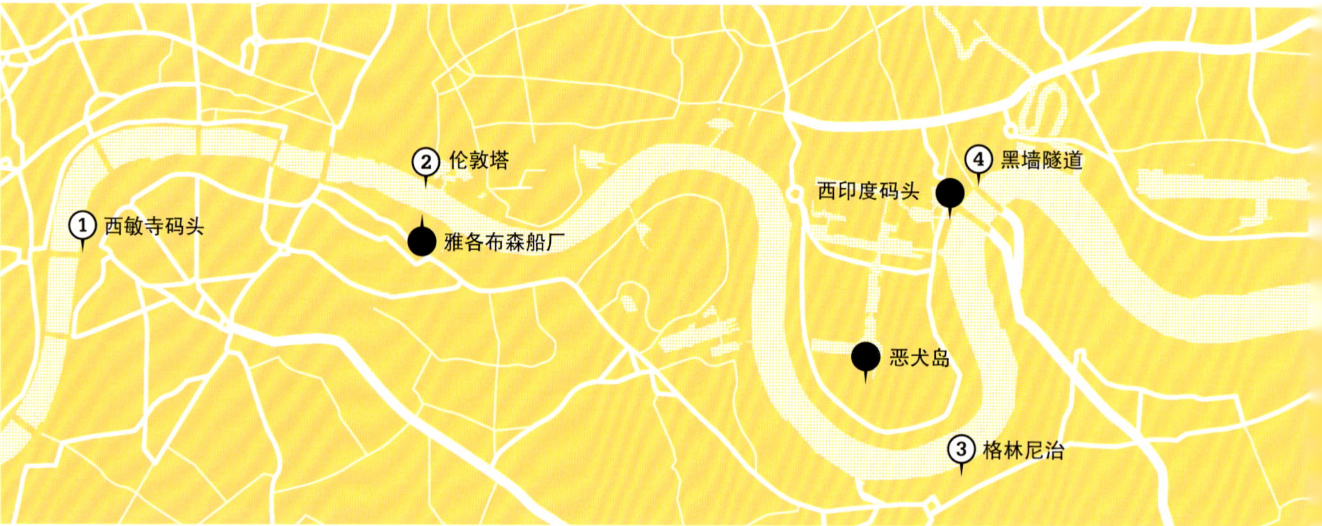

黑色淤泥中。”

与《暗红习作》不同的是，这篇小说在大西洋两岸都引起了广泛的评论。伦敦的《晨报》发表了一篇浮夸的评论：“柯南·道尔先生这次带来了更好的作品……另外，作为纯侦探小说的一个样本，这篇小说有其自己的优点。”美国宾夕法尼亚的《共和日报》的评论更具概括性，“……（福尔摩斯）在破解看似无法解开的谜案方面具有惊人的天赋，柯南·道尔对此的刻画生动形象，绝对在爱伦·坡和加博里欧等作者之上。《四签名》一定会成为经典之作。”不过，这些评论出现的时候，柯南·道尔再次将福尔摩斯放置一旁，全身心投入到那些现在早已被遗忘的历史传奇小说中。

《四签名》确实成为一部“经典之作”。1974年，这本小说再版时，70岁的格雷厄姆·格林在前言中写道：“我十岁时第一次读《四签名》，从此不曾忘记……诺伍德庞第切瑞别墅那个漆黑的夜晚，永远不会在我的记忆中消失。”■

19世纪的泰晤士河呈现一片繁忙的景象。两岸停靠着很多船只，如上图所示。此图名为“从樱桃花园码头看塔桥”，出自查尔斯·爱德华·狄克逊（*1872—1934*）之手。

一艘配有“两名身材魁梧的警探”的**警用快艇**，载着福尔摩斯、华生和琼斯向下游驶去，追赶“曙光号”。

1 **西敏寺码头**：福尔摩斯和华生登上警船。

2 **伦敦塔**：警船等待“曙光号”从雅各布森船厂出来。

3 **格林尼治**：经过此处时，福尔摩斯离“曙光号”有*300*步远。（*1*步*=0.76*米）

4 **黑墙隧道**：福尔摩斯又近了一些，仅离“曙光号” *250*步远

5 **巴奇因平地**：距离仅有四个船身之隔，福尔摩斯看见了甲板上的童加。

6 **河岸**：追捕结束，童加中枪身亡。

7 **普拉姆斯蒂德沼泽**：斯莫被捕。

你看了，但却没有观察

《波西米亚丑闻》（1891年）

背景介绍

类型

短篇小说

英国首次发表

《斯特兰德杂志》，1891年7月

文集

《福尔摩斯冒险史》，1892年

人物

威廉·哥特莱奇·瑟吉斯蒙德·冯·奥姆斯腾，波西米亚国王。

艾琳·阿德勒，美国歌剧演唱家，威廉国王的前任情人。

戈弗雷·诺顿，英国律师，艾琳的丈夫。

在福尔摩斯的56篇短篇小说中，第一篇名为“波西米亚丑闻”，发表在《斯特兰德杂志》上。漂亮的艾琳·阿德勒就是在这篇小说中出现的。在整套探案全集中，除了莫里亚蒂教授，人们谈论最多的次要人物就属她了。

就算是在这篇小说中，艾琳直接出现的时间也是很短暂的，但她的学识和思考能力一览无遗。在影视改编作品中，艾琳的形象各不相同。在美剧《基本演绎法》（见339页）中，莫里亚蒂是艾琳·阿德勒装扮成的。在英国广播公司拍摄的电视剧《神探夏洛克》（见

搜集证据时福尔摩斯会逼真地装扮成各种人物，右图中福尔摩斯（由杰里米·布雷特饰演）伪装成马夫，结果不小心卷入到了艾琳·阿德勒的婚礼中。

339页）中，艾琳·阿德勒是个一流的施虐狂，和福尔摩斯打招呼时一丝不挂。

福尔摩斯和女人

通过《波西米亚丑闻》的第一句话，华生告诉读者“对于歇洛克·福尔摩斯而言，她始终都是那位女士”，其中的“那位”二字是斜体的，来凸显她的与众不同。不过，他很快就强调，“这倒不是说，他（福尔摩斯）对艾琳·阿德勒产生了类似于爱慕的情感”。实际上，所谓的爱情“和他那冷静缜密、稳定至极的头脑格格不入”。

不过，柯南·道尔还是埋下了线索，让读者不由自主地认为情感冷漠、厌恶女人的福尔摩斯也可能找到真爱。这说明柯南·道尔十分聪明，他知道读者十分希望没有情感的福尔摩斯可以找到一位伴侣。华生解释，福尔摩斯拒绝女人的爱，是为了让自己的头脑专注于理性演绎，因此把自己变成了一个高贵但几乎是悲剧式的人物。难怪有文学评论家将大侦探的行为与中世纪的宫廷骑士联系起来。为了高举自己的骑士理想，他们断绝酒色的念想。不过，福尔摩斯与任何一个中世纪的英雄相比，心理上都更为复杂。

> 在福尔摩斯眼里，她就是她那个性别之中的翘楚，令其他所有女人黯然失色。
>
> 华生医生

波西米亚人福尔摩斯

自从结婚搬离贝克街221B以后，华生很少见到福尔摩斯。不过，他知道福尔摩斯大部分时间都待在寓所，时而要侦破案件，时而要注射毒品——“这一星期在可卡因的作用下昏昏欲睡，下一个星期又雄心万丈，爆发出警醒天性带来的蓬勃活力，如此交替，周而复始。”没有案件占用他的精力时，这位大侦探似乎需要为自己过度活跃的大脑找一个合适的出口。

虽然这则短篇小说的名字表面上是指可能发生在波西米亚国王身上的丑闻，但小说第一次提到“波西米亚”一词始于福尔摩斯。华生告诉读者，福尔摩斯“是个不折不扣的波西米亚人，形形色色的社会规范都让他厌憎不已”。当时，“波西米亚人”这个词十分流行（见61页），此种人自由奔放，过着非传统的生活，厌恶社会规范。不过，爱情和激情也是波西米亚理想的核心，这些情感与福尔摩斯格格不入。华生将这篇小说起名为“波西米亚丑闻”，可能暗示真正的丑闻不在于波西米亚的威廉国王，而是指一个女人竟然能够赢得他的尊重和钦佩。

破案中的福尔摩斯

故事开篇，华生用了一段较长的开场白，其中夹杂着对福尔摩斯的怀念，随后步入正题。他站在贝克街昔日寓所的楼下，透过窗户看到福尔摩斯的身影，“他颀长瘦削的黝黑剪影接连两次映在了窗帘上”。福尔摩斯与人疏远，非常人所能理解，但是华生看到他在房间里火急火燎地来回走动，以及他那战备的姿态，立刻明白他又一次进入了工作状态。“他已经把药物催生的醉梦抛在身后，正在急不可耐地寻找某个新问题的答案。”华生已经提到过福尔摩斯有时沉溺于毒品的问题，他再次强调是为了突出大侦探是一个富有戏剧性、充满幻想的人物，会在黑白之间进行转换——他的职业仿佛被黑暗中的闪电所照亮。

华生很想见见他的朋友，于是走向寓所。福尔摩斯还像往常一样冷静敏锐，准确无误地指出了几件事：自从上次见面之后华生胖了多少磅；他开业行医了；最近刚被大雨淋过；还有一个马虎的女仆。华生听了以后十分吃惊，问福尔摩斯是怎么知道的。福尔摩斯解释了他的演绎过程，说明一切都源自观察。他说有些事情华生也会看到，但他并没有观察。一般人不会注意到生活中的细节，所以华生不知道通往221B的楼梯有几级，但福尔摩斯可以说出共有17级。

> **法国人和俄国人都不会这么写，只有讲德语的人才这么不待见自个儿的动词。**
>
> 歇洛克·福尔摩斯

这种敏锐的观察是福尔摩斯的核心方法，如今仍被视为侦探破案的主要技巧。不过，正如福尔摩斯所说，一名侦探还要完全理解自己所看到的事情，他接着给华生看了一张刚刚收到的匿名便签，以此证明了这一点。华生只能推断写这张便签的人很有钱，但福尔摩斯却能够演绎出，这是个讲德语的人（因为只有德语才把动词放在句末），来自讲德语的国家波西米亚。紧接着这个人就到了，他说了一个假名，还戴着面具，但福尔摩斯立刻认出来这位身材魁梧、穿着华丽的人正是波西米亚国王威廉·哥特莱奇·瑟吉斯蒙德·冯·奥姆斯腾。

国王与女歌唱家

福尔摩斯很快摆明自己对皇室的态度，他采取了一种简慢务实的态度，因为他知道任何人都能一眼看出他的不屑，但以自我为中心的国王却感受不到。国王告诉他，在他还是王储的时候，曾和一位年轻的美国歌剧演唱家有一段浪漫的关系，她名叫艾琳·阿德勒。国王很不谨慎，有一张和艾琳的合影在她的手里，因此留下了把柄，可以证明他们之间的亲密关系。最近，国王和斯堪的纳维亚的公主订了婚约。因为对方的家庭很规矩，国王担心如果他们知道他过去的不检点，他们的婚事会因此告吹。艾琳威胁说会在婚约公布的那天将照片公之于众，离这个日子没有几天了。国王说，艾琳这样做可能是因

艾琳·阿德勒

在分析艾琳·阿德勒（此处由劳拉·皮尔韦饰演）这个人物时，评论家众说纷纭。有人说她反映了19世纪初出现的新新女性：聪明、自信、坚定。现在有些学者将这种现象称为第一次女权主义浪潮。并非所有人都加入了妇女参政权论者号召赋予女性选举权的活动，但是出身中产阶级家庭的年轻女性开始意识到自己有权力，也有能力掌控自己的人生。越来越多的女性选择新式的女子大学，然后进入职场，当教师、医生或办公室职员。更重要的是，艾琳·阿德勒是美国人，那里的女性教育要比欧洲更为进步。但是，也有人声称艾琳反映了维多利亚时代重男轻女的观点，唯有最出色的女性才能在智力上与福尔摩斯比肩。在那转瞬即逝的胜利之后，她必须退回到婚姻生活中。还有人把艾琳·阿德勒看成是男性的幻想对象，让他们产生拜倒在她石榴裙下的幻觉。

伪装在这则故事中多次使用。尽管福尔摩斯平时十分擅长装扮之术，但这次只有艾琳·阿德勒是大获全胜的，没有让人看出她的真实身份。

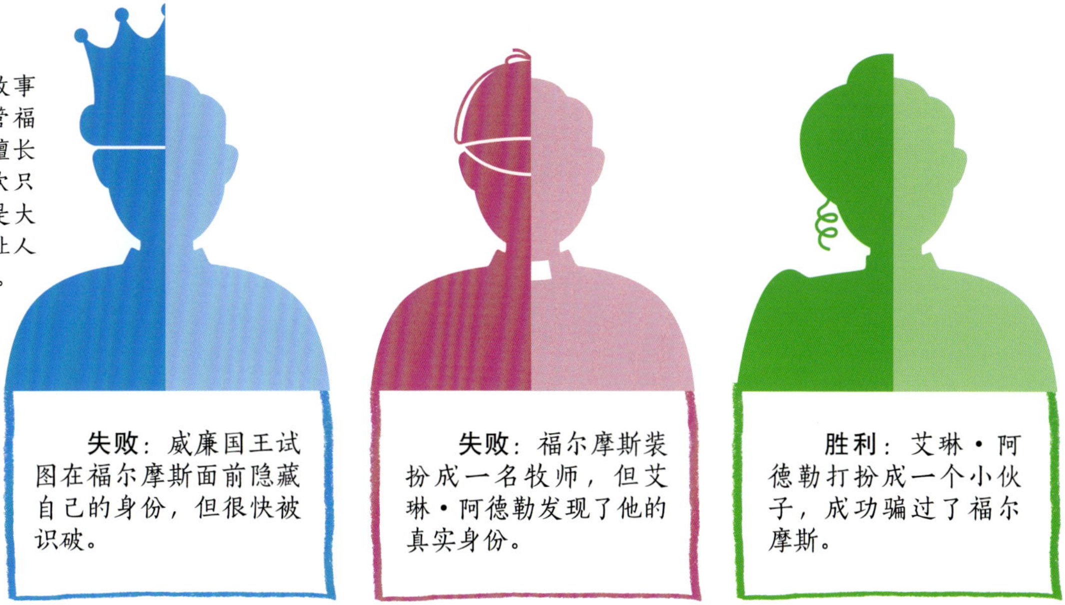

为不想让他娶其他女人，所以他被迫寻求福尔摩斯的帮助，找到这张可能会毁了他的照片。

国王说艾琳是个“著名的女投机分子”，很多读者接受了国王对艾琳的这种描述——还有谣传说，她是个敲诈者，用自己的姿色换取自己想要的东西。但是，国王之所以这样说，是想给自己对她的恶劣行为找理由。他承认自己曾经使用强行手段，甚至违法手段，试图找回照片，包括花钱买回，雇人抢劫，甚至还搜查了两次她的房子。所有这些做法都以失败告终。

福尔摩斯查阅了他做的索引，发现艾琳·阿德勒是一位已经退出舞台的一流歌剧演唱家，曾经在米兰的斯卡拉剧院演出，还是华沙帝国歌剧院的首席女演员。能达到这样的高度，她肯定是位严肃的艺术家，而不是个没有道德的骗子。

当国王承认艾琳并不想从他那敲诈钱财时，福尔摩斯显然对艾琳已经有了另一番看法。面对国王的傲慢，福尔摩斯打了个哈欠，等不及地赶快离开。这次福尔摩斯一反常态，还和主顾谈起了费用，说明他对这个案件的兴趣仅是金钱方面的。

福尔摩斯的计划

第二天下午，福尔摩斯调查了一上午之后和华生见了面。因为上午的调查十分成功，还因为事情的突发变化，福尔摩斯又高兴、又兴奋。他扮成一个马夫，在艾琳房子后面的马厩里和马夫聊了聊天，知道了很多关于艾琳的消息。

如果有什么桃色事件发生，马夫通常会是第一个发现的人。他们尊称艾琳是“这个星球上最为优雅迷人的尤物”。实际上，她似乎过着一种有条不紊的正常生活。他们的描述中唯一一点值得注意的是，一位名叫戈德弗雷·诺顿的律师经常来访。他年纪轻轻，仪表堂堂。福尔摩斯发现艾琳和戈德弗雷匆忙走出房间，上了不同的马车后，紧随其后，结果到了埃及沃尔路的圣莫妮卡教堂，被戈德弗雷拖过去，当他和艾琳婚礼的见证人。

难怪福尔摩斯几乎抑制不住自己内心的高兴，尤其是他已经设计好了一个“天衣无缝的计划”。根据他对女性心理的准确理解，这个计划绝对可以找到那张照片。

那天晚些时候，按照福尔摩斯的方案，华生站在艾琳家的外面，观看事态的进展：当艾琳走下马车时，几个人上演了一场预先安排好的争吵。这时装扮成牧师的福尔摩斯冲过去想要保护艾琳。不过，他很快摔倒在地上，脸上流着鲜血。因为担心福尔摩斯的安危，艾琳让人把他抬进了房间，放在客厅的沙发上等他恢复神智。华

根据福尔摩斯自制的档案，艾琳·阿德勒是一位有天赋的女低音歌唱家，曾在米兰著名的斯卡拉剧院（如上图所示）演出。

生透过窗户看到了一位美丽和蔼的女性，正在悉心照料受伤的福尔摩斯，根本不是将别人玩弄于股掌之中的女骗子。他正在斗争该怎么做时，福尔摩斯向他发出信号，按照计划华生将烟幕弹从窗户扔进屋内，然后大喊“着火了”。

正如福尔摩斯所料，在烟幕弹造成的恐慌之中，艾琳冲向对她来说最重要的东西，也就是那张照片，因此暴露了所藏之处——一块滑板背后的壁龛里。福尔摩斯告诉大家这是虚惊一场之后，溜出了那栋房子，准备第二天和国王一起前来拿回照片。福尔摩斯自鸣得意，所以他和华生到达贝克街221B的门口时，没有认出来那个向他打招呼的小伙子。他的声音很欢快，听起来似曾相识。

措手不及的福尔摩斯

第二天早晨，当福尔摩斯突访艾琳家时，福尔摩斯惊奇地发现女管家正在等他。后来他听到艾琳几个小时前已经和她的新婚丈夫动身去欧洲了，还带上了他们要找的那张照片。在原来藏照片的地方，艾琳放了一封给福尔摩斯的信，还有一张她的照片送给国王。

> **改扮男装对我来说并不是什么新鲜事。我经常享受这种方法给我带来的自由。**
>
> 艾琳·阿德勒

在那封信中，艾琳解释说当她自己暴露了照片的地方时，就意识到那位牧师是福尔摩斯装扮的，但她还是很欣赏他的能力。不过，为了确认他真的是福尔摩斯，艾琳也改扮男装，跟着福尔摩斯到了他的家门口。和他打招呼的正是艾琳。

这一段有一点很有意思，本来焦点是在福尔摩斯炉火纯青的伪装术上，但艾琳却在这一点上打败了福尔摩斯。她告诉福尔摩斯，作为一名训练有素的女演员，“改扮男装”并不是什么难事。她曾多次装扮成男子，为了享受由此带来的自由。实际上，在一个男性主导的世界里，女扮男装并没有多么不同寻常。有一个很有名的故事，詹姆斯·巴里（本名玛格丽特·安·巴尔克利）为了当军医，一辈子都在女扮男装。同样，还有很多民歌，歌唱了女扮男装后参军的故事。

不过，侦探采用伪装术这一做法可以追溯到著名的尤金·维多克（1775—1857）。这个法国人生活在拿破仑时代，开始是个罪犯，后来变成了一名侦探。有关他的离奇故事吸引了很多作家的注意，包括维克多·雨果、大仲马和巴尔扎克。这些故事无疑都是柯南·道尔的灵感来源，当然还有著名的探险家理查德·伯顿（1821—1890）。他探险时经常进行伪装，比如打扮成穆斯林，潜入麦加，引起了维多利亚时代的人极大的兴趣。

棋逢对手

在《波西米亚丑闻》中，尽管福尔摩斯才华横溢，艾琳还是看穿了他的乔装。正是艾琳蒙蔽了福尔摩斯的双眼。她带着那张照片远走高飞，似乎对她而言，赢了这场游戏就足够了，这一点与福尔摩斯很像。她在信中说，自己已经找到了美满的婚姻，不会将照片公之于众，但会留着它以防万一。

> ……歇洛克·福尔摩斯先生的诸般妙计如何输给了一个女人的聪敏智慧。
>
> 华生医生

国王确信艾琳会说到做到，随后抱怨说她和她等级悬殊，否则她会成为一位很伟大的王后。福尔摩斯冷冰冰地回答：“根据我对这位女士的所见所闻，她这个人的等级的确跟陛下很不一样。”很明显，福尔摩斯认为，艾琳远远超过了国王。国王摘下自己的翡翠戒指，打算给福尔摩斯当作奖赏，但福尔摩斯却选择了艾琳的照片。有些读者坚持认为，福尔摩斯选择这张照片，说明他爱上了艾琳。但是，除了在《五粒橘核》中承认自己曾经输给了一个女人，福尔摩斯在其他故事中再也没有提到过她。福尔摩斯对艾琳的尊重是显而易见的，这张照片要么仅仅是为了存档所用，要么就是为了记住曾经有这样一位旗鼓相当的对手。

艾琳·阿德勒绝对是一个有趣的人物，很多女性主义批评家认为，艾琳对“理性、逻辑和独立是男性的特权”这一说法提出了挑战。美国罗斯玛丽·詹恩教授认为，艾琳“威胁到了男性的权威”。不过，福尔摩斯虽然吃惊不小，但似乎并没有感受到威胁。相反，他完美地证明了自己的观点，一个人不应该被先入为主的观念蒙蔽双眼。艾琳以一种绝妙的方式打开了福尔摩斯的眼界。

意识到自己的错误后，柯南·道尔笔下的福尔摩斯知道一个女人不用姿色或情感就能轻而易举地掌控局面，似乎站在了那个年代的最前列。一百多年过去了，有些改编这篇小说的人还没有明白这一点。■

波西米亚人

波西米亚是个真实的地方，曾经称作波西米亚王国，现在是捷克共和国的一个地区。“波西米亚”也是吉普赛人想象中的精神家园。正是这个原因，19世纪中叶“波西米亚人”用来指某些艺术家、作家和音乐家不合传统、无所寄托的生活方式。波西米亚人常常和有情调的生活联系在一起，他们致力于艺术创作和自由的爱情，有些人还反对物质财富。他们穿着五颜六色的柔软衣服，留着蓬乱的头发，所以很容易认出来。有些波西米亚人是政治上的反叛者，但对很多人而言这只是一种生活方式。大多数波西米亚人生活穷困，住在破败的地方，比如巴黎的蒙马特、伦敦的索霍区，以及旧金山的电报山。不过，也有些波西米亚人很富有，他们反对社会的价值观。19世纪初，波希米亚主义出现在欧美城市，19世纪90年代达到顶峰，柯南·道尔的《波西米亚丑闻》也写于这一阶段。

我绝对不会错过这件案子的

《红发俱乐部》(1891年)

背景介绍

类型

短篇小说

英国首次发表

《斯特兰德杂志》，1891年8月

文集

《福尔摩斯冒险史》，1892年

人物

杰贝兹·威尔逊，当铺老板。

文森特·斯鲍尔丁，杰贝兹·威尔逊当铺的伙计。

邓肯·罗斯，红色俱乐部办公室的负责人。

彼得·琼斯，苏格兰场的探员。

梅瑞威瑟先生，城畿银行的董事。

虽然《红发俱乐部》写在《身份问题》之后，但在《斯特兰德杂志》发表时却是继《波西米亚丑闻》之后的第二篇。有些福学家猜测《斯特兰德杂志》认为《红发俱乐部》更胜一筹，希望尽快让这位大侦探风靡起来，所以先刊登了这一篇。的确，《红发俱乐部》是柯南·道尔本人最喜欢的故事之一。不过，还有一个更可能的原因：《红发俱乐部》仅用七天便写成，柯南·道尔在1891年4月写完了前三篇短篇小说。《红发俱乐部》和《身份问题》很可能同时寄给了《斯特兰德杂志》，杂志社弄

福尔摩斯对杰贝兹·威尔逊的分析

威尔逊的**右手**比左手**大得多**，右手的肌肉更加**发达**。

他戴着一枚圆**规加量角器**图案的胸针（这是**共济会**的会徽）。

他身上**文了一条鱼**，这种文身“为中国独有”，他的表链上还吊着一枚**中国铜钱**。

他**右边的袖口**已经**磨得发亮**，**左边袖子**的胳膊肘附近有一块**磨秃**了的地方，说明这个部位经常**架在书桌上**。

杰贝兹·威尔逊以前干过体力活，是共济会会员，曾经去过中国，最近还做了不少写字的工作。

错了正确的刊发顺序。福尔摩斯在《红发俱乐部》中提到了“玛丽·萨瑟兰小姐委托的那件极其简单的案子”（她出现在《身份问题》中），所以这个错误显而易见。

这篇故事的主题是“轻信和老实”，柯南·道尔通过强调这个案子离奇、几乎难以置信的本质，来说明它的真实性。正如福尔摩斯所说：“要想寻找离奇的现象和非凡的因果，咱们只能投入生活本身……这比人们的任何想象都要惊人得多。”

平淡的开头

华生有一天去探望福尔摩斯，正好碰到他和杰贝兹·威尔逊正在聚精会神地交谈。威尔逊是个当铺老板，面色红润，身体健硕，看起来就是“一个普普通通的英国商贩”——除了那一头火红的头发以外。福尔摩斯很快发现威尔逊是共济会的会员。柯南·道尔曾经也是这个秘密组织的一员。但是，在这个故事中，福尔摩斯特别指出“您那个组织”，说明大侦探福尔摩斯并没有参加这个组织。福尔摩斯还发现，威尔逊最近做了不少写字的工作。这个离奇的故事便围绕着这个普通的工作展开。

博得较少的同情

在当代读者之中，当铺老板威尔逊博得不了太多同情，因为他所从事的行业和今天利息很高的发薪日贷款并无二致。这种服务的主要对象是穷人，他们常常抵押珠宝

杰贝兹·威尔逊（*1984*年格拉纳达电视台播出，罗杰·哈蒙德饰演）正从一大群红头发的男人中经过。

或其他贵重物品来借现金。威尔逊自己也说，“福尔摩斯先生，当铺的生意几乎都集中在晚上，尤其是周六发薪水之前，周四和周五的晚上”。尽管如此，威尔逊并不经常出门。

威尔逊的故事

威尔逊告诉福尔摩斯和华生，两个月前他的新伙计文森特·斯鲍尔丁给他看报纸上的一则启事。这是由一个名为“红发俱乐部”的组织刊登的，组织总部在美国宾夕法尼亚州的莱巴嫩，不过在舰队街教皇巷（虚构地点）有家办公室。该俱乐部正在寻找“年满二十一周岁的红发男子”，他们可以申请一份“无须工作、挂名即可”的职位，周薪四英镑。这份薪水可不容小觑，因为柯南·道尔第一部小说的稿费才仅有25英镑，当然他的身价随后开始飙升。威尔逊说，应征当日，舰队街挤满了红头发的男性，教皇巷就像“叫卖小贩那辆卖橘子的手推车”。“叫卖小贩”

> 你这件案子极其特别，我很愿意展开调查。
>
> 歇洛克·福尔摩斯

当时在伦敦随处可见（这个词来源于中世纪的“苹果”一词）。这幅场景既生动又奇特。在红发俱乐部的办公室里，邓肯·罗斯（“罗斯”一名源自意大利的“红色”一词）高兴地祝贺他应征成功。随后，他用尽全力扯当铺老板的头发，以确保它不是假发，这一幕十分具有戏剧性。还有他叹息道，“我可以跟你讲一些用鞋蜡做假（染发）的故事，一准儿能让你觉得人性非常丑陋。”也很有戏剧效果。后来罗斯说，俱乐部的工作就是抄写《大英百科全书》，工作日每天从上午10:00到下午2:00。幸运的是，这个时段与威尔逊的当铺生意并不冲突。不过，罗斯告诉威尔逊如果他在上班时间离开办公室的话，就会立刻被解雇。

双重阴谋

威尔逊的伙计斯鲍尔丁几个月前开始给他工作。这名伙计很想要这份工作，“愿意只领一半的工钱，希望可以学会这门生意”。福尔摩斯说，威尔逊很幸运能够“按照低于行情的价钱”请到伙计。不过，斯鲍尔丁每天会跑到当铺的地下室待上几个小时，好像是在冲洗照片。福尔摩斯看出来斯鲍尔丁和罗斯才是真正的一伙。他们精心策划的计谋（柯南·道尔会在《三个加里德布》中再次用到）只有一个目的，就是让威尔逊离开自己的住处，显然是为了什么不法的意图。

这个令人难以相信的故事一直盖着神秘的面纱，一个原因是故事本身很古怪，另一个原因是读者很难判断两个坏蛋究竟在密谋什

博伊尔斯顿银行盗窃案

虽然福尔摩斯宣称《红发俱乐部》中讲到的计谋是史无前例的，但偷盗案本身并没有特别大的新意。1869年11月，美国波士顿发生了一起极为类似的银行抢劫案。查利·布拉德和亚当·沃思（此人可能是莫里亚蒂的原型，见28~29页）从一家店铺挖隧道潜入了旁边的博伊尔斯顿国民银行，然后将赃物沿东海岸运到纽约。《波士顿论坛报》称其为“该城发生过的最大胆、最成功的偷盗案之一”。案发前六周，布拉德和沃思在银行隔壁开了家理发店，同时秘密地挖隧道通向银行的保险库。与这篇小说中的强盗一样，他们也选择在周末动手，所以银行直到周一早上营业时才发现失窃。平克顿侦探社的侦探后来揭露了这起盗窃案的始末。柯南·道尔在1914年所写的《恐怖谷》（见212~221页）中，重点讲述了这个组织。

阿尔德斯门街站是1865年伦敦大都会铁路开通时最初设立的一个站。右图刊登于1866年的《伦敦新闻画报》。

么。不过，威尔逊意识到这么好的事不可能是真的，这多多少少可以缓解读者的怀疑。为了打消自己的这种想法，威尔逊用一个理由说服了自己，这个理由和福尔摩斯的推论很像：有时事实比想象更离奇。

八个星期的时间，威尔逊坚持抄写《大英百科全书》，负责人也每天都来。后来，就在他造访贝克街221B的那天早晨，他到达教皇巷时却发现门上钉着一张卡片，写着“红发俱乐部业已解散，1890年10月9日”。威尔逊问了一圈发现，罗斯还有个化名是“威廉·莫里斯”。威尔逊拿到了他现在的地址，在圣保罗大教堂附近的爱德华国王街。“我马上就赶往那里，福尔摩斯先生。可是，找到那个地址之后，我发现那是家生产人工膝关节的工厂，厂里没人听说过威廉·莫里斯先生，也没人听说过邓肯·罗斯先生。”

案发现场

福尔摩斯说这个案子“需要抽上三斗烟”，意思是他通常会用这段时间来思考，让大脑在这件谜案的所有因素中漫游。不过，他立刻从威尔逊的描述中认出了斯鲍尔丁的真实身份，因为他额头上那块酸液溅出的与众不同的白斑昭告了一切（1891年有心的读者都会知道，酸液是用来造假币的）。斯鲍尔丁就是约翰·克莱，“伦敦头脑最冷静、胆量最惊人的罪犯之一”。剩下的就是去一趟威尔逊的当铺，查清楚克莱究竟有什么企图。

福尔摩斯和华生乘坐伦敦最古老的地下铁路线路，去阿尔德斯门街站（今巴比肯站），是书中二人唯一一次乘坐地铁。这一点很值得注意，因为当时贝克街街尾有一个地铁站，现在也是。萨克森-科堡广场，也就是威尔逊所说的当铺所在地，实际上并不存在。这是一个王室的名字，柯南·道尔可能是受到了布鲁姆斯伯里的梅克伦堡广场的启发，这个广场是以乔治三世的妻子命名的，位于福尔摩斯初到伦敦时所住的蒙塔古街附近。不过，梅克伦堡广场很大，而柯南·道尔虚构的萨克森-科堡广场却是个“狭窄拥挤、假充上流的小地方，四排烟熏火染的两层砖房俯瞰着一小块围了栏杆的空地”。

到达威尔逊的当铺后，福尔摩斯知道克莱不会认出自己，所以敲响了当铺的门。克莱简略回答了福尔摩斯怎么去斯特兰德街的问题。实际上，福尔摩斯只是想看看他的裤子。果真，膝盖处又脏又破，证明了他在地下室的勾当。福尔摩斯已经得出结论，唯一可能的解释就是克莱在挖一条地道，所

> **咱们现在可是在敌人的地盘上搞间谍活动呢。咱们已经对萨克森-科堡广场有所了解，接下来该看看它背面的那些地方了。**
>
> 歇洛克·福尔摩斯

苏格兰场的彼得·琼斯说，真正的约翰·克莱是个“杀人犯、大盗，印假钞、造假货的人”。化名为文森特·斯鲍尔丁时，他最初看起来完全和真人不同。

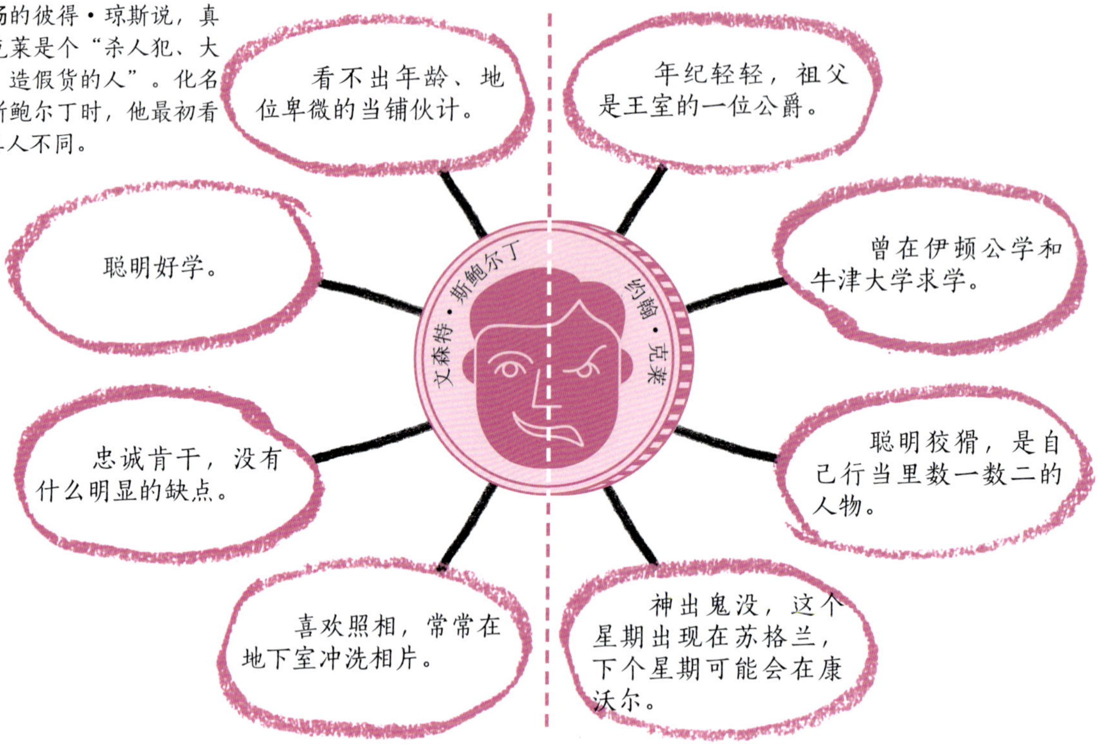

以他用手杖敲了敲门外的人行道，看看有没有中空的声音，但并没有听到。不过，转过街角后，福尔摩斯发现当铺的后面是繁华的法灵顿街，城畿银行的科堡分行就在那里。

福尔摩斯和华生在侦查现场时，偶尔说了一句话，“我的嗜好之一就是努力搜集关于伦敦的准确知识。”柯南·道尔在这一点上本可以做得更好，因为他描述的伦敦往往有很多矛盾之处。比如，福尔摩斯和华生到了阿尔德斯门街站之后，竟走到了法灵顿大街，这并不合理。还有，圣巴塞洛缪医院就在街角，却未被提及，这一点也很奇怪，因为这是福尔摩斯和华生在《暗红习作》（见36~45页）中第一次见面的地方。

好戏开演

福尔摩斯现在已经找到了这幅拼图的所有部件，于是和华生去伦敦西区的圣詹姆斯音乐厅听了一场帕布罗·萨拉萨蒂的演奏会。萨拉萨蒂是西班牙小提琴家和作曲家。不过，此时华生还是一头雾水。华生一直在琢磨福尔摩斯的行为变化，他可以“从瘫软如泥的状态之中瞬间爆发出无可阻遏的力量”。基于《四签名》（见46~55页）中烘托气氛的手法，这里利用了19世纪人们对潜意识的焦虑，也可以看作是对“双重人格的生活”的描写。这是当时重要的一种文学思潮，奥斯卡·王尔德的《道林·格雷的画像》（1890年），以及罗伯特·路易斯·史蒂文森的《化身博士》（1886年）都属于这一行列。福尔摩斯的“双重人格”还源自埃德加·爱伦·坡《莫格街凶杀案》（1841年）中C.奥古斯特·迪潘侦探的“双重灵魂”。不过，也许福尔摩斯只是把自己的大脑当成一种机器，用点音乐使其放松一下，毕竟在夜幕降临前无事可做。

> **一起严重的罪案正在酝酿之中，我有充分的理由相信，咱们还来得及加以阻止。**
>
> 歇洛克·福尔摩斯

捉拿归案

当天晚上，福尔摩斯和华生在贝克街221B见面，此外还有“警方探员”彼得·琼斯和城畿银行的负责人梅瑞威瑟先生。琼斯为了消除梅瑞威瑟先生的疑虑，提到了“舒尔托谋杀案和阿格拉宝藏”（《四签名》中的事件），说明福尔摩斯当时已经得到了苏格兰场的认可。

一行四人向法灵顿街驶去，到了城畿银行的科堡支行，这里暂时存放着从法国银行借来的拿破仑金币，价值3万英镑。梅瑞威瑟先生用手杖敲了敲地上的石板说，“怎么听起来下面好像是空的”。华生拉开了左轮手枪的保险，气氛十分紧张，经过漫长的等待，地板的裂缝中出现了一点“诡异的光”。当两个罪犯从地道出来时，福尔摩斯抓住了克莱的衣领，而那个化名“罗斯/莫里斯”的人试图按原路逃跑。他的真名是阿契，最后被等在威尔逊当铺外面的警察逮捕。

深邃的思想家

回到贝克街221B后，福尔摩斯对华生说这个案子让他暂时脱离了日常生活的无聊。“他可以让我摆脱无聊。唉！我已经又开始觉得无聊了。”这里福尔摩斯用了“ennui”这个法语词来表示“无聊”。在19世纪80年代，这个词具有“颓废”的内涵，即19世纪末的虚无厌世，让人想起奥斯卡·王尔德、于斯曼等颓废派作家。我们还可以想到19世纪法国诗人夏尔·波德莱尔，他所写的散文诗集《巴黎的忧郁》（死后发表于1869年）确立了忧郁和无聊的感染力。

福尔摩斯最后引用了法国小说家居斯塔夫·福楼拜的名言（“作家毫无意义，作品意义无穷”），引文与原文略有出入，说明这句引用可能并非偶然。显然，《红发俱乐部》中的福尔摩斯与《四签名》的福尔摩斯似乎比较吻合，但与《暗红习作》的那位大侦探却有很大区别。在第一部小说中，华生说福尔摩斯“对当代文学、哲学和政治的了解几乎为零”。不过，在《红发俱乐部》的前半部分，当福尔摩斯解释他是如何推断出威尔逊是共济会会员时，那位当铺老板直率地说：“我一开始还觉得您神机妙算，说到底，这里面也没有什么了不起的东西。”福尔摩斯回应时，引用了罗马作家塔西佗的话，“莫测才是高深”。这不仅体现了福尔摩斯的博学，而且可以作为这起离奇案子的箴言。■

本幅插图刊登于*1891*年的《斯特兰德杂志》，描绘了福尔摩斯抓住从隧道出来的约翰·克莱的情景，配文为“没用的，约翰·克莱，你根本没有逃跑的机会。”

约翰·克莱

约翰·克莱是“他那个行当里数一数二的人物”。他是一个不可小觑的对手，大侦探福尔摩斯对他表现出来的精明和提出的挑战怀有一定的敬意。虽然克莱没有再次出现在探案全集中，但福尔摩斯似乎以前曾经见过他。福尔摩斯在案子结束谢绝酬劳时，曾说：“我自己也有一两笔小账要跟约翰·克莱先生算一算……有了这次在诸多方面都堪称独一无二的经历，我已经得到了巨大的回报。”和后文出现的莫里亚蒂这位出身名门的大反派类似，克莱是王室一位公爵的孙子。他曾在伊顿公学和牛津大学学习，伊顿公学是英国最出名的公立学校之一。有些福学家认为福尔摩斯上的是牛津大学。克莱对苏格兰场的警察琼斯表现出了明显的势利态度。比如，他让琼斯叫他“阁下”，要求琼斯给他戴手铐时不要用他那双“脏手”碰到他。

细枝末节是最重要的，其意义无可估量

《身份问题》（1891年）

背景介绍

类型

短篇小说

英国首次发表

《斯特兰德杂志》，1891年9月

文集

《福尔摩斯冒险史》，1892年

人物

玛丽·萨瑟兰，找寻失踪未婚夫的年轻小姐。

詹姆斯·温迪班克，玛丽的继父，年纪不大的一名酒商。

温迪班克夫人，玛丽的母亲，比第二任丈夫大15岁。

霍斯莫·安吉尔，玛丽失踪的未婚夫。

福尔摩斯和华生坐在贝克街221B的壁炉旁，福尔摩斯说：“生活比人们的任何想象都要奇异，人的想象根本不能与它同日而语。”接下来发生的故事正好证明了这一点。福尔摩斯站起身来朝窗口望去，看见一个戴着一顶“可笑帽子”、“表情茫然”的女子正在下面慌张地往上看。很快，一个小听差把她领了上来，介绍说她是玛丽·萨瑟兰小姐。

她正在焦急地寻找他的未婚夫霍斯莫·安吉尔，他是在婚礼当天早晨失踪的。对于细心的读者而

福尔摩斯眼中的萨瑟兰小姐

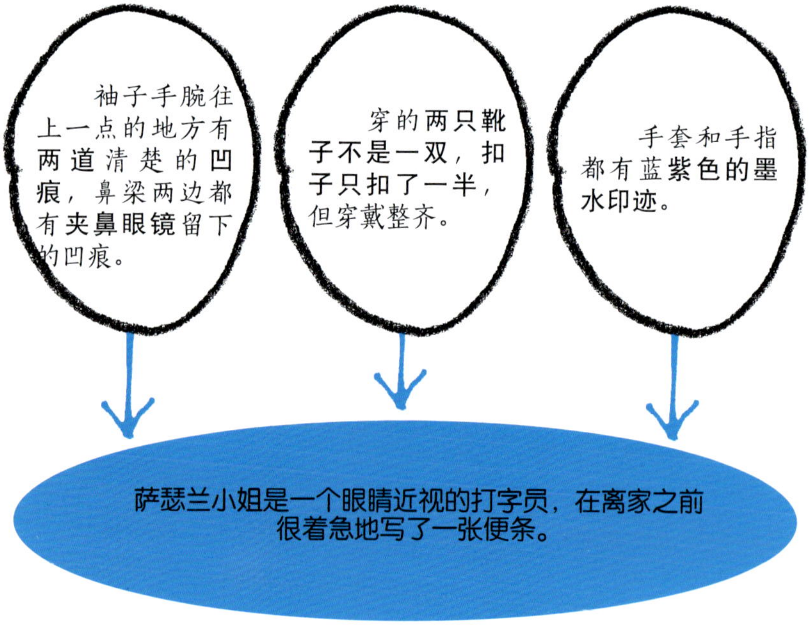

打字机在*1891*年非常常见，可以打出标准的文字。不过，每台打印机打出的字都有自己的特征，正是这些特征让福尔摩斯查出失踪男子的信件实际出自由温迪班克。

言，她的故事中有很多线索。萨瑟兰小姐和她的母亲以及继父詹姆斯·温迪班克生活在一起。她的一位叔叔给她留了一小份遗产，每年大约100英镑。她把这部分收入给父母使用，自己通过打字挣些钱。她和安吉尔见面时，恰好温迪班克都在外出。安吉尔口音略显含混，戴着有色眼镜，蓄有浓密的连鬓胡子和髭须。他寄给萨瑟兰小姐的信都是用打字机打出来的，并且只注明了邮局的地址。

随后的调查

福尔摩斯答应萨瑟兰小姐会进行调查，但劝她忘记安吉尔，她说不可能忘记。福尔摩斯指出，萨瑟兰小姐眼睛近视，但她真正的短视却是更深层次的：她因为缺乏怀疑精神，而沦为别人利用的对象。

安吉尔的信件让福尔摩斯有机会展示自己敏锐的观察能力。他发现其中打出来的有些字母具有一定的特点，所以很容易辨识。于是福尔摩斯邀请温迪班克到贝克街来一趟，正如福尔摩斯所料，他发现温迪班克的回信和萨瑟兰小姐收到的信件都是来自同一台打印机。

福尔摩斯与温迪班克的对决

福尔摩斯将事实摆在温迪班克的面前。他为了钱娶了萨瑟兰小姐的母亲，后来又开始享用萨瑟兰小姐的年金。如果萨瑟兰小姐结婚，他就会失去这笔收入。因为担心这件事的发生，所以温迪班克装扮成萨瑟兰小姐的一位追求者，后来又抛弃了她，希望她会因为失去爱情和优柔寡断而变得麻木，这样温迪班克就可以继续享用她的钱财。

毫无悔改之意的温迪班克冷笑说，法律也奈何不了他。福尔摩斯大怒道“这世上再没有哪个人比你更应该受到惩罚”，然后拿起自己的鞭子冲向那个“无情无义的畜生”，温迪班克吓得赶紧逃走。虽然很生气，但福尔摩斯又大笑起来，预言温迪班克“会一桩接一桩地犯下罪行”，最终走向绞刑架。

毫无疑问，这篇小说巧妙地证明了福尔摩斯开篇的论断：仔细观察到的事实要比精心虚构的事情更为离奇。但是，福尔摩斯拒绝将真相告诉萨瑟兰小姐，认为夺走她的幻想可能更为危险，这种不了了之的结局很让人困扰。实际上，这又把她放到了最初的位置上——心中充满了对那位求婚者的期待。此外，她寻求福尔摩斯的帮助后，什么都没有得到。她被刻画成一个软弱可笑的人物，但从故事来看，她是一个坚忍忠诚的受害者，自己的天真和质朴被最亲的人所利用。最恼人的是，她自己的亲生母亲也是这个骗局的同谋者，这种背叛是最伤人的。■

> **比较严重的罪行通常都比较简单，因为罪行越大，动机一般来说越明显。**
>
> 歇洛克·福尔摩斯

女性和财产

19世纪大部分时间，女性结婚以后就不再是法人，因此不能拥有财产。她的所有财产都属于她的丈夫。随着1870年、1882年和1893年《已婚妇女财产法案》的颁布，一切都发生了改观。女性结婚后不仅有权拥有自己的收入和财产，还有权拥有婚内获得的财产，比如遗传。因为这些改革，像温迪班克那样不知廉耻的贪婪丈夫要想利用婚姻获得财产可谓难上加难。在《身份问题》中，温迪班克设计了一个复杂的恶毒计划，以便掌握妻子和继女的财产。他首先说服妻子卖掉了前夫的生意，显然做了一笔亏本买卖。作为一名单身女性，萨瑟兰小姐有权使用自己的收入，但是温迪班克却利用她的纯真和慷慨，将她的财产据为己用。

再也没有比明显的事实更迷惑人的东西了

《博斯库姆溪谷谜案》(1891年)

背景介绍

类型

短篇小说

英国首次发表

《斯特兰德杂志》,1891年10月

文集

《福尔摩斯冒险史》,1892年

人物

查尔斯·麦卡锡,谋杀案受害者,佃户,来自澳大利亚。

詹姆斯·麦卡锡,主要嫌疑人,查尔斯·麦卡斯的独子。

约翰·特纳,富有鳏居的地主,将田地租给了查尔斯·麦卡锡。

爱丽丝·特纳,约翰·特纳的女儿。

雷斯垂德督察,苏格兰场的侦探。

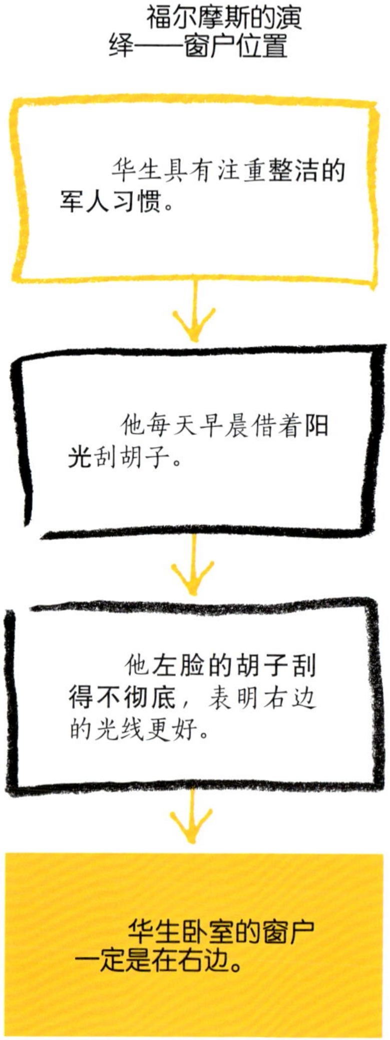

华生正和妻子在家悠闲地共进早餐时，收到了福尔摩斯的电报，邀请他一起坐11:15的火车前往帕丁顿。福尔摩斯没有给华生多少时间，虽然华生住处离车站很近，还是担心会赶不上。幸好，华生的妻子说临近有一位名叫安斯特鲁瑟的医生，会帮忙打理诊所较为繁忙的事务，于是华生快速奔向火车站。福尔摩斯正在车站等他，告诉他这是“一件极其难破的简单案子”。

一场致命的争吵

查尔斯·麦卡锡是乡下的一名佃户，发现死于树林环绕的博斯库姆池塘附近。他在附近没有什么朋友，除了地主约翰·特纳之外。特纳多年前曾在澳大利亚发了财，因为过去的相识对麦卡锡十分慷慨。谋杀嫌疑直指麦卡斯的儿子詹姆斯，他血气方刚，有人看见他和父亲曾在案发现场激烈争吵。据他自己称，后来他又返回来，发现自己的老父亲头部受伤，已经奄奄一息。

詹姆斯拒绝透露和父亲的争吵原因，当被问到老麦卡锡临死前说了什么时，詹姆斯说父亲含含糊糊地提到“一只老鼠”。此外，这个年轻人看起来深感内疚。有人看到他带着一支枪，枪托很沉，可以当作谋杀的钝器。福尔摩斯受特纳的女儿爱丽丝之托，她和詹姆斯从小一起长大，相信他绝对是清白的。

乡下之行

在《博斯库姆溪谷谜案》中，福尔摩斯和华生首次离开伦敦这个“巨大的污水池”，来到英格兰的乡下。福尔摩斯在电报中引诱华生说，那里空气新鲜，景色绝佳。这次旅行也让所涉人物脱下了他们的城市服装。福尔摩斯“身穿一件长长的灰色旅行斗篷”，比平时显得“更高更瘦”。而在车站接他们的苏格兰场警官的穿戴则有些许戏剧的效果。“尽管他用了浅棕色的风衣和皮绑腿来搭配眼下的乡土环境”，显然还是一副城市警探的样子。

判若两人的侦探

福尔摩斯和华生到达之前，雷斯垂德已经来了一段时间了。虽然他这次似乎并非公出，但还是官方警察的角色。和福尔摩斯一样，他显然也受雇前来洗清詹姆斯的罪名。不过，看起来他的首要任务却是说服旁边所有人这个年轻人是有罪的。在雷斯垂德看来，“老麦卡锡死在了小麦卡斯的手中，与此相反的一切假设都不过是水中捞月”。

在整套探案全集中，福尔摩斯和雷斯垂德的关系常常伴随着争吵，但从来没有像这则故事中那么突出。在其他故事中偶尔闪现的彼此尊重在这里消失得无影无踪。雷斯垂德对福尔摩斯的方法“表示冷漠和轻蔑”，而福尔摩斯严厉指责这位警官踩乱了现场。这两位侦探不停地互相攻击（但往往乐在其中）。在一次马车出行途中，二人上演了一长段互相嘲讽，最后雷斯垂德差点发火，“带着一点儿火气”厉声对福尔摩斯说话。

> 整件事当中包含着多少谜团、多少匪夷所思的状况啊！
>
> 华生医生

福尔摩斯对案件的判断取决于对心理以及案发现场的分析。当别人在詹姆斯的懊悔、沉默和明显的捏造中看到罪行时，福尔摩斯却发现这是一个伤心却无辜的人的情绪波动。福尔摩斯与詹姆斯在牢房中的对话在“镜头之外”，但福尔摩斯回来之后详述了过程。认真的年轻人拒绝透露信息，因为一名女子的声誉会因此受损，詹姆斯的沉默也源于此。不过，尽管詹姆斯之前不愿意和警察交谈，但善于操控

歇洛克·福尔摩斯标志性的猎鹿帽

猎鹿帽是一种由软布做成的前后有帽檐、两侧有护耳的帽子，已经成为歇洛克·福尔摩斯标志性的饰物。不过，奇怪的是，这种帽子的名字在探案全集中并未明确写出。在《博斯库姆溪谷谜案》中，柯南·道尔写道，福尔摩斯这次乡下之旅戴的是“一顶紧贴脑袋的便帽”；而在后面的《白额闪电》中，柯南·道尔写的是“带护耳的旅行便帽”。福尔摩斯目前在人们心中的标志性形象实际上全都归功于插图画家西德尼·佩吉特。佩吉特是为福尔摩斯戴上猎鹿帽的第一人，《博斯库姆溪谷谜案》在《斯特兰德杂志》上发表时，他配的图中就是一顶猎鹿帽。很奇怪，佩吉特竟然会给一位旅行中的城市绅士配上一顶不协调的乡土风情的帽子，不过佩吉特本人很喜欢在乡下时戴猎鹿帽。后文我们读到福尔摩斯趴在地上，沿着泥泞的博斯库姆溪谷追寻猎物，完全沉浸在追捕之中时，也许猎鹿帽就不会显得那么奇怪了。

> 我的方法你是知道的，就是建立在观察琐事的基础上。
>
> 歇洛克·福尔摩斯

别人的福尔摩斯还是从小麦卡锡口中套出了极为重要的事实。

猎犬附身

福尔摩斯在博斯库姆池塘旁边调查的场面可谓刻画福尔摩斯“猎犬附身”最生动的一幕。当福尔摩斯沿着小径寻找线索时，他一下子变了模样，看起来更像是一头野兽。“他的鼻孔似乎已经膨胀起来，装满了与动物无异的追猎渴望。”他神情紧张，弓着背，身体发生了扭曲，用冰冷的目光盯着地面。他的青筋突出，“瘦长有力的脖子上冒出了一条条鞭梢”。实际上，他的变化十分彻底。正如华生所说：“如果你只见识过贝克街那个沉静安闲的思想者和演绎专家，此时就没法认出他来。”

案发现场比较混乱，但福尔摩斯当然可以发现其他人都已忽略的一系列线索，最终向雷斯垂德展示了真正的凶器——一块形状不规则的石头，还告诉这位持怀疑态度的警官，凶手“是一个高个子男子，左撇子，右腿不太灵便，当时穿着一双鞋底很厚的猎靴和一件灰色的斗篷，抽印度雪茄，用烟嘴，兜里还装了一把不太锋利的削笔刀。”破案近在咫尺，福尔摩斯已经知道凶手是谁以及他的杀人动机了。

福尔摩斯追寻线索时，激情饱满，仿佛猎犬一样。左图源自《斯特兰德杂志》，描绘了福尔摩斯在博斯库姆池塘彻底调查现场的场景。

> 可我发现，福尔摩斯用不着追在那些离奇假设和古怪念头的后面跑，光是事实就已经够难对付的了。
>
> 雷斯垂德探员

缘起澳大利亚的谜案

随后，福尔摩斯在和特纳的私人会面中揭露了事实。特纳的财富似乎并非源自他的进取心，而是在澳大利亚当拦路抢匪捞到的。当时，他人称巴拉腊特（Ballarat）的黑杰克，所以受害者临死前模糊地提到了“一只老鼠”（a rat），读音与巴拉腊特的后半部分相同。麦卡锡目睹了特纳的一次暴力抢劫，多年来一直以此勒索特纳。但是，当他要求让特纳的女儿爱丽丝嫁给他的儿子时，这是特纳所无法忍受的。他的身体已经病入膏肓，一想到他的独女最后会落在最坏的敌人手中，特纳怒不可遏，想要彻底让麦卡锡闭上嘴。

当无法无天、有损名誉的事情发生在柯南·道尔笔下那井然有序的英格兰时，它们往往源自历史

约翰·特纳在过去、现在和未来的压力下，沦为一个谋杀犯。过去：曾在澳大利亚当过拦路抢匪，有一次抢劫时被麦卡锡看到了，麦卡锡威胁特纳要毁了他的一切。现在：麦卡锡利用把柄勒索特纳，换来了金钱、土地和房子。未来：麦卡锡最后索要的东西，特纳拒绝给予，那就是她女儿的婚姻。

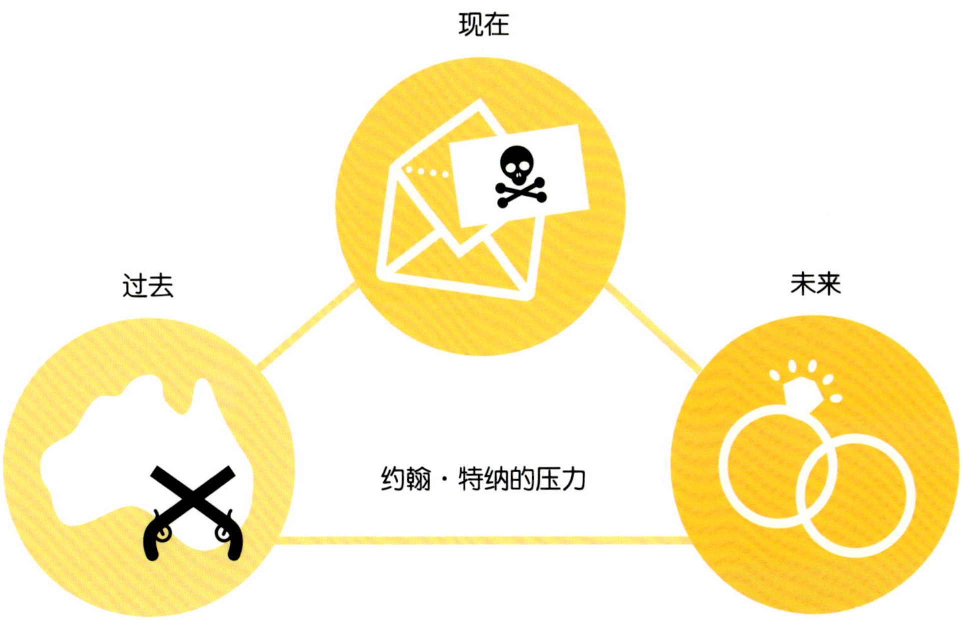

较短的国度。首当其冲的是美国，那里有腐化的摩门教徒、得克萨斯州的种族主义者，还有移民到那里的爱尔兰黑帮。不过，这些案件偶尔也会始于澳大利亚。本篇小说成文之时，澳大利亚早已不再是罪犯流放地。早在柯南·道尔十岁之前，最后一艘载有罪犯的船只就已经登陆澳大利亚的西海岸。不过，流放的概念仍流传了下来。

柯南·道尔笔下的澳大利亚充满着各种各样的机会，几乎没有争端。人们很容易在这片土地上用合法或非法的手段发家致富。像故事中的特纳一样，从澳大利亚以可疑的手段大发横财的浪子回到故土，这一主题柯南·道尔日后还会写道。《“苏格兰之星号”三桅帆船》中明显可以看到《博斯库姆溪谷谜案》的影子。

逍遥法外？

在《博斯库姆溪谷谜案》中，最复杂的当属解决方案带来的道德上左右为难的处境，至少对福尔摩斯而言是这样。不过，福尔摩斯并非第一次这样处理案件，也绝不是最后一次这样做。如果透露他所发现的所有细节，福尔摩斯可以还詹姆斯清白，但特纳和女儿的声誉都会因此受损。幸运的是，当顾问侦探比当警察有一些好处，在这个案子中，福尔摩斯就可以自由酌情处理。

既然已经履行了自己的义务，让小麦卡锡免于绞刑，福尔摩斯可以给整个故事一个圆满的结局：与特纳见面后，福尔摩斯拿到了他签名的供词。福尔摩斯答应特纳，除非迫不得已，不会使用这份供词。最后，福尔摩斯通过几份有力的抗辩意见，推翻了小麦卡锡的案子。詹姆斯和爱丽丝可以自由地共建美好的未来，完全不知道自家过去那些暗涛汹涌的历史。■

> **将来你们二人到了行将瞑目的时刻，想到曾经让我安心瞑目，也一定会觉得更加安心的。**
>
> 约翰·特纳

我就是最终的上诉法庭

《五粒橘核》(1891年)

背景介绍

类型

短篇小说

英国首次发表

《斯特兰德杂志》，1891年11月

文集

《福尔摩斯冒险史》，1892年

人物

约翰·奥彭肖，来自西萨塞克斯霍舍姆的年轻地主。

约瑟夫·奥彭肖，约翰的父亲，曾经营一家自行车厂，已经去世。

伊莱亚斯·奥彭肖，约翰的伯父，在萨塞克斯退隐之前曾住在美国，已经去世。

1891年初，柯南·道尔已经写好了《五粒橘核》，但因为一场流感直到5月份才将它寄给《斯特兰德杂志》。这是福尔摩斯故事中最离奇、最伤感的一篇。福尔摩斯未能阻止罪犯谋杀他的年轻主顾，也没有擒获谋杀者，谜案最后也没有完全水落石出。不过，柯南·道尔还是把它列为自己最喜欢的故事之一。

华生简单解释了公开这件案

奥彭肖家族的三位成员在收到邮寄来的五粒橘核后，都意外死去：先是约翰的伯父伊莱亚斯，然后是约翰的父亲约瑟夫，最后是约翰本人。

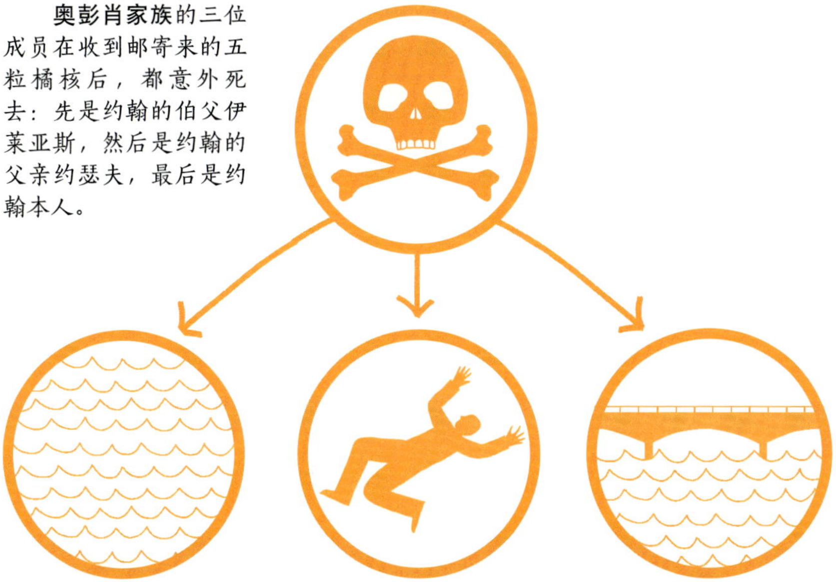

伯父
伊莱亚斯收到从印度寄来的信件七周后，被发现趴在一个很浅的水池中死去。

父亲
约瑟夫收到从邓迪寄来的信件三天后，掉到了一处白垩矿坑中。

儿子
约翰受到从伦敦寄来的信件两天后，在滑铁卢桥附近落入泰晤士河，不幸淹死。

子的原因。他说，总有些案子只澄清了一部分，“案情的解释更多是基于假想和推测”，而《五粒橘核》就是其中之一。不过，案子惊人的细节让他觉得值得记述。实际上，正是其中丰富的描写造就了这篇小说。当然，柯南·道尔可能觉得一次失利会让故事整体上更真实，更吸引读者，因为他们不知道下个案子会不会有圆满的结局。

暴风雨中的故事

这则故事发生在1887年9月，开始于一场强烈的暴风雨之中，华生用描写做了预见性的烘托。似乎整个世界都可能轻而易举地被混乱所吞没，需要福尔摩斯时刻警惕才能阻止恐怖的来临。正如探案全集中通常设定的那样，伦敦被视为理性的天堂，危险总是潜伏在远处的乡村。不过，这个避难所是脆弱的，福尔摩斯必须时刻警戒，时刻施以保护。难怪他的情绪十分暗淡。

正当狂风暴雨肆虐之时，门铃响了。因为天气过于糟糕，福尔摩斯平日的预见能力似乎也受到了影响。他认为这样的夜晚不会有主顾上门，来人应该是房东的“密友”。他说错了，来人确实是一位主顾——一个20岁出头的年轻人，被大雨浇得湿淋淋的，深受焦虑所困。

恢复了警觉之后，福尔摩斯立刻演绎出此人来自伦敦西南部，从靴子上白垩和黏土的混合物可以得知这一点。正如华生后文所承认的，与侦探工作相关的任何领域，福尔摩斯都了若指掌，其中就包括地质学在内。年轻人说他是从霍舍姆附近来的，今位于西萨塞克斯郡，那里的白垩岩南唐斯丘陵的山脚下发现了独特的蓝色重黏土。

三封信

说明自己的来处之后，那个年轻人说自己名叫约翰·奥彭肖，讲述了家里发生的“一连串神秘莫测、无法解释的事件”。他的父亲约瑟夫靠生产自行车和“防爆轮胎”的专利积累了可观的财富。与此同时，他的伯父伊莱亚斯移民去了美国，在佛罗里达州当起了种植园主，美国内战期间曾获得上校军衔，为邦联军而战。后来不知道

此插图选自《斯特兰德杂志》，上面画的是约瑟夫·奥彭肖收到五粒橘核时的情景。他是家中被三K党害死的第二人。在收到橘核三天后死亡。

三K党

库·克鲁克斯·克兰（三K党）于19世纪60年代末美国内战结束后出现在南部各州。当时南方对解放奴隶，以及给予黑人选举权的做法十分不满，仇恨不断酝酿。据称，1866年曾经在邦联军当军官的六个人成立了一个社交俱乐部，这就是三K党的起源。他们将俱乐部命名为“库·克鲁克斯·克兰”，以此嘲讽大学时用希腊字母命名的兄弟会。他们身穿白色长袍，恐吓当地的黑人。不过，这种玩笑很快升级为暴力恐怖事件。身穿白色忏悔服的成员骑着马在南方巡视，杀害黑人，并烧毁他们的房子。

邦联军队将军内森·福瑞斯特是该组织的第一任“大巫师”，不过这伙人吸引了南方所有心怀怨恨的白人。他们以私刑处死了成千上万的黑人，或射杀，或将其活活烧死在家中。福尔摩斯在百科全书上找到的三K党词条是真是假，我们不得而知。我们也不知道三K党是否使用橘核作为警告。不过，他们的行动绝对是秘密进行的，从恐吓到暴力，他们无所不用其极，目的就是让对方恐惧并且忠诚。

美国总统格兰特大举镇压三K党之后，这个组织的活动确实在1870年左右逐渐消失，正如柯南·道尔在故事中所讲的那样。不过，三K党只是转入地下，20世纪初又东山再起，最近也再次兴起。

为什么，1869年前后回到萨塞克斯隐居起来。约翰认为伯父离开美国是因为“反感共和党政府赋予黑人选举权的政策”。不过，我们在后面会发现，这仅仅是故事的冰山一角。

脾气暴躁的伊莱亚斯过着隐居的生活，他似乎只关心他年少的侄子约翰，并把家里的大权都交给了他，唯独阁楼上着锁，从不让他进去。1883年3月的一天早晨，伊莱亚斯收到了一封从印度庞第切瑞寄来的信后大惊失色。信里只有五粒橘核，信封上写着“KKK”，还有一张纸条。伊莱亚斯没有让约翰看那张纸条。他慌张地冲到阁楼，拿来了一个黄铜箱子，盖子上也写着“KKK”这几个字母。随后，伊莱亚斯烧光了箱子里所有的文件，并立好遗嘱将财产留给约翰的父亲约瑟夫。七个星期后，他们发现伊莱亚斯死在了一个很浅的水池中。死因调查陪审团给出的结论是自杀，但约翰并不相信。

约瑟夫继承了房子之后，一年里相安无事，直到1885年1月他收到了一封信，邮戳是苏格兰的“邓迪”，里面有五粒橘核，信封上写着“KKK”的字样，以及“把文件放在日晷上”。因为伊莱亚斯已经烧毁了所有相关文件，约瑟夫并没有按照信件的要求去做。三天后，他掉入白垩矿坑中身亡。

后来，约翰继承了所有遗产，两年的时间一直都很太平。不过，在找福尔摩斯的前一天，他也收到了一封信，情形与约瑟夫收到的一样，只是盖的是伦敦的邮戳。

> **看到这一幕，我忍不住想笑，可我又看到了他的脸，笑容就僵在了嘴边。只见他面如死灰，嘴巴合不拢，眼球突出……**
>
> 约翰·奥彭肖

福尔摩斯的演绎

听了约翰的故事，福尔摩斯很吃惊，并立刻意识到了这位主顾面临的可怕危险。当约翰告诉他警察并不把他的处境当成一回事时，福尔摩斯愤怒地说：“愚蠢得叫人无法相信！”约翰找到一张烧黑了纸片，上面写着些“谜一样的文字”，这是那个黄铜箱子里遗漏下来的。福尔摩斯建议约翰立刻回家，将这张纸放在日晷上，再写一张字条说明其他的文件都已烧毁，这是唯一存留的一张。

当约翰在黑夜中离开时，福尔摩斯向华生解释了他眼中的案情。仅从约翰的口中，福尔摩斯已经得出了整个事件的始末。福尔摩斯解释说，正如法国博物学家居维叶（1769—1832）能够通过一根骨头就能描述出整只动物一样，“只要彻底掌握了一系列事件中的一环，善于观察的人也应该可以精确地阐明之前之后的所有环节”。福尔摩

> **我们应该在自己那间小小的大脑阁楼里储备自己用得上的所有家具，而且只应该储备这种家具，别的东西都应该扔进杂物间的藏书室，要用的时候再去取。**
>
> 歇洛克·福尔摩斯

斯不是第一个受到居维叶启发的侦探人物。埃德加·爱伦·坡《莫格街凶杀案》中的C. 奥古斯特·迪潘，以及埃米尔·加博里欧笔下的勒考克先生都从居维叶那里汲取了灵感。

新一代侦探以逻辑为基础的破案方法与警察完全不同。警察们只会孤立地看待案情，利用眼前的事实，而不会利用其他渠道的信息，比如涵盖广泛的知识库，然后找到不同信息之间的联系。这也是小说中警察常常会激怒福尔摩斯的一个原因。只有在现代，科学的逻辑思考才成为警方破案时的一种调查方法。

秘密组织

福尔摩斯推论，伊莱亚斯肯定是因为某种特殊原因才离开了美国，他的隐居生活表明他在躲避着什么人。谋杀者的迅速高效说明他们背后有一个组织，而非个人行动。“KKK”肯定是该组织的首字母。福尔摩斯让华生看《美国百科全书》上的“KKK”词条，这是“库·克鲁克斯·克兰”的首字母所写，美国内战后由前邦联军队的士兵组成。在几年的时间里，他们就因为杀害异己人士和黑人而恶名昭著。他们通常会将橡树枝和瓜子寄给对方作为警告，正如本案中的橘核。

福尔摩斯认为，橘核是一种警告，必须按照三K党的要求去做，否则就要面对后果。根据遗漏的那张纸上的内容，福尔摩斯认为，烧掉的文件列有三K党之前曾经发送橘核的名单以及他们的结局。福尔摩斯猜测，伊莱亚斯·奥彭肖拥有这份名单，肯定对那个组织造成了巨大威胁。有趣的是，他1869年离开美国与三K党在现实生活中突然瓦解的时间相符。福尔摩斯还发现，杀手到达的时间要比警告信到达的时间长，这说明他们坐的是帆船，因为信件所走的汽轮要快很多。来自庞瑞切蒂的人和信差了七周，来自邓迪时差了仅三天。最近收到的信邮戳显示是伦敦，说明杀手现在近在咫尺。

灾难来袭

福尔摩斯做出精彩的分析后，觉得当晚没有什么可做的，拿起小提琴拉了起来。不过，福尔摩斯这次和以往不同，他这次得出了错误的结论。第二天早晨，他和华生起床后发现报纸登出了一份报告，年轻的约翰·奥彭肖遭遇了不测，有人发现他在滑铁卢桥附近的泰晤士河溺水而亡。华生写道：“福尔摩斯比我看过的任何时候都更加

1945年，电影《恐怖屋》上映。这部影片以《五粒橘核》为基础，讲述了福尔摩斯在一间古老的城堡中调查一系列谋杀案的故事。每位受害者死前都收到了橘核。

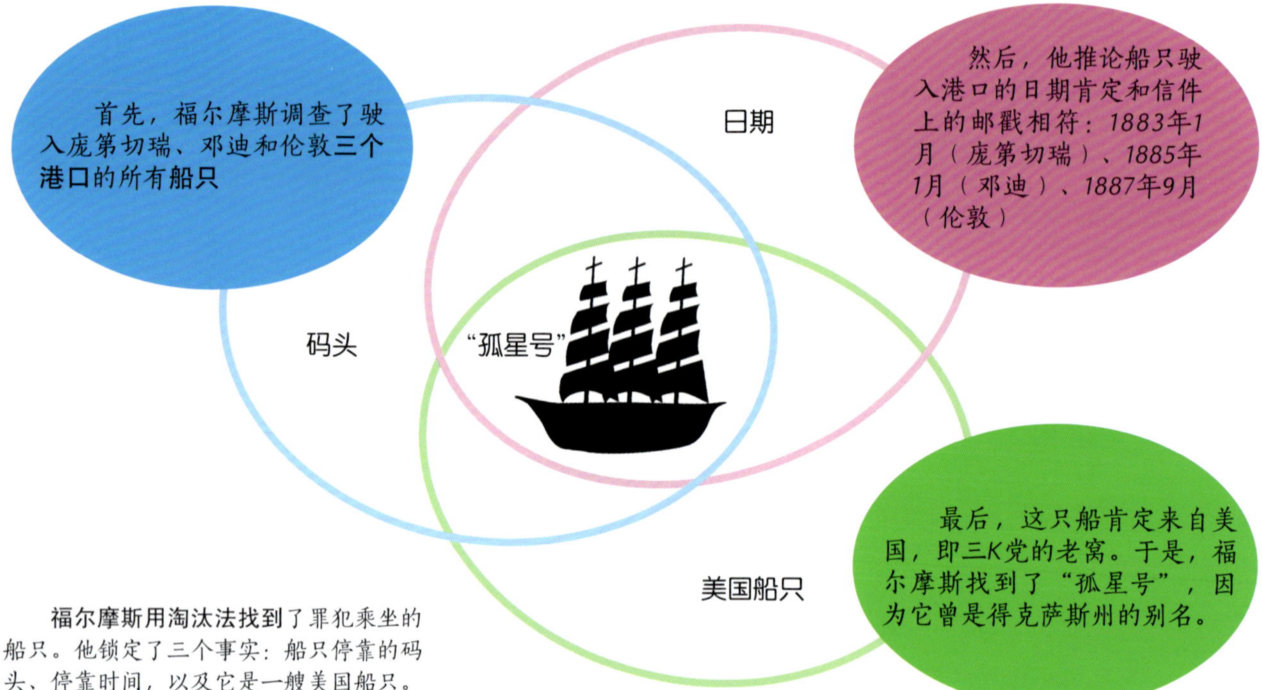

福尔摩斯用淘汰法找到了罪犯乘坐的船只。他锁定了三个事实：船只停靠的码头、停靠时间，以及它是一艘美国船只。满足这三个条件的船就是他要找的目标。

沮丧，更加震惊。”

令人沉痛的结局

福尔摩斯决意要替奥彭肖报仇，他发誓会捉拿凶手。警察是不值得信任的。他说：“我的警察由我自个儿来当。等我把网织好之后，可以让他们来捉现成的苍蝇，之前可不需要他们的参与。”

令人称赞的是，福尔摩斯正是这样做的。他在劳氏船级社查到，一艘名为“孤星号”的美国帆船在正好在那段时间停靠在庞第切瑞和邓迪，并且刚刚离开伦敦，准备返航佐治亚州的萨凡纳。船上有三个美国人，包括船长詹姆斯·卡尔洪。福尔摩斯知道信件所搭的汽轮会比“孤星号”早到萨凡纳，所以寄出了一封信，上面写着“佐治亚州萨凡纳，孤星号帆船，詹姆斯·卡尔洪船长收”。里面有五粒橘核，封口内侧写着“S.H.代替J.O.”，意为“歇洛克·福尔摩斯代替约翰·奥彭肖”。他还给萨凡纳的警方发了电报，在罪犯达到时尽快逮捕他们。

> **从现在开始，这件案子就是我的个人恩怨。只要老天不叫我倒下，我就要亲手逮住这帮匪徒。**
>
> 歇洛克·福尔摩斯

在福尔摩斯探案全集中，这起案件可以说是办得最精彩的一件。在24小时之内，福尔摩斯仅仅通过一个装有五粒橘核的信封和三个首字母，就锁定了大洋彼岸那个令人闻风丧胆、无恶不作的组织的头目，并且为抓捕他们做好了安排。不过，尽管福尔摩斯这一系列行动都很成功，那个来找他帮忙的年轻人却已命丧黄泉。此外，“孤星号”最终并没有到达萨凡纳。海上的风暴十分猛烈，福尔摩斯听说“有人在大西洋的深处看见了一块船尾骨架的残片，正在浪谷之中颠簸辗转，残片上刻着‘孤星号’的字样”。这则故事记录了福尔摩斯最成功的演绎法之一，但也许也呈现了最令人难过的结局。

故事引发的反响

《五粒橘核》发表之后不久，埃德蒙、迪尔温、威尔弗雷德和罗纳德·诺克斯四兄弟详细分析了这起案件，发现了一连串不准确以及矛盾之处。他们把自己的发现写信告诉柯南·道尔，但作者很长时间没有回复。20年后，也就是1911年，罗纳德·诺克斯正式发表了一篇分析福尔摩斯故事的文章，名为“歇洛克·福尔摩斯文献研究”，开启了称为“大游戏”的福学研究。这一游戏愈演愈烈，福迷们研究故事，分析其中的错误，仿佛福尔摩斯真有其人一样。

当诺克斯把这篇文章寄给柯南·道尔时，他终于打破沉默，回复说：“读了你写的福尔摩斯一文，我禁不住要写信告诉你它给我带来的乐趣和惊讶……竟然会有人下这么大的功夫研究这些故事，我感到很惊奇。显然，就这些故事而言，你比我知道的要多。我在撰写这些故事时，并不是连贯的（也不够仔细），没有回顾之前所写的故事。”

上图为1888年从亨格福德桥看到的滑铁卢桥风景。三K党最后的目标约翰·奥彭肖就是在这里被杀。不过，官方的定论却是“意外的惨祸”。

在分析《五粒橘核》时，大游戏的爱好者们表示不相信一贯正确的福尔摩斯会让他的主顾在黑夜离开，去面对死神。他们还批评说，死因调查陪审团对伊莱亚斯·奥彭肖的自杀判定是不可信的，并且找出了现实中三K党与柯南·道尔笔下三K党的矛盾之处。他们甚至质问，为什么三K党不直接取回那些可能有损他们声誉的文件。

伊莱亚斯·奥彭肖

在《五粒橘核》中，柯南·道尔采用了一种侦探和恐怖小说中常用的手法，因为某人的过去，其本人或后代遭受牵连。在伊莱亚斯·奥彭肖这个案子中，在他认为自己早已将三K党甩掉很久时，他们又找上门来。伊莱亚斯的侄子回忆说，他的伯父“脾气火爆，发怒的时候说话难听极了”。伊莱亚斯是个种族主义者，在佛罗里达州的种植园发了财，美国内战期间曾为邦联军效力。读者只能猜测，他1866年加入了三K党，并参与了他们的残暴行动，大约1869年带着一些可能对很多三K党成员不利的文件逃离美国。不过和类似小说不同的是，读者永远不会知道伊莱亚斯做了什么，这些文件是如何到了他的手里，他为什么离开美国，三K党为什么追捕他。柯南·道尔故意没有提供这些背景信息，而是巧妙地将这一段过去设置成一个谜，读者只有干着急的份了。

能力与出错

虽然参加大游戏的福迷们研究得十分彻底，但他们在分析和批评这个故事时却没有抓住要点。《五粒橘核》胜在气氛的烘托，五粒小小的橘核象征着可怕的力量，每次出现都意味着一个人的死亡。随着黑暗时间和秘密冲突穿过大洋，来到安静的萨塞克斯郡的乡下，故事也集聚了无法阻挡的态势。

在其他福尔摩斯故事中，我们从来没有看到大侦探如此脆弱，如此深切地意识到自己打击犯罪的巨大责任。他向年轻的主顾坦白说：“我就是最终的上诉法庭。”在这篇小说里，我们看到福尔摩斯知道自己肩负重任。未能拯救主顾这一事实深深地刺痛了福尔摩斯，也许正是因为在他的辉煌生涯中时不时点缀着一些错误和同情，才让福尔摩斯深入全球读者的心中，流芳百世。■

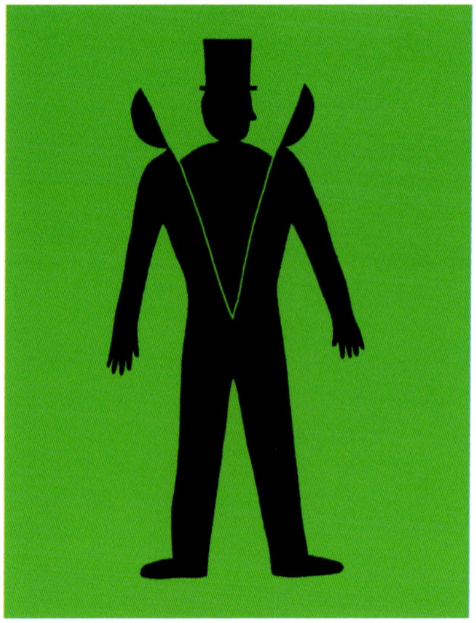

迟些明白总比永远蒙在鼓里要好

《翻唇男子》（1891年）

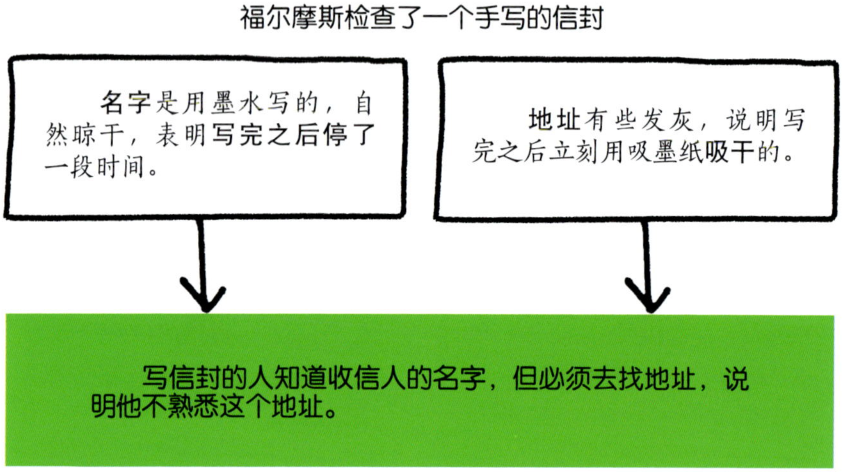

背景介绍

类型
短篇小说

英国首次发表
《斯特兰德杂志》，1891年12月

文集
《福尔摩斯冒险史》，1892年

人物

内维尔·圣克莱尔，富裕的商人。

休·布恩，长相丑陋的乞丐。

圣克莱尔太太，内维尔·圣克莱尔的妻子。

艾萨·惠特尼，华生的病人，有大烟瘾。

凯特·惠特尼，艾萨的妻子，玛丽·华生的老朋友。

玛丽·华生，华生的妻子。

这篇小说与众不同的是，开始于华生的家里。那天晚上，华生和妻子玛丽在家，突然玛丽的朋友凯特·惠特尼来访。凯特的丈夫艾萨犯有烟瘾，已经两天没回家了。凯特怀疑他正在一家烟馆里。作为艾萨的医生，华生决定亲自去把他找回来。这段场景极为罕见地向我们展示了华生的家庭生活。当他说“事情总是这个样子，大家一遇到伤心事就来找我妻子，就跟鸟儿飞向灯塔一样”，语气里似乎既饱含深情，又有一种屈从的感觉。

烟雾缭绕之中

华生到了伦敦桥附近的黄金烟馆，走进一个“幽深低矮的房间，房间里弥漫着褐色的鸦片烟雾，摆满了一张又一张的木榻，光景跟移民船船头的水手舱相去无几”。华生很快找到了艾萨·惠特尼，和他妻子预想的可悲境地一样。令华生大为吃惊的是，他还在喃喃自语的瘾君子中发现了福尔摩斯。福尔摩斯化装成一个老迈的烟鬼，显然是在进行调查。华生把惠特尼送上马车，加入了老朋友破案的征程。

福尔摩斯向华生讲述了自己的任务：一个名叫内维尔·圣克莱尔的正派商人失踪了。他最后一次被人看到，就是在这间烟馆楼上的窗口，当时他的妻子恰好经过看到了他。圣克莱尔太太赶到房间，却发现那里只有一个衣衫褴褛、面部丑陋的乞丐，名叫休·布恩。窗台上有血迹，圣克莱尔的衣服等物品藏在屋内，并且飘在屋外的河上。布恩被捕，但因为没有进一步的线索，圣克莱尔太太委托福尔摩斯一探究竟。福尔摩斯认为这可能是一起谋杀案。他知道这家烟馆是"整个河滨地区最凶险的杀人器具"，那个印度水手掌柜是个"前科累累、劣迹昭彰的家伙"。

同一个人

不过，令福尔摩斯吃惊的是，圣克莱尔太太收到了丈夫手写的信，说他一切安好时，因此福尔摩斯之前的推论完全不对。华生睡觉时，福尔摩斯终于找到了答案，他批评自己没有早点儿看清事实，和华生一起赶到弓街的警察局，用洗澡用的海绵洗清了整件事。

福尔摩斯用海绵清洗关在监里的乞丐的脸，结果发现休·布恩和内维尔·圣克莱尔实际上是同一个人。圣克莱尔曾经是个演员，后来成为一名记者。有一次为了写一篇报道，他发现乞丐挣钱是多么容易。于是多年来，他一直装扮成乞丐，用这种简单的方式赚钱。他的换装地点就在那间烟馆的楼上，不料他的妻子不小心看到房中的他。他虽然掩盖了自己的秘密，但却被指控犯有谋杀罪。不过，最后圣克莱尔因为实际上没有犯法，被无罪释放，并发誓不再装扮成休·布恩。

"那个卑鄙的印度水手"

柯南·道尔因为开烟馆的那位印度水手，时不时遭到种族歧视的批评。这里说的印度水手在英国船只上工作，很多人定居在伦敦。不过，福尔摩斯对那位印度水手的鄙夷似乎源自他的杀人如麻，而不是他的种族。对现代读者而言，印度水手还没有《三尖别墅》中那位充满讽刺意味的黑人拳击手史蒂夫·迪克西令人厌恶。■

此幅版画名为"艾德温·德鲁德之谜中印度水手的房间"，出自古斯塔夫·多雷之手，刻画了维多利亚时代烟馆的破烂与肮脏。版画作于1872年，《艾德温·德鲁德之谜》的作者狄更斯去世两年后。

维多利亚时代伦敦的烟馆

通过华生再现的维多利亚时代的烟馆内部烟雾缭绕，污秽不堪，这段描写十分具有感染力，似乎是以当时一家烟馆为原型撰写的。柯南·道尔肯定知道19世纪伦敦最著名的烟馆，这家烟馆并不是印度水手开的，而是一个名叫"阿兴"的中国移民。来抽鸦片的大多是中国水手，不过好奇的绅士以及文学圈的人物也会造访此地。阿兴的烟馆因为狄更斯最后的作品《艾德温·德鲁德之谜》而名留千古。阿兴喜欢吹嘘，这位伟大的小说家曾来过他的烟馆。

不过，当时伦敦烟馆的数量要比文学作品和大众媒体影射的少很多。1868年《药房法》限制了出售给药剂师的鸦片数量，伦敦很多瘾君子可能并不是人们脑海中那些在烟雾缭绕吸食鸦片的移民，而是定期开鸦片酊止痛或治疗其他症状的人。当时，鸦片酊十分普遍，有时被誉为"19世纪的阿司匹林"。

那些比它更大、历史比它更长的宝石，兴许每一个琢面上都刻着一桩血淋淋的罪行

《蓝色石榴石》（1892年）

背景介绍

类型

短篇小说

英国首次发表

《斯特兰德杂志》，1892年1月

文集

《福尔摩斯冒险史》，1892年

人物

亨利·贝克，大英博物馆的雇员，酗酒者。

彼得森，杂役。

莫尔卡伯爵夫人，蓝色石榴石的主人。

凯瑟琳·丘萨克，莫尔卡伯爵夫人的女仆。

布瑞金里奇，柯汶特花园市场的家禽小贩。

约翰·霍纳，管子工，被控窃取蓝色石榴石。

詹姆斯·赖德，大都会酒店的侍应。

这个故事在圣诞节两天后一个结霜的早晨拉开序幕。这一天华生去拜访福尔摩斯，发现他的朋友正在检查一顶旧帽子。这顶“破旧不堪的小礼帽”是圣诞节早上一个名叫彼得森的杂役发现的，同时还有一只大肥鹅。彼得森亲眼看到帽子和大肥鹅的主人被街上的一群小流氓袭击。在接下来的争斗过程中，受害者丢下帽子和大肥鹅逃跑了。彼得森捡起它们，直接来到福尔摩斯家，讲述了事发经过。他把帽子留给福尔摩斯检查，带着大肥鹅回家让妻子烤上。

惊人的发现

读者很快就知道失主名叫亨利·贝克。通过查看帽子，福尔摩斯得出：贝克是个中年男子，头发花白，最近刚刚理过，还抹着柠檬发乳。更神奇的是，福尔摩斯推断，贝克学识渊博，曾经十分富裕，不过现在时运不济（可能是因为酗酒）。他的身体不是很好，

珠宝盗窃案

虽然珠宝盗窃的故事很引人入胜，但是如果看一看柯南·道尔撰写《蓝色石榴石》前后中央刑事法庭的记录，我们会发现没有几件类似的案件。大多数案件都是些微不足道的入室盗窃案，所涉及的金额没法与伯爵夫人著名的石榴石相比。

不过，在小说当中，柯南·道尔的妹夫E. W. 赫尔南即将创作史上最伟大的珠宝大盗之一。赫尔南迎娶的是柯南·道尔的妹妹康妮。1898年，E.W.赫尔南写了第一篇神偷拉菲兹的故事，后来又续写了26篇。正如福尔摩斯的事迹由华生记录，拉菲兹的冒险经历也由他之前的搭档邦尼·曼德斯记录。这些故事结集成书，第一部名为“业余神偷拉菲兹”，发表于1899年，书上写着“献给亚瑟·柯南·道尔，作为一种恭维”。

家里没装煤气灯。福尔摩斯指着帽子的大小说："一个人长了颗这么大的脑袋，里面总得有点儿东西吧。"在这里，福尔摩斯使用了现已证明是伪科学的颅相学知识，他敏锐的演绎法也因此受到了一点点损害。

彼得森突然闯进来，兴奋地说他的妻子准备烤鹅时，在它的嗉子里发现了一颗大个的蓝色宝石。福尔摩斯立刻认出了那颗著名的蓝色石榴石，就是莫尔卡伯爵夫人最近在大都市酒店失窃的那颗。一位名叫约翰·霍纳的管子工被当作犯罪嫌疑人抓了起来。当穷困潦倒的帽子的主人亨利·贝克出现，不经意间为大侦探福尔摩斯提供了第一条线索后，福尔摩斯的兴趣立刻被引发。贝克显然不关心鹅肚子的东西，他告诉福尔摩斯这只鹅是在"购鹅俱乐部"买的，这个俱乐部是大英博物馆附近阿尔法酒馆的老板组建的。

柯南·道尔的脚步

福尔摩斯和华生穿过"名医汇集"的温坡街和哈莱街，走到布鲁姆斯伯里的那家酒馆，这条路曾经是柯南·道尔每天的必经之路。1891年有几个月，就在写这篇小说之前，柯南·道尔正好住在大英博物馆的后面，在温坡上街开了一家诊所当眼科医生。他租了一间诊察室，与人合用一间候诊室，不过病人太少，用他自己的话说"两个房间都成了候诊室。"柯南·道尔没过多久就弃医从文，全身心投入到作家这一蒸蒸日上的职业中。

> 机缘巧合，咱们碰上了这样一个独特至极、离奇至极的问题。
>
> 歇洛克·福尔摩斯

19世纪柯汶特花园市场的场景，本篇小说中所说的大肥鹅就在这里售卖，市场上挤满了兜售新鲜农产品的小贩以及买东西的人。

魔术师福尔摩斯

除了惯用的外出搜集信息之外，福尔摩斯在追捕珠宝盗窃犯的过程中还运用了一些心理操控术。碰到卖鹅给酒馆的小贩时，福尔摩斯利用那个人喜欢赌博的弱点，从他那里套出了想要的信息。后来，他又用精心设计的震慑法证明了一个人的清白和另一个人的过失。

故事结尾部分，大都市酒店的高级侍应詹姆斯·赖德坦白，在伯爵夫人女仆凯瑟琳·丘萨克的帮助下，他偷了那颗宝石。随后，他因为知道霍纳犯有前科，将罪名安在了霍纳的头上。赖德在倒卖赃物方面没有什么经验，于是带着宝石去见一个熟人，他进过监狱，可以帮他把宝石卖出去。因为担心会被警察拦截，赖德把宝石藏在鹅肚子里。这只鹅是姐姐答应送给他当圣诞节礼物的，不过他最后却错抱了另一只鹅。与此同时，那颗宝石从柯汶特花园市场，经阿尔法酒馆以及托特纳姆宫廷路的一场争执，安然无恙地到了福尔摩斯手中。

圣诞心绪

《蓝色石榴石》相当于福尔摩斯圣诞特刊，蕴含着狄更斯式的暖心救赎。文中充满了轻松幽默的时刻，福尔摩斯将之称为"宽恕的时节"，最后放走了那个心烦意乱、懊悔万分的罪犯。■

暴行终归会报应到施暴者的头上

《斑点带子》（1892年）

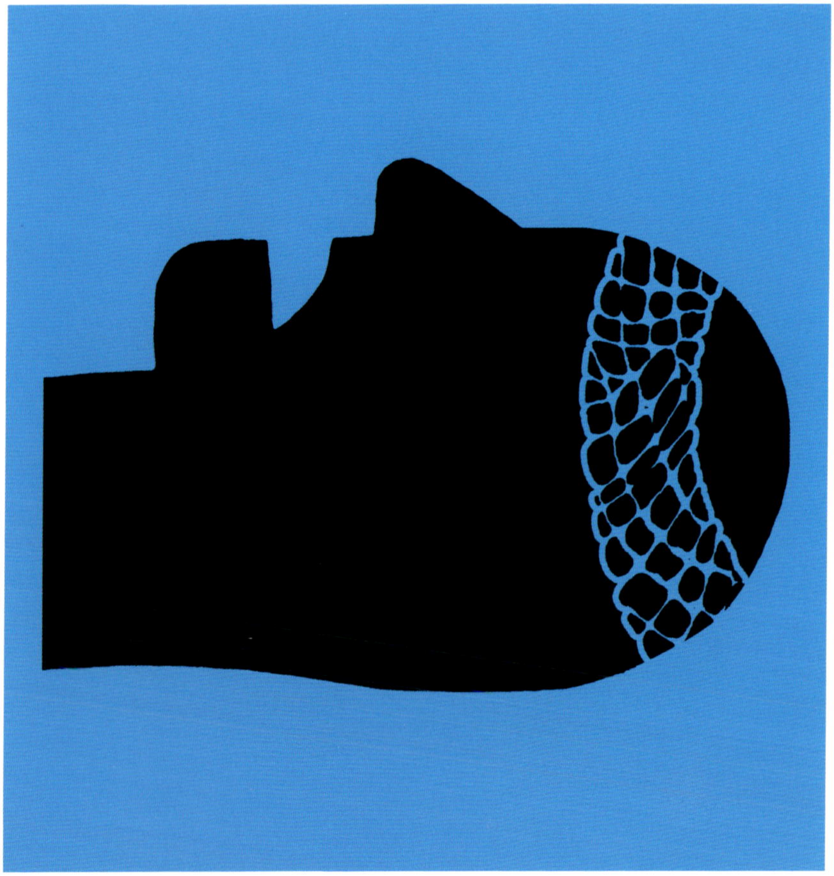

背景介绍

类型

短篇小说

英国首次发表

《斯特兰德杂志》，1892年2月

文集

《福尔摩斯冒险史》，1892年

人物

格莱米斯比·罗伊洛特医生，曾经做过医生，现鳏居，住在萨里郡家族的宅子里。

海伦·斯托纳，罗伊洛特医生的继女，和继父同住在萨里郡。

茱莉亚·斯托纳，海伦的双胞胎姐姐，两年前离奇去世。

故事一开篇，华生显然是想吊起读者的胃口。“就我记忆所及，其中还没有哪一件比我即将讲述的这件案子更加古怪离奇。这件案子牵涉到萨里郡的一个望族，也就是斯托克莫兰的罗伊洛特家族。”他说，现在他将要讲述一个保守了很长时间的秘密，因为“一位女士的过早离世”，不得泄密的禁令才得以解除。这是一种经典的文学手法，用来吸引读者，给过去发生的故事蒙上一层即时的面纱。虽然开篇没有说明该女子姓甚名谁，但从后文我们可以看出她显然是海伦·斯托纳。福尔摩斯救了这

左图为佩吉特所绘插画，其中充满恐惧的海伦·斯托纳掀起了面纱。她在一个有力男人的控制之下，是福尔摩斯接触的典型女性主顾。不过，在这个案子中她也在破案中起到了作用。

位主顾的性命多年后，她因为自然原因近期离世。

请求帮助

1883年4月一天清早，一个大约30岁的女子来到贝克街221B，神情极度焦虑。实际上她来得特别早，华生还没有起床。福尔摩斯很快叫醒华生，华生穿上衣服来到起居室，看到了一位女士，她蒙着面纱，一袭黑衣。

注意到她的紧张之后，福尔摩斯立刻让她靠近壁炉坐着，并叫人给她端了一杯热饮，帮助她放松情绪。为了消除她的疑虑，福尔摩斯展示了自己的演绎能力。福尔摩斯说，通过她外套左边袖子上的泥点以及手中拿的车票，他知道她是坐轻便马车到的车站，然后乘坐早班火车到的伦敦。这正是这位饱受惊吓的女士所需要的。她说："我听说，福尔摩斯先生，您能够洞察世人心里的种种邪恶。兴许您可以告诉我，我应该怎么应付笼罩在我身上的种种危险。"她相信自己终于找到了一个人会认真对待她的恐惧，并且能够施以援手，于是向福尔摩斯和华生讲述了一个令人恐惧的故事。

斯托克莫兰的罗伊洛特

这位女士名为海伦·斯托纳，和继父格莱米斯比·罗伊洛特医生住在一起。罗伊洛特医生出生于英格兰最古老的家族之一，是这个家族的独苗。罗伊洛特家族曾经富甲一方，不过最近几百年挥霍无度的继承人将家族产业败光。到了格莱米斯比·罗伊洛特这一代，家族就只剩下萨里郡斯托克莫兰的一幢老宅子，以及一大笔债务。罗伊洛特拿到医学学位后去了印度，在那里办了一家成功的诊所。但是，正当他的财务状况有所改善时，他的"脾气暴烈得近于疯狂"。一天，在暴怒之下，他打死了自己的男管家，因此身陷囹圄。在监狱服役很长一段时间之后，罗伊洛特遇见了年轻的寡妇斯托纳太太，也就是海伦和她的双胞胎姐姐茱莉亚的母亲。二人结婚后，罗伊洛特带着全家回到了伦敦，准备开一家诊所。不过，回到伦敦不久，斯托纳太太就在一次火车事故中丧生，在遗嘱中留下了一笔可观的遗产。在两个女儿结婚之前，遗产掌握在罗伊洛特手中，不过她们结婚后，都可以从母亲的遗产中支取一部分年金。

罗伊洛特后来放弃了定居伦敦的想法，带着继女回到了萨里郡的祖宅。海伦说，就在这时，罗伊洛特"发生了可怕的变化"。他变得愈发古怪，越来越不喜欢与

> 如果一件案子没有表现出不同寻常，乃至匪夷所思的发展趋势，他就不会投身参与。
>
> 华生医生

歇洛克·福尔摩斯一直在全球享有盛誉，正如左边的图书封套所示，这本法语书大约出版于1920年。如今，福尔摩斯的故事已经翻译成100多种语言，包括盲文在内。

人来往，只是偶尔和吉普赛人出去流浪。他允许这些吉普赛人驻扎在自家土地上。他和当地的几个人发生过争吵，成了“村里的一个梦魇”。此外，他还喜欢上了异域的动物。海伦解释说，眼下一头猎豹和一只狒狒正在家里的土地上自由活动。海伦说这两只宠物都来自“印度”（不过因为狒狒只生活在非洲和阿拉伯半岛，所以这肯定是柯南·道尔的笔误）。海伦的这番可怕描述显然将罗伊洛特定位为这篇小说的反派。

奇怪的临终遗言

海伦之后讲述的故事主要集中于一个有趣的谜题，在海伦落入罗伊洛特的陷阱之前，福尔摩斯和读者都无法解答。设定谜团这一元素对福尔摩斯故事的成功至关重要，因为最好的侦探小说大多离不开这一点。在这篇小说中，谜团在于海伦的姐姐茱莉亚两年前突然离奇死亡，那是在她婚礼的两周前。在一个风雨交加的夜晚，海伦被姐姐的尖叫声吵醒。她冲向茱莉亚的卧室，发现姐姐痛苦地抽搐着。茱莉亚的卧室位于海伦和继父中间。茱莉亚尖叫着说出：“噢，我的上帝啊！海伦！是那条带子！那条斑点带子。”之后就不省人事了。

经过一番询问，得出了如下事实：茱莉亚的门是从里面锁好的（姐妹俩睡觉前都会把门锁上，因为害怕那只猎豹和狒狒），窗户也上了闩，没有人闯入或离开的迹象。茱莉亚的身上没有暴力伤害和中毒的痕迹。死的时候，她手里捏着一根烧过了的火柴棍儿，还有一盒火柴。所以她曾划亮火柴，看到了屋里的什么东西。还有一条线索是，海伦发现了姐姐之前听到的奇怪声音：低低的口哨声和金属的哐当声。显然茱莉亚死前的那几天，大约凌晨三点钟也是因为这些声音被吵醒。她还提到了罗伊洛特房间传来难闻的雪茄味。不过，这些线索意义不大。海伦认为她的姐姐死于惊吓，怀疑她说的“斑点带子”是不是指外面那一帮吉普赛人，他们头上裹着带圆点的手帕。讲到这里，读者的大脑都在快速运转，试图解读这些仔细陈述的信息。

海伦说，姐姐已经去世两年了，现在她自己也要结婚了。不过前一天晚上，她的经历十分可怕，仿佛是往日重现。罗伊洛克让她搬到姐姐原来住的房间，因为她房间里的墙壁正在修补。海伦照做了，不过凌晨时分她听到了那种熟悉而奇怪的声音：低低的口哨声。她吓坏了，所以整夜未眠，早上立刻赶往福尔摩斯那里。

当海伦讲完自己的经历时，福尔摩斯发现了她手腕上的淤青，显然罗伊洛特在虐待她。福尔摩斯确定需要立刻保护海伦，他说下午

格莱米斯比·罗伊洛特医生

在福尔摩斯对付的所有坏蛋当中，格莱米斯比·罗伊洛特医生可谓最富有色彩的一位。他身形庞大，性情暴烈，把野生动物当作宠物，所有经过的村民都心存恐惧。当时，人们普遍认为罪犯是天生的，而不是后天形成的。他们具有一定与众不同的身体特征，这一理论成为“犯罪人类学”。柯南·道尔显然赋予了罗伊洛特医生异乎寻常的面貌：“他皱纹密布的宽阔脸膛是日光晒出的古铜色，写满了种种邪恶的嗜欲”，“深陷的眼睛凶光毕露，又高又细的鼻梁枯干无肉，活像是一只老迈的掠食猛禽”。他脾气暴躁，海伦认为“因为继父在热带地方待了很长时间，所以脾气更是变本加厉”。不过，当罗伊洛特医生对福尔摩斯大发雷霆时，我们的大侦探却用幽默转移他的注意力，并且丝毫没有受到恐吓。

罗伊洛特全权掌控从妻子那里继承来的年金，这部分收入十分可观，足以给继女足够的钱生活，自己还能留下绝大部分。他极力阻止两个继女结婚，因为婚后他们将有权继承并支配自己的收入。

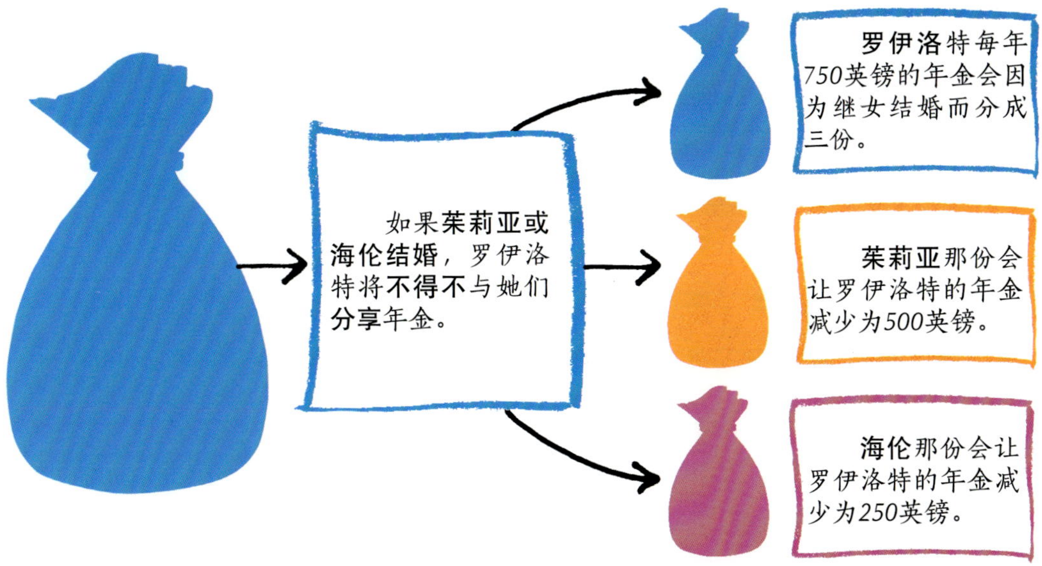

会趁罗伊洛特不在家时去一趟斯托克莫兰。当海伦离开后，福尔摩斯已经做出了多种推测。

逻辑过程

柯南·道尔写《斑点带子》时，美国哲学家查尔斯·桑德斯·皮尔斯（1839—1914）正在研究一种新的逻辑理论，与福尔摩斯的工作方法不谋而合，不过，他的理论在当时并未广泛流传。此前，只有两种公认的推理方法：演绎和归纳。演绎法中，结果是有逻辑的，必然的；归纳法强调我们有理由预测某一特定的结果，但并不确定。皮尔斯所创立的新理论中，提出了第三种推理方法，即"溯因推理"，福尔摩斯本人就经常使用。溯因推理是指在所有已知事实的基础上做出推论。例如，如果听到枪声后，发现一具尸体躺在血泊中，通过溯因推理可以得出死者是被枪杀的。溯因推理提供的是最初的推论，随后必须进行验证。

福尔摩斯相信罗伊洛特与茱莉亚的死有所牵连，继女结婚，他从已故妻子那里继承的财产将会减少，这是他杀人的有力动机。福尔摩斯猜测，罗伊洛克可能让一个吉普赛人潜入茱莉亚的卧室，杀了她，罪犯肯定是从窗户逃走的，所以窗闩会发出哐当的响声。但福尔摩斯知道必须现场验证。

就在这时，罗伊洛特医生尾随继女海伦，野蛮地冲进了221B。他警告福尔摩斯不要插手这件事，为了表示强调，离开前他抄起拨火棍，把他弯成了弧形。福尔摩斯一笑置之，同时把拨火棍掰回了原形，由此可以看出福尔摩斯也是力大无比。

随后，福尔摩斯和华生展开了调查。和往常一样，福尔摩斯用轻描淡写和讽刺幽默来娱乐读者。他对华生说："你要是乐意把你那把左轮手枪悄悄装到兜里的话，我会非常感激的。要跟一位能把铁棍儿打成疙瘩的绅士讲道理，一把埃莱二号是再有力不过的武器。带上它，再带上牙刷，我觉得，咱们的旅行用品就算齐了。"

密室推理

在那幢宅子里，福尔摩斯检查了茱莉亚去世的那间卧室，也就是海伦现在住的那间。他立刻发现自己推理中的一个漏洞：杀人犯是

> **我真不明白，他怎么能那么粗鲁，竟然把我跟警方的侦探混为一谈！**
>
> 歇洛克·福尔摩斯

上图为1984年播出的电视剧《斑点带子》剧照。其中歇洛克·福尔摩斯（杰里米·布雷特饰）在罗伊洛特的卧室里发现了几点线索，包括一碟牛奶，随后识破了他的邪恶计划。

从窗户逃走的。没有人能够进入或离开这个房间。这个故事随即变成了一个经典的“密室推理案”。这是侦探小说的一种主要手法，其中在一间罪犯似乎不能出入的房间里发生了罪案，通常是谋杀案。早期的密室推理案曾经出现在爱伦·坡的《莫格街凶杀案》中，一个女人和她的女儿在一个从里面反锁的房间里被杀。在那个案子中，杀手是一只猿猴。柯南·道尔在《斑点带子》中提到狒狒，似乎是对爱伦·坡的致敬。不过，与猎豹和吉普赛人一样，狒狒也只是个转移注意力的东西。

> **这世界已经够糟糕的了，聪明人要是把脑子用来犯罪，那更是雪上加霜。**
>
> 歇洛克·福尔摩斯

一连串的线索

柯南·道尔此刻提供了几条重要线索，帮助读者推测茱莉亚的死因。在检查茱莉亚的卧室时，福尔摩斯发现了两样不同寻常的东西：一个通向罗伊洛特房间而不是通向外面的小通风孔，还有一根做样子的铃绳，这根绳子安在床边，一头系在通风孔上面的钩子上。海伦说，这两样东西都是在姐姐去世前不久新安的。后来，福尔摩斯告诉华生，他还看到床是用铆钉固定的，所以不可能移动，只能待在绳子和通风孔的下方。他还说早就知道罗伊洛特和茱莉亚的房间会通着一个通风孔，否则她怎么能够闻到雪茄的烟味呢？当福尔摩斯走进罗伊洛特的房间时，又发现了四条线索：一个铁铸的保险柜，一碟牛奶，一把木头椅子和一个打了个套的奇怪“驯狗鞭”。此时福尔摩斯已经有了自己的想法，也许读者也是，但是这个想法还需要验证。

福尔摩斯决定他和华生必须在茱莉亚被害的房间里过夜。他把自己的计划讲给海伦：当继父回家后，她要装作头疼待在自己的房间。当罗伊洛特晚上就寝后，她就要用提灯作为信号通知福尔摩斯和华生。他们会在附近的一家旅馆盯着她的窗户。之后，她需要偷偷回到自己原来的房间。

按照计划，福尔摩斯和华生刚过11点便潜入茱莉亚原来的房间。他们熄灭了灯，以防罗伊洛特从通风孔看到灯光，然后便在黑夜中等待。时间一小时一小时地过去了，华生的恐惧感也随之增加。直到凌晨3点，他们看到通风孔闪现了一点微弱的灯光，随后是一阵嘶嘶的响声，“仿佛一小股蒸汽正在不停地从一把水壶里往外喷涌”。福尔摩斯划了一根火柴，用藤条使劲抽打铃绳，此时华生听到了医生不祥的口哨声，声音低沉却清晰。

自食恶果

不一会儿，隔壁房间传出了痛苦可怕的叫声。福尔摩斯和华生小心地走进那个房间，发现罗伊洛特已经死在了木椅上，一条“斑点带子”盘在他的头上。带子开始移动：是一条蛇，福尔摩斯从身上的斑点判断它是“印度沼泽蝰蛇”，有剧毒。他抓起驯狗鞭，轻巧地套住毒蛇，把它放回了罗伊洛特的保险柜里。

福尔摩斯解释，当茱莉亚订婚后，罗伊洛特意识到自己的年金会大大缩水，于是想出一条妙计，用自己从国外买回的宠物作为武器杀死了茱莉亚。连续几晚，他都站在自己屋里的椅子上，小心地让那只经过特殊训练的蛇钻过通风孔，爬到继女的房间，顺着铃绳爬到她的床上。天亮前，他会吹口哨把蛇唤回去喝牛奶，最后毒蛇会被关在保险柜里，金属的哐当声就是保险柜关门的声音。

毒蛇要反复多次，才会咬到茱莉亚。当她被咬后，毒液迅速起反应，茱莉亚只能认出它是条“斑点带子”就不省人事。如果不是福尔摩斯和华生待在她的房间，海伦也会遭遇同样的厄运。当毒蛇爬过通风孔时，福尔摩斯用藤条将其击回，激怒的毒蛇咬伤了在那边的罗伊洛特。故事结束时，福尔摩斯承认罗伊洛特的死他负有一部分责任，不过他说他并不觉得内疚。

> **离开调查现场的时候，我朋友面容无比冷峻，神色无比阴沉，我从来没见过他如此凝重的模样。**
>
> 华生医生

侥侥者

1900年柯南·道尔去南非访问期间，一位记者问他最喜欢哪一篇福尔摩斯小说。他回答说：“也许是关于毒蛇那篇吧。”他选择《斑点带子》的原因很简单。这篇故事里面包含了一篇成功侦探小说应该具备的所有经典元素：一个卑鄙的坏蛋、一位不幸的年轻女子、几处危险时刻、异域之物，还有那高明的侦探手法。■

罗伊洛特的蛇

故事中所讲的那条蛇究竟是什么品种，有很多猜测。福尔摩斯说它是沼泽蝰蛇，“印度最致命的毒蛇”，不过这是柯南·道尔虚构的一种蛇。有些评论家认为，柯南·道尔所写的一定是印度眼镜蛇（如左图所示），因为这条毒蛇顶着“一颗菱形脑袋和一段膨胀的颈项”，与眼镜蛇相仿。此外，印度眼镜蛇的毒效发作很快：毒液能够阻止突触处神经信号的传输，在一小时内会导致瘫痪和心脏衰竭，不过有时仅需15分钟就可以使伤者毙命。（这与故事中罗伊洛特几秒钟就死掉并不相符。）眼镜蛇也是印度耍蛇者常用的种类。印度蛇节期间，信徒会敬拜活的眼镜蛇，并拿牛奶喂蛇，这也许是罗伊洛特用这种方法奖励蛇的原因。但是，因为蛇并不是哺乳动物，所以无法消化牛奶，食用牛奶对它们其实是有害的。

每有一点新的发现，就会向前一步，最终揭示出完整的真相

《工程师的拇指》（1892年）

背景介绍

类型

短篇小说

英国首次发表

《斯特兰德杂志》，1892年3月

文集

《福尔摩斯冒险史》，1892年

人物

维克多·哈瑟利，年轻的水利工程师。

莱森德·斯塔克上校，雇佣维克多·哈瑟利的中年德国人。

埃莉泽，帮助哈瑟利逃跑的年轻德国女人。

弗格森先生，斯塔克的"管事"。

在《工程师的拇指》中，华生开篇就告诉读者，只有两件案子是他介绍给福尔摩斯的，本案就是其中一件。此外，这篇故事还有一点与众不同之处——并非独一无二，那就是罪犯最后逃跑了。在其他几个案件中，虽然罪犯最开始并没有被福尔摩斯抓获，但最后命运做出了公正的赏罚。但是，在这篇故事中，罪犯似乎没有得到应得的报应。

清早的病人

很多案子都是从贝克街221B的门铃响起打开帷幕的，不过这次受害者来到了华生家。正如华生医生所强调的，这件事发生在他生活安静舒适的时候。当时，他新婚燕尔，在帕丁顿火车站附近开业行医，只是偶尔为了社交原因拜访福尔摩斯。

华生在附近的火车站有一个有用的"盟友"。他是一名火车售票员，介绍了很多病人给华生。一天早晨，售票员带来了一个年轻人。他早晨刚下火车，想看医生。

砍断的手指

华生得知这位病人名叫维克多·哈瑟利，是名水利工程师。他脸色苍白，情绪激动。当华生医生说他的火车之旅可能很单调时，哈瑟利突然狂笑起来，几乎有点儿歇斯底里。他随后告诉华生痛苦的原因：他受了重伤，失去了一根拇指。

有些批评家指出，失去一根拇指可以看作是阉割的象征，柯南·道尔以此发出警告。19世纪90年代，很多人担心英国的年轻一代

> **福尔摩斯坐在他那把宽大的扶手椅上，眼皮都抬不起来的疲惫表情掩藏了他机敏热切的天性。**
>
> 华生医生

变得颓废无能。所以在这篇故事里，这种“阉割”可能是为了提醒人们，在大英帝国的统治地位受到挑战时，他们要保持道德情操和乐观性格。

福尔摩斯的很多故事中，都有冷酷无情的恶棍以及可怕的罪行，有些故事形象地描写了身体伤害。不过，华生对哈瑟利伤情的描述生动地有些吓人。“眼前只有四根伸展的手指，拇指却不知去向，取而代之的是一个殷红触目的海绵状断面。看样子，他的拇指是被人齐根砍掉的，要不就是被人给硬生生地扯去了。”柯南·道尔不常使用这种耸人听闻的细节来吸人眼球，不过此处这种写法起到了效果。故事突然间起了高潮，像华生一样，读者已经从前文令人昏昏欲睡的描述中警醒。通过这种描写，伤情仿佛和谋杀一样令人恐怖。和华生一样，读者急切盼望福尔摩斯尽快介入。

善于分析的大脑

当华生和哈瑟利来到221B时，福尔摩斯立刻向他们灌输了平静的元素。吃完熏肉和鸡蛋后，他聚精会神地聆听了哈瑟利的故事。福尔摩斯让年轻人躺在他的沙发上来回忆自己的经历，这种方法会让人想起著名精神分析学家西格蒙德·弗洛伊德的重要手法。柯南·道尔在写这篇故事的时候，弗洛伊德正在使用这种方法。当然，柯南·道尔不可能知道弗洛伊德的思想，因为直到1895年弗洛伊德才发表了《歇斯底里症研究》，这本开创性的图书由他和约瑟夫·布洛伊尔合著。不过，弗洛伊德和福尔摩斯在这里有一点不可思议的相似之处，他们都是先倾听他人的叙述，才通过有条不紊的逻辑演绎得出结论。

此幅插图为西德尼·佩吉特所画，刊登在《斯特兰德杂志》上。画中的维克多·哈瑟利发现自己困在了一个巨大的水压机里面，就是他受雇修理的那台机器。

诱人的报酬

哈瑟利解释说，他在这个世界上是孤身一人。他是个孤儿，还是个单身汉，自己的小小活计也没有什么起色。所以，当一个自称莱森德·斯塔克上校的中年德国人那周早些时候来找他，提供丰厚的报酬——相当于正常价格的10倍，请他去修理一台水利冲压机时，他迫不及待地答应了。哈瑟利承认对这位新主顾的举止以及坚持必须完全保密的态度有些疑虑，他说他产生了“反感”，并且“近乎恐惧的感觉”。不过，他忽略了自己的怀疑和厌恶之情，因为他太需要这笔生意了。基于这些警告信息，我们

当哈瑟利被人从车站带到水压机所在的房屋时，路上共花了一个小时，所以警察估计路程大约为12英里。福尔摩斯认为，因为马匹“精神抖擞，毛色油润”，所以这座房屋实际上应该离车站很近，这一点随后被证明是正确的。

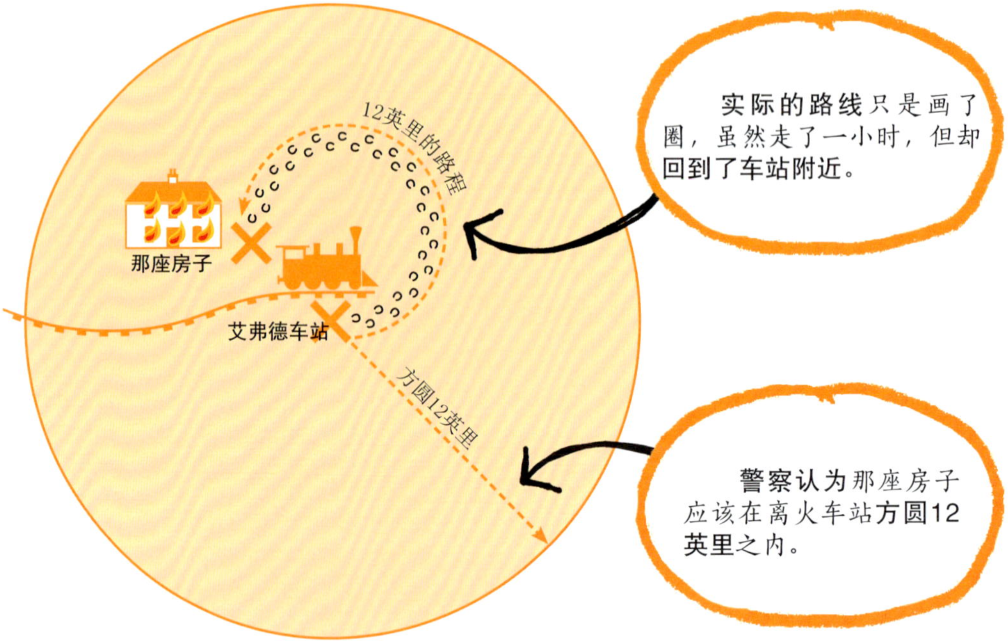

不难想象斯塔克将是本篇故事的反派。柯南·道尔选择一个德国人作为坏蛋可能并非偶然，因为这也许反映了当时英国敌视德国的情绪。在野心勃勃、骄横跋扈的威廉二世的统治下，德国越来越崇尚武力。在布尔战争（1899—1902）期间，威廉二世支持南非的布尔人抵抗英国。

死里逃生

哈瑟利说，斯塔克劝说他当天晚上赶到伯克郡的乡下，检查并修理一台用于压漂白土的水压机，这种黏土可用于漂白羊毛。斯塔克在那个人迹罕至的车站街等他，二人乘坐镶有毛玻璃的马车在黑夜中行驶了一个小时，到达了水压机所在的那座房子。讲到这里，福尔摩斯打断了一下，问了一个似乎很小的问题：马是疲惫不堪，还是精神抖擞？哈瑟利回答说，“精神抖擞，毛色润滑”，这是福尔摩斯的第一条线索。

到了那座房子以后，斯塔克先让哈瑟利一个人在房间里待了一会儿，这时一个漂亮的年轻女人找到他，我们后文知道她叫埃莉泽。埃莉泽用蹩脚的英语反复恳求年轻的工程师赶紧离开。但是，哈瑟利太需要这笔报酬了，所以决定完成工作，以证明自己的坚韧，于是他没有听从女人的告诫。

斯塔克回来时带来了他称为弗格森的“管事”，二人带哈瑟利去一个小房间里看水压机。他们进去之后，上校说他们现在正站在那台机器的内部，“要是有人开动机器的话，我们就会赶上一件特别不愉快的事”，因为房顶会压向地面。哈瑟利检查了水压机，发现有地方发生了泄露，并告诉斯塔克如何修理。但是，在检查机器的过程中，他发现这台机器并不是用来压漂白土的，而是用来压金属的。听到这里，福尔摩斯立刻意识到这是一台制造伪币的机器。

斯塔克发现哈瑟利看穿了他的计谋，担心他会知道他们的非法勾当，于是走出房间锁上门，开动了水压机，想要把工程师压成肉

> **寂静之中突然响起了一种声音，我的心一下子提到了嗓子眼儿。**
>
> 维克多·哈瑟利

酱。哈瑟利大声叫喊，乞求上校放他出去，但并没有理会他。屋顶开始下降，当屋顶离哈瑟利只有几米时，他突然看见有块墙板打开了，便从那里逃出来，与死神擦肩而过。

埃莉泽等在墙的另一边，他带着哈瑟利跑到二楼的窗户旁，让他赶紧跳下去。当哈瑟利双手紧紧抓住窗台时，斯塔克挥舞着劈刀赶来，砍掉了他的拇指。工程师摔到了下面的花园里，之后踉踉跄跄地跑到玫瑰丛中，随即晕倒了。第二天早晨他才醒过来，准备去车站，却惊奇地发现自己就在车站附近。

房屋起火

听完讲述之后，福尔摩斯、华生和哈瑟利乘火车去艾弗德，同行的还有警察，准备逮捕斯塔克。他们在旅途中计算了那座房子的大概位置，据哈瑟利说从车站到那座房子用了一个小时的时间，所以路程大约为12英里。不过，福尔摩斯坚持说房子就在车站附近，他从哈瑟利对马匹的描述推测，马车一定了绕了个圈，为的是搅乱工程师的方向感和距离感。他们达到目的后，发现附近的一栋房子着了火，走近后哈瑟利断定这就是他昨晚去的地方（消防员在那里发现了一根砍断的拇指可以为证），这也证实了福尔摩斯演绎的正确性。哈瑟利用来检查水压机的油灯引起了这场大火，也烧毁了那台制造伪币者的机器。那个神秘的德国人、埃莉泽，还有弗格森先生（实际上是比彻医生）已经带着他们制造的伪币逃走，没有落入法网。

> ……眼下的每一秒都非常宝贵，如果您吃得消，咱们现在就去苏格兰场。
>
> 歇洛克·福尔摩斯

惨痛的教训

在返回伦敦的路上，福尔摩斯对案件的结局十分乐观。当哈瑟利抱怨他不仅失去了一根拇指，还丢掉了丰厚的报酬时，福尔摩斯笑着说他可以通过这次经验赢得美名。虽然这个故事似乎并不像那些典型的探案故事那样，重点在于展示福尔摩斯的才华——福尔摩斯在这篇故事里的表现并不是十分惊人，但却是一篇很有意义的故事，告诉人们如果受到动动手指就能赚钱的诱惑，人们多么容易就会陷进肮脏危险的交易。■

伪币制造者和令假币流行者

在维多利亚时代，伦敦的伪币制造规模很大。有人认为，19世纪初有将近50家造币厂在制造半克朗的假银币以及其他伪币。到1850年，中央刑事法庭（老贝利）超过五分之一的案件都和“制造伪币”有关，涉案人员有男有女。

那些搭建水压机的伪造者，就像莱森德·斯塔克上校和他的同党，被称作“伪币制造者”，而那些随后使用假币的下层人士被称为“令假币流行者”。那些假硬币称为“伪币”。

制造假币是一个需要手艺的劳动密集型行当，因为伪币制造者首先必须拥有一台水压机以及制造伪币的金属，然后正确地组装机器，使之大量生产伪币。不过，事实证明对很多人来说，这确实是一项有利可图（但十分卑劣的）行业。

咱们的主顾尚未踏进这间屋子，这个案子我就已经有了结论

《单身贵族》（1892年）

背景介绍

类型

短篇小说

英国首次发表

《斯特兰德杂志》，1892年4月

文集

《福尔摩斯冒险史》，1892年

人物

罗伯特·圣西蒙勋爵，已到中年，巴尔莫拉公爵次子。

哈蒂·多兰，来自美国的年轻小姐，刚刚嫁给圣西蒙。

弗洛拉·米勒，曾是歌剧院的舞蹈演员，与圣西蒙交情不错。

弗朗西斯（弗兰克）·海伊·莫尔顿，富有的美国绅士，曾经以开矿为业。

雷斯垂德督察，苏格兰场的警探

故事发生的时候，华生因为天气原因，战场上的旧伤开始隐隐作痛，所以整天待在家里。他的生活因为一个显贵主顾的到来而增添了乐趣。这位主顾就是罗伯特·圣西蒙勋爵，英国爵位最高的贵族之一。

这位贵族最近刚刚迎娶哈蒂·多兰，一个自由奔放的美国人，且为巨富之女。不过，在婚宴上，新娘借口离开，随即逃走，至今不见踪影。大发醋意的弗洛拉·米勒曾试图闯入婚宴。她曾在歌剧院跳舞，和圣西蒙勋爵走得很近。后来有人看到她在海德公园和哈蒂说过话。弗洛拉已经被捕，不过圣西蒙认为她不会伤害哈蒂。因为急切盼望找到妻子，圣西蒙寻求福尔摩斯和雷斯垂德的帮助。

19世纪初，上层社会的婚礼极尽奢华，比如圣西蒙勋爵的婚礼。新娘需要穿白色婚纱，这种新的时尚因为维多利亚女王而流行起来。

> **刚才的盘问不过是让我已有的推测得到了确证而已。**
>
> 歇洛克•福尔摩斯

尴尬的局面

和往常一样，雷斯垂德关注的是眼前浮现的破案方法。他认为弗洛拉把哈蒂引走，然后伏击了她。在海德公园的湖里打捞出来了她的婚纱，口袋里还有一张“F.H.M”（与弗洛拉名字的首字母相同）写的字条，这似乎证实了雷斯垂德的观点。福尔摩斯更关心的是这张纸条的反面，字条写在一家高档酒店的账单上。

当雷斯垂德愈发困惑时，福尔摩斯却宣称自己已经成功破案。对他而言，有两点是十分明显的：哈蒂整个婚礼都很高兴，但随后突然发生了某件事情，让她懊悔不已。她肯定是看到了某个人——鉴于她的出身，这个人很可能是美国人。但不管是谁，这个人肯定对哈蒂非常重要，很可能是个男人。根据这些线索，福尔摩斯精心安排了一个故事的结局，这个故事起始于多年前加利福尼亚的金矿区。

哈蒂•多兰实际上已经嫁给了一个名叫弗朗西斯（弗兰克）•海伊•莫尔顿的美国金矿主。她原以为弗兰克已经在阿帕奇印第安人的袭击中丧生，但弗兰克却逃过一劫，并且发了财。在哈蒂第二次婚礼的早上，弗兰克找到了她。弗兰克偷偷摸摸地来到婚礼现场，给哈蒂了一张纸条，纸条上签着他名字的首字母。看到自己的第一任丈夫还活着，哈蒂又惊又喜，随后便赶去找弗兰克。哈蒂在路上碰到弗洛拉前来搭讪，但并没有理会她。为了掩盖哈蒂的行踪，弗拉克把她婚礼上穿的衣服扔到了湖里。

福尔摩斯找到了弗兰克下榻的房间，不过弗兰克刚刚离开，福尔摩斯在酒店拿到了他的新住址，并在那里找到了这对情侣。听了二人的故事后，福尔摩斯建议他们与圣西蒙和好。当哈蒂请求圣西蒙的原谅时，这位贵族答应与她握手，但仍带有怒气。

代言人福尔摩斯

福尔摩斯的主顾可谓来自社会的各个阶层，其中上流人物的形象并不总是高尚的。圣西蒙勋爵的打扮十分讲究，甚至到了“矫饰”的地步。福尔摩斯在温和地嘲讽圣西蒙的头脑，以及揭露他作为贵族的各种虚伪时，显然是一种取乐的态度。在这篇故事中，福尔摩斯最大的缺点可能就是对弗洛拉的不管不问。

此外，柯南•道尔借此表达了自己对美国的感情。虽然从他刻画的美国反派身上看不出这一点，但他很喜欢美国，并多次造访。在本篇故事中，福尔摩斯代替他的创造者柯南•道尔发表了对英国人和美国人的未来期待。他们将会成为“同一个世界大国的公民，并肩走在自由十字旗和星条旗组合而成的国旗之下”。■

美国的富家千金

因为打理历史悠久的田庄耗资高昂，所以19世纪初英国越来越多的贵族用他们的头衔从大洋彼岸换取金钱。正如电视剧中格兰瑟姆伯爵通过迎娶富有的美国新娘来拯救唐顿庄园一样，现实生活中的马尔伯勒公爵也通过迎娶纽约的康斯萝•范德比尔特（上图）来获得资金修补布莱尼姆宫。当时甚至还有一本名为“有头衔的美国人”的季刊，列出了所有嫁给英国贵族的美国富有的女继承人，以及尚未结婚的单身贵族。

美国上流社会的女士还涉足政治圈。来自芝加哥的玛丽•莱特曾担任印度女总督，是很早提倡保护自然资源的人。来自弗吉尼亚州的南茜•威彻•兰霍恩（第一任丈夫是美国人，后来成为世袭贵族），作为阿斯特子爵夫人，是第一个进入国会的女人。还有来自布鲁克林的珍妮•杰尔姆成为伦道夫•丘吉尔夫人，儿子是英国首相温斯顿•丘吉尔。

有的女人为了情人的爱，不惮于牺牲其他所有的爱

《绿宝石王冠》(1892年)

背景介绍

类型

短篇小说

英国首次发表

《斯特兰德杂志》，1892年5月

文集

《福尔摩斯冒险史》，1892年

人物

亚历山大·霍尔德，著名银行家，和儿子、侄女一起住在斯特里汉姆。

亚瑟·霍尔德，亚历山大的儿子，债务缠身的赌徒。

玛丽·霍尔德，亚历山大的侄女以及继女。

乔治·伯恩维尔爵士，亚瑟的朋友，玛丽的情人，为人品行不端。

这篇故事可谓福尔摩斯及其方法论的绝佳展现：有逻辑且出于本能，有方法且无所畏惧。虽然那些直接涉案的人被怀疑和猜忌蒙蔽了双眼，但福尔摩斯却能快速运用自己的巧妙逻辑，找出了真正的罪犯，展现了精湛的演绎法。不过，虽然案件得以成功破获，但这却是作恶者并未绳之以法的少数案件之一。

在这个案子中，主顾是著名银行家亚历山大·霍尔德，他受托保管一顶价值不菲的绿宝石王冠，以此为抵押品出借一大笔钱给“英格兰最尊贵的人”之一。因为责任重大，霍尔德把这顶王冠带回了斯特里汉姆的家中。当天晚上，他被声音吵醒，发现他的儿子亚瑟站在他的更衣室旁，手中拿着拿顶王冠，王冠已经轻微受损。重要的是，有三颗绿宝石不见了。

> **您可能觉得这个案子非常简单，可我却觉得它特别复杂。**
>
> 歇洛克·福尔摩斯

霍尔德一家

霍尔德已经焦虑到了快要发疯的地步，他唯一能得出的结论就是亚瑟，这个不负责任的赌徒，就是凶手。霍尔德是个鳏夫，曾经十分溺爱自己的独生子，但现在却不怎么爱他了。霍尔德把自己的爱都倾注到了收养的侄女玛丽身上。玛丽是个孤儿，为人细心、谨慎、忠诚。亚瑟也倾心于玛丽，霍尔德最大的愿望就是他的儿子和侄女能够结为连理。但是，玛丽已经两次拒绝了亚瑟的求婚。此外，亚瑟有一个极有魅力的朋友，乔治·伯恩维尔爵士。他英俊潇傻，经常来霍尔德家。

福尔摩斯立刻对亚瑟有罪产生了怀疑。他为什么不愿意为自己开脱，不愿意解释当晚发生的一切

《**绿宝石王冠**》是47部福尔摩斯默片（45部短片和2部正片）中的一部，由斯托尔电影公司拍摄于1921—1923年。在这些影片中，福尔摩斯的扮演者均为埃利·诺伍德。

呢？他弄坏王冠时怎么可能没有明显的声音呢？丢失的三颗宝石藏到了哪里呢？

随后便是福尔摩斯经典的调查：各种错误的线索摆在他的眼前，但他并没有被引入歧途。他用放大镜仔细检查了窗台，询问了玛丽，雪地上的足迹表明发生了一件复杂的故事。

揭露罪魁祸首

当霍尔德发现玛丽留下一张纸条，告诉他她要走了时，事情变得更为复杂。福尔摩斯很快揭露了玛丽之所以这样做的原因，以及整个案子的经过。罪魁祸首是乔治爵士，“全英格兰最危险的人物之一，一名无可救药的赌徒、一个没有任何底线的恶棍，人性全无，天良丧尽”。这个恶棍骗取了玛丽的爱，劝说她偷取王冠，从窗户递给他。亚瑟目睹了整个过程，劝说乔治爵士，并和他抢夺王冠，雪地上因此留下了他们打斗的痕迹。在争抢过程中，王冠被扭弯了。亚瑟试图将之掰直，然后放回父亲的衣橱中，以防被父亲逮个正着。由于对玛丽的爱和忠诚，他拒绝说出事实，拒绝透露玛丽在这起偷盗案中扮演的角色。

在这起节奏很快的案件中，福尔摩斯是一位真正的英雄，他采取了各种行动，包括化妆成流浪汉收集信息，与乔治爵士对峙，并用枪威胁他，还用3000英镑从第三方（乔治爵士已经将宝石卖给他人）那里买回了三颗绿宝石。

对玛丽的爱影响了霍尔德的判断力，他误认为儿子的生活方式是他犯罪的一种信号。实际上，亚瑟绝对忠于玛丽和自己的父亲。至于玛丽，她因为一个不可靠的情人而愚蠢地放弃了继父和表兄的保护，将来可能会栽在残忍的乔治爵士手中。福尔摩斯最后对这个案子做出了预言：“不管她犯的是什么样的过错，加倍的惩罚都会迅速来临。”■

王冠

英国不同级别的贵族以及王子均佩戴王冠，每个级别的王冠都有各自的特色，配有不同的草莓叶和银球。绿宝石是一种无色宝石，因为杂质而呈现出黄色（金绿柱石）、绿色（祖母绿）、红色（红色祖母绿）或蓝色（海蓝宝石）。

本篇故事中提到了金王冠镶有39颗“巨大” 的绿宝石，十分精美。交给霍尔德保管这顶王冠的人估计，它价值大约为10万英镑（相当于今天的800万英镑），至少是所需贷款的两倍。读者并不知道这顶王冠的主人是谁，只知道“此人的名字在全世界都家喻户晓”。所以很多人猜想，他一定是英国王室家族的一员，可能是威尔士王子（也就是后来的爱德华七世）。

罪行司空见惯，逻辑却凤毛麟角

《铜色山毛榉》（1892年）

背景介绍

类型

短篇小说

英国首次发表

《斯特兰德杂志》，1892年6月

文集

《福尔摩斯冒险史》，1892年

人物

维奥莱特·亨特，年轻的女家庭教师。

杰夫罗·卢卡索，已入中年的地主。

卢卡索太太，杰夫罗的第二任妻子。

托勒先生和托勒太太，卢卡索家的仆人。

福勒先生，爱丽丝的未婚夫。

《铜色山毛榉》有一点与众不同之处，开头用较长的篇幅描写了福尔摩斯和华生的对话与关系。福尔摩斯批评华生在回忆录中对案件的记录方式，说华生医生在报告中加入了文学色彩，而没有如实详细记录大侦探的本领，把“一门由讲座构成的课程变成了一个个故事”。实际上，我们可以看出来神秘莫测的福尔摩斯似乎心情不大好，而以温和著称的华生有些生气，因为朋友“以自我为中心的态度惹起了他的反感”。

柯南·道尔用这种影射自我的幽默手法和读者开个玩笑，甚至让福尔摩斯来批评他的写作水平。这种手法十分高明，读者几乎忘记华生和福尔摩斯是小说中虚构的人物，忘记了华生并非记录福尔摩斯事迹的真人。

情绪不佳的福尔摩斯

柯南·道尔显然想让大家明白，福尔摩斯的心里正承受着某种折磨。与华生斗完嘴后，福尔摩斯感叹罪犯的手法在不断下降，冷嘲热讽地抱怨道：“我自个儿这间小小的事务所呢，似乎也坠入了江河日下的境地，正变成一家穷极无聊的代理机构，业务无非是帮人家找找失踪的铅笔，要不就是给那些来自寄宿学校的年轻女士出出主意。”

对于头脑冷静、富有逻辑的福尔摩斯来说，这似乎是一种奇怪的情绪发泄。我们知道，这好像是因为一封信引起的。这封信来自一位名叫维奥莱特·亨特的年轻女士，咨询福尔摩斯她是否应该接受

> **孕育伟大案件的日子已经一去不复返。人们，至少是以身试法的人们，已经丧失了所有的开拓精神，丧失了所有的创造力。**
>
> 歇洛克·福尔摩斯

在英国独立电视台*1985*年拍摄的电视剧中，维奥莱特·亨特（娜塔莎·理查森饰演），正在给福尔摩斯（杰里米·布雷特饰演）和华生（戴维·伯克饰演）读杰夫罗·卢卡索请求做家庭教师的那封信。

一份家庭教师的工作。福尔摩斯把信扔给华生，让他读一读。不过，福尔摩斯是不是被这封信激起了兴趣而不是愤怒呢？他已经把信弄得皱皱巴巴的，但并没有扔掉，而是给了华生。正如华生提醒他《蓝色石榴石》那个案子，福尔摩斯是不是也怀疑起初看似“只是一时的兴致”，后来也许会变得很有意思？

奇怪的请求

正当福尔摩斯不再抱怨亨特小姐来信询问芝麻大小的事时，维奥莱特·亨特本人已经到了贝克街221B。华生发现他的朋友立刻打起精神，“这位新主顾的举止和言辞给福尔摩斯留下了不错的印象”。这些描写也许想让读者以为福尔摩斯可能会爱上这位年轻的女士。维奥莱特想知道自己是否应该去给杰夫罗·卢卡索家当家庭教师，他们家位于温彻斯特附近，一座名为“铜色山毛榉”的宅子。但是，福尔摩斯立刻看出，这里面不仅仅是一份工作那么简单。

薪水很高，但卢卡索先生提出了一些奇怪的要求，比如他必须要剪成短发，穿上他妻子指定的衣服。维奥莱特最初拒绝了这份工作，但一则她很需要钱，二则她对情况也很好奇，于是决定接受这份工作。虽然维奥莱特心意已决，但她想听听福尔摩斯的意见，并问福尔摩斯在她开始新工作以后如果有什么麻烦事发生，是否可以联系他。因为被事情的神秘感所吸引，福尔摩斯答应了她的要求。

维奥莱特工作两个星期后，给福尔摩斯发了一封电报，请求他来温彻斯特见一面。第二天早晨，福尔摩斯和华生搭火车去见维奥莱特，她向二人讲述了种种怪事。

哥特式的场景

铜色山毛榉看似一个令人毛骨悚然的奇怪地方。显然，柯南·道尔想通过引入哥特式恐怖故事的经典元素：一个偏僻的地方、一座阴森破败的房子、成荫的树木、一只凶猛的獒犬、一位忧郁的管家，还有最具戏剧性的，一间上锁的房间，里面藏着可怕的秘密，以此来烘托气氛，激发读者的期待。

维多利亚时代后期，是哥特小说和超自然故事的黄金时代，比如布莱姆·斯托克引人遐想的小说《德库拉》，以及讲述遇见鬼神的故事，吸引了前所未有的注意力。不过，在《威斯特里亚别墅》和《萨塞克斯吸血鬼》中，柯南·道尔采用了哥特式的文学手法，但让福尔摩斯证明每起案件都有一个极为合理的解释。因此，福尔摩斯引领崇尚迷信的维多利亚时代过渡到理性的20世纪。与很多其他小说人物不同的是，他寻找的并不是恶魔，而是通向事实的线索。

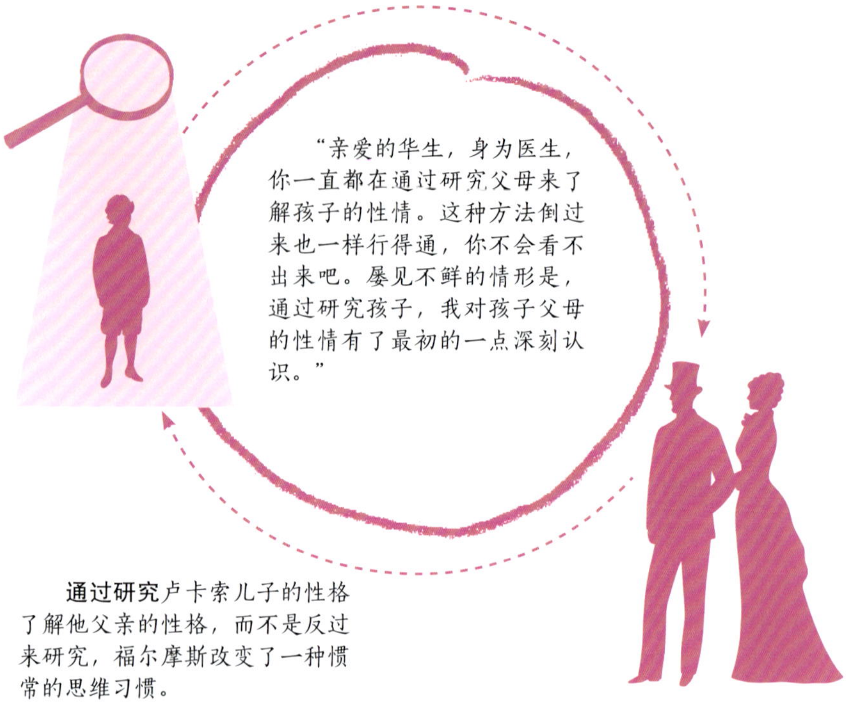

通过研究卢卡索儿子的性格了解他父亲的性格，而不是反过来研究，福尔摩斯改变了一种惯常的思维习惯。

躁动不安的孩子

维多利亚时代晚期，心理学成为一门科学分支，这意味着很多人开始认为要了解现在，必须知道过去。犯罪研究的方法也更科学，新的理论指出人类行为可以通过传播越来越广泛的遗传学和生物学来解释。

维奥莱特告诉福尔摩斯，她教的那个小男孩十分孤僻残忍，以打死蟑螂为乐。在哥特小说中，这可能预示这个孩子被魔鬼附身。不过，福尔摩斯给出了一个合理的解释。正如他向华生解释的，他从小孩的不良行为中看到了他父亲杰夫罗·卢卡索的性格，因此他对维奥莱特可能陷入的危险十分警觉。

家庭教师的经历

维奥莱特告诉福尔摩斯，她得知卢卡索还有一个女儿叫爱丽丝，是和第一任妻子生的孩子，现在去了费城。他们让维奥莱特穿上一家特别醒目的钢蓝色蓝裙子，坐在椅子上，后背对着窗户，要么读书，要么听卢卡索讲故事。这时候，他的妻子一般都静静地坐着。一天，她从镜子里看到一个奇怪的年轻人正在公路上盯着她看。

她还讲述了其他令人害怕的奇怪事情。一只巨型獒犬总是保持在饥饿状态，晚上就会把它放出来。她发现抽屉里锁了一绺头发，和她自己的很像。最奇怪的是，宅子一侧的厢房上着锁，仿佛是空的。维奥莱特很想知道里面究竟有什么，她偷偷潜入了厢房，惊奇地发现其中一个封锁的房间里有人影在动。这时她正好被卢卡索先生发现了，他威胁说如果她继续窥探，就把她扔去喂狗。维奥莱特吓坏了，因此把福尔摩斯叫来。

揭秘

福尔摩斯推测，他们之所以雇佣维奥莱特，是想让他扮演卢卡索的女儿爱丽丝。爱丽丝并不在费城，而是被关在空房子里。福尔摩斯想出一条计划，晚上卢卡索出门时把爱丽丝救出来。维奥莱特回到卢卡索家后，按照福尔摩斯的计划，把托勒太太骗到地窖里，并锁上了门。当时，托勒也醉得一塌糊涂。福尔摩斯和华生按时达到，闯进了那间上锁的房子，但却发现里面空无一人。

奇怪的是，看起来爱丽丝已经从天窗被人带走了。福尔摩斯认为是卢卡索带走了她，这是他为数不多的一次错误。正当这是，卢卡索突然来到房间，随后冲出去准备放狗袭击他们，但是那头饿坏了的獒犬却咬了卢卡索。华生开枪打死了那条狗，但卢卡索还是身受重伤。

> **即便伦敦那些最下流、最卑贱的巷子，也拿不出一份比这片明媚美好的田园更为可怕的罪行清单。**
>
> 歇洛克·福尔摩斯

这幅插图刊于《斯特兰德杂志》，描写了卢卡索先生被獒犬野蛮袭击的场面。

当华生给卢卡索处理伤口时，托勒太太走进来讲述了真实的情况。爱丽丝是她已故母亲遗嘱的唯一受益人，但她让父亲处理一切相关事宜。爱丽丝遇到未婚夫福勒先生后，卢卡索试图逼迫爱丽丝在结婚前签署一份文件，把母亲的遗产转给父亲，以免爱丽丝婚后他失去这份财产。爱丽丝焦虑不安，染上了“脑炎”，病了六个星期之久。等爱丽丝恢复健康后，卢卡索把她锁在了房间里。他雇维奥莱特来扮成爱丽丝，这样福勒就会认为她现已恢复，但对他不再感兴趣了。不过，福勒并没有退却，最后是她救了爱丽丝。

福尔摩斯其人

虽然福尔摩斯很关心维奥莱特，似乎也很欣赏她，说她是“一位非常出色的女性”，但令华生失望的是，福尔摩斯对她的兴趣随案子的完结而消失。柯南·道尔在逗弄读者，暗示大侦探冷酷呆板的背后也会闪现短暂的情感。

这篇故事还展现了福尔摩斯对生活的悲观看法。坐火车去温彻斯特的路上，华生赞叹乡下的美景，中间点缀着迷人的农舍。福尔摩斯承认自己看到的只是他们之间相隔很远，其中可能隐藏着极端恶劣的罪行。华生很惊奇福尔摩斯竟然这么悲观，不过这也暗示了福尔摩斯的复杂心理，读者早已为此着迷了很久很久。

有趣的是，虽然故事开篇时福尔摩斯说华生应该重点描述他的演绎能力，但其实这种能力在此仅仅扮演了微不足道的角色。相反，几乎所有的行动都是维奥莱特促成的，福尔摩斯只是扮演了配角。■

家里的囚犯

在维多利亚时代，男人完全掌控着自己的妻子和女儿。自从夏洛特·勃朗特在《简·爱》（1847）中写道，疯女人伯莎·罗切斯特被丈夫锁在阁楼里，这种题材在哥特式恐怖故事中一直屡见不鲜。法律规定，如果公开宣布某人患有精神病（以防非法监禁的指控），家人有权将其关起来。不过，需要由家人或雇佣的“医生”诊断他们是否患有精神病。

1844年一份政府报告显示，很多乡下穷人试图在家里照顾精神不稳定的家人。他们之所有悄悄将病人藏于家中，其中一个原因是觉得精神疾病是丢人的事。不过，也有的家庭是为了不让自己深爱的人进入可怕的精神病院。尽管如此，还是有很多不幸的人因为个人恩怨或财产问题被关起来。肯定有很多极为残忍的案件未曾揭露，还有不少像爱丽丝·卢卡索这样的人，他们的可怕经历仍藏于地下。

1879年，《英国医学杂志》指出，还“没有任何法律阻止像罗切斯特那样的人把自己罹患精神病的妻子和看护人员关在阁楼里”。随后，人们的意识逐渐觉醒。1890年，也就是《铜色山毛榉》故事发生的时候，是此种行为合法的最后一年。此后，罗卡索如果再将女儿关起来就是违法行为。

THE GREAT DETECTIVE

大侦探

1892年

仍为“**大裂谷时期**”，福尔摩斯旅居**亚洲和欧洲**（见《空房子》*162~167*页）。

1892年10月

柯南·道尔出版《**大阴影**》，这是一本关于拿破仑的小说。

1892年12月

后来收录在《**福尔摩斯回忆录**》的故事开始在《斯特兰德杂志》上发表。

1893年

柯南·道尔的**第一任妻子**路易丝诊断患有**肺结核**。

1893年5月

柯南·道尔出版了**历史小说《难民》**（见*344*页）。

1893年10月

柯南·道尔的父亲查尔斯·阿尔塔芒·道尔**去世，享年61岁**。

1893年12月

《最后一案》（见*142~147*页）刊于《斯特兰德杂志》。**福尔摩斯的死引起了巨大反响**。

福尔摩斯和华生生活中的事件

本章内容

短篇小说集

《福尔摩斯回忆录》，1894年

白额闪电

纸盒子

黄色脸孔

证券行办事员

“苏格兰之星号”三桅帆船

马斯格雷夫典礼

莱吉特镇谜案

驼背男子

住家病人

希腊译员

海军协定

最后一案

在《福尔摩斯冒险史》出版之后不到两个月的时间里，《斯特兰德杂志》已经开始继续连载福尔摩斯短篇小说，这一系列将成为冒险史的后继作品《福尔摩斯回忆录》。这本小说集将会在惊心动魄的《最后一案》中达到高潮，其中福尔摩斯过早离世，读者无不骇然。

忠诚与出错

在《黄色脸孔》和《纸盒子》中，福尔摩斯对罪犯本人的受害心理有了一种新的认识。实际上，在这部短篇小说集中，福尔摩斯总体而言似乎更符合人类心理。在《海军协定》中，福尔摩斯略微提及了自己对宗教信仰的看法，展现了他性格中喜欢深思的一面。在《莱吉特镇谜案》中，福尔摩斯似乎更人性化，他因为过度劳累而精疲力竭。与此同时，在《黄色脸孔》中，福尔摩斯的推论完全偏离了事实，这是他作为大侦探第一次犯下错误，并因此极为少见地表现出懊悔之情。

“背叛”这一主题始终贯串《福尔摩斯回忆录》之中。《“苏格兰之星号”三桅帆船》、《驼背男子》和《住家病人》都证明了这一点。通奸点燃了《纸盒子》中的罪行，而《黄色脸孔》中，格兰特·门罗的行为是因为害怕他深爱的妻子对他不忠。同样的主题也出现在《马斯格雷夫典礼》中，那个管家因为别人而抛弃了一个女人，

1893年12月

柯南·道尔出版《**福尔摩斯回忆录**》。

1894年

华生的**妻子去世**后，他卖掉了诊所，**搬回了贝克街221B**（见《诺伍德的建筑商》，*168~169*页）。

1894年2月

福尔摩斯回到伦敦，“大裂谷时期”结束（见《空房子》，*162~167*页）。

1894年10月

柯南·道尔出版《**红灯四周**》，一个以医学为主题的**短篇故事集**。

1894年

柯南·道尔和弟弟英尼斯开启了美国的**巡回演讲之旅**。

1894年12月

柯南·道尔在《斯特兰德杂志》发表《准将杰拉德德的勋章》——该系列作品的第一部

这是他离奇失踪的关键原因。

首次完结

《福尔摩斯回忆录》中新出现了两个重要人物：一个是福尔摩斯的哥哥迈克罗夫特，在《希腊译员》之前此人从未被提及；另一个是福尔摩斯的主要敌人莫里亚蒂，他在《最后一案》中初次现身。《最后一案》讲述了福尔摩斯和莫里亚蒂坠落瑞士莱辛巴赫瀑布的故事。西德尼·佩吉特为这个故事画了一张插画，在《斯特兰德杂志》上整版刊出。

《最后一案》发表后，公众立刻表现出强烈的反响。柯南·道尔说：“我听说很多人都哭了。”在这个故事中，作者把莫里亚蒂比作“犯罪界的拿破仑”。有一点很有意思，柯南·道尔希望献身的“更好的事情”也是以拿破仑时期为中心展开的。他的历史小说《大阴影》的出版时间仅比《最后一案》提前13个月。1894年，他开始动手创作以拿破仑战争为题的“杰拉德准将系列”。

一去不复返？

我们知道，此时柯南·道尔已经厌倦了福尔摩斯，但是除了要实现更高的文学理想，也许还有其他原因，致使他杀掉了他笔下最著名的人物。他当时处于人生的艰难时刻，妻子被诊断为肺结核，1893年酗酒的父亲在精神病院去世。不过，柯南·道尔真的想永远搁置福尔摩斯吗？有关坠落莱辛巴赫瀑布的谜团为福尔摩斯归来提供了可能性。十年后，此事果然成真。从福尔摩斯1891年4月“死亡”到1894年2月这段时间，被称为“大裂谷时期”。

柯南·道尔究竟是为了经济原因故意创作了这一谜团，还是他比表面上更爱笔下的这个人物，所以才没有明确他的死亡，这个问题可能永远都没有答案。不过，有一点是肯定的，柯南·道尔创作《福尔摩斯回忆录》的稿酬为1000英镑，远远高于他写作生涯初期的收入。正如柯南·道尔自己回忆的，刚刚投身写作时，他每天只花1先令，“靠面包、熏肉和茶叶过活，偶尔可以吃上干熏肠——一个人还能有什么更高的要求呢”？■

真正的凶手就在您的背后

《白额闪电》（1892年）

背景介绍

类型
短篇小说

英国首次发表
《斯特兰德杂志》，1892年12月

文集
《福尔摩斯回忆录》，1894年

人物
约翰·斯特雷特，驯马师，曾经做过骑师。

菲茨罗伊·辛普森，富裕的伦敦赌马生意人，挥霍无度的赌徒。

罗斯上校，白额闪电的主人。

格雷戈里警探，官方的调查官员。

希拉斯·布朗，梅普顿马房的驯马师。

内德·亨特，津斯派蓝马房的马倌

有一张非常常见的福尔摩斯图片，就是西德尼·佩吉特为《白额闪电》配的插图。其中，带着猎鹿帽的福尔摩斯坐在火车车厢里，一边比画着长长的手指，一边讲述失踪赛马和被杀驯马师的案情，华生坐在对面抽着雪茄。福尔摩斯开讲之前，根据铁路线上电报线杆子的间距为60码，得出火车的时速是53.5英里。（这有点儿太让人难以置信。）《白额闪电》的开头和结尾都是在火车上，福尔摩斯在旅途中阐述了案情，最后也做出了解释。

夺冠热门离奇失踪

赛马“白额闪电”的名字来源于它与众不同的白色前额。作为“威塞克斯杯”的夺冠热门，这匹马一直养在达特莫尔的津斯派蓝马房，突然在比赛一周前失踪。他的驯马师约翰·斯特雷特被人发现死在荒野里。他的头骨被打烂了，手里握着一把奇怪的小刀。做赌马生意的菲茨罗伊·辛普森已经作为主要犯罪嫌疑人被警方拘捕。事发当晚，他曾试图贿赂马倌。此外，一位女仆曾目击辛普森试图隔着马房的窗户和马倌亨特说话。当时，亨特正准备吃晚饭，他的晚饭是咖喱羊肉。第二天早上，有人发现亨特处于昏迷状态，后来福尔摩斯断定其为鸦片中毒，而白额闪电不知所踪。辛普森声称，他之所以去马房，只是为了收集比赛的内幕消息。不过，他手中拿的棕榈木手杖，也就是那根“槟榔讼棍”，很符合打死死者的凶器。他看起来肯定犯了劫持和谋杀罪，虽然所有人都这样认为，但福尔摩斯却另有想法。

> 理清案子的最好方法就是把案情向别人复述一遍。
>
> 歇洛克·福尔摩斯

右图原载《斯特兰德杂志》，是“白额闪电”中的插图，其中福尔摩斯带着他那经典的猎鹿帽。2014年，这幅画的水彩版在佳士得拍卖行以9万美元的价格售出。

达特莫尔的位置

在这个故事中，福尔摩斯和华生第一次前往达特莫尔，九年后在《巴斯克维尔的猎犬》中，他们再次来到此地。不过，在后面的故事中，达特莫尔被描述成一个“令人却步”“荒凉阴郁”的地方。这种场景非常契合猎犬带来的那令人毛骨悚然的恐惧。不过，在这篇故事章，达特莫尔却是一个生机勃勃、风景迷人之处。当福尔摩斯和华生漫步走向附近的梅普顿马房时，华生描写到，“眼前这片连绵起伏的平原洒满金光，凋零的苔藓和树莓则染上了更加深沉饱满的红棕色”。他只为一事惋惜，“壮美的景色并没有对我的同伴造成丝毫触动”。不过，实际上福尔摩斯对这美景的吸引也不是无动于衷的，后来他感谢主顾说，“达特莫尔的新鲜空气，确实令人心旷神怡”。尽管如此，当地人似乎有一个令人害怕的癖好，他们喜欢放狗咬陌生人，也许这是在为后文做铺垫。

不一般的警察

负责调查本案的警察是格雷戈里警探，福尔摩斯对他的态度可是一反常态，大为褒奖。福尔摩斯说格雷戈里是“一名非常能干的警官”。格雷戈里保护现场的做法给福尔摩斯留下了深刻的印象。格雷戈里在斯特雷特的谋杀现场边上铺了一张席子，让所有人站在上面。福尔摩斯对格雷戈里办事方法的赞扬与对雷斯垂德的怒气形成了鲜明对比。在《博斯库姆溪谷谜案》中，福尔摩斯查看案发现场是说：“我是我能早点儿来，赶在那群人像水牛一样在这儿打滚之前，事情该是多么简单啊。”

从始至终，格雷戈里在辅助福尔摩斯调查时都表现出了自己的能干。他不仅能够提供合适的细节，适时拿出受害者当时所穿的靴子，而且及时从兜里拿出了受害者的照片。对此，福尔摩斯非常高兴。他说：“亲爱的格雷戈里，我需要的东西都在你的意料之中啊。”正如另外一位大有前途的年轻警探斯坦利·霍普金斯一样，格雷戈里也全力学习福尔摩斯的方法。霍普金斯直到十年以后，才在《黑彼得》中出现在贝克街221B。虽然格雷戈里“正在英格兰警界迅速蹿红”，这位身材高大，头发如狮鬃一般的警探除了《白额闪电》之外再也没有出现过。

符合推测的事实

福尔摩斯只批评格雷戈里有一点不好，就是缺乏想象力。这一特质对侦探的意义，福尔摩斯在后文会再次提到。不过，福尔摩斯做出此种批评还是有些奇怪，因为在《波西米亚丑闻》中，他曾说：“最要不得的，就是在拿到资料之间进行假设。”在《白额闪电》中，福尔摩斯所提倡的与之

维多利亚时期英格兰有很多流行的马赛，埃普索姆·德比马赛就是其中之一。文中所说的“威塞克斯杯”马赛是虚构的，但因为这篇故事全球已有多个“白额闪电威塞克斯杯”马赛。

恰恰相反：他先推测失踪马匹的下落，然后寻找证据加以证明。当他最后找到证据时，他欢呼道：“看到想象力的价值有多么大了吧……咱们对事情经过加以想象，按照想象采取行动，眼下又发现它的确符合事实。”

福尔摩斯的方法

福尔摩斯在津斯派蓝马房的破案过程中，多次用到溯因推理的方法。首先是筛选信息：他阅读了所有报刊上对案情的报道，以便“把事实的框架——就是那些绝对不容置疑的事实——跟牛皮匠和记者的添油加醋区分开来”。在此过程中，他不断修改别人的假设，让读者觉得只要当事人是福尔摩斯，也许想象也是件很伟大的事。到达案发现场后，福尔摩斯在死者身上、马房周围以及谋杀现场不可避免地发现了很多微小线索。正如在《暗红习作》中所说的，福尔摩斯“对于颠茄、罂粟以及其他有毒植物十分了解”。在这篇故事中，他那庞杂的知识都得到了利用。最引人注目的，福尔摩斯在离开达特莫尔之前和格雷戈里警探那段引人遐想的对话，就是有关马房那条狗的话。

戏剧天赋

当白额闪电被牵出马房时，马房里的狗没有叫唤，这是破案的一条线索，福尔摩斯很快掌握了其他几条线索。狗没出声，表明它对牵马的人十分熟悉。此外，晚饭中的咖喱用来掩盖鸦片粉的强烈气味，从而迷倒马倌，这一点实际上排除了辛普森作案的可能，因为他不可能决定斯特雷特家吃什么。再就是那把“奇特的刀子”。刀子是手术用刀，却握在死者的手中，说明其中暗含着一个邪恶的特别目的。在离开达特莫尔之前，福尔摩斯就可以完全解开谜题，但是他却没有这样做。相反，他向赛马的主人罗斯上校打包票说，白额闪电绝对会出现在“威塞克斯杯”的赛场上，并安排四天后在温彻斯特跑马场见面。福尔摩斯给出的理由是，罗斯上校对他的能力不屑一顾，还有点挑他的刺儿，所以要给他来点儿有趣的惩罚。他说：“上校对我的态度稍微

维多利亚时代的赛马

赛马是维多利亚时代十分流行的娱乐活动，也是为数不多贵族和贫民共处一地的场合。福尔摩斯深谙赌徒的心理。在《蓝色石榴石》中，他用打赌的方式从一个十分警惕的家禽小贩那里套出了需要的信息。他说：“要是你看到哪个人……兜里支棱着一份《粉赛报》，那你尽管去拉他来打赌，他肯定会上钩的。”《粉赛报》就是《竞技时报》的别称，这是当时几份赛马报纸之一。不过，到20世纪，赛马的受欢迎程度不断下降，很多小型跑马场关门歇业，其中包括沃西当（Worthy Down）的温彻斯特跑马场。该跑马场自16世纪初投入使用，曾经受到查理二世的资助。1887年7月13日这里跑完了最后一场马。到第一次世界大战结束时，这里变成了飞机场。

> **那时我正在暗自惊叹，我居然会对如此明显的线索视而不见。**
>
> 歇洛克·福尔摩斯

有那么一点儿随随便便，所以呢，眼下我打算拿他来找点儿小小的乐子。”我们是否全然相信他当然另当别论，但是福尔摩斯很喜欢给结局增添一些喜剧色彩。就像在《恐怖谷》中，他对一位同行说：“当然，如果咱们不能隔三差五地弄点排场来烘托办案成果的话，咱们的行当肯定会变得又乏味又凄惨。”

不管福尔摩斯的动机如何，赛马出现以及找出凶手的情节都编排得十分巧妙。原来白额闪电既是受害者，也是谋杀者。当债务缠身的斯特雷特试图“用刀子在马儿的大腿肌腱上拉一道小口子”，让它变瘸，以此操纵比赛时，白额闪电用铁蹄踢了驯马师的头部。之后，希拉斯·布朗在荒原上发现徘徊的马儿，就把它藏在了梅普顿马房，并且给它染了颜色，以掩盖它原来的颜色。福尔摩斯没有把这一事实告诉罗斯上校。不过，当染成枣红色的白额闪电在温彻斯特跑马场拔得头筹时，罗斯上校再高兴不过了。

缺点大揭露

比赛时，福尔摩斯禁不住沉浸于另一个缺点之中。他说：“不过，开场的铃声已经响了，我估计自己能在下一场马赛当中赢上一点，所以呢，我还是把详细的解释推到一个更加合适的时间吧。”同样，华生也对赛马很有热情。在《肖斯科姆老宅》中，华生坦白说他一半的年金都花在了赌马上。不过，柯南·道尔本人不可能是赌马迷。在自传《回忆与历险》中，他承认他在《白额闪电》中对赛马的无知“上达于天”。当时，专家批评说，如果他笔下的人物真按照他写的那样做的话，要么会进监狱，要么会被禁止参与赌马。柯南·道尔反驳道：“不过，我从来不会为描写细节而紧张。一个人总会有技艺精湛的一面。”■

福尔摩斯发现的一个**重要线索**是，马房的狗没有叫唤，竟然让盗贼牵走白额闪电。福尔摩斯在这个案子中通过演绎告诉格雷戈里注意“那条狗夜里的古怪行为”（*the curious incident of the dog in the night-time*），后来因为马克·哈登的同名小说《深夜小狗神秘事件》得以永存。

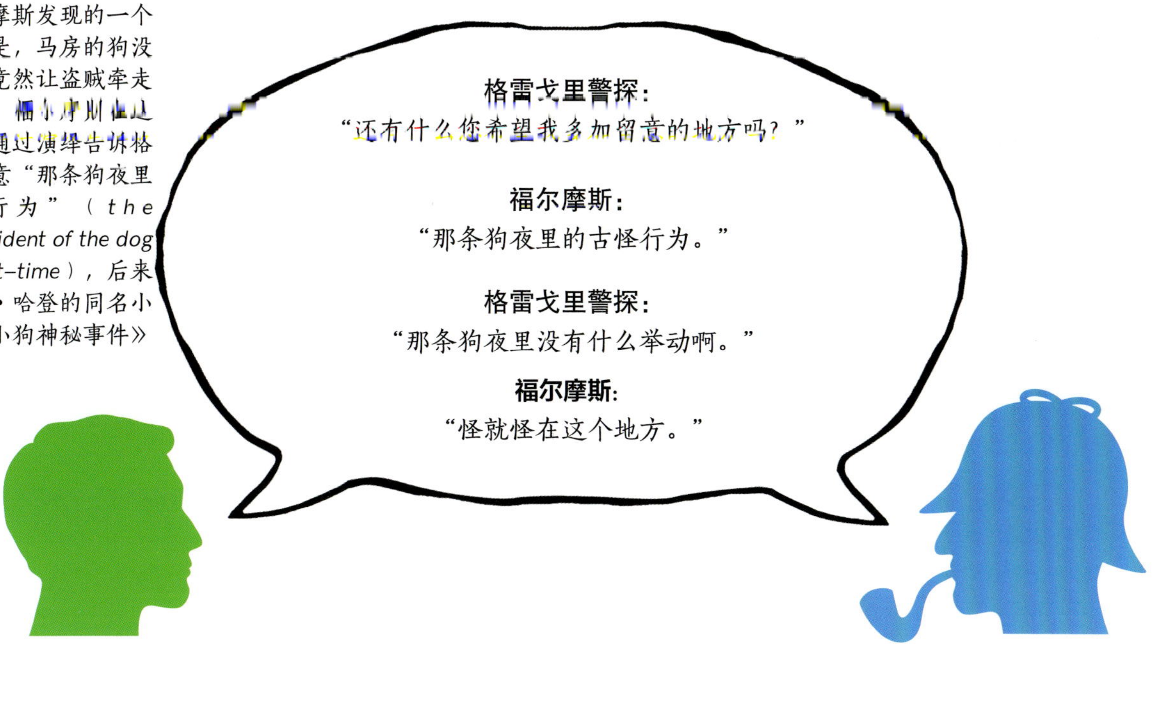

耳朵是人体中形态最为多样的部位

《纸盒子》(1893年)

背景介绍

类型

短篇小说

英国首次发表

《斯特兰德杂志》, 1893年1月

文集

《福尔摩斯回忆录》, 1894年

人物

苏珊·库欣, 受人尊敬、深居简出的老处女。

萨拉·库欣, 苏珊的妹妹, 一个骄傲、暴躁的女人。

玛丽·布朗纳, 库欣家的三女儿, 嫁给了詹姆斯·布朗纳。

詹姆斯·布朗纳, 脾气暴躁、酗酒无度的船上乘务员。

亚力克·费尔班, 打扮时髦、神气活现的男子, 玛丽的追求者。

雷斯垂德督察, 苏格兰场的警探。

故事发生在"8月一个赤日炎炎的日子", 华生十分渴望可以走出这个闷热的城市。他焦躁不安, 无聊透顶, 两眼在墙上的两幅画像上游荡。不一会儿, 福尔摩斯发表了一句评论, 恰恰与他的想法不谋而合, 仿佛福尔摩斯懂得读心术一样。大侦探解释了自己的方法: 他一直在观察华生的面部表情, 通过嘴唇的一丝抖动, 他推论出华生正在思考用武力解决争端"是一种非常荒谬的方式"。这一观察预示了接下来的故事。

1994年的电视剧《纸盒子》场景设定在一个下雪的圣诞节。福尔摩斯由杰里米·布雷特饰演, 因为健康问题, 这是他最后一次出演福尔摩斯。

柯南·道尔的自我审查

1892年12月到1893年11月，柯南·道尔在《斯特兰德杂志》上陆续发表了福尔摩斯系列故事。当这些故事结集成书，以《福尔摩斯回忆录》的形式出版时，柯南·道尔坚持将《纸盒子》从中删除。美国在第一版《福尔摩斯回忆录》中收录了这篇小说，但第二次印刷时被移除。柯南·道尔为什么这么做，福迷朋友对这个问题的讨论从未间断。克里斯多夫·罗登指出，作者本人给出了各种理由："这个故事并不适合出现在一本面向男孩子的书中；故事比他希望的更耸人听闻；此外，故事十分苍白。"不过，诲淫的内容还出现在探案全集的其他故事中；《纸盒子》的故事其实十分引人入胜。不管原因如何，柯南·道尔认为这个故事中有一部分很好，舍不得丢弃。《福尔摩斯回忆录》出版时，《纸盒子》中讲述读心术的那段开场白移到了《住家病人》中。

虽然1917年《纸盒子》被收录到了《福尔摩斯谢幕演出》中，但大多数现代编辑都将其放到《福尔摩斯回忆录》中，并且省去了两篇故事重复的开头，恢复了两篇故事本来的面目。

福尔摩斯说，他手头刚好有一件耸人听闻的新案子，"难度兴许会比我这番解读思绪的浅薄尝试大一些"。一位名叫苏珊·库欣的独居未婚妇人收到了一个可怕的盒子，里面装着两只割下来的耳朵。雷斯垂德怀疑，这只是苏珊以前租户的恶作剧。不过，和以往一样，最后证明他的推测是非常离谱的。

打开盒子

福尔摩斯主要的演绎法围绕纸盒子展开。在目光锐利的大侦探眼中，这个盒子给了他多个线索，比如涂有焦油的麻绳和打得很漂亮的绳结，暗示了寄件人的身份。耳朵是用粗盐保存的，医科学生不会用这种材料保存器官。两只耳朵属于不同的人：一只男人的耳朵，一只女人的耳朵。福尔摩斯推论，这不是学生开的玩笑，而是一起双重谋杀案。

而后，苏珊在不经意间提供了福尔摩斯破案所需的所有信息。她说自己有两个妹妹，玛丽和萨拉。玛丽和她当水手的丈夫詹姆斯·布朗纳住在利物浦。萨拉曾经和她们住在一起，不过一次"争吵"之后搬回了伦敦。开始和苏珊住在一起，前一阵刚搬出去。在交谈过程中，福尔摩斯发现苏珊的耳朵和盒子里的一只耳朵非常相似。

在去萨拉家的路上，福尔摩斯给利物浦的警方发了一份电报。萨拉生病了，不能见客，福尔摩斯说他只是想"瞧瞧她"，自己手中已经掌握了所需的资料。回到苏格兰场后，福尔摩斯收到了回复的电报，他告诉雷斯垂德包裹是布朗纳寄的，当布朗纳的船靠近伦敦的码头时，可以逮捕他。福尔摩斯已经确信盒子的一只耳朵属于玛丽·布朗纳，另一只是她情人的。

> **这样一个痛苦、暴力与恐惧的循环，究竟达到了什么目的？**
>
> 歇洛克·福尔摩斯

丈夫的背叛

布朗纳被捕后，主动招认了自己的罪行。这段供词把他塑造成了案子的受害者，而非坏蛋，混淆了故事的道德寓意。萨拉爱上了布朗纳，当他有礼貌地拒绝了萨拉之后，她开始展开报复，破坏了他的婚姻，鼓励玛丽和一个风度翩翩的海员亚力克·费尔班搞婚外情。

一天，布朗纳看到了这对情人。出于嫉妒和愤怒，他操起一根棒子，跟在了他们的后面。当他们租船出海时，布朗纳也租了一艘。在对抗的过程中，布朗纳杀死他们二人。他搁下了他们的耳朵，最后寄给了萨拉，让她知道她的"干预"种出了什么恶果。这一切让福尔摩斯在结尾时说出了一番令人惆怅的话语，与华生开篇时所想的暴力冲突中的"悲哀、恐怖，以及白白牺牲的生命"形成了呼应。■

真相再怎么残酷，总好于无休无止的疑问

《黄色脸孔》（1893年）

背景介绍

类型
短篇小说

英国首次发表
《斯特兰德杂志》，1893年2月

文集
《福尔摩斯回忆录》，1894年

人物
格兰特·门罗（“杰克”），做啤酒花的生意人，住在诺布里。

埃菲·门罗，格兰特·门罗的妻子，此前居住在美国，结过一次婚。

约翰·赫布隆，埃菲已故的丈夫，曾是美国的一名律师。

露西·赫布隆，埃菲的女儿。

这篇小说开篇写道，福尔摩斯手中暂无案子可办。华生医生对福尔摩斯闲下来时会注射可卡因的习惯做了评论。他说福尔摩斯偶尔注射毒品，是“为了抗议单调乏味的生活，只会出现在案件稀少、报纸无聊的时候”。不过，与其说这是一种正确的习惯，莫不如说是一种喜爱。因为受到奥斯卡·王尔德《道林·格雷的画像》（1891）的影响，柯南·道尔之前将福尔摩斯刻画成一个厌世的颓废者，不过现在这个人物更加适应生活。

躲避与谎言

福尔摩斯和华生散步回来时，发现他们错过了一个来访的人，即格兰特·门罗。门罗再次造访时解释了自己的情况：他的妻子埃菲最近一直在骗他，致使他们本来很美好的婚姻中出现了裂痕。他想咨询福尔摩斯的意见。

六个星期之前，埃菲问门罗要了100英镑，让他不要问为什

异族通婚

19世纪的美国，异族通婚和异族交配都是禁止的。赫布隆一家当然要离开佐治亚州的亚特兰大，1967年之前这里的法律一直禁止异族通婚。

门罗接受了混血的继女，表明当时英国对此类事件的宽容态度：异族通婚可能会受到社会的歧视，但并非不合法。有趣的是，在英国版的故事中，门罗沉默了两分钟，才说出接受这个孩子的那句暖心的话。但是，在美国版的故事中，时间改为了十分钟。

1882年，柯南·道尔与美国牧师、黑人领袖、废奴主义者亨利·海兰德·加尼特见了一面。柯南·道尔在《黄色脸孔》中展现的同情，也许源自他们二人的友谊。

19世纪，美国南部爆发了多次严重的黄热病。如果病情严重，病人会产生黄疸，皮肤呈现黄色，一般会因病死去。

么。上个星期，他回到诺布里时看到附近的房子有了新的住户。他瞥到一张可怕的“灰黄色脸孔”，从楼上的窗户上往外张望。当天晚上，他发现妻子凌晨3点溜出了家门，回来时也不说清楚去了哪里。

第二天，门罗看见埃菲从邻居家的别墅出来，问她去那里干了什么，她还是没有告诉他，只是央求他不要进去，否则他们的婚姻就会结束。埃菲发誓自己不再去那间别墅，但三天后她又去了。于是，门罗也冲了进去，房子空无一人，但是楼上房间里挂着他妻子的画像。

对福尔摩斯而言，这件案子与埃菲的过去有关。门罗说，她曾经移民去了美国，但是在第一任丈夫和孩子死于黄热病后，回到了英国。当她嫁给门罗时，把前任丈夫留给她的财产都转到了门罗名下。门罗还说，他看见过埃菲第一任丈夫的死亡证明。不过，福尔摩斯觉得其中有诈。他确信这是一件勒索案件，埃菲的前任丈夫肯定还活着，找她要钱，窗口的那张脸就是他。随后，门罗让福尔摩斯和华生前来，因为别墅里的人又回来了。

爱情战胜了偏见

福尔摩斯、华生与门罗一起冲进了那间别墅，发现那张“黄色脸孔”是一个面具，是一个名叫露西的黑人小女孩戴的。露西是埃菲的女儿。她的第一任丈夫是个非裔美国律师，他确实去世了，但是他们的孩子却活了下来，和一个保姆住在美国。直到最近，埃菲用从门罗那里要来的钱安排他们来到了英格兰。因为害怕门罗不再爱他，所以埃菲不想告诉门罗女儿的存在，让她藏在别墅里，戴上面具掩盖自己的肤色。

听了埃菲可怜的叙述之后，门罗说：“我这个人算不上特别的好……不过我觉得，比你想象的还是要好一点儿的。”他抱起小露西，亲了她一口，走向他的妻子。鉴于当时的社会传统，此举是非常高尚的。

这个故事的不同寻常之处在于：没有人犯罪，福尔摩斯的演绎法出了错，这种情况并不多见。不过，最引人注目的还是柯南·道尔所传达的反对种族歧视的进步信息，这与19世纪很多读者的态度是相抵触的。■

> **华生，以后你要是觉得我太过相信自个儿的本事……麻烦你在我耳边轻轻说一声‘诺布里’，我一定会感激不尽。**
>
> 歇洛克·福尔摩斯

人性可真是一盘稀奇古怪的大杂烩

《证券行办事员》(1893年)

背景介绍

类型
短篇小说

英国首次发表
《斯特兰德杂志》,1893年3月

文集
《福尔摩斯回忆录》,1894年

人物
霍尔·派克罗夫特,年轻的证券行办事员。

亚瑟·平纳,伦敦的金融经纪人。

哈里·平纳,伯明翰一家新开五金经销公司的老板。

贝丁顿,刚刚五年徒刑刑满释放的罪犯。

当柯南·道尔撰写《证券行办事员》的时候,福尔摩斯故事的稿费已经涨到很高,他已经有了投资的本钱。他通过皮姆·沃恩证券行购买了朴茨茅斯电车公司和澳大利亚矿山的股票。因此,毫无疑问,他很清楚诈骗行为在当时的金融界十分普遍。在这篇故事中,他表现出了对这一行业的了解,设计的情节引向了一个陷阱。这种陷阱在金融机构雇佣职员时就是随之存在的,就像小说中的莫森-威廉姆斯证券行一样。

梦想的工作不再令人羡慕

故事中设计的证券行办事员是年轻的霍尔·派克罗夫特。他请福尔摩斯和华生一起乘火车前往伯明翰。在旅途之中,派克罗夫特给他们讲述了整个案件。前一段时间,证券行裁员,他失去了工作。他费力找了很久的工作,最后终于在莫森-威廉姆斯证券行拿到了一个职位。但是,就在派克罗夫特

金融重犯

19世纪末的金融圈腐败盛行。上市的六家公司中至少有一家具有诈骗性质,骗子拿到投资者的钱后便人间蒸发。银行业和股市一样败坏,1844年到1868年共成立了291家私人银行,其中242家倒闭,原因大多为诈骗。1878年,银行巨头格拉斯哥银行倒闭,究其原因是银行董事将数百万英镑借给自己的朋友和亲戚,没有任何抵押品,做假账加以掩盖。但是,警察几乎没有调查我们今天所说的"白领犯罪",而是将注意力放在了工人阶层中的犯罪分子。这就是当时商界的偷盗和贪污情况,所以作为办事员,贝丁顿用不着杀死保安,把证券装在带子里偷走。每天,从"合法"员工手中都会流出大量金钱。

左图刊于《斯特兰德杂志》，在这个戏剧性的场面中，福尔摩斯、华生和派克罗夫特闯进了平纳的办公室，发现他企图自杀。

准备接受这份工作时，一个名家亚瑟·平纳的人给他介绍了一份薪水更高的工作。亚瑟让派克罗夫特去伯明翰见见他的弟弟哈里，他是法兰西-米德兰五金有限公司的“业务经理”。派克罗夫特受宠若惊，接受了这份工作，并且写了字据表明自己愿意加入这家公司，同时答应不会书面辞去莫森-威廉姆斯证券行的工作。

到伯明翰以后，哈里带派克罗夫特去了公司的办公室，不过只是几小间满是尘土、没有什么家具的房间。派克罗夫特开始了新的工作，但是隐隐约约有一种不安的感觉。他随后发现哈里有一颗位置和他哥哥一模一样的金牙，怀疑他们两个其实是一个人。因为这种疑虑，他咨询了福尔摩斯。福尔摩斯答应调查一下他这位奇怪的新雇主。

当福尔摩斯、华生和派克罗夫特到了伯明翰的办公室时，福尔摩斯和华生装成是找工作的人。他们发现平纳正在看报纸，表情悲痛欲绝。平纳请求他们让他自己待一会儿。听到了奇怪的声音后，他们冲进了平纳所去的房间，发现他正吊在门上的钩子上。他们立刻将他放下来，救活了他。福尔摩斯推论，平纳在伯明翰给派克罗夫特设计了一个虚假职位，这样当他们在伦敦的莫森-威廉姆斯证券行做违法勾当时，他就不会碍事了。

杀气腾腾的大盗

平纳所读的报纸上揭露了案件的细节，以及平纳绝望的原因。他弟弟的真名是贝丁顿，是个臭名昭著的伪造犯和窃贼。他顶替了派克罗夫特在莫森-威廉姆斯证券行的工作。假扮成派克罗夫特很简单，因为公司里没有人见过他。上个周六，贝丁顿在办公室消磨了一些时间，杀死警卫，试图携装有大约10万英镑的证券潜逃。但是，一名机敏的警察看到他一个人这么晚拿着一个袋子离开，遂将其逮捕。报纸声称，剩下的就是抓到贝丁顿的哥哥，二人通常一起作案。福尔摩斯说：“从这个方面来看，咱们倒是可以让警方省掉一点儿小小的麻烦。”

当平纳得知弟弟被捕之后，企图自杀，自己也因为涉足案件面临刑罚。福尔摩斯很同情平纳。实际上，福尔摩斯常常站在法律之外，他更喜欢看到自然的公正责罚。当然，也正是因为这个原因，他并不招苏格兰场的待见，不过这却给他省去了采取法律行动的麻烦。当他做出解释时，读者知道公义之手已经进行了审判，便觉足以。不过，在本案中，福尔摩斯知道他们必须将平纳送交警方。此外，这篇故事还有一点特别之处，当福尔摩斯得出结论时，他离案发现场很远，抓住的仅仅是一名从犯。重罪发生在伦敦，只是因为一个眼尖的警察，才抓住了主要凶手。■

福尔摩斯对华生健康的演绎

华生穿了一双新拖鞋，鞋底有一点烤焦的痕迹。

↓

拖鞋没有受过潮，因为店铺的纸标签还在上面。

↓

所以不会是烤干的时候烤过了头，那么肯定是华生坐着烤火时，把双脚伸到了炉子旁边。

↓

如果他身体很好，不会在夏天的时候烤火。

↓

“我发现，最近你身体不怎么好啊。热伤风还是挺折磨人的。”

我突然灵机一动，找到了破解谜题的钥匙

《“苏格兰之星号”三桅帆船》（1893年）

背景介绍

类型

短篇小说

英国首次发表

《斯特兰德杂志》，1893年4月

文集

《福尔摩斯回忆录》，1894年

人物

老维克多·特雷弗，诺福克郡的地方法官。

小维克多·特雷弗，老特雷弗的儿子，福尔摩斯大学时的同学。

贝多斯，老维克多·特雷弗的朋友，同为帆船上的囚犯、叛变者。

哈德森，“苏格兰之星号”三桅帆船上的水手。

杰克·普伦德加斯，“苏格兰之星号”三桅帆船的叛变领袖。

与大多数福尔摩斯故事不同的是，《“苏格兰之星号”三桅帆船》的讲述者是福尔摩斯本人，而非华生。当时正值一个冬日的晚上，他们二人坐在贝克街221B的壁炉旁边。1881年遇见华生之前，福尔摩斯已经办过不少案子，不过只有两件华生记录在了探案全集中，另一件是《马斯格雷夫典礼》。实际上，福尔摩斯宣称这是他参与的第一起案件，其中涉及柯南·道尔最喜欢的两个主题：航海；一个备受尊敬的人在遥远的国度曾有一段不齿的过去。

> 我上了两年大学，就交了这么一个朋友。那时我不怎么喜欢跟别人打交道，华生。
>
> 歇洛克·福尔摩斯

不为人知的过去

福尔摩斯回忆起他的大学时代。在一个漫长的暑假，他去诺福克湿地的维克多·特雷弗家玩。特雷弗是他大学（可能是牛津或剑桥，究竟哪所仍有争议）时唯一的朋友，他们家的宅子很大。有一天傍晚，在喝波尔图葡萄酒的时候，老维克多·特雷弗让福尔摩斯展示一下他的演绎能力，因为他的儿子一直对此赞不绝口。他说：“好吧，福尔摩斯先生，我就是一个绝好的观察对象，你不妨试一试，看看能从我身上推出些什么。”

老特雷弗是位地方法官，以仁慈著称。福尔摩斯推测到，最近几个月，老特雷弗害怕遭人攻击，这让他大吃一惊。福尔摩斯的惊人洞察力建立在敏锐观察老特雷弗的手杖上。他通过手杖上的铭文推测这根手杖才用了不到一年，之后进一步发现手杖从上面挖空，灌上了铅，也许是为了把它当作武器。福尔摩斯还发现老特雷弗的耳朵又扁又厚，从而推断他曾经是个拳击手（和福尔摩斯的爱好相同）。他手上的茧子说明之前没少干挖掘的工作。老特雷弗解释说他的钱都是从金矿里来的。

福尔摩斯此前曾看到老特雷弗的胳膊上有一个未除干净的刺青，所以又说道："您曾经跟一个姓名缩写是'J. A.'的人有过十分紧密的联系，后来却极力想把这个人忘掉。"听了这句话后，来维克多慢慢地站起身来，两眼瞪着福尔摩斯，然后晕倒了，福尔摩斯和小维克多都非常惊奇。当老特雷弗苏醒过来时，对福尔摩斯非官方但十分机敏的侦探工作大加赞赏。"这就是你这辈子该干的行当，先生。我多少也算是见过一点儿世面，你不妨好好考虑考虑我这句话。"他对华生说，就是那会儿他意识到或许可以把侦探作为自己的职业。

> **我觉得，现实生活中的侦探也好，虚构出来的侦探也罢，在你面前不过是任人戏耍的孩童。**
>
> 老维克多·特雷弗

老特雷弗醒来后，说J.A.是他的旧爱，不过并不令人信服。此后，他总是显得心神不宁，所以福尔摩斯决定离开。但是，就在他要离开的前一天，来了一位不速之客，一个名叫哈德森的狞恶水手。老特雷弗显然认识这个一脸坏相的人，他喝了一大杯白兰地。哈德森说："咳，我可有三十多年没见过您啦。瞧瞧，眼下您舒舒服服地待在自个儿家里，我还得在船上的腌肉桶里找东西糊口呢。"当哈德森提到二人都认识的贝多斯时，老特雷弗十分震惊，喝得不省人事。

致命的消息

七个星期之后，回到伦敦的福尔摩斯收到了小特雷弗的电报，请他再去一趟诺福克，他的父亲严重中风。不过，当福尔摩斯到特雷

像"苏格兰之星号"三桅帆船这样的运茶快船主要以速度著称，用于轻载运输。目前唯一幸存的类似帆船是"卡蒂萨克号"（见下图），现停靠在伦敦的格林尼治。

贝多斯用一种神秘的代码**提醒老特雷弗**。左图是贝多斯写给老特雷弗的全文，意思是：本城伦敦所供应之野味数量正在逐步上扬。我们相信，猎场总管哈德森业已得到指示，准备接收关于粘蝇纸及留下贵处雌雉鸡之性命的所有命令。福尔摩斯演绎出，如果按照间隔两个词跳着读（加粗的字），就会发现字条真正的意思，即游戏已经结束。哈德森已将一切和盘托出。赶紧逃命。在维多利亚时代，使用加密的消息在英国十分常见。

> The supply of **game** for London **is** going steadily **up**. **Head-keeper Hudson**, we believe, **has** been **now told** to receive **all** orders for **fly-paper** and for **preservation** of **your hen pheasant's life.**

弗家时，那位老人已经仙逝。自从福尔摩斯离开后，哈德森竟然不把老特雷弗放在眼里，几个星期以来，他俨然一副主人的派头。哈德森和小特雷弗之间的冲突将事情推向了顶峰。小特雷弗拒绝向哈德森道歉，哈德森因此去找汉普郡的贝多斯。福尔摩斯再次到达特雷弗家的前一天，老特雷弗收到了一张来自汉普郡的简单便条（见上方）。正是因为这张神秘便条，老特雷弗中了风。

崭露头角的大侦探福尔摩斯花了一点时间破解这张便条。他先倒着读，然后隔一个字一读，最后才发现隔两个字读才是破解方法。其中的信息是“游戏已经结束。哈德森已将一切和盘托出。赶紧逃命。”难怪老特雷弗受到了这么大的影响。但是，里面为什么会有“猎场总管”和“雌雉鸡”这些奇怪词汇呢？哈德森到底藏着什么秘密呢？选择这些词插入其中，是想证明便条的真实性，证实这是爱好打猎的贝多斯所写。不过，哈德森究竟是谁并未清楚说明。

病榻前的忏悔

当老特雷弗剩下最后一口气时，他告诉医生如果自己死了，儿子可以在某处找到他留给他的信。通过这封信，我们知道他的真名是“詹姆斯·阿米塔吉”，缩写就是J.A.。年轻时他曾在伦敦一家银行工作，为了还债他挪用公司的钱，打算在被人发现之前将钱补上。可在这之前他就被查，随后就是审判，被判由“苏格兰之星号”三桅帆船将之运送到澳大利亚。

这时，情节越来越复杂。那是在1855年10月，因为克里米亚战争（1853—1856），所有运输船只都被征为军用。运送阿米塔吉的船只是一艘改变了用途的运茶快船，这艘轻型船已经超载，上面有大约100名船员、囚犯和士兵。

在海上时，一个名叫杰克·普伦德加斯的囚犯把阿米塔吉拉入了一个精心设计的逃跑计划。该计划已经万事俱备，钱也十分充足，

右图由佩吉特创作，刊于《斯特兰德杂志》，描绘了杀死船长的场面，这是那场暴力血腥叛乱的一部分，最后阿米塔吉和埃文斯逃离帆船。

> **案子的始末就是这样，医生，要是你觉得它派得上用场的话，我可以保证，它一定会蹦跃加入你的案件收藏。**
>
> 歇洛克·福尔摩斯

普伦德加斯的搭档化妆成随船牧师，正偷偷地收买船员，并且把武器带给38名囚犯。看起来他们绝对可以打败那18名士兵和其他几个人，所以阿米塔吉决定入伙。

一场血腥的暴动

这场暴动描写得十分详细和骇人。柯南曾当过两次随船医生，一次是1880年在北极的"霍普号"捕鲸船上，另一次是1881年在西非海岸的"马永巴号"蒸汽船上。他在这个故事写道，普伦德加斯割断了那个双手被缚、嘴被堵住的医生的喉咙。不过，有趣的是，这个故事的英国版和美国版对船长的死描述不同。在英国版中，"他的头倒在了那张大西洋海图上"，但在美国版中，"他的脑浆把那张大西洋海图溅得一塌糊涂"。不过，哪个才是柯南·道尔的真迹目前尚无定论。

有几个人因为无辜的杀戮感到不安，所以决定不再参与其中，里面就有阿米塔吉和他的朋友埃文斯。他们乘坐救生船离开，但是正当他们越划越远时，"苏格兰之星号"三桅帆船爆炸了。他们又返回去救人。在一片残骸中，只有一位幸存者，就是哈德森。原来是一颗子弹引爆了船上的炸药。

后来，这些人在佛得角被一艘开往澳大利亚的双桅帆船搭救，船上的人相信他们是一艘失事客船的幸存者。到了澳大利亚以后，阿米塔吉和埃文斯改名换姓，分别起名为特雷弗和贝多斯。他们后来回到英格兰，以为自己的过去已经彻底埋葬。所以，当知道他们过去曾参与暴动的哈德森出现时，他们才会如此惶恐。

福尔摩斯在结束回忆时说，小特雷弗因为父亲的不堪历史伤透了心，后来去印度种植茶叶。其实，贝多斯说哈德森已将"一切和盘托出"的警告是错误的。贝多斯和哈德森都已失踪，虽然警察认为哈德森杀了贝多斯，但福尔摩斯本人却认为贝多斯已经逃离英国。

可能的灵感来源

除了破解那张信笺，读了那封忏悔信，再加上上面的那点推测，福尔摩斯在这个案子中其实没有做很多事情。实际上，这个案情从很大程度上说相当于搭了一个海盗故事的框架。

《"苏格兰之星号"三桅帆船》的灵感可能来自现实生活中的一次暴动。1829年，运送犯人的"塞浦路斯号"上发生一次暴动，有些犯人拒绝参加。其中二人划船离开，搭救他们的船长名为哈德森。■

运送犯人

19世纪，英国一般会将罪犯运送到帝国的遥远地区，这一被视为正义的举措从伊丽莎白时代延续下来。罪犯通常被迫服苦役，这是一种一石二鸟的做法，英国社会因此摆脱了罪犯，殖民地还拥有了大量工人。在早些年，罪犯被发往美国为弗吉尼亚公司工作，不过美国独立后，澳大利亚成为罪犯的集散地。1788年，首批700名罪犯在悉尼附近的博特尼湾着陆。1851年，新南威尔士州禁止了这一做法，接下来是1853年的塔斯马尼亚岛，不过西澳大利亚州直到1868年才停止这样做。那时，已超过16万罪犯被运送到澳大利亚。如果老特雷弗的案子提早33年，他的故事将会是另外一番模样。正如19世纪80年代他所写的忏悔信中所说的："这样的案子本来可以得到宽大处理，可惜的是，三十年前的执法人员要比现在严厉得多。"

打心里说，我相信自己能够解决其他人解决不了的问题

《马斯格雷夫典礼》(1893年)

背景介绍

类型

短篇小说

英国首次发表

《斯特兰德杂志》，1893年5月

文集

《福尔摩斯回忆录》，1894年

人物

雷金纳德·马斯格雷夫，福尔摩斯的老同学，赫尔斯通宅子的主人。

理查德·布朗顿，赫尔斯通宅子之前的管家，鳏夫，风流成性。

拉契尔·霍维尔斯，赫尔斯通宅子的二等女仆，布朗顿之前的未婚妻。

《马斯格雷夫典礼》是柯南·道尔最喜欢的故事之一，这一点并不奇怪。其中的情节错综复杂，还有埋于地下的宝藏、令人困惑的密文，涉及的英国内战更是给故事增添了历史小说的元素。

虽然故事开头，还是和往常一样由华生在向读者叙述，但实际上大部分故事都是由福尔摩斯讲述的，因为这件案子发生在华生搬到贝克街221B很久之前。其实，这是福尔摩斯继《"苏格兰之星号"三桅帆船》之后办的第二个案子。

不爱整洁的室友

1888年一个冬天的晚上——当时《暗红习作》刚刚发表不久，《恐怖谷》中的故事也在此前后发

1943年的电影《福尔摩斯面对死亡》采用了《马斯格雷夫典礼》中的名称和典礼，但与原著相差很大。

生——在贝克街221B，华生正在数落福尔摩斯的不爱整洁以及居家的一些显著缺点：他喜欢拿煤斗装雪茄，把烟丝塞进波斯拖鞋的脚趾部位，用大折刀将信件戳在壁炉台上。华生抱怨福尔摩斯最好不要在室内练习枪法，这一点相信谁都会赞同。不过，福尔摩斯用子弹在墙上打出了“VR”（即维多利亚女王）的字样，不仅表现了他的爱国情怀，柯南·道尔还由此巧妙地嵌入了历史信息，因为1887年7月正是维多利亚女王登基五十周年纪念。

正是因为福尔摩斯懒于整理房间，才促使他给华生讲述“马斯格雷夫典礼”的案子。福尔摩斯带着愁苦的面容地接受了华生打扫房间的建议，他先从一个装着他早年办案记录的箱子开始，偶然发现了一件“真的有点儿不同凡响”的案子。福尔摩斯随后拿出了一些奇怪的小物件：一张皱巴巴的纸片、一把老式的黄铜钥匙、一根缠有线团的木钉，还有一些生锈的圆形金属，这就是那个案子留下的东西。

熟悉的新主顾

福尔摩斯上学期间因为成功破获“苏格兰之星号”三桅帆船这件案子，在大学里出了名，同学会给他介绍一些相关的工作，雷金纳德·马斯格雷夫就是其中之一。马斯格雷夫生性腼腆，出身贵族。他们四年没有联系。有一天，马斯格雷夫来大英博物馆旁边的蒙塔古街（柯南·道尔曾住在附近）找福尔摩斯。他告诉福尔摩斯，他的父亲两年前去世，他现在是祖居赫尔斯通宅子的主人。当马斯格雷夫问福尔摩斯干哪一行时，福尔摩斯说“我已经决定了，我要靠自个儿的脑子来过日子”，把自己塑造成了自力更生的典范。马斯格雷夫听到后很高兴，因为他眼下正好有一个谜团需要解开，而警方完全无能为力。

管家与战斧

马斯格雷夫解释说，他们家的管家理查德·布朗顿失踪了。布朗顿受过教育，在马斯格雷夫家待了二十多年。他风流成性是出了名的，最近为了另外一个女仆，刚刚和已经订婚的女仆拉契尔·霍维尔斯分手，在家里引起了轩然大波。

上个周四的深夜，马斯格雷夫睡不着，打算去弹子房拿一本落在那儿的书。他路过书房时，发现门底下透出了灯光。马斯格雷夫怀疑可能是盗贼，所以拿起墙上挂着的一把古老战斧，从门缝往里窥视。令他惊讶的是，他发现管家正在“看一张似乎是地图的纸片”。布朗顿随后走向书柜，拿出一份文件，开始仔细研究。马斯格雷夫非常愤怒，走上前去，布朗顿的脸顿时吓成了青色，赶紧把那张好像地图的纸片塞到了自己的兜里。马斯格雷夫当场解雇了他，不过布朗顿最后还是争取到了一周的时间。

马斯格雷夫向福尔摩斯解释说，布朗顿从书柜里拿出的那份文件是一份古老奇怪的家族仪式，称为“马斯格雷夫典礼”。这份文件并不是什么秘密，其中包括一系列晦涩难解的提问和回答。几代人以来，马斯格雷夫家族的男子成年时都要宣读典礼中记录的内容。马斯格雷夫确信，典礼和案子没有任何关系，他说文件“绝对没有任何实际用途”。福尔摩斯的看法显然不同，但他还是让主顾继续讲下去。

> **一旦找到了这个地点，我们就不难知道其中的秘密……**
>
> 歇洛克·福尔摩斯

追踪之谜

三天后，布朗顿离奇失踪。他的床显然没人睡过，门窗都锁着，没有人知道他是怎么离开宅子的。此外，他的财物（除了一套黑西服和拖鞋）都没有拿走。他们彻底搜查了像迷宫一样的赫尔斯通宅子，但没有发现管家的踪迹。

与此同时，还发生了另外一件奇怪的事。当二等女仆拉契尔·霍维尔斯，就是布朗顿甩掉的未婚妻，告诉马斯格雷夫管家走了时，她突然歇斯底里地发作起来，后来只能卧床休息。三天后，她也失踪了。她的窗台和草坪上都有足迹，最后消失在湖边。马斯格雷夫和下人怀疑那个“可怜的疯丫头”寻了死路，不过打捞之后却只发现了一个麻布口袋，里面装着“一团锈蚀褪色的古旧金属，还有几块色彩灰暗的石子或者玻璃”。

福尔摩斯燃起了好奇心，他说他必须看一看马斯格雷夫典礼。虽然马斯格雷夫看不出其中的关联，但还是把文件给了福尔摩斯，并指出上面没有注明日期。上面的拼写方法可以追溯到17世纪中叶，与宅子建立的时间大致相同。福尔摩斯立刻发现这份文件“实际得不能再实际”，还说管家“非常聪明，眼光比整整十代的东家都要敏锐”。

橡树之巅，榆树之下

那天下午，福尔摩斯和马斯格雷夫一起前往赫尔斯通宅子。他向华生讲述这次旅途时说，他当时已经断定“眼前的三个谜团实际上

理查德·布朗顿

理查德·布朗顿最初是一名小学教员，后来被马斯格雷夫的父亲聘为管家。书中对他的描写起初是非常诙谐的，我们可以想象在“僻静的乡间”有这么一位引人注目的知识分子，用他那“聪明的脑瓜”以及音乐和语言天分迷倒当地的女人。马斯格雷夫把他比作唐璜，这位具有传奇色彩的登徒子曾出现在拜伦、莫扎特和普希金等人的著名作品中。有趣的是，布朗顿“没完没了的好奇心”和福尔摩斯本人很像。不过，与大侦探不同的是，他因为缺乏自控力而毁了自己，这让我们想起了古典戏剧中骄傲自大这一致命缺点。

虽然有人批评柯南·道尔在人物性格塑造上有所不足，但布朗顿的形象可谓栩栩如生，即使福尔摩斯见到的仅仅是他那难以辨认的尸体。实际上，布朗顿这个人物刻画得十分鲜活，读者可能不会注意到他存在于马斯格雷夫、福尔摩斯和华生的三重叙述之中。

研究完马斯格雷夫典礼之后，福尔摩斯演绎出了布朗顿已经发现的事实：典礼中暗藏着宝藏的所在地，这份宝藏几百年前曾委托马斯格雷夫家保存。在一年当中的特定时刻，利用赫尔斯通宅子中树木的影子可以找到宝藏的方位。

此物属谁？
昔之往者。
当入谁手？
后之来者。
时当何月？
季属第六。
日居何所？
橡树之巅。
影落何方？
榆树之下。
如何步测？
北十步，又十步，东五步，又五步，南二步，又二步，西一步，又一步，下探即得。
代价几何？
尽我所有。
此价何因？
皆缘信任。

第一句话指的是宝藏的**主人（查理一世）**，以及宝藏应该传给的人（**查理一世的儿子**）。

实指**6月份**，此时**太阳的方位**正好可以作为**正确**的指引。

根据这**两棵树**，福尔摩斯计算出了寻找宝藏所在地的**起点**。

表明所走的**步数**和**方向**，最重要的是，“**下探**”才能找到。

指的是**马斯格雷夫家**和**皇室**之间达成的协议，要保护王冠。

是彼此相关的一个整体”：典礼、布朗顿的失踪以及霍维尔斯的失踪都有一个共同点。福尔摩斯心里清楚，典礼（见上）实际上就是一个密码，其中的测量方法会指引你找到一个特定的地点。如果福尔摩斯能够找到这个地方，那么几乎可以肯定他会发现那个能够解开一切谜团的钥匙。

大侦探运用自己的逻辑分析，按照典礼的指引行事。其中所说的橡树很容易找，它就在宅子的正前方，年代十分久远，所以在典礼起草之时肯定就已存在。他问马斯格雷夫有没有一棵榆树，得知10年前那棵榆树被闪电击中，已经砍掉了，但是草坪上还有一块疤痕，证明原来那棵树所在的位置（在橡树和宅子中间）。福尔摩斯问马斯格雷夫榆树的高度，马斯格雷夫因为小时候曾用它来做三角函数，立刻回答说树高为64英尺。福尔摩斯问他管家是否问过同样的问题，马斯格雷夫很惊讶，想起几个月前管家确实问了这个问题。

开始测量

福尔摩斯通过典礼中的遣词造句推断，起点应该是太阳刚刚落到橡树顶上时，榆树影子的远端所在地。他在原来榆树所在的位置竖了一根钓竿，根据原来的高度64英尺找到了影子远端的位置，此处就在屋子的墙根处，地面上有一个“锥形的凹坑”——再次说明布朗顿也遵循着同样的路径。从这一起点开始，福尔摩斯按照典礼所说分别向北、东、南、西走了几步。最后，他走过一扇沉重的古老大门，到了宅子最古老的地方，进入了石板铺就的过道，那里“洒满了落日的余晖”。福尔摩斯确信自己找到了正确的位置。

石板的下方

不过，当福尔摩斯完成所有

此幅插图由西德尼·佩吉特创作，首次刊于《斯特兰德杂志》。其中，福尔摩斯（右）正在查看一棵古老的橡树，这是马斯格雷夫典礼提到的第一步。

步骤，希望看到石板下方会像典礼描述的那样，存在一个隐蔽之处时，他非常失望，因为那些石板牢牢地黏合在一起，显然已经有了年月，布朗顿不可能移动过它们。这时，马斯特雷夫告诉他，下面有一个地窖，于是领福尔摩斯去了那里。显然，他们找对了地方，最近还有其他人来过地窖。

在漆黑的地窖里，他们发现布朗顿的“黑白格子围巾”系在一块沉重石板上的铁环上。虽然读者可能会觉得“彻底搜查”时为什么没有检查这个地窖，但剧情的升级让人无暇顾及这些琐屑环节。福尔摩斯想到了可能的结果，让马斯格雷夫叫来了郡里的警察。最后，在警察的帮助下，福尔摩斯抬起了那块大石板，向下面的黑洞窥探。他看见了一个方形的房间，深度略大于一个人的身高。一侧有一个“包着铜边的扁木箱”，锁眼里插着一把老式钥匙；另一侧有一具穿着黑衣服的可怕尸体，就是那位好奇心永远无法满足的管家。

典礼与现实

虽然马斯格雷夫典礼的内容很吸引人，但福学专家表示，在现实生活中，按照那栋L形的建筑、橡树和榆树的位置，典礼不可能说得通。此外，自从这篇小说发表以来，还有其他问题萦绕左右。例如，在最初的版本中，典礼中并没有指示时间（6月）的那句。柯南·道尔后来加上的这句，大概是因为这会对影子的轨迹产生重要影响。不过，即使加上了月份，典礼中还是没有说清楚一天当中的什么时间，因为上午和下午榆树影子的方向是相反的。故事还没有考虑典礼起草以后三百年里新栽的树木。进入过道之前的那两步是朝西走的，但是“过道的地面洒满了落日的余晖”。尽管如此，在故事那令人毛骨悚然的高潮，这些自相矛盾的地方就无所谓了。

神秘的同谋者

发现布朗顿的尸体后，案子并没有完结：福尔摩斯只解开了部分谜团。他使用自己标志性的方法，即“把自己摆在那个人的位置”，才解开了所有问题。福尔摩斯这么说是合适的，因为他不折不扣地追寻布朗顿的步伐，与他的行动一丝不差，这在探案全集中是最突出的一次。

> **谁通过也没有办法通过那张酱紫色的扭曲面孔认出他来。**
>
> 歇洛克·福尔摩斯

> 知道了这个秘密，我们就可以解释次日早晨的事情，解释她苍白的面容、震惊的神经，还有她歇斯底里的笑。
>
> 歇洛克·福尔摩斯

这篇故事中，福尔摩斯有一个瞬间显露出了自夸的本色。他告诉华生："就这件案子而言，换位思考是比较简单的，因为布朗顿拥有第一流的智力水平。"也就是说，（鉴于福尔摩斯本人的智力），他不需要考虑"个体误差"。这最初是天文学家的术语，他们发现科学测量会受到微妙个人偏见的影响。福尔摩斯使用这个词汇要早于20世纪的心理学家威廉·冯特和卡尔·荣格，他们指出了心理判断过程中个人主观性的影响。

福尔摩斯断定，布朗顿需要一位帮手才能抬起石板，并推断他会寻求旧情人拉契尔·霍维尔斯的帮助，这一点是正确的。不过，布朗顿没有想到他的旧情人会如此狠心，把那根支撑石板的柴火踢掉，让他闷死在没有空气的地窖中。

王室的秘密

布朗顿发现的"宝藏"就是湖里打捞出来的一袋物什，这是拉契尔逃跑之前扔进去的。此前，柯南·道尔把她刻画为歇斯底里的一个人，现在他又添加了另外一个刻板印象：她冲动的报复心理因为"威尔士人的烈性子"而一笔勾销。

布朗顿尸体旁边那些肮脏的钱币源自查理一世时期，所以马斯格雷夫对典礼起草时间的推断是正确的。他随后说道，他的先祖拉尔夫·马斯格雷夫爵士是著名的保皇党，还是"查理二世流亡期间的左膀右臂"。福尔摩斯擦了擦一颗石子，立刻呈现出宝石的耀眼光芒。他意识到，那个生锈的"双圈"金属实际上就是斯图亚特王朝丢失的王冠，那些无光的石子就是王冠上的宝石。这顶王冠安全地藏在赫尔斯通宅子，期待内战后王朝得以复辟。

实际的情况是，斯图亚特王朝的王冠已经被熔化掉了，但是柯南·道尔构思了一个更吸引人的情节，历史上甚至也是合理的。不过，马斯格雷夫家族的后代因为"疏忽"未能参透典礼的意义，说明查理二世没有取回自己的王冠，这还是有一点牵强附会的。

福尔摩斯最后说，至于拉契尔，"再也没有听到她的任何音讯"，这给案子留下了一个未解的结果。只说她肯定会因犯罪而内疚，这并不像大侦探以及柯南·道尔的一贯作风。不过，还有一点值得我们注意，故事中还有一件事未受到惩罚：福尔摩斯还是没有打扫房间。■

征战中的国度

因为国王查理一世和议会之间不可调和的矛盾，英国爆发了内战（1642—1651）。这场内战是英国历史上最具戏剧性的一个阶段，国家分为支持国王的一方（保皇派）和支持议会的一方（以奥利弗·克伦威尔为首的圆颅党）。1694年，查理一世被处死，他的儿子（即后来的查理二世）被流放，君主制被共和国取代，将内战推至顶峰。马斯格雷夫所说的查理二世"流亡期间"，是指他逃离英格兰的那段时间。

不到十年的时间，克伦威尔的政府土崩瓦解，1658年他去世之后，英格兰陷入混乱状态。保皇派的乔治·蒙克将军安排流亡中的查理二世回国。乔治·蒙克将军实际上是克伦威尔的好友。1660年5月1日，查理二世重登王位，英格兰短暂的共和时期结束。

结果说明这个饵下得十分巧妙

《莱吉特镇谜案》(1893年)

背景介绍

类型

短篇小说

英国首次发表

《斯特兰德杂志》,1893年6月

文集

《福尔摩斯回忆录》,1894年

人物

海特上校,华生在军队时的老朋友。

弗雷斯特警探,当地的警官。

老坎宁安先生,当地的老乡绅,地方法官。

亚力克·坎宁安,老坎宁安的儿子。

阿克顿先生,与坎宁安家有土地争议的邻居。

威廉·柯万,死者。

当这篇故事1893年6月发表在《斯特兰德杂志》时,名字为“莱吉特镇乡绅”,指的是故事中拥有地产的老坎宁安先生。不过,《福尔摩斯回忆录》出版时,名字改成“莱吉特镇的两位乡绅”,把老坎宁安的儿子也包含了进去。更为复杂的是,当这篇故事刊发在美国的《哈珀周报》时(与英国《斯特兰德杂志》同时出版),名字仅为“莱吉特镇谜案”。有趣的是,《斯特兰德杂志》的插画家西德尼·佩吉特1983年3月在自己账本上写的也是这个题目,所

为了证明地球为椭球体，1736年皮埃尔-路易·莫佩尔蒂在拉普兰做实验。此人便是柯南·道尔笔下反派的原型。

以柯南·道尔最初使用的名称实际上可能是“莱吉特镇谜案”。

不管柯南·道尔倾向于哪个名称，这篇故事的灵感都来自1890年1月《爱丁堡医学杂志》发表的一篇文章“健康与笔迹”。作者亚历山大·卡吉尔把这篇文章寄给了柯南·道尔。1893年，他写信给卡吉尔说：“我现在想给福尔摩斯一张纸上扯下的一个小角，看他如何重塑这张纸的内容，并找到写字的人。我觉得，多亏了你，我才能写出这篇故事。”

1927年，柯南·道尔要选出12篇最喜欢的福尔摩斯故事，最后一个故事要在《莱吉特镇谜案》《海军协定》《驼背男子》《翻唇男子》《“苏格兰之星号”二桅帆船》《希腊译员》和《住家病人》中选择。他写道：“我还不如抽签决定……这些故事都很好，都达到了我希望的结果。”但是，最后他还是选择了《莱吉特镇谜案》，因为在这篇故事中福尔摩斯表现出了最惊人的天赋。

精疲力竭的英雄

这篇故事的开头极富戏剧性，为后面小地方发生的一起案子做了铺垫。福尔摩斯当时刚刚破获了一起重要的国际阴谋案。案中的大反派是“欧洲最高明的骗子”，名叫莫佩尔蒂男爵。他的名字与法国最伟大的科学家和冒险家之一皮埃尔-路易·莫佩尔蒂相同，其中可见柯南·道尔的讽刺。皮埃尔-路易·莫佩尔蒂（1698—1759）是18世纪法国信奉牛顿学说的领军人物。为了证明牛顿关于地球形状的

笔迹学

维多利亚时代晚期，很多人对有关性格的“科学”研究产生了极大的兴趣。人们认为，身体特征可以反映性格，比如头颅的形状，也就是现在称为伪科学的颅相学。还有人相信笔迹分析，有些专家声称笔迹的细微差别可以揭示一个人的生活经历。这一理论源自法国天主教牧师让-伊波利特·米雄（1806—1881）及其信徒。从1830年开始，他们创立了“笔迹学”这门科学。柯南·道尔发表《莱吉特镇谜案》的那年，法国心理学家阿尔弗雷德·比奈（1857—1911，左图）发表了一篇关于笔迹学的重要文章，他认为这将是“未来的科学”。仅仅一年后，笔迹学遭受了重要一击。当时，法国的笔迹“专家”因为在炮兵军官阿尔弗雷德·德莱弗斯定罪过程中扮演的角色受到攻击。德莱弗斯是犹太人，他被误判为叛国罪。笔迹学从未证明自己的正确性，如今和颅相学一样，被视为一种伪科学。

那张将柯万引向死亡的**欺骗性便条**，为福尔摩斯提供了多条线索。写便条的人就是涉案的人，案发时间是显露无遗的。正如福尔摩斯所说：“这个人为什么如此急于抢到它呢？因为它可以成为他的罪证。”

便条的一角是在“死者的食指和拇指之间找到的”。

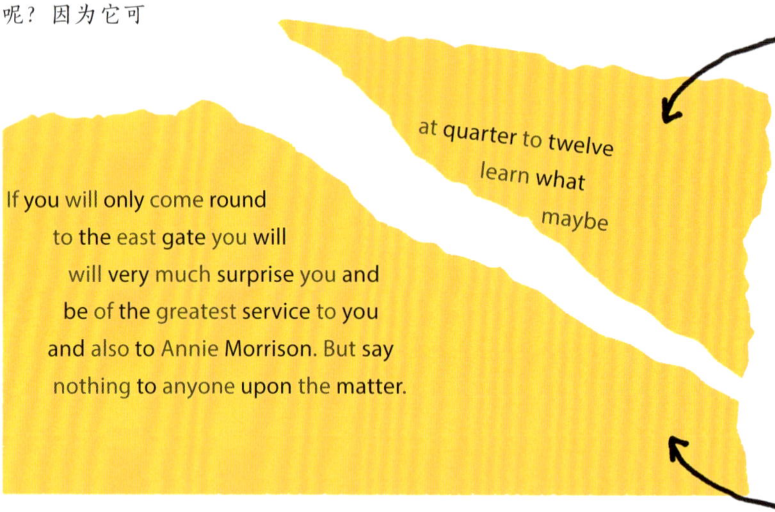

不同的笔迹表明，这张便条是“由两个人按一个人写一个单词的方法交替着写出来”。

福尔摩斯在坎宁安家里找到了便条剩余的部分。

看法，他带领队伍前往北极进行了一次非凡的探险。在这次探险过程中，他住在帐篷里，度过了寒冷的冬天。

实际上，华生没有解释和莫佩尔蒂同名的这位男爵究竟干了什么坏事，只是说那件案子“并不适合充当这些短篇故事的记叙对象”。不过，福尔摩斯成功打败男爵看似一项壮举，他的大名“响彻”整个欧洲，他在里昂的房间“放满了贺电，已经没过了脚踝”。

不过，福尔摩斯因为调查而精疲力竭，华生不得不前去陪伴，和他一起返回贝克街221B。华生还是一如既往地关心福尔摩斯，他决定接受海特上校的邀请，去萨里郡的莱吉特镇享受一段静谧的时光。海特上校是“一位相当出色的老兵”，在阿富汗时和华生成为朋友。所以当他们到达海特上校家时，我们看到了福尔摩斯和华生一副全新的面貌，一个是一身疲惫的打击国际罪犯的英雄，一个是可靠的医生。场景从里昂转到莱吉特也让福尔摩斯有机会破解一件当地的谋杀案，而非一件大案，但大侦探的风范丝毫没有减弱。

> **按我通常的经验，他的疯狂都是有门道的。**
>
> 华生医生

休假开始

他们在莱吉特的休假刚刚开始，一件案子就传到了福尔摩斯的耳朵里。附近的老阿克顿先生家遭了贼，丢了一些非常奇怪的东西，包括一个线团在内。第二天早晨，他们又听说一座堂皇的古宅发生了谋杀案，这座宅子建于安妮女王时代，属于老坎宁安和他的儿子亚力克，就是莱吉特镇的两位乡绅。不一会儿，弗雷斯特警探就到了上校家。他是“一位神态干练、想象机敏的人”，听说福尔摩斯在当地停留，很想请他一起调查此事。华生试图劝说福尔摩斯为了健康起见不要插手，但无济于事。福尔摩斯逗他说："命运在跟你过不去啊，华生。"

这起案件很有意思。坎宁安父子都看见一个人在他们房子外面与车夫威廉·柯万发生扭打，并用枪把他打死，随后跳过栅栏逃跑了。唯一发现的线索的就是死者手指抓住的一张纸的一角，上面写着"差一刻十二点，得知某个可能"。看到这个线索，福尔摩斯的脑子立刻飞速运转起来，不过他并没有透露自己的想法。

会见乡绅

福尔摩斯和警探起身去案发现场，福尔摩斯在这里发现另一条线索，但是他也没有声张。福尔摩斯、华生、警探和海特上校随后回到坎宁安家，坎宁安父子接待了他们。老坎宁安是个"脸色阴沉"的老人，而小坎宁安却是个神采飞扬、打扮时髦的年轻人。

父子俩问了问调查的进展。当弗雷斯特警探刚要告诉他们便条的事，福尔摩斯一头栽在地上，好像发了癔症。不过，进了房间后，他很快办醒过来，解释说自己最近压力很大。之后，他提议悬赏缉凶，不过却在悬赏告示中把"差一刻十二点"误写成了"一点一刻"，这可不是福尔摩斯一贯的作风。老坎宁安欣然对错误做了修改。华生把这个错误归结于福尔摩斯的疾病。但是，福尔摩斯实际上和往常一样睿智，他是故意犯错，想让那个老人写出"差一刻十二点"这几个字。这样他就可以对比那张便条上的笔迹。

随后，福尔摩斯问坎宁安父子可否在宅子里好好转转。当他们走进老坎宁安的卧室时，福尔摩斯和华生走在后面。他趁大家不注意，故意撞翻一个放着玻璃水瓶和一盘橘子的小桌子，然后大声指责华生。当疑惑不解的华生和警探俯身收拾时，他们突然听到从亚力克的更衣室里传来"救命！救命！杀人啦！"的叫喊声。华生和警探冲到房间里，发现亚力克正用双手卡住福尔摩斯的脖子，他的父亲正试图从福尔摩斯的手里抢一张纸。亚力克随后想要掏出手枪，但他和父亲立刻被捕。剩下的就是福尔摩斯讲述自己的破案过程了。

福尔摩斯的解释

回到海特上校的家后，福尔摩斯解释了他的破案方法。解开谜团的关键集中在那张纸片上，而不要被坎宁安父子的证词所左右。他

在一次罕见的肢体冲突中，如右图西德尼·佩吉特为《斯特兰德杂志》创作的插图所示，福尔摩斯被亚力克·坎宁安掐住了喉咙，直到华生和弗雷斯特前来将其救出。

亚力克·坎宁安

亚力克·坎宁安年轻气盛，精力充沛，长相和行为看似都与谋杀犯截然相反。当华生初次见到他时，他写道亚力克是个“衣着入时的小伙子”，看起来没有什么偷摸或危险的迹象。不过，福尔摩斯很快意识到，外貌是靠不住的。实际上，亚力克是个再好不过的例子，证明了福尔摩斯认为需要警惕任何偏见的正确性。亚力克不仅卷入谋杀案，还是案件的主谋，恐吓自己的老父亲与自己同谋。亚力克的温和态度和时髦装扮是一个绝佳的屏障，掩盖了自己残忍的性格。他也许是英国那些认为自己享有权利、贪得无厌的地主的缩影。亚力克的行为太具迷惑性，以至于弗雷斯特警探看到他想掐死福尔摩斯之后，还觉得他是无辜的。直到亚力克拿出左轮手枪，弗雷斯特才看清了事实。

说：“侦探艺术当中有一项重要的技能，那就是懂得对纷繁芜杂的事实进行区分，认清何者为主，何者为次。”

福尔摩斯说，肯定有人从死去的车夫手中扯走了便条，只留下了一个角。如果像坎宁安父子所说的，凶手立刻逃走了，那么扯走便条的肯定不是凶手。会不会是到达案发现场的第一个人亚力克呢？

福尔摩斯解释说，弗雷斯特之所以无视这一可能性，是因为他认为如此德高望重的地主不可能涉案。福尔摩斯说：“我占到了一点儿先机，是因为我忠实地听从了事实的指引，没有受到任何偏见的影响。”这是福尔摩斯破案方法的核心所在。他知道人们很容易被先入为主的思想蒙蔽，这也是警察往往无法破案的原因。即使福尔摩斯本人也必须保持警惕，确保自己不会掉入相同的圈套。

死者手中的那部分便条给目光犀利的福尔摩斯提供了重要线索。他好像是位笔迹学专家，可以从笔迹推断一个人的性格。他解释说便条上相同字母的写法不同，这说明便条是两个人合作完成的。其中一人笔力强劲，他先写好了自己的部分，然后让笔力软弱的人填上其中的空缺。福尔摩斯断言，笔力遒劲的那个人是主谋。这个人的笔力稳定有力，说明出自年轻人

亨利·乔治（*1839—1897*）是一位很有影响力的作家及政治家。他提出，资源和机会中的利益应该属于所有人，而不仅仅属于富有的地主。

之手。此外，二人笔迹存在相似之处，说明他们是血亲。所以肯定是亚力克强迫父亲和他一起写了那张便条，这样就有人和他共担罪名。

福尔摩斯的推论完全可信，但是有一点柯南·道尔是错的。笔迹学并不像福尔摩斯说的那样，属于法医学，很少有证据表明它能在破案中起到较大的作用。即使笔者试图掩盖自己的笔迹，专家也可以确定他的身份，但却无法推测此人的年龄、性格或性别。

进一步的调查

检查完案发现场之后，福尔摩斯通过两点证实亚力克的证词是虚假的。首先，作为弹道学的一位先驱，福尔摩斯发现死者的伤口以及衣服上没有火药灼烧的黑印子，所以子弹至少来自四码开外的地方，而非近距离平射。第二，亚力克说凶手跳过树篱逃跑了，但是地上根本没有靴子的印记。所以说，亚力克在撒谎，他就是凶手。应该是他从死者手里扯走了便条，并且很可能装在了自己的睡衣兜里。

锁定了坎宁安父子之后，福尔摩斯开始寻找杀人动机。他在之前的盗窃案中发现了一点：盗贼正在寻找那份能够证明阿克顿先生拥有坎宁安家族一半田产的文件。当他们未能找到时，就随手拿走了一些奇怪的物件，让现场看上去是被盗的样子。

柯南·道尔写这篇小说时，土地拥有权是一个热门话题。1873年，英国政府再次编制了《土地调查清册》，记录每个人拥有多少土地。这不仅是一项巨大的工程，还

是一记政治炸弹，因为调查显示英国所有的土地仅仅掌握在4.5%的人手中，95.5%的人没有土地。与此同时，美国土地改革家亨利·乔治19世纪80年代出版了《进步与贫穷》一书。1889年，土地国有化协会成立，提倡土地是所有人的公共财产。1892年，阿尔弗雷德·华莱士撰写了畅销书《土地国有化》。相互勾结的贪婪地主经常成为公众注意的中心。

> **我一下子癔症发作，栽倒在地，这才把话题转移到了别的地方。**
>
> 歇洛克·福尔摩斯

声东击西

找到动机以及指向二位乡绅的有力证据后，福尔摩斯所需的就是那张从车夫手里扯走的便条。到了坎宁安家里后，福尔摩斯制造了一点混乱，趁机溜进了亚力克的房间，找到了那张便条。这也是他打翻桌子，嫁祸给华生的原因。不过，坎宁安父子跟在福尔摩斯的后面，看到他找到了便条。二人十分绝望。显然，当坎宁安父子潜入阿克顿家寻找那份文件时，被车夫柯万看到了，他试图勒索主人。那张便条主要想把柯万引向死路，其中的措辞十分巧妙，暗示他是那起盗窃案的始作俑者，因此也达到了诋毁他的目的。福尔摩斯赞赏地说，这是亚力克的计谋，“他这个人还是挺机灵的”。

破获这起案件之后，福尔摩斯完全恢复了活力。他高兴地说：“华生，依我看，咱们这段宁静的乡间假期显然是不虚此行，明天回贝克街的时候，我一定能有百倍的精神。”■

土地拥有权的争议，就像坎宁安家和阿克顿之间的争夺，在19世纪十分常见，因为当时土地拥有权是建立在自愿登记的基础上的。

一件空前离奇的疑难案子

《驼背男子》(1893年)

背景介绍

类型

短篇小说

英国首次发表

《斯特兰德杂志》,1893年7月

文集

《福尔摩斯回忆录》,1894年

人物

詹姆斯·巴克利上校,皇家马洛兵团的指挥官。

南希·巴克利(闺名南希·德沃伊),巴克利美丽的妻子。

莫里森小姐,南希·巴克利的一位年轻朋友。

亨利(哈里)·伍德下士,马洛兵团的下士,巴克利上校昔日的战友。

虽然柯南·道尔挑选自己最喜欢的福尔摩斯故事时,并没有将《驼背男子》列入其中,但这却是他很看重的一篇。虽然这篇故事由华生记录,但大部分实际上是福尔摩斯一天晚上去拜访华生时叙述的。福尔摩斯讲述的案情中留下了些许空白,这样华生可以省去关键的细节,让读者来猜,这是柯南·道尔的一种巧妙手法。

不过,在讲述案情之前,福尔摩斯说华生这一天肯定很忙。华生很奇怪,所以问福尔摩斯是怎么知道的。他回答说“简单极了”。这是最接近的一次,福尔摩斯几乎说出了他那句标志性的口头禅:“简单极了,我亲爱的华生。”虽然福尔摩斯经常称他为“我亲爱的华生”,但在福尔摩斯探案全集中,他从未完整地说出这句话。

1857年的印度反英大起义中,多个邦团结起来反抗东印度公司的统治。起义持续了一年,最后被镇压,英国对英属印度实行直接统治。

福尔摩斯的讲述

福尔摩斯告诉华生的案子与阿尔德硕特巴克利上校的离奇死亡有关。上校的妻子南希晚上和朋友莫里森小姐去了教堂，回家后十分沮丧。有人听到夫妻俩在日间起居室发生了争吵。有人听到南希喊了两次“大卫”，这很奇怪，因为上校的名字是詹姆斯。随着一声沉重的响声和尖叫，仆人们试图破门而入，但是门从里面锁上了，所以车夫从敞开的落地窗进了房间。巴克利夫人躺在沙发上，不省人事，而巴克利上校已经气绝身亡，血从头部流出，面部表情十分吓人。

这看起来是一起谋杀案，巴克利夫人是主要犯罪嫌疑人，但却有些说不通。福尔摩斯劝说莫里森小姐说出南希心情不好的原因。她说她们之前碰到了一个畸形人，是南希的旧相识。福尔摩斯找到了那个人的住处，得知他名叫亨利·伍德。福尔摩斯根据伍德给女房东的卢比推断，他与巴克利在印度时的经历有关。巴克利和南希在印度相识而结婚。

布赫提的背叛

第二天早晨，福尔摩斯和华生动身去阿尔德硕特拜访伍德。听说南希·巴克利可能会因谋杀受到审判时，伍德说出了实情。30年前，他和巴克利都在英国驻印度军队服役，两人都很年轻，同时爱上了南希。南希爱的是伍德，但她的父亲让他嫁给巴克利，因为巴克利即将成为军官。1857年印度反英大起义期间，巴克利碰到了一个除掉对手的机会，他向叛军出卖了伍德。伍德最终得以逃脱，却因拷打而落下残疾。他在印度街头当一个艺人，后来回到英格兰。一次偶然的机会，他碰到了南希，尾随其后。当伍德从落地窗进去时，巴克利突然倒下，脑袋撞到了东西。伍德说：“我出现在他的眼前，等于是把一颗子弹射进了他那颗罪孽深重的心。”巴克利夫人晕倒了，伍德想打开门求救。可根据当时的情景，他还是拿着钥匙逃跑了。

> ……这件案子确实很有意思。不过，动手调查之后，我很快就发现，案子比我一开始的感觉还要离奇得多。
>
> 歇洛克·福尔摩斯

验尸报告证明巴克利夫人无罪，所以福尔摩斯就此平息了事件。自然的公义之手已经做出了审判，为什么还要让警察牵涉其中呢？当华生问福尔摩斯为什么巴克利夫人称呼丈夫为“大卫”时，福尔摩斯提到了《旧约》中大卫和拔示巴的那段“小故事”。故事篇名中的“驼背男子”可能根本不是指畸形的伍德，而是至道德扭曲的巴克利。■

大卫与拔示巴

福尔摩斯认为，经常做礼拜的巴克利夫人称呼她丈夫“大卫”时，她引用了《圣经·旧约》中大卫王（撒母耳记下第11章）的故事。一天，大卫王看到了洗澡中的拔示巴，于是向她求爱。拔示巴是士兵乌利亚的妻子。拔示巴怀孕后，大卫王试图让乌利亚与妻子同寝，这样他就会以为孩子是他自己的。但是，作为执勤的士兵，乌利亚拒绝回家。大卫王无可奈何，把乌利亚派到必死无疑的战争前线。乌利亚死后，大卫王娶了拔示巴。不过，他始终满心愧疚，因此写下了诗篇51篇（“求主垂怜”）。显然，巴克利也饱受同样的内疚，因为福尔摩斯得知他经常一连几天“陷入最为消沉的状态”。巴克利、伍德和南希在印度时的关系与上述故事十分相似，说明柯南·道尔可能用《旧约》中的这个故事为基础，写成了《驼背男子》。

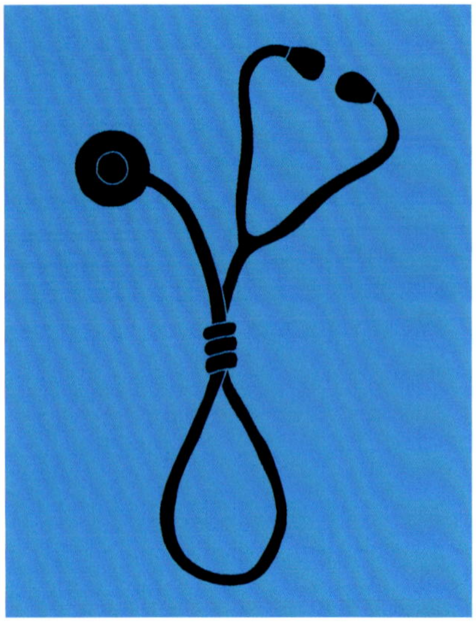

如果一个人担心的是自己的性命，那我是可以从他的眼睛看出来的

《住家病人》（1893年）

背景介绍

类型

短篇小说

英国首次发表

《斯特兰德杂志》，1893年8月

文集

《福尔摩斯回忆录》，1894年

人物

珀西·特里维廉，刚刚开业的医生。

布莱星顿先生，珀西的“住家病人”，出资帮他开诊所的人。

俄国伯爵和他的儿子，珀西的新病人，患有强直性昏厥，他的儿子陪他一起来看病。

这篇阴郁的短篇小说中含有一个充满暴力的背景故事，揭露了其中一个人物的犯罪史。《福尔摩斯回忆录》还有其他类似的故事，比如《“苏格兰之星号”三桅帆船》《驼背男子》。此外，这篇故事（在某些版本中）还有一点值得注意，就是开头的“读心”部分，这段开头首次出现《纸盒子》中。柯南·道尔在《福尔摩斯回忆录》首次出版时并未收录《纸盒子》，但他显然不想放弃这篇故事的开头，于是将其移到本篇故事中。

令人忐忑不安的案子

珀西·特里维廉医生来找福尔摩斯。特里维廉最近刚刚拿到医生资格，但因为资金不足，接受了一位先生的资助。先生名叫布莱星顿，有“几千英镑”可以投资，帮助特里维廉开了一家诊所。作为回报，特里维廉要为他提供住处，分享利润，还要照看他的心脏病。

特里维廉之所以咨询福尔摩

强直性昏厥

福尔摩斯告诉华生，强直性昏厥是“一种很容易模仿的疾病”。故事中的俄国贵族装的就是这种病。强直性昏厥会导致肌肉痉挛，肢体僵硬，对刺激无反应。这往往和精神分裂症等心理疾病有关。虽然19世纪对精神疾病的医学知识不断增长，但作家还是利用强直性昏厥来营造极度焦虑甚至是疯狂的氛围。埃德加·埃伦·坡的《厄舍古屋的倒塌》（1893）以及狄更斯1853年的小说《荒凉山庄》中都描写过这种病。

当病人强直性昏厥发作时，特里维廉本人会做一些记录，但是他的治疗方法——吸入亚硝酸异戊酯，并不常用。其实，这种物质一般用于治疗心脏病，因为它会加快心跳。如今，亚硝酸异戊酯常被用作消遣性毒品（“春药”）。

斯，是因为他的这位“住家病人”最近莫名地焦虑。附近发生了一起盗窃案之后，布莱星顿坚持提高诊所的安防措施。几天前发生了一件奇怪的事，吓得布莱星顿几近癫狂。特里维廉接收了一位新的病人，一位老迈的俄国贵族，患有强直性昏厥。他的儿子带他来看病，自己在候诊室等待。在检查期间，病人突然发作，特里维廉出去取药，回来时却发现两个人都不见了。

第二天，他们又回来看病，为昨天的唐突离开抱歉。当莱克星顿散步回来时，说有人进过他的房间。地毯上的足迹证实了他的说法，特里维廉意识到那个病人的儿子肯定从候诊室溜到了楼上。这件事把布莱星顿吓得几乎语无伦次。

福尔摩斯和特里维廉一起回到诊所，他确信那两个人注意的是布莱星顿本人。可是，布莱星顿坚称自己不知道闯入者为何人。福尔摩斯很不高兴地离开了，他说如果布莱星顿拒绝吐露真相，他是无法帮助他的。

卡文迪许广场离哈利街很近，过去和现在一直都因医生云集而著名。因为布莱星顿的资助，珀西·特里维廉得以在附近开业行医。

刑事审判

第二天，有人发现布莱星顿吊死在了自己的房间里。尽管警察最初的判断是自杀，但福尔摩斯通过演绎得出这是一起谋杀。壁炉里的四个雪茄烟蒂以及楼梯上的脚印显示，夜里有三个人偷偷地上了楼。房间里还留下了一把起子和几个螺钉，说明这三个坏蛋起初打算搭个绞刑架，后来决定用挂吊灯的钩子“处决”布莱星顿。

调查显示，这三个人就是“抢劫沃星顿银行的那帮匪徒”，一群残忍的强盗。布莱星顿（真名为萨顿）本是这伙人中的重要一员，但是当他们被抓时，他摇身一变，成为警方的证人，逃过了牢狱之灾。他的悲惨结局是酝酿了15年的一场报复。这些人刑满释放后找到了他，其中两个人假扮俄国贵族和他的儿子。莱克星顿死后，这三个凶手当时未被缉拿归案，但华生说，他们后来搭乘一艘轮船，在海上失事。

> **我们进了卧室的房门，映入眼帘的是一幅可怕的景象……他的模样简直已经不像个人了。**
>
> 华生医生

犯罪所得

特里维廉与他的创作者柯南·道尔有些许相同之处。开业行医之初，柯南·道尔也“缺少资金”。特里维廉曾著有一篇神经病变的论文，这个题目和柯南·道尔大学时的论文相同。柯南·道尔和特里维廉得到的资助都与“犯罪”有关：一个是布莱星顿偷来的赃物，一个是大侦探福尔摩斯故事的成功。■

对于注重逻辑的人来说，所有的事情都应该有什么说什么

《希腊译员》（1893年）

背景介绍

类型
短篇小说

英国首次发表
《斯特兰德杂志》，1893年9月

文集
《福尔摩斯回忆录》，1894年

人物
迈克罗夫特·福尔摩斯，歇洛克·福尔摩斯的哥哥，有影响力的政府官员。

米拉斯先生，迈克罗夫特的邻居，语言学家及译员。

哈罗德·拉蒂默，年轻的英国人。

苏菲·克拉提得斯，哈罗德的希腊女友。

保罗·克拉提得斯，希腊人，苏菲的哥哥。

威尔逊·肯普，拉蒂默的同伙。

这篇故事开始时，华生说他一直怀疑福尔摩斯是一个孤儿，因为他不喜欢谈论自己的过去。不过，当他们谈论家族里的遗传特性时，福尔摩斯突然说自己的祖上都是“乡绅”，他祖母的妹妹是一名法国艺术家（他所说的“韦尔内”是个真人，具有凭记忆绘画的特殊天赋）。福尔摩斯在思索自己的演绎能力可能是遗传的时候，偶然提到自己的哥哥也具有这种天赋。这是一个戏剧性的转折，虽然低调但很巧妙。到目前为止，华生从未听说过迈克罗夫特·福尔摩斯。大侦探福尔摩斯继续介绍了他的哥哥，说他是一位卓越的思想家，但因为精力不足而不适合侦探工作。迈克罗夫特很少走出他的俱乐部或是“白厅”，他将自己“惊人的数学天赋”奉献给了政府工作。

> 我经手的一些特别有趣的案子，就是通过这种方式从迈克罗夫特那里转来的。
>
> 歇洛克·福尔摩斯

强制的审讯

迈克罗夫特·福尔摩斯加入了他们的谈话，因为他叫弟弟来俱乐部给他介绍一个案子。这个案子是他的邻居米拉斯先生带给他的。米拉斯是希腊人，工作就是给别人当翻译。两天前，一个名叫哈罗德·拉蒂默的年轻人雇他当译员。这个来势汹汹的人把米拉斯先生推进了一辆窗子糊了纸的马车，拉到伦敦郊外的一幢大房子里。到了目的地以后，拉蒂默和他的同伙威尔逊·肯普迫使他把一系列指示讲给“客人”听，让他在一份法律文书上签字。这位客人是个希腊人，嘴被封住了，面容十分憔悴。

这个人十分固执，不肯合作，米拉斯还是用希腊语偷偷地套出了一些信息，没有让那两个人发现。米拉斯得到的信息包括：他

福尔摩斯（杰里米·布雷特饰）与非同一般但身份不明的哥哥迈克罗夫特（查尔斯·格雷饰）一起探寻那两个残忍坏蛋的动机。此图选自1985年英国电视剧中的一个场景。

叫保罗·克拉提得斯，拉蒂默和肯普将他监禁起来，不给他吃的。突然，一位年轻的希腊女子走进房间，打断了他们的谈话。她见到保罗时看似很吃惊，但显然他们是认识的。

随后，米拉斯被放回了伦敦，他们警告他不得将这件事告诉任何人。虽然米拉斯很胆小，但还是很想帮助他的同胞，于是他报了警，还把事情经过告诉了迈克罗夫特。迈克罗夫特在报纸上登了一则启事，悬赏征集两个希腊人的信息，即保罗·克拉提得斯和一个名叫苏菲的女子。

谋杀与复仇

那天晚些时候，启事有了回音。有人提供了苏菲在肯特的地址，福尔摩斯兄弟和华生立刻动身赶去调查。他们顺路去接米拉斯，但得知他已经被肯普绑架。当他们到达肯特时，那栋房子漆黑一片，已经人去楼空。福尔摩斯发现，车道上有两种车辙，向外走的那两道车辙更深，说明坏蛋刚刚和苏菲一起离开，上面装满了行李。

他们发现米拉斯和保罗被绑在楼上的一个房间里，炭盆释放出的一氧化碳正在慢慢杀死二人。保罗已经死去，但米拉斯醒了过来。回应启事的那位先生填补了其中的空白：富家小姐苏菲·克拉提得斯来英格兰游玩，被拉蒂默引诱。当他的哥哥保罗前来阻止时，拉蒂默和肯普把他抓了起来，因为语言障碍阻碍了他们让保罗签署文件转让家族财产的计划。

故事的结局有些模棱两可：几个月后，福尔摩斯得知布达佩斯发现了两个英国人的尸体。警察认为这两个人彼此刺死了对方，但福尔摩斯认为是苏菲为哥哥报了仇。■

维多利亚时代的绅士俱乐部

迈克罗夫特的第欧根尼会员俱乐部是虚构的。它位于伦敦西区具有贵族气派的圣詹姆斯街，规定十分严格，强调隐私和排外性，这些特点完全代表了维多利亚时代盛行的绅士俱乐部。其中有些俱乐部存留至今。华生说，第欧根尼俱乐部离卡尔顿俱乐部很近。卡尔顿俱乐部是真实存在的，自1834年成立以来一直是保守党的聚会地点。迈克罗夫特所在的俱乐部可能基于现实生活中的雅典娜神庙俱乐部，这家俱乐部成立于1824年，对象是享受“心灵生活”的人。它也有一个“陌生人搭讪室”，只有那里允许说话。柯南·道尔写道，福尔摩斯说第欧根尼“把本城最不喜欢社交、最不可能加入俱乐部的一批人招了进去”，他可能是在开雅典娜神庙俱乐部的玩笑，他本人一直是这个俱乐部的会员。

没有动机的罪案最难追查

《海军协定》（1893年）

背景介绍

类型

短篇小说

英国首次发表

《斯特兰德杂志》，1893年10月

文集

《福尔摩斯回忆录》，1894年

人物

珀西·菲尔普斯，外交部的职员。

霍德赫斯特勋爵，外交部长，菲尔普斯的舅舅。

安妮·哈里森，菲尔普斯的未婚妻及看护人员。

约瑟夫·哈里森，安妮的哥哥。

坦基先生和太太，外交部门房和他的妻子。

故事开篇，华生收到了老同学珀西·菲尔普斯的来信。菲尔普斯正在沃金镇布莱尔布雷厄宅邸卧床不起。他因为一件极度忧虑的事情得了“脑热病”。他认为自己的前途可能因此毁掉，所以想请福尔摩斯帮忙。柯南·道尔非常喜欢用“脑热”这一现在看来已经过时的词指代神经疾病，这个词多次出现在福尔摩斯故事中，比如《铜色山毛榉》、《驼背男子》以及《马斯格雷夫典礼》。

华生和福尔摩斯在布莱尔布雷厄宅邸见到了约瑟夫·哈里森，他是菲尔普斯未婚妻安妮的哥哥。菲尔普斯住在一层的房间里，这之前一直是约瑟夫的住处。菲尔普斯在沙发上讲述了自己的困境。正如《工程师的拇指》一样，这个场景让我们想起了西格蒙德·弗洛伊德的“沙发”问诊，这很快成为治疗精神疾病的流行方法。

脑热

《福尔摩斯探案全集》中共有五篇短篇小说提到了“脑热”，其中三篇收录在《福尔摩斯回忆录》中。我们不知道柯南·道尔在撰写该系列小说时，为什么反复提到这种疾病。不过，除了《海军协定》，其他故事中得病的都是女性。如果柯南·道尔在暗示“柔弱”的女士更容易罹患脑热病，那么菲尔普斯可能因为自己的虚弱被归于这一类别。不管怎样，这种因为极度忧虑和压力产生的疾病一般都和胆小的人有关，与19世纪末的“癔症”十分相似。癔症往往也和女性联系在一起，有人认为这种病是伪装的。维多利亚时代的读者对“脑热”一词应该不陌生，它是指代灰质周围不明区域的一个词。如今，“脑热”有时用来表示脑膜炎和脑炎的特定症状，但这个词基本不再使用。

在维多利亚时代，英国外交部坐落于帝国的中心。这里充斥着复杂的外交和政治谋略，也是国际间谍的首要目标。

事件的脉络

大概十周之前，珀西·菲尔普斯的舅舅，也就是外交部长霍德赫斯特勋爵，让他的外甥抄写一份英国和意大利签订的秘密协定。对于当代读者来说，这一情节太切合显示了：德国、奥匈帝国和意大利1882年结成“三国同盟”，成为导致第一次世界大战效忠体系的一部分，而1887年意大利和英国确实签订了一份秘密协议。

在菲尔普斯看来，法国或俄国使馆肯定愿意为这种机密信息花大把银子。所以，按照霍德赫斯特的指示，他等所有同事都离开以后才开始抄写。因为很困，菲尔普斯拉响铃铛，想让门房煮点咖啡。令他奇怪的是，来人是门房的妻子坦基太太。等了一阵，咖啡还没有送来，菲尔普斯去门房看看究竟怎么回事，发现坦基先生睡着了，水壶正在沸腾。此外，没有看到坦基太太的身影。突然，菲尔普斯的办公室有人拉响了铃声。想到有人和机密文件共处一处，菲尔普斯十分惊慌，赶快跑回楼上，发现文件已经不见了。菲尔普斯意识到，盗贼肯定是从侧门进来的，因为如果他走的是正门的话，肯定会被菲尔普斯撞见的。

外交部门外的执勤警察说只看见一个人从侧门离开，他的描述与坦基太太相符。尽管门房声称他妻子的诚实不容置疑，菲尔普斯还是追到了她的家里。他和苏格兰场的探员福布斯一起质问她关于文件的事宜，并且搜了她的身，结果什么都没有发现。菲尔普斯不知道还该做些什么，于是准备回家。他已经错过了本该和约瑟夫·哈里森一起搭乘的那班火车。

难以解释的案情

菲利普斯的办公室有几层楼那么高，没有任何可以藏身的地方，里面没有什么线索。案发现场也没有脚印（即使那是一个下雨的夜晚），没有证据表明有人吸烟，这让福尔摩斯很失望，因为案发现场的烟灰往往会为他提供第一条线索（在《暗红习作》中，他提到自己“专门研究过烟灰”。）对菲利普斯工作场所的描写与现实生活中的外交部吻合。这栋宏伟的经典建筑的于19世纪60年代完工，由建筑师乔治·吉尔伯·史考特操刀。（史考特的孙子吉尔斯设计了伦敦的红色电话亭，这几乎和福尔摩斯一样成为这座城市的标志。）

一场阴谋？

为了获得更多的信息，福尔摩斯和华生拜访了福布斯探员，他的态度明显很不友好。福布斯说，坦基太太的品性不好，喜欢喝酒，外有欠债。他怀疑她知道些什么，但并没有证据。其他嫌疑性略小的人还包括门房以及菲利普斯的同事查尔斯·戈罗。后者的法语姓氏

> 一只冰凉的手攥住了我的心。如此说来，肯定是有人进了我的房间，可我那份至关重要的协定还在桌子上摆着呢。
>
> 珀西·菲尔普斯

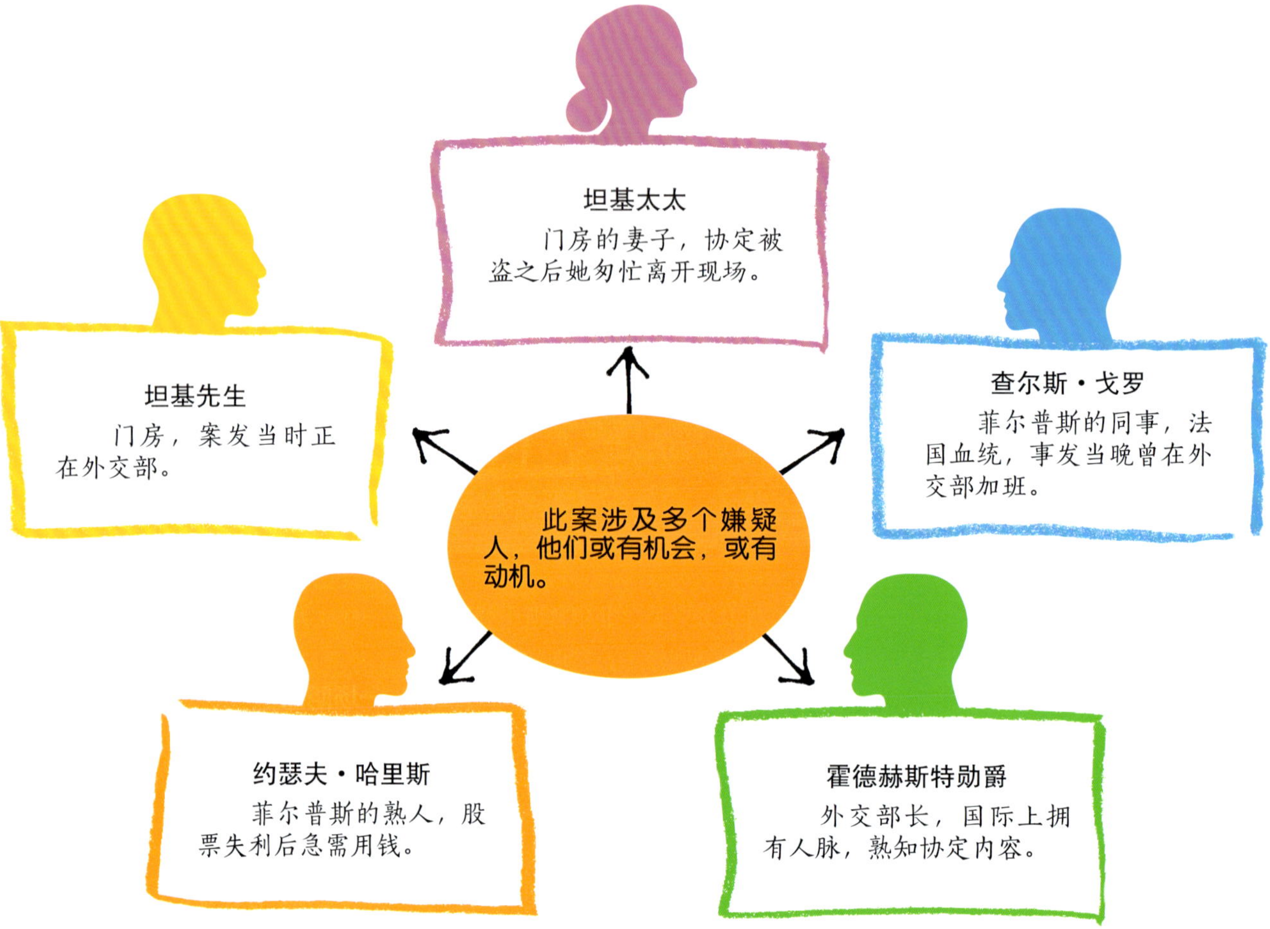

引起了别人的怀疑，因为这表明他具有将协定交给法国政府的动机。故事中说戈罗有“胡格诺教徒的血统”是个事实，不过并没有相关解释。胡格诺教徒是法国的新教徒，因为受到迫害，17世纪末开始移居英格兰逃难。所以，戈罗不可能还忠于法国。总而言之，福布斯没有找到任何证据可以指正犯罪嫌疑人。

在唐宁街，霍德赫斯特勋爵告诉福尔摩斯这份协定应该还没有落到俄国人或法国人手中，否则早就应该引起严重的后果。目前，没有什么事情发生。当福尔摩斯说可能因为盗贼“突然得了重病”，所以这份文件还没有转到恶人手中时，霍德赫斯特说“比如说脑热病，对吗”，似乎在怀疑他的外甥。

一天晚上，有人试图闯入菲尔普斯的房间。菲尔普斯开始怀疑是不是真的有某种阴谋对准了他。福尔摩斯建议菲尔普斯和他们一起去趟伦敦，但是在最后时刻，福尔摩斯告诉他和华生，他不打算搭乘火车，而是要留在沃金“弄清楚”几个问题。

第二天早晨福尔摩斯回到了贝克街221B，手上缠着绷带。不过，吃早饭时，他增加了戏剧性的一笔，把那份海军协定藏在了餐盘中。他解释说，那天晚上和菲尔普斯以及华生分手之后，他偷偷地回到了布莱尔布雷厄宅邸，看到约瑟夫·哈里森进入菲尔普斯的房间，撬起一块地板，准备拿着协定逃跑。这份协定是当初他住在这个房间时藏起来的。

案情分析

这件案子主要的难点在于证据太多。正如福尔摩斯所说：“关

> **我不得不认为，我已经不知不觉地变成了一桩骇人阴谋的目标，对方想要的不光是我的名誉，还包括我的性命。**
>
> 珀西·菲尔普斯

键性的证据和不相干的东西搅在了一起。坦基太太的可疑性格就是一个很好的例子。此外，协定的重要性也容易把人引入歧途：读者会猜想盗取这份文件应该经过精心计划，并且有一个明显的政治目的。不过，哈里斯在匆忙之中偷走文件其实只是伺机作案。直到故事末尾，我们才知道哈里森在股市上损失严重，这就是他作案的动机。

很多福学专家对这个故事中的一些细节并不满意，比如哈里森进入菲尔普斯的办公室时，菲尔普斯刚好去看咖啡煮好了没有；哈里森决定立刻采取行动；他离开大楼时警察没有发现。此外，如果我们再细致一点，还有一点是无法解释的：当时机械的复制方法已经出现，为什么协定还必须要手工抄写。批评人士甚至指出，哈里森肯定是和坦基太太合谋，但柯南·道尔并没有对此发表什么评论，福尔摩斯在叙述时也没有详述这一点。

启蒙者

有趣的是，这篇故事体现了福尔摩斯的世界观。与菲尔普斯讨论案情时，福尔摩斯有一小段偏离了主题，谈到了信仰的本质。他说：“在我看来，要想证明上帝的仁慈，花朵就是有力的证据。”这段话是在福尔摩斯提到“演绎法”时说的。当时他看到了一朵漂亮的洋蔷薇，受到了启发，这也许也体现了他自己的信仰。福尔摩斯这种理想主义的评论一直延续到他和华生坐火车回伦敦的路上。在克拉彭枢纽站和滑铁卢之间那段架起的铁轨上，福尔摩斯指着“那一座座砖砌孤岛”——实际是寄宿学校，高兴地称它们是“未来的明灯……一个个豆荚，里面装着千百粒充满希望的小小种子。那些种子将会萌蘖抽芽，为我们铸造一个更加理性、更加美好的英格兰。”这些寄宿学校是1870年《教育法案》通过后，由纳税人出资建造的第一批学校。

这种显而易见的自由视角可能反映了柯南·道尔自己的看法，与他对裙带关系盛行的外交部的隐晦批评相一致。“裙带主义”一词源自拉丁语中的“外甥”，与故事中的情节形成了共鸣。毕竟，菲尔普斯是因为舅舅的显赫地位才找到的工作，案件也是因为霍德赫斯特勋爵把如此重要的文件交给外甥之后揭开帷幕的。这一批评还反映了英国的政治交替：虽然1893年《海军协定》发表时，英国掌权的政党是威廉·格莱斯顿的自由党，但故事发生的1889年却表明柯南·道尔将矛头指向了第三代索尔斯伯利侯爵的保守党。■

福尔摩斯经常摆出一些戏剧化的姿势，尤其是证明自己的演绎方法的时候。右图是佩吉特为《斯特兰德杂志》绘制的插图，其中福尔摩斯在吃早餐的时候拿出了被盗的协定。

干了我这一行，危险自然是家常便饭

《最后一案》（1893年）

背景介绍

类型

短篇小说

英国首次发表

《斯特兰德杂志》，1893年12月

文集

《福尔摩斯回忆录》，1894年

人物

莫里亚蒂教授，最初是数学教授，后来成为犯罪天才；福尔摩斯的主要敌人和对手。

迈克罗夫特·福尔摩斯，歇洛克·福尔摩斯的哥哥。

彼得·斯泰勒，迈林根“英吉利旅馆”的东家。

在柯南·道尔所写的福尔摩斯故事中，没有哪个故事比《最后一案》引起的轰动更大。最重要的是，他不仅讲述了福尔摩斯的英年早逝，还介绍了臭名昭著的大反派莫里亚蒂教授。他不仅是最睿智的犯罪大师，还是福尔摩斯的首号敌人。

当这篇故事在《斯特兰德杂志》刊出后，公众的反应是惊愕、震惊，甚至是愤怒。一封封抗议信寄到了杂志社和柯南·道尔那里，其中一位女士开篇写道：“你这个禽兽！”在伦敦，人们别着黑色的臂章，《斯特兰德杂志》的发行量

> **世界上只有我一个人了解这件事情的全部真相，而我已经断定，事到如今，秘而不宣不会再有任何好处。**
>
> 华生医生

急转直下，差点关门歇业。

自卫杀人

面对读者的极端反应，柯南·道尔十分惊讶。后来，他为自己辩护说："这不是谋杀，而是自卫杀人，因为如果我不结束他的性命，他就会要了我的命。"很长时间以来，柯南·道尔一直觉得福尔摩斯占据了他太多的宝贵时间。赶在截止日期之前一个故事接着一个故事地创作，是一项艰难的任务，以至于他没有时间埋头于严肃的文学创作。此外，1893年，柯南·道尔的父亲查尔斯和妻子路易丝都罹患重病。10月，父亲去世，路易丝确诊为肺结核，据说还剩下几个月的时光。不过，她其实又活了13年。

正是1893年8月柯南·道尔和路易丝在阿尔卑斯山脉度假时，柯南·道尔下定决心与福尔摩斯再见。他告诉一位朋友："他越来越成为我的一项负担，我的生活因此让人无法忍受。"就是在瑞士阿尔卑斯山，他找到一个绝佳之处，非常适合一场戏剧性的结局，那就是壮观的莱辛巴赫瀑布。完成这篇故事之后，柯南·道尔在自己的笔记本中简单写道"福尔摩斯已死"。

猎人反被追捕

在大部分故事中，福尔摩斯都扮演了猎人的角色，找出线索，最终将猎物逼入绝境。不过，在《最后一案》中，猎物正是福尔摩斯本人，莫里亚蒂这一恶魔的化身在后面穷追不舍。整个故事就是一场追逐戏，福尔摩斯必须使用自己的超凡能力避免被抓，而不是像往常那样用来演绎。正如华生所说，现在仿佛福尔摩斯成了罪犯。

华生开篇写道："怀着十分沉痛的心情，我最后一次提笔叙写我朋友歇洛克·福尔摩斯，叙写他秀出群伦的独特本领"。从一开始，华生就为福尔摩斯的悲惨死亡做好了铺垫。他说，他已经停笔，但是因为莫里亚蒂的兄弟詹姆斯·莫里亚蒂上校正在散布谣言，他才挺身写了这个故事，以澄清事实。

最后一战

小说已经为福尔摩斯的最终消失做好了铺垫。社会不再需要他，华生也不再像以前那样需要他，因为他不再是《暗红习作》中初次见到福尔摩斯的那个茫然的小伙子，现在他已经娶妻，还开了一家诊所。他们二人不再像以前那样亲密，见面的次数很少。就福尔摩斯本人而言，他已经挫败了很多危险罪犯的计划。他预见性地说道："我的人生并非一无是处。因为我的存在，伦敦的空气多少清新

右图的幻灯片作于*1895*年，其中的维多利亚车站与福尔摩斯和华生离开伦敦时的情景类似。二人在此乘车，经坎特伯雷前往欧洲大陆。

犯罪大师

柯南·道尔创作莫里亚蒂这个角色时，受到了19世纪意大利犯罪学家塞萨尔·隆布罗索的理论的影响。隆布罗索认为，有些人遗传了一种无法改变的犯罪天性，他们的这种可耻倾向会体现在外貌上。柯南·道尔赋予了莫里亚蒂上流的成长环境，以此强调天性势不可挡的影响。莫里亚蒂出身名门，是个数学天才，后来成为大学教授。不过，他那邪恶的"遗传天性"最终控制了他。十年后，柯南·道尔在《空房子》中也使用同样的预设创造了莫兰上校这个角色。就莫里亚蒂而言，这一遗传的犯罪倾向尤为危险，因为配上了绝顶聪明的头脑。高高的额头是他和福尔摩斯（还有福尔摩斯的哥哥迈克罗夫特）的相似之处，不过莫里亚蒂被比作蜥蜴或蛇，这是天才背后邪恶的象征。

了一些。"不过，在他离开之前，还需要打败最后一个坏蛋，那就是最大的恶棍莫里亚蒂。

1891年4月的一天晚上，华生很惊讶，福尔摩斯竟然来找他。福尔摩斯十分警惕，华生问他在担心什么时，福尔摩斯回答说："气枪。"我们后来会在《空房子》中读到，这是一种静音的致命武器，莫里亚蒂的手下的神枪手莫兰上校在这个故事中使用了该武器。福尔摩斯知道自己正处于危险之中，他邀请华生和他一起去一趟欧洲大陆。

> **如果能够击败这个家伙，能够为社会清除这个祸害，我就会觉得自己的职业生涯已经达到顶峰。**
>
> 歇洛克·福尔摩斯

福尔摩斯意识到需要给华生透露更多的信息，于是开始介绍莫里亚蒂。

罪犯中的拿破仑

柯南·道尔用神来之笔解释了莫里亚蒂为什么没有出现在之前的故事中。福尔摩斯大声说道："可不是嘛，高就高在这里，妙就妙在这里！他的势力遍及伦敦的每一个角落，他的名字却从来不曾有人提起。"莫里亚蒂控制着一个庞大的犯罪网络，网络中的每一条线都掌握在他手中，就像象棋高手一样，他十分精于布局。他做好了充分的防范，绝对不会被认出，也从来不会惹上官司。即使他主导了成百上千的案件——伪造、盗窃、谋杀，警察仍然无法将其告上法庭。

柯南·道尔是根据现实生活中的犯罪大师亚当·沃思创作的莫里亚蒂。他是从美国平克顿侦探社社长威廉·平克顿那里听说的沃思。当柯南·道尔写这篇小说时，沃思已经在比利时的一家监狱关了一段时间了，不过当地的警察局并不知道他的真正身份，不知道他就是全世界最有组织的犯罪网络之首。出生美国的沃思的确是位犯罪

右图为1985年电视剧《最后一案》的剧照，其中的华生和福尔摩斯分别由戴维·伯克（这是他最后一次饰演华生）和杰里米·布雷特扮演。

大师，在伦敦称霸一方，表面上是位备受尊敬的艺术爱好者以及爱好跑马的人。警察从来找不上他的麻烦，所以送给了他一个外号“罪犯中的拿破仑”。鉴于此，柯南·道尔在莫里亚蒂身上用上了这个头衔。

福尔摩斯的黑暗一面

亚当·沃思为莫里亚蒂提供了骨架，但柯南·道尔笔下的这个人物更为复杂。他实际上就是福尔摩斯的邪恶翻版，是大侦探非凡能力的扭曲反应。当福尔摩斯说莫里亚蒂“是个天才，又是个哲人，还是个超凡脱俗的思想家”时，他也是在谈论自己。说到莫里亚蒂的犯罪网络，福尔摩斯描绘了一幅令人不寒而栗的图画：“他像蜘蛛一样端坐在网子的中央，可怕的是，他那张网包括千万条丝线，每一条丝线的每一丝颤抖他都是了若指掌。”这与华生在《纸盒子》中对福尔摩斯的描述十分相似。福尔摩斯“喜欢的是待在五百万人口的正中央，将自己的触角伸展到他们当中，探寻关于未决罪案的每一个小小传闻、每一缕蛛丝马迹。”

这种自我的黑暗面，有时称作“分身”，是哥特小说的经典特征。它曾出现在多部小说中，比如玛丽·雪莱的《弗兰肯斯坦》（1818）、奥斯卡·王尔德的《道林·格雷的画像》（1891），以及罗伯特·路易斯·史蒂文森的《化身博士》（1886）。莫里亚蒂就是《化身博士》中的海德先生，福尔摩斯就是其中的杰克尔先生。正如杰克尔和海德是同一个人，福尔

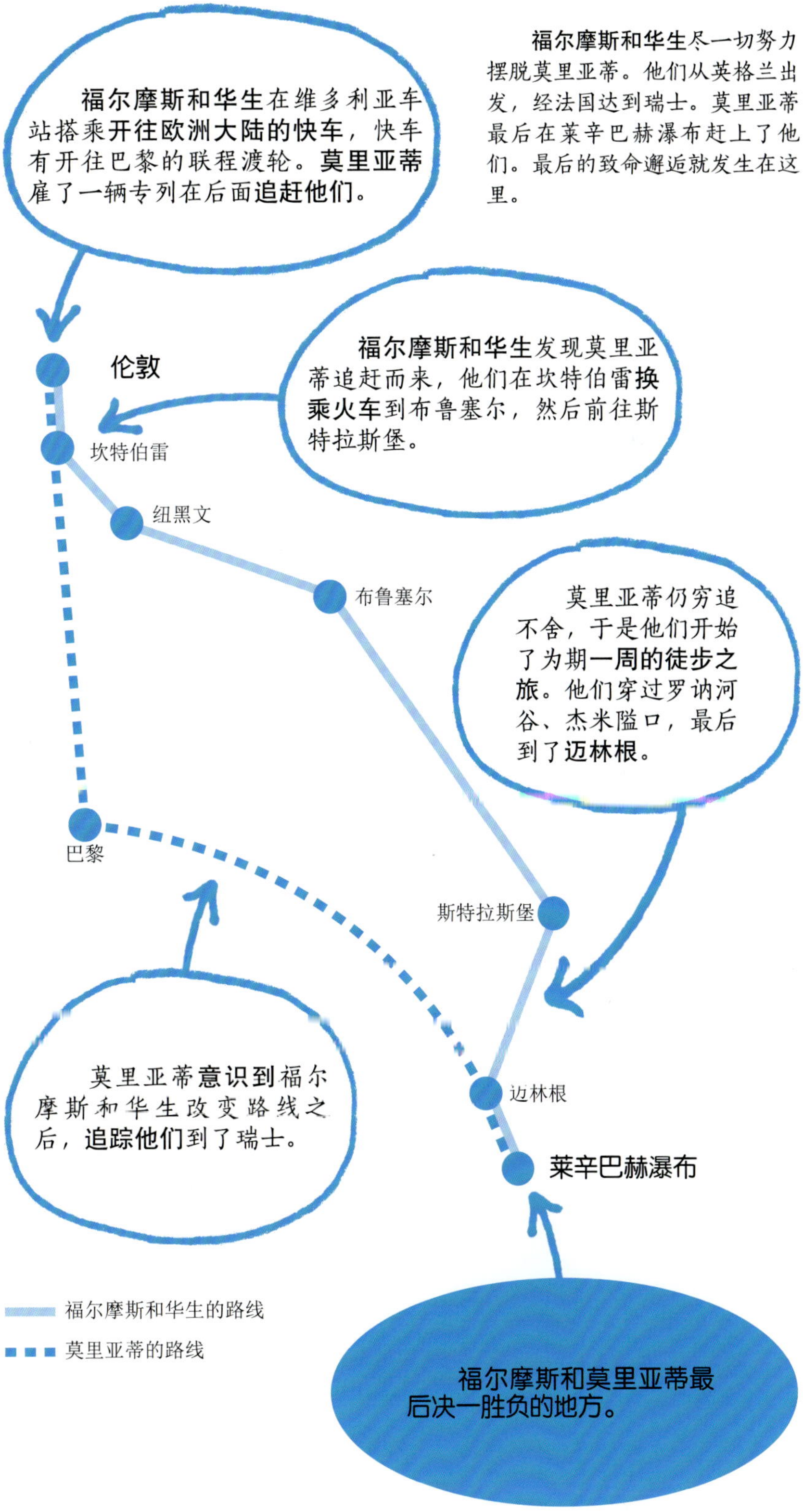

摩斯与莫里亚蒂也是密不可分，不过福尔摩斯并不愿意承认这一点。为了破案，福尔摩斯不得不按照罪犯的思路思考，从某种程度上说，他受到了这种关系的感染。就像福尔摩斯和华生谈论莫里亚蒂时所说的，“我对他的本事无比钦佩，甚至超过了我对他那些罪行的憎恨”。

生死决

福尔摩斯告诉华生，他尽一切力量试图将莫里亚蒂绳之以法，仿佛他们二人是对战的两位战士。“以前我从来不曾到达如此超绝的高度，也从来不曾被对手逼得如此窘迫。他确实是深谋远虑，可我刚好比他稍微高那么一筹。”福尔摩斯一直很喜欢追捕带来的刺激，这是他职业生涯中最刺激的一次。他说如果可以打败莫里亚蒂，他会觉得大事已成，可以欣然退隐。正如顶级运动员一样，总会想在赢得最大的比赛之后光荣退役。

福尔摩斯告诉华生，现在那场决战的关键时刻越来越近了。接下来的那个周一，警察就会介入，只要在此之前福尔摩斯不被莫里亚蒂抓住，到时候警察就会将莫里亚蒂的整个犯罪网络一网打尽——因为届时福尔摩斯将会提供指控莫里亚蒂的关键证据。但是，这位“罪犯中的拿破仑”也被这一挑战吓坏了。那天早晨，他带着平常那种盛气凌人的架势，来到贝克街221B找福尔摩斯，想要好好看看他的对手，再给他一次让步的机会。莫里亚蒂警告福尔摩斯说：“你要是聪明到了可以毁灭我的地步，那就请你尽管放心，我也能对您做到同样的事情。”

> ……你就是我的搭档，得跟我一起对付整个欧洲最狡猾的匪徒，还有整个欧洲最强大的匪帮。
>
> 歇洛克·福尔摩斯

尽管那天福尔摩斯多次与死神擦肩而过，但他并没有害怕。他告诉华生第二天早晨如何和他在维多利亚车站见面，并让华生严格遵守，不要被别人跟梢。说完福尔摩斯从后花园的围墙翻出去走了。

追捕开始

华生完全按照福尔摩斯的指示，乘坐一辆有篷马车赶到车站，他后来才知道车夫竟然是迈克罗夫特·福尔摩斯假扮的。当他在预订的头等车厢坐好时，发现旁边是一位年迈的意大利牧师，不觉有些生气。在这里，读者可能会先华生一步，猜出这位牧师肯定就是福尔摩斯。当福尔摩斯卸下装扮，他告诉华生莫里亚蒂的人前一天晚上点着了他们贝克街的房子，不过没有什么太大的损失。火车驶离车站时，莫里亚蒂出现在了站台上，他气愤地试图拦下火车。火车开起速度之

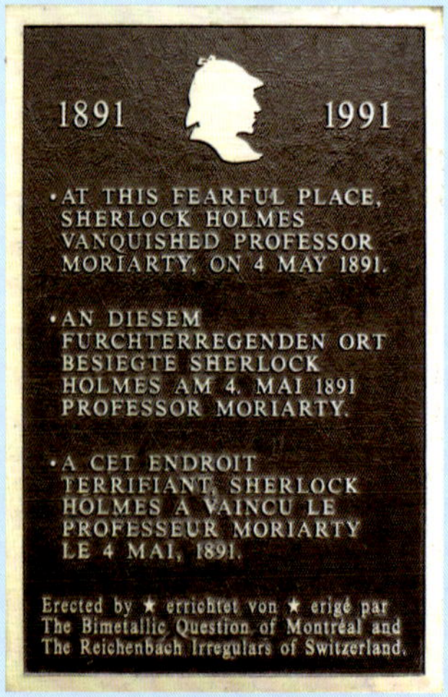

莱辛巴赫瀑布

莱辛巴赫瀑布位于瑞士的伯尔尼高地，早在柯南·道尔之前便已闻名。激流四射，落差250米，这是欧洲最壮观的瀑布之一。19世纪初，英国浪漫主义画家J. M. W. 特纳曾以此作画。不过，如今莱辛巴赫瀑布最出名的还是在《最后一案》中的作用。每年，成千上万的福迷朋友来到此处，观察莫里亚蒂归天的地方。游人可以坐缆车到附近的迈林根，镇上有一家福尔摩斯博物馆。很多粉丝打扮成福尔摩斯故事中的人物，重现当日的打斗，甚至将假人扔下瀑布。悬崖上有一块石碑，标志着福尔摩斯和莫里亚蒂最后决斗之地。二人打斗的那条小径当时就在瀑布旁，多年后的今天已经倒塌，小径的尽头离瀑布大约100米。

右图是西德尼·佩吉特为《斯特兰德杂志》创作的插画，其中福尔摩斯和莫里亚蒂在悬崖边扭打时，他的猎鹿帽掉到峡谷中。

后，华生松了一口气，但福尔摩斯知道莫里亚蒂不会轻易放弃的。他猜测，莫里亚蒂可能会雇一辆专列追赶他们。不过他想好了一个计划：他们会在坎特伯雷下车，改道去纽黑文，以此甩掉莫里亚蒂。

经布鲁塞尔到达斯特拉斯堡后，他们听说警察已经把莫里亚蒂的匪帮一网打尽，但他本人却逃走了。福尔摩斯知道他的敌人现在肯定会一心报仇。福尔摩斯和华生决定继续赶路，希望不要被莫里亚蒂追上。在阿尔卑斯山脉徒步了一周后，他们到了瑞士的迈林根。在旅店老板彼得·斯泰勒的建议下，他们二人前去欣赏壮观的莱辛巴赫瀑布。那里“滚滚激流猛然跌进可怕的深远，水雾层层上涌，宛如失火房屋的浓烟”。他们离开瀑布的时候，一个青年赶来送给华生一封信，表面上看是斯泰勒写的，请他回去照看一位即将死于肺结核的英国女士。福尔摩斯立刻意识到这是一场骗局，但什么都没有说，显然觉得是时候与莫里亚蒂决战了。

最后的时刻

华生到了旅馆之后，发现没有什么生病的女士等待医治。他意识到被骗了，于是赶紧回到莱辛巴赫瀑布，但只看到了福尔摩斯的登山杖倚在岩石边。小径上有两行足迹通向悬崖边，下面是激流落入的深渊。两行足迹有去无回。小径旁边的土壤被践踏地一片泥泞，树枝和蕨类植物也是狼藉一片，说明在坠入峡谷前两人发生过打斗。

华生看到岩石顶上有东西在闪，找到了福尔摩斯的银制烟盒，下面有一张福尔摩斯留给他的便条，是福尔摩斯在莫里亚蒂的应允下完成的。为了铲除莫里亚蒂，福尔摩斯已经做好了牺牲的准备。他写道：“再也没有比这更让人满意的谢幕方式。”信末，福尔摩斯让华生告诉警方，指正莫里亚蒂之匪帮的文件在迈克罗夫特那里。

华生和警察检查现场后，坚信福尔摩斯和莫里亚蒂在悬崖边扭打后，坠入悬崖，可能已经丧生。华生认为一切都完了，他失去了“生平所知最优秀、最睿智的人”。不过，他的想法当然是错的。福尔摩斯在《空房子》中归来，说明他根本没有死在莱辛巴赫瀑布。但是，公众等了将近十年，才在《巴斯克维尔的猎犬》再次见到福尔摩斯的身影，这个故事发生在《最后一案》之前。与此同时，福迷朋友们不得不伤心地认为，大侦探福尔摩斯再也回不来了。■

A LEGEND RETURNS

传奇归来

1895年

柯南·道尔去埃及旅游，同年发表了小说体传记《斯塔克·芒罗书信集》。

1896年2月

柯南·道尔发表《准将杰拉德的功绩》。

1897年3月

78岁的维多利亚女王迎来钻石庆典。

1897年5月

柯南·道尔出版《伯纳克叔叔》，另一本以拿破仑战争为题材的历史小说。同年，布莱姆·斯托克出版《吸血鬼伯爵德古拉》。

1898年6月

柯南·道尔的《围炉琐谈》开始在《斯特兰德杂志》上连载。

1899年11月

《歇洛克·福尔摩斯》舞台剧在纽约开演，威廉·吉勒特饰演福尔摩斯。

1900年

柯南·道尔竞选爱丁堡议员，惜败而归。

1900年3月

柯南·道尔发表《绿旗以及战争与体育故事集》。

福尔摩斯和华生生活中的事件

本章内容

长篇小说

《巴斯克维尔的猎犬》，1902年

短篇小说集

《福尔摩斯归来记》，1905年

空屋子
诺伍德的建筑商
跳舞小人
骑自行车的孤身旅人
修院学堂
黑彼得
查尔斯·奥古斯都·米尔沃顿
六尊拿破仑胸像
三个学生
金边夹鼻眼镜
失踪的中卫
福田宅邸
第二块血迹

《吸血鬼伯爵德古拉》的作者布莱姆·斯托克是柯南·道尔的远房兄弟。1901年，舞台剧《歇洛克·福尔摩斯》，或称《福克纳小姐的离奇案件》从纽约搬到伦敦上演时，斯托克正好担任伦敦兰心剧院的业务经理。这部舞台剧的上演得到了柯南·道尔的同意，主要以当时的福尔摩斯小说和短篇故事为基础改编而成，不过却让福尔摩斯爱上了"福克纳小姐"。

从舞台到书本

这场舞台剧票房大卖，它的成功让柯南·道尔相信公众仍钟情于他笔下的大侦探。于是，在舞台剧上演的同时，柯南·道尔开始动笔写作《巴斯克维尔的猎犬》。1901年8月，这部小说开始在《斯特兰德杂志》连载，全国各地的报刊亭都排起了长队。在这部小说中，福尔摩斯正处于事业的巅峰时期，在英格兰西部解开了一只"巨型猎犬"引发的谜案。故事中，福尔摩斯还是十分现实和科学，不相信这只可怕的猎犬属于超自然现象，这一点很奇怪。那几年，柯南·道尔显然正在思考信仰问题，在他的半自传体小说《斯塔克·芒罗书信集》中，他记述了自己脱离罗马天主教，预示了后来对唯灵论的热衷。此时，他也根据自己在南非（查尔斯·巴斯克维尔爵士在此处积攒的财富）一家军队医院的经历，撰写有关布尔战争的爱国历史小说。正因为这部作品，亨利七世于1902

1901年1月

维多利亚女王逝世，享年*81*岁。爱德华七世登基国王。

1901年8月

柯南·道尔的《巴斯克维尔的猎犬》开始在《斯特兰德杂志》上连载，次年以小说形式出版。

1902年1月

柯南·道尔发表《在南非的战争：起源与行为》。

1902年8月

柯南·道尔因为布尔战争的作品被授予爵位。

1903年

福尔摩斯隐居在南唐斯丘陵（见《狮子鬃毛》，*278—283*页）。

1903年10月

后来集结成《福尔摩斯归来记》的短篇小说开始在《斯特兰德杂志》上发表。

1905年3月

柯南·道尔出版《福尔摩斯归来记》。

年授予柯南·道尔爵位。国王本人也是一位福迷，和其他人一样渴望听到更多有关福尔摩斯的事迹。

激动人心的团聚

《巴斯克维尔的猎犬》中的故事发生在《最后一案》之前，也就是在福尔摩斯与莫里亚蒂同归于尽之前。所以说，福尔摩斯实际上并没有像福迷朋友那样期待的起死回生。1903年10月，福尔摩斯才在《空房子》中真正归来。当时，福迷们十分激动。华生也因为福尔摩斯的归来而欣喜万分，他立刻卖掉自己的诊所，搬回了贝克街221B。华生后来才知道，他的诊所是被福尔摩斯的一个亲戚买下的。柯南·道尔的这处轻描淡写十分巧妙，说明福尔摩斯和华生的感情是相互的。

《空房子》中描述了福尔摩斯的蜡像，这也许是柯南·道尔对福尔摩斯当时获得的声誉的一种讽刺。不过，他并没有忘记取悦读者，保证在《福尔摩斯归来记》中全方位展示这位大英雄的睿智才华。《跳舞小人》中的密码是整部探案全集中最难解的一个，而《诺伍德的建筑商》中指纹的使用在当时非常前卫。福尔摩斯的伪装术也在《查尔斯·奥古斯都·米尔沃顿》和《空房子》中再次升华。

独家侦探社

在这些故事中，我们会经常看到福尔摩斯与上流社会走得很近。《金边夹鼻眼镜》中提到，福尔摩斯因为成功缉拿大道杀手休瑞特的行动，获封法国政府颁发的荣誉军团勋位。同样，在柯南·道尔本人很喜欢的两个故事《修院学堂》和《第二块血迹》中，福尔摩斯与地位十分显赫的人有了交集。不过，柯南·道尔对贵族的刻画不一定都是正面的。《修院学堂》中的霍德瑞斯公爵与案件多有牵连；《福田宅邸》中的尤斯塔斯·布拉肯斯妥爵士以暴力和酗酒著称。此外，《诺伍德的建筑商》中富裕的乔纳斯·奥戴克尔先生是个不折不扣的恶魔。正如《巴斯克维尔的猎犬》一样，《福尔摩斯归来记》中的故事大多发生在城外，离喧闹的伦敦很远。■

再也没有什么比
一件事事不顺的案子
更让人兴奋了

《巴斯克维尔的猎犬》（1902年）

背景介绍

类型

小说

英国首次发表

《斯特兰德杂志》，1901年8月

图书出版

乔治·纽恩斯出版公司，1902年3月

人物

查尔斯·巴斯克维尔爵士，巴斯克维尔宅邸的乡绅，刚刚去世。

亨利·巴斯克维尔爵士，巴斯克维尔家族的继承人，来自加拿大。

雨果·巴斯克维尔爵士，亨利爵士的先祖。

詹姆斯·莫蒂默医生，巴斯克维尔家的朋友，查尔斯爵士遗嘱的执行人。

杰克·斯泰普顿，巴斯克维尔家的邻居，一位博物学家。

柏丽尔·斯泰普顿，哥斯达黎加的美女。

约翰·巴里莫尔，巴斯克维尔宅邸的男管家。

伊莉莎·巴里莫尔，约翰的妻子，巴斯克维尔宅邸的女管家。

瑟尔登，伊莉莎的弟弟，一名逃犯。

雷斯垂德督察，苏格兰场的警探。

第一章和第二章
莫蒂默医生拜访贝克街*221B*，讲述了雨果·巴斯克维尔爵士和一头猎犬的传说。

第三章
亨利·巴斯克维尔爵士到达伦敦；有人在荒原中看到了一只巨型放光的猎犬。

第四章
亨利·爵士收到了一张警告他的便条，还在旅馆丢了一只靴子。

第五章
福尔摩斯将华生派往达特莫尔，陪伴继承了巴斯克维尔宅邸的亨利爵士。

第六章
华生在巴斯克维尔宅邸见到了可疑的仆人巴里莫尔夫妇，得知附近有一名逃犯。

1889年秋日的一天，来自达特莫尔的莫蒂默医生拜访了贝克街221B。他带来了一份可以追溯到1742年的手稿，讲述了德文郡的巴斯克维尔家族受到诅咒的故事。卑鄙无耻的雨果·巴斯克维尔爵士与恶魔立约，最后在荒原上被“地狱之犬”追上撕碎。这份手稿警告巴斯克维尔家族的子孙，不要在夜间前往荒原，否则会经历类似的命运。莫蒂默的朋友，已故乡绅查尔斯爵士，就因为被巨型猎犬追赶而死于心脏衰竭。猎犬之说可以通过地上的爪印得到证明。他的继承人亨利爵士正从加拿大赶来继承遗传。

亨利爵士住在伦敦的旅馆时收到一份便条，上面写着：“汝若珍视汝之性命或汝之理性，远离荒原。”福尔摩斯派华生与亨利爵士和莫蒂默医生一起前往达特莫尔，他说自己太忙，无法亲自前去。华生发现，巴斯克维尔宅邸是“一个暗影幢幢、阴阴郁郁的地方”。华生在“禁止前行”的荒原碰到了当地的博物学家杰克·斯泰普顿。他

第七章和第八章

华生碰到了斯泰普顿，听到了猎犬的咆哮；还看到巴里莫尔用蜡烛给荒原中某个人打信号。

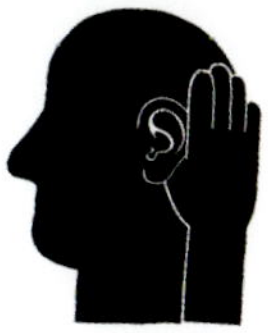

第九章

华生发现逃犯是巴里莫尔夫人的弟弟，正藏在荒原中。

第十章和第十一章

华生进一步调查了当地人，随后发现福尔摩斯藏在荒原的石屋中。

第十二章

福尔摩斯和华生发现，逃犯被猎犬追赶，最后死于非命。

第十三章

福尔摩斯指出了斯泰普顿和雨果爵士长得很像。

第十四章

斯泰普顿放出猎犬，追赶亨利爵士；猎犬被福尔摩斯和华生打死；斯泰普顿逃到沼泽地中，被沼泽吞没。

第十五章

回到贝克街221B，福尔摩斯向华生总结了整个案子。

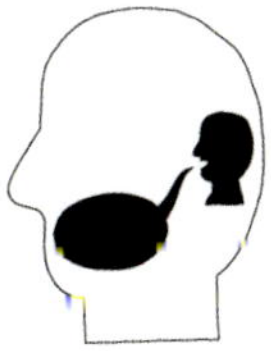

们二人看到一头小马被沼泽吞没。杰克离开后，他的妹妹前来警告华生赶紧离开。

男管家巴里莫尔晚上给荒原中的人发信号时，正好被亨利爵士和华生逮了个正着。他们发现，巴里莫尔和妻子把食物和亨瑞爵士的旧衣服送给巴里莫尔妻子的弟弟瑟尔登。瑟尔登是名逃犯，华生和亨利爵士找他时，发现还有人躲在荒原中。此人不是别人，正是福尔摩斯。大侦探因为怀疑斯泰普顿有着见不得人的过去，所以一直在监视他。夜幕降临时，传来了尖叫的声音，最后发现逃犯已死。福尔摩斯看到墙上雨果爵士的画像后，发现斯泰普森和他长得极为相似。

当亨利爵士离开斯泰普顿家，准备穿过荒原回家时，大雾来袭，猎犬现身。这是一头恐怖的野兽，嘴和眼睛喷着火。就在它要咬断亨利爵士的喉咙时，福尔摩斯和华生开枪打死了他。这只猎犬因为涂了磷，所以才会喷火。斯泰普顿就是利用猎犬谋杀查尔斯爵士和亨利爵士的背后主谋，他本人在逃跑途中掉入了沼泽。雷斯垂德发现斯泰普顿的妹妹柏丽尔被绑了起来，嘴里塞着东西，其实她是斯泰普顿的妻子，亨利爵士在伦敦收到的警告信，也出自她手。她因为拒绝帮助丈夫谋杀亨利爵士，被绑在了屋子里。杰克·斯泰普顿实际上是查尔斯爵士的侄子，计划杀死自己的亲戚以继承家族财产。■

1939年的同名电影《巴斯克维尔的猎犬》是最著名，也许也是最成功的一次改编。巴兹尔·拉思伯恩和奈杰尔·布鲁斯还在其他13部影片中扮演了福尔摩斯和华生。

1893年，柯南·道尔在《最后一案》中结束了福尔摩斯的生命，由此招致的强烈反响让他大吃一惊：福迷们的反应仿佛是他杀死了一个真人。柯南·道尔同时意识到，福尔摩斯的衍生品曾经是多么赚钱，也许奇迹还会再次出现。所以他最后心软了，把福尔摩斯加入了他正在创作的一个含有超自然元素的恐怖小说——《巴斯克维尔的猎犬》中。重要的犯罪小说家在决定杀死自己已经厌烦的笔下英雄时都会三思而行，这已经是老生常谈。就此次卷土重来而言，《巴斯克维尔的猎犬》（实际上属于前传）十分震撼，让人难以忘怀。这部小说不仅再现了柯南·道尔最著名的文学作品，还成为整套探案全集中最著名的一篇。

> 这是个烫手的山芋，华生，又烫手又危险，我越是往下看，心里就越是不喜欢。
>
> 歇洛克·福尔摩斯

想象猎狗的形象

《巴斯克维尔的猎犬》首次发表于1901年8月，分九次连载于《斯特兰德杂志》——大侦探的精神家园。同样，其中的插画还由西德尼·佩吉特执笔，这次他采用了更为细致的水彩画法。不过，正如后来的很多制片人一样，他觉得没有哪幅图画可以真切表达这头地狱之兽的形象，也没有哪幅图画可以表达柯南·道尔想在读者脑海中呈现的图像。“此兽通体黢黑，形似猎犬，而体躯庞大，非世间任何猎犬所能比拟。”

毫无疑问，福尔摩斯的再次出现在英国和美国都极为成功。乔治·纽恩斯出版公司最开始印刷2.5万本小说，但是因为殖民地的读者，印数很快增加。美国版的小说印数为7万。美国的《科利尔周刊》向柯南·道尔约稿，稿酬十分优厚。所以，后续的福尔摩斯故事都先在《科利尔周刊》上发表，而非《斯特兰德杂志》。与此同时，《巴斯克维尔的猎犬》也成为文学史上最伟大的志怪小说之一。这本书几乎翻译成了世界上每一种重要语言，被改编成影视作品的次数超过二十次，均获得了不同程度的成功。现在，这个故事仍然深深根植于公众的想象之中。

方法精湛的福尔摩斯

小说以我们熟知的方式开头。在贝克街221B，福尔摩斯用平日那种精湛的方法分析了莫蒂默的手杖，向华生展示他高超的科学观察和演绎能力。不过，很快有关巴斯克维尔的猎犬的传说便闯入了他们有序理性的现代生活。福尔摩斯和华生随后开始追寻这只传说中的猛兽，这让我们想起了中世纪文学中的场景，这也是柯南·道尔十分擅长的题材。

超自然抑或自然?

柯南·道尔晚年时，开始相信超自然的力量。对很对人而言，这种信仰是不足为信的。第一次世界大战刚刚结束后，柯南·道尔正在悼念儿子金斯利和弟弟英尼斯。当时，约克郡两个女孩修改了一张照片，声称在花园里发现了仙子，柯南·道尔信以为真，这件事人尽皆知。不过，1901年，通过福尔摩斯的冷静推理，柯南·道尔忽视了超自然的力量。从一开始，福尔摩斯就掌握了有关猎犬的关键事实。查尔斯爵士死亡地点的爪印是真实的，所以这只猎犬肯定是一只有血有肉的动物，而非鬼怪。当亨利爵士的一只新靴子在旅馆被偷了，随后被人送回来，又偷走了一个旧靴子，福尔摩斯因此确信猎犬是存在的。重要的是，福尔摩斯直到故事结尾才揭露其中奥秘：偷靴子的目的是让猎犬有味可寻，但没穿过的新靴子上没有亨利爵士的气味，所以小偷归还了新靴子，又偷走了一只旧靴子。

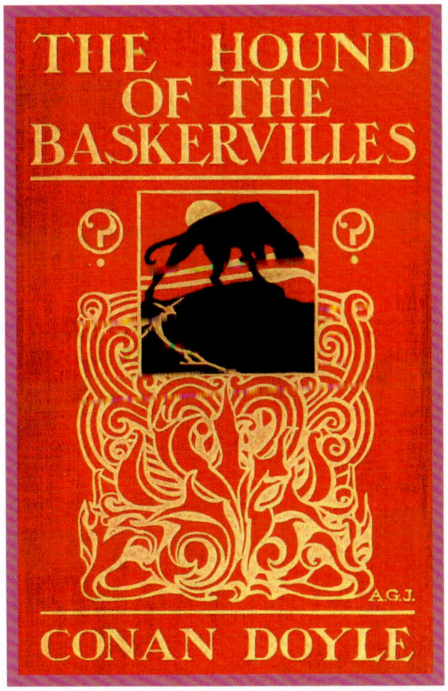

此图为小说《巴斯克维尔的猎犬》第一版的封面，上面装饰的木板刻画出自英国艺术家和插画家阿尔弗雷德·加思·琼斯（*1872—1955*）之手。

> **日日夜夜你都得把左轮手枪带在身边，一刻也不能放松警惕。**
>
> 歇洛克·福尔摩斯

福尔摩斯在破案初期还发现了另外一条重要线索，不过也是在结尾才和盘托出。亨利爵士收到的警告信上有一种白茉莉的淡淡香气。福尔摩斯知道，巴斯克维尔宅邸方圆几英里的地方只有这么一位女性。所以，他发现香味时，就意识到信来自一位女士，于是将焦点放在斯泰普顿身上，写信的很可能是她的“妹妹”。

深入达特莫尔

知道了案件的细节之后，读者要陪伴华生、莫蒂默和亨利爵士前往达特莫尔，直面未知的敌人。到了那里以后，柯南·道尔笔下沼泽和泥潭营造的险恶气氛，以及随着戏剧性时间的铺排，读者心中的恐惧感不断加深，也许那只猎犬真的是鬼怪。直到福尔摩斯的再次出现，理性才最终战胜了迷信。

实际上，案件的很大一部分

带来灵感的朋友

1901年，柯南·道尔在诺福克的克罗默和他当记者的朋友一起打高尔夫球。这个朋友名叫伯特伦·弗莱彻·罗宾森（1807—1907），朋友们都叫他“博布利斯”。柯南·道尔最后决定在罗宾森南德文郡的家中住下，家里有个名叫巴斯克维尔的车夫。为了抵御寒冷，柯南·道尔和罗宾森相拥走过寂寞的荒原，罗宾森给柯南·道尔讲述了当地的神话故事。《巴斯克维尔的猎犬》这部小说的基本思想是二人的共同成果，当小说在《斯特兰德杂志》上连载时，第一期有一个脚注。柯南·道尔写道，“本故事的灵感源自我的朋友弗莱彻·罗宾森，他帮我设计了故事的梗概和具体的细节。”罗宾森确实分得了一部分稿费，但他本人也一直对自己在小说中的贡献表现得十分谦虚。不管罗宾森的贡献有多少，《巴斯克维尔的猎犬》都绝对是福尔摩斯的创作者亲手写出的作品。

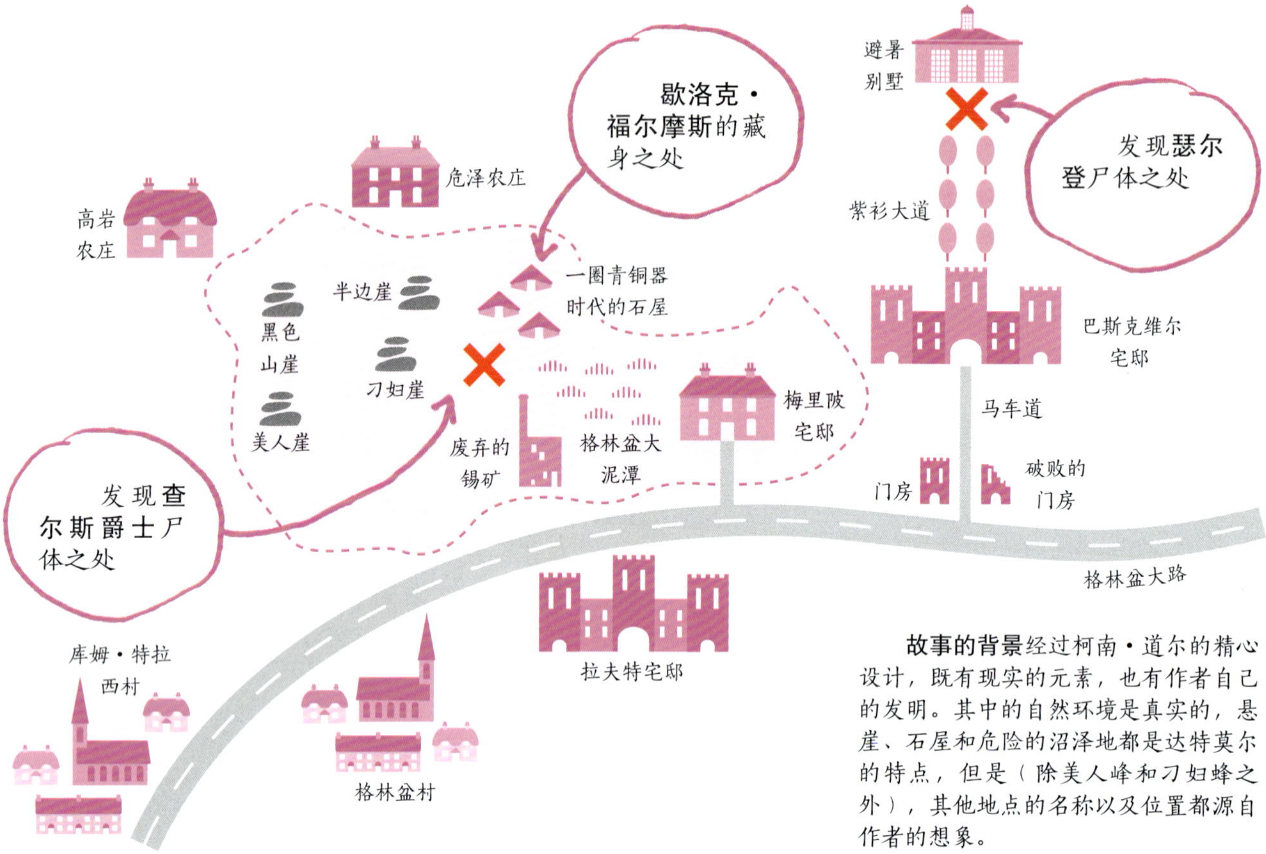

故事的背景经过柯南·道尔的精心设计，既有现实的元素，也有作者自己的发明。其中的自然环境是真实的，悬崖、石屋和危险的沼泽地都是达特莫尔的特点，但是（除美人峰和刀妇峰之外），其他地点的名称以及位置都源自作者的想象。

大侦探都处于缺席状态，但在柯南·道尔看来，这并不属于失策，因为福尔摩斯的缺席只会增加读者的期待感，尤其是很多时间都在描述事件的发展，而没有往常那种看到大侦探行动的兴奋之情。当读者发现福尔摩斯实际上一直都在秘密地监视现场时，回想起来，这种谋篇布局的方式更令人愉快。

华生医生可能并没有大侦探的那种天赋，但是正如福尔摩斯所说，他是个“行动派”，“总是想采取一些雷厉风行的手段”。当然，华生在达特莫尔的确精力充沛，他直接与巴里莫尔对峙，直率拜访当地人，伏击藏在荒原里的陌生人（这个人原来就是福尔摩斯），不顾一切地追赶逃犯瑟尔登。

讲故事

华生讲述自己在达特莫尔的冒险经历时，掺杂着回忆、寄到221B的报告（华生并不知道，这些信件又寄回了藏在达特莫尔的福尔摩斯），以及详细的日记。这赋予了《巴斯克维尔的猎犬》一种情景剧的感觉，这在整本探案全集中是十分罕见的。这部小说并没有像其他大多数福尔摩斯故事那样，因为悬疑和恐怖时刻而中断，而是在一系列看似不相干的情节的基础上不断深入，节奏越来越强。这赋予了故事一种令人信服的真实性，读者在面对自己认为不可能发生的事情时，更容易停止怀疑。不过最重要的是，这个故事让读者了解了达特莫尔、那个未曾看见但咆哮不止的怪犬，还有那个阴险的坏蛋。

> **看见的人都说，那头野兽体型巨大，闪闪发光，面目狰狞，形同鬼魅。**
>
> 莫蒂默医生

1906年，一群犯人和守卫穿过了王子镇达特莫尔监狱的大门。这座监狱用来关押拿破仑战争（1803—1815）期间的罪犯，后来关押了像瑟尔登那样的谋杀犯。

配得上的环境

柯南·道尔展现了一幅栩栩如生的达特莫尔图画：光秃秃的荒原，新石器时代的遗址，陡峭的山崖，蜿蜒的山路和溪流，散落的住户，雾霭笼罩、危险重重的沼泽。这个地方本身几乎就仿佛一个角色。真实存在的王子镇监狱赫然耸立其上。在福尔摩斯眼中，这个场景十分契合这样一个阴暗的故事。华生在火车上第一眼看到荒原时说道：“窗外是一片片棋盘似的青葱田野和一道由低矮树林构成的弧形屏障。田野和树林之外，远处耸立着一列苍茫的灰色山丘，参差不齐地山脊勾勒出古怪的线条，又因距离遥远而显得晦暗朦胧，仿佛是梦中才有的缥缈景象。”后来，他又描述说：“……这个世上罕有的荒凉角落。你在这里待得越久，荒原的精魂就往你心里沁得越深……”像当地的农户一样，查尔斯爵士也相信猎犬的传说，他晚上绝对不去荒原。华生和亨利爵士性格坚毅，但他们去荒原搜寻瑟尔登的那天晚上，突然听到了猎犬的叫声，内心也震撼到了极点。华生在写给福尔摩斯的报告中说：“它随风穿过阒寂的深夜，先是一阵漫长深远的咕哝，继而变成一种越来越响的咆哮，跟着又变成一种越来越低的凄惨呜咽，渐渐地归于沉寂。”华生从不相信猎犬是鬼怪之物，但亨利爵士的信心没有这么坚毅。他对华生说：“……在伦敦的时候，我可以把这种说法当成笑话来听，可是眼下我站在这片黑暗的荒原上，又听到这样的叫声，感觉就完全不一样了。”

巴斯克维尔家族

就像伯父查尔斯爵士一样，

地狱之犬

在很多国家的神话故事中，黑犬都是恶魔的仆人。据说，有一群恶犬出没于达特莫尔。犬魔是撒旦的创作，它能够飞起来追赶猎物，由魔鬼德韦尔领导。人们经常将德韦尔与17世纪一位臭名昭著的乡绅等同起来。这位乡绅就是巴克法斯特利的理查德·卡贝尔。关于他的传言很多，据说他绑架少女，是个吸血鬼，还杀了自己的妻子。卡贝尔死于1677年，村民把他埋在了一座牢固的坟墓里，用重石压在上面。有人说，卡贝尔因为犬魔的追赶命丧黄泉，每天晚上，犬魔会聚集在他的坟墓旁咆哮。还有人说，他的无头鬼领着犬魔在荒原上奔跑。

在这个故事中，斯泰普顿从伦敦富勒姆路的罗斯-曼勾斯商行买了一头寻血猎犬和獒犬的结合物，将其装扮成巴斯克维尔的猎犬。他把这头猎犬拴在破败的矿工小屋里，只给它吃个半饱。

亨利爵士也是一个富有同情心的人物，因为柯南·道尔想让读者为他的安全担忧。巴斯克维尔家族的这两个人与他们的先祖雨果爵士完全不同。雨果爵士横行霸道，欺凌当地的农户，还经常喝得大醉，用邪恶的方式对待绑架来的少女。根据虚构的《德文郡纪事报》，查尔斯爵士最初是在南非发的家，他大方地捐助当地的慈善事业。亨利爵士在加拿大的经历也赋予了他类似的民主情怀，因此他决定继承伯父的遗志，为当地多做贡献。

查尔斯爵士的另一个侄子杰克·斯泰普顿可完全不同。他是查尔斯爵士小弟弟罗杰的独子。根据莫蒂默的叙述，罗杰是“这家人当中的败类”，长得也跟雨果一模一样。他那离经叛道的行为，“搞得自己在英格兰待不下去了”，所以逃到了南非。他在那里结了婚，生了杰克，这些家里的人一概不知。年轻的斯泰普顿偷了些钱，化名为范德勒，带着哥斯达黎加的佳丽柏丽尔来到英格兰。他们在约克郡定居下来，办了一家私立学校。按照福尔摩斯的话说，这家学校很快“从声誉欠佳坠入了恶名昭著的田地”。为了谨慎起见，他们把姓氏改为斯泰普顿，这次装扮成一位博物学家和他忠实的妹妹，搬到了达特莫尔。斯泰普顿听说了猎犬的传说，想出了一个卑鄙的阴谋，逼迫柏丽尔做他的同谋。

巧妙的创作

作为猎犬背后的操纵者，斯泰普顿是探案全集中最出色的反派之一。从一开始，福尔摩斯就意识到自己在和一个智力不相上下的罪犯打交道。福尔摩斯改写了沃尔特·司各特爵士的话，他告诉华生：“这一次，咱们总算是碰上了一个值得一斗的敌手。”化妆后的斯泰普顿在伦敦租了一辆马车，跟踪亨瑞爵士和莫蒂默，他立刻发现了徒步跟随而来的福尔摩斯和华生，赶紧驱车离开。斯泰普顿知道福尔摩斯肯定会找到车夫，进行一番询问，他厚颜无耻地告诉车

葛林斯庞位于达特莫尔，1901年柯南·道尔和伯特伦·弗莱彻·罗宾森为小说的恐怖环境做调查时，曾经拜访此地。

夫：“有件事你可能会感兴趣，今天你一直在替歇洛克·福尔摩斯先生赶车。”当车夫一五一十地说这句话时，福尔摩斯大笑起来。他引用《哈姆雷特》中雷欧提斯的话说：“我感觉到了一柄利剑，跟我自己这把一样迅捷轻灵。”

福尔摩斯意识到，他破案的唯一机会就是骗过这个“谨慎狡猾”的博物学家，让他放松警惕。福尔摩斯派华生一个人去了巴斯克维尔宅邸，宣称“我在伦敦让人将了一军，但愿你能在德文郡交上好运。”为了不让对手怀疑，福尔摩斯知道一定要让所有人以为他一直待在伦敦。

斯泰普顿不仅聪颖过人，也许还有点儿精神不太正常。华生在荒原上第一次与他邂逅时，他突然疯狂地奔向泥潭，一蹦一跳地追赶一只草弄蝶，这种蝴蝶飞行速度极快。随后，华生看到亨利爵士向柏丽尔示爱时，斯泰普顿冲了上去。亨利爵士并不知道柏丽尔就是这位博物学家的妻子。华生写道：“斯泰普顿发疯似的冲向他俩，那个滑稽可笑的捕虫网在他身后摇来摆去。他万分激动地在那对恋人面前拼命比画，简直可以说是手舞足蹈。”后来，困惑的亨利爵士问华生：“以前他有没有给你留下过疯疯癫癫的印象……你只管相信我好了，照眼下的情形看，我和他之间总有一个应该穿上约束衣。”

> 咱们在这片泥潭中挣扎前行，能碰上一个踩得到底的地方，实在是值得高兴。
>
> 华生医生

一尊猎犬石雕守卫着南德文郡的海福德宅邸，很多福迷朋友相信这就是巴斯克维尔宅邸的原型。

当福尔摩斯发现，这个收集蝴蝶的人和雨果爵士的画像十分相像时，他大声说道：“咱们抓住他了，华生，真的抓住他了！……一枚大头针、一片软木和一张卡纸，咱们就可以把他送进贝克街的标本陈列室了！”说到这里，大侦探又开怀大笑了起来。华生记录到，这种大笑总是意味着有人已经大祸临头。

实际上，像经典的侦探故事一样，福尔摩斯最终战胜了他最强大的对手之一斯泰普顿。经过长久的混乱时期，福尔摩斯的成功让达特莫尔恢复了秩序。

地方感

福尔摩斯、贝克街的住处，以及喧嚣的伦敦已经在读者的心中生了根，不过在《巴斯克维尔的猎犬》中，大侦探也与达特莫尔建立了不可磨灭的联系。当华生看到荒原里的陌生人时，不知不觉地进行了如下描述：“他站在那里，两腿微微叉开，双臂抱在胸前，低着头，似乎是正在宁神揣度山下那片满布泥炭和花岗石的浩瀚荒野。要我说，他没准儿就是这片可怕荒野孕育出来的精灵呢。”华生刻画的这个标志性形象正是福尔摩斯，华生经常将其比作猎犬。当福尔摩斯追捕斯泰普顿时，我们可以说他才是巴斯克维尔家族真正的猎犬。■

> 我敢说，在以前办过的五百宗重大案件当中，像您这件这么复杂的还真是不好找。
>
> 歇洛克·福尔摩斯

这座空屋子是我的树，而你就是我的老虎

《空屋子》（1903年）

背景介绍

类型

短篇小说

英国首次发表

《斯特兰德杂志》，1903年10月

文集

《福尔摩斯归来记》，1905年

人物

罗纳德·阿戴尔阁下，梅努斯伯爵的次子。

梅努斯夫人，罗纳德的母亲。

希尔达·梅努斯，罗纳德的姐姐。

埃迪斯·伍德利小姐，罗纳德的前未婚妻。

塞巴斯蒂安·莫兰上校，罗纳德的牌友。

雷斯垂德督察，苏格兰场的侦探。

在《最后一案》中，福尔摩斯与死敌莫里亚蒂双双葬身于阿尔卑斯山莱辛巴赫瀑布，而本故事即将讲述歇洛克·福尔摩斯戏剧般地复活。

人们常说柯南·道尔是迫于公众压力才让福尔摩斯复活的。如果真是这样，那他用了整整十年才有所产出。鉴于十年间公众压力很可能是有减无增，似乎更有可能的是美国知名期刊《科利尔周刊》给出的巨额稿酬改变了柯南·道尔的主意。于是，福尔摩斯奇迹般回归的消息先传到了美国，一个月后，

皇家巴卡拉纸牌丑闻

《空屋子》中的纸牌游戏很有可能是基于1890年的皇家巴卡拉纸牌丑闻（川拜村巴卡拉牌局事件）而创作的。数名贵族和退役军官参加了约克郡川拜村的一个家庭宴会，目的是聚在一起玩一种违法的赌博游戏——巴卡拉纸牌。牌局的一方是英国后来的国王爱德华七世。打牌过程中，宾客之一威廉·戈登-卡明爵士被指责作弊。像莫兰上校一样，戈登-卡明也是受过勋的军官。他同意从此不再打牌，但其他宾客必须对此事保持缄默。而后有关此事的谣传四起，戈登-卡明决定起诉指控者诽谤罪。爱德华王子被迫出庭作证——这是几百年来皇室王子首次出现在法庭上，此事也成为英国的头条新闻。柯南·道尔写《空屋子》的前一年正好见过爱德华王子。阿戴尔的一个牌友就叫巴尔莫拉勋爵（巴尔莫拉城堡是女王在苏格兰的一处地产），明显是用他来暗指王子。

英国的《斯特兰德杂志》刊登了《空屋子》这个故事，英国人才得知这一消息。

柯南·道尔撰写《空屋子》时已是20世纪初了，维多利亚女王已去世两年。不过，他还是将福尔摩斯的回归时间设定在1894年，仍属于维多利亚时代，且距福尔摩斯消失仅三年之久。

公园路谋杀案

在故事开篇，华生讲述了罗纳德·阿戴尔阁下离奇被杀。他虽解释说这个年轻贵族的被害震惊了整个伦敦社会，但他之所以对此案特别感兴趣，是因为他觉得阿戴尔被害的种种特异之处必能让他的昔日挚友福尔摩斯跃跃欲试。华生医生很怀念这位朋友的陪伴，而且他强烈意识到没有了福尔摩斯举世无双的案件侦破能力，对社会是多么巨大的损失。阿戴尔是梅努斯伯爵的次子，伯爵在某个澳大利亚属地担任总督。阿戴尔跟母亲和姐姐住在伦敦富人区的公园路。他为人友善，没有什么仇敌，唯一的不良爱好就是玩纸牌。他是多家纸牌俱乐部的会员，尤其爱打惠斯特，但从来不会接受超出自己承受能力的赌注。几个星期前，他跟他的老搭档塞巴斯蒂安·莫兰上校一起赢了420镑。

案发当晚，阿戴尔十点钟回到家后，走进了楼上的起居室。晚些时候，他母亲梅努斯夫人和他姐姐希尔达回到家中。母亲发现他的房门是反锁的，叫门没有回应后，找人撬开了门，发现儿子已遇害身亡，脑袋的一部分已被一颗开花弹打烂。

> **整整一天，我翻来覆去地掂量着这些事实，希望能灵光乍现，想出一个可以涵盖所有事实的假设。**
>
> 华生医生

密室谜团

房间里找不到谋杀的凶器，没有除阿戴尔以外的任何人进入房间的痕迹。房间的窗户离地面足足二十英尺，下面的花台也没有任何被侵扰的迹象。出色的神枪手有可能从街上向开着的窗户射击，但热闹的公园路上却没有人曾听到过枪声。

死者所在的桌子上整齐地码着几小堆钱，还有一张纸，上面写着一些人名和数字，说明阿戴尔当时正在计算牌桌上的输赢。然而，几堆钱的总数都不大，所以似乎找不到任何动机或方法来杀害这个年轻人。华生感到迷惑不解。叙述至此，华生似乎为读者设置了一个典型的“密室谜团”，邀请读者来解谜。然而，此番叙述忽然有了更富戏剧性的转折，很快公园路谜案几乎被人遗忘了。

显然，福尔摩斯在瑞士的**莱辛巴赫瀑布**与死敌**莫里亚蒂**的**终极搏斗**中坠崖身亡。

1891

一周后抵达意大利的**佛罗伦萨**，这是他为期三年的旅程的第一站。

在**西藏游历**的两年中，前往拉萨。

以挪威冒险家希格森的身份撰写了游记并发表。

福尔摩斯消失的三年可被称为**“大裂谷时期”**。在此期间，他的确没有满足于已有的成就。他还进行了其他的冒险，比如去西藏游历，进入伊斯兰圣城，还当了回英国政府的秘密特工。

老书迷

华生站在公园路阿戴尔住宅的外面，试着像福尔摩斯那样去思索，“找到这宗谜案的软肋，因为我那个身遭不幸的朋友曾经说过，所有案件都会有一条最适合下手的线索”。华生转身时，无意碰掉了一位驼背老人手中拿的几本书（显然是个收集稀缺书籍的老书迷），当时老人正巧站在旁边。华生捡起书，极力为此道歉，可老人却气愤地转身就走了。华生很快就回到了家，不久，女仆通报有人来访，来者正是那位老书迷。

这位消瘦的老人为之前的粗鲁表示歉意，并询问华生是否需要买几本书填上书架上的空位。华生回头看了一眼书架，等他转回头时，福尔摩斯正站在他面前微笑。由于极度的震惊，华生当场晕了过去，这可是他平生第一次晕过去。当他清醒时，看见福尔摩斯正异常关切地俯身对着他。“我真的是万分抱歉，”他说，“我没想到你居然会有这么大的反应。”华生又见到了本以为已故去的挚友，喜出望外，很快就恢复了精力。华生对这个侦探的伪装没有一丝的恨意，这或许就是两人友谊之深、情意之切的证明吧。他只是想知道福尔摩斯究竟是怎样从莱辛巴赫瀑布逃生的。

> **福尔摩斯！真的是你吗？你还活着，难道是真的吗？**
>
> 华生医生

福尔摩斯诈死

《最后一案》中，华生被那封假信骗回到旅馆时，福尔摩斯已经知道莫里亚蒂正在跟踪他，这是后来才公之于众的。在瀑布上方狭窄的山路上，福尔摩斯与莫里亚蒂相遇了。莫里亚蒂给了福尔摩斯短暂的时间，让他写下了那张后来被华生发现的告别短柬，然后就扑向了福尔摩斯。福尔摩斯运用日式摔跤的招式避开了袭击，而莫里亚蒂却坠崖丧命。其实并没有“日式摔跤”（baritsu）这个词，柯南·道尔想写的可能是“bartitsu”，这是英

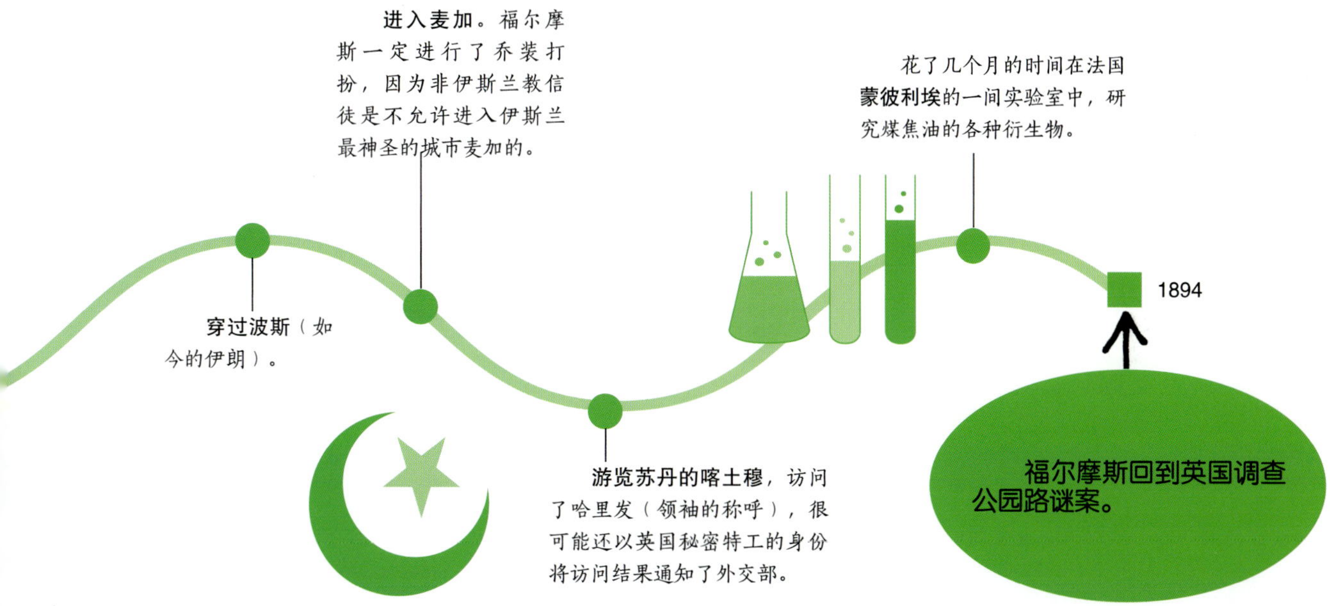

国矿业工程师爱德华·巴腾-莱特（1860—1951）发明的一种武术。巴腾-莱特曾在日本学过柔道，且将其与拳击等其他的训练方式相结合，创造了一种新的自卫训练方式，以自己的名字命名。

福尔摩斯解释说，当他看到莫里亚蒂坠崖后，他意识到要是让所有人都认为他也死了，这可是对他非常有利的。至少还有三个危险人物想置他于死地，如果他们相信福尔摩斯已死，就会放松警惕，福尔摩斯就能追踪并消灭他们。于是,他决定假死。他费尽艰辛爬上了陡峭的石壁。当华生和当地警察们检查通向崖边的两行足迹，并做出结论福尔摩斯已和莫里亚蒂一同落入深渊时，福尔摩斯正躲在上方的一个石台上。

大裂谷时期

但是，当福尔摩斯认为自己已脱离危险时，一块巨石从他身边跌落。他看到山崖上站着莫里亚蒂的一个同伙，正欲置他于死地。

福尔摩斯当然成功逃脱了，并深知除了那个向他扔石头的人，所有人都认为他死了。接下来的三年，福迷们称之为“大裂谷时期”。其间，福尔摩斯游历了世界。他的哥哥迈克罗夫特是唯一知道这一秘密的人，也是福尔摩斯的经济来源，并一直照料着贝克街221B的寓所。关于福尔摩斯这三年的经历，柯南·道尔给读者留下了大量的有趣线索，足以写成一本探案集了。福尔摩斯告诉华生，自从去往意大利的佛罗伦萨后，接下来的三年中，他周游了世界。甚至假装成挪威探险家，为自己取名为希格森（或许是受到了19世纪90年代游历

杰里米·布雷特在*1986*年电视剧《空屋子》中饰演这位伟大的侦探。左边的剧照中，他假扮成老书迷，遇见了华生。

猎虎在英属印度时期是一种消遣娱乐方式，也被视为英国人的气概、权威和统治的标志。

中亚的瑞典冒险家斯文·赫定的启发）。福尔摩斯还提到了亚洲的几个地方（都是当时大英帝国的热点区域），并暗示他当时的身份是英国政府的秘密特工。虽然故事仍以著名的维多利亚时代为背景，柯南·道尔还是把当时全球的热点事件融入到了福尔摩斯的旅程中。

拉萨和波斯都是“大博弈”（英国公众是从拉迪亚德·吉卜林1901年发表的小说《吉姆》中知道这个词的，描述的是大英帝国与沙皇俄国争夺中亚控制权的对抗，这场对抗像冷战一样旷日持久）中的热点。华生认识福尔摩斯之前，曾在英国军队中担任过军医，那时正值第二次阿富汗战争（1878—1880），这是“大博弈”中重要的战役之一。1903年12月，弗朗西斯·荣赫鹏中校率领英军入侵西藏。福尔摩斯提到了他在拉萨的经历，一定与这次入侵前兵力集结过程中的间谍、侦查和密谋工作有关。

福尔摩斯说，他也去过当时英国关注的另一个动荡不安的地域——苏丹的喀土穆。1885年，查尔斯·戈登将军率领的英军在此地被苏丹伊斯兰反叛者马赫迪击败。贝克街221B的寓所中就挂着戈登的画像，而柯南·道尔本人也曾在1897年，即重大的恩图曼战役前夕，以记者身份随英军进入苏丹。毫无疑问，如果福尔摩斯在如此危险的地区执行任务，一定是秘密进行的，而且充分运用了他高超的伪装本领。

空屋监视

完成了秘密工作后，福尔摩斯在法国的蒙彼利埃安顿下来，从事化学实验。他在此地听说了阿戴尔被杀的新闻，于是回到了伦敦。福尔摩斯猜测莫兰就是凶手，也就是在莱辛巴赫瀑布用石头砸他的那个人，而这次正是让莫兰自行暴露的最好时机。

不过，这却是一场危险的游戏。为了抓住莫兰，福尔摩斯必须先成为莫兰的袭击目标。他刚刚与华生重逢不久，就又要带着这位好友完成一次冒险的任务了。穿过伦敦一条条偏僻的后巷，几经迂回，福尔摩斯才把华生领到了一所空屋的后门，并带他走了进去。

华生惊讶地发现这所房子的正面对着贝克街，而且能清晰地看见他们以前的寓所。令他更为吃惊的是，福尔摩斯本人的侧影正映在楼上亮着灯的窗户上。福尔摩斯解释说那是一个蜡像做的诱饵。哈德森太太已从福尔摩斯归来的震惊情绪中恢复过来，她负责时不时移动蜡像，让其看起来更逼真。

在黑暗中等待了数小时之后，他们听到有人走进了他们藏身

1994年，为了纪念福尔摩斯归来100周年，发行了这枚纪念币。币上雕刻的图案是福尔摩斯和华生制服莫兰的场景。

> **我觉得你可能会需要一点儿来自民间的协助。一年里就有三起谋杀案破不了，这样子可不好交差啊，雷斯垂德？**
>
> 福尔摩斯

的这所房子。他俩退到黑影中，并暗中观察。这时，一个身着晚礼服的老绅士鬼鬼祟祟地把一根手杖改装成了一支枪（维多利亚时代，绅士们佩戴的手杖枪既是一种时尚的配饰，又是一件致命的武器），小心地对准了窗外，扣动了扳机，击中了221B寓所中福尔摩斯的蜡像。福尔摩斯和华生将此人扑倒在地，福尔摩斯紧接着吹响了哨子，叫来了雷斯垂德督察和两名警员，迅速制伏了这名罪犯。

原形毕露的罪犯

放下窗帘，点亮提灯，福尔摩斯向大家介绍这名被擒的罪犯正是曾经效力于印度军团的出色神枪手和猎虎者莫兰上校。“咱们那个东方帝国有史以来最优秀的猛兽猎手。”

“你这个魔头真是奸诈，真是奸诈！”莫兰一直咆哮着，但福尔摩斯回应说，他实在没想到这样一个简单的圈套却能让如此老练的猛兽猎手（原著中用词为shikari，乌尔都语中的“猎手”）中计。怒不可遏的莫兰质问雷斯垂德以什么罪名逮捕他。雷斯垂德说以“企图谋杀歇洛克·福尔摩斯先生”的罪名，但福尔摩斯却有着不同的看法。他知道莫兰的手杖是双目失明的德国技师冯·赫德为莫里亚蒂制作的一支独特的气枪。（柯南·道尔之所以为这件设计精致却杀伤力极强的武器选择了一位德国技师，说明在原著的创作时期，人们对德国的扩张主义和军事技术产生的威胁深感担忧。）福尔摩斯继续解释说，冯·赫德造的这支气枪的与众不同之处在于，射击时几乎是无声的，而且经过改造后，可以发射左轮手枪用的开花弹。这时雷斯垂德才意识到自己已无意中抓到了全伦敦都在寻找的杀害阿戴尔的凶手。莫兰就是用这只独一无二的气枪射向阿戴尔家二楼起居室敞开的窗户，杀死了阿黛尔。

受到指责的作弊行为

莫兰已被妥善关押，华生和福尔摩斯回到了贝克街221B的寓所后，福尔摩斯解释说，早前他没有办法对莫兰采取行动，否则就会暴露自己或陷入危险境地。但是，阿戴尔和莫兰的牌友关系以及阿戴尔独特的死亡方式都很清楚地表明，凶手就是莫兰，而这也正是福尔摩斯抓住莫兰的最好时机。

当华生问起莫兰为什么要杀阿黛尔时，福尔摩斯说他并不能肯定，但他猜测一定是阿戴尔意识到他和莫兰赢牌是因为莫兰作了弊。阿戴尔肯定威胁莫兰，要将其告发，除非莫兰保证不再打牌。不过，莫兰就是通过赌博谋生的，所以他杀了阿戴尔灭口。阿戴尔遇害时可能正在计算应退给被骗的牌友们多少钱。

当福尔摩斯把他的推测告诉华生后，福尔摩斯异常尊敬地问他的朋友：“这样说得通吗？”华生回答说：“毫无疑问，你猜出了事实的真相。”这一简短的对话蕴藏着令读者感动的释怀，两位好友最终再次聚首，也让我们深深感到福尔摩斯这段长时间的消失已得到了彻底的原谅。■

塞巴斯蒂安·莫兰上校

塞巴斯蒂安·莫兰上校也像莫里亚蒂一样，成为罪犯前一直过着不错的生活。他曾就读于伊顿公学及牛津大学，然后开始了军旅生涯，还曾在第二次阿富汗战争（1878—1880）中有过出色表现，并在印度成为一位神射手、猎虎者。但是，莫兰突然间变了，变成了福尔摩斯口中“继莫里亚蒂之后全伦敦排名第二的危险人物”。福尔摩斯对此的解释是，莫兰是其祖先劣根性的最终产物，华生认为他的外表属于“典型的罪犯类型”。貌似柯南·道尔在早期作品中非常支持这种流行的畸变行为理论，但是华生对福尔摩斯的理论这样回应，“毫无疑问，你的这种理论相当怪异”。也许这恰好说明，到1903年该理论不像以前那样受到广泛的支持了。

我所有的直觉都指着一个方向，所有的事实却指向另一个方向

《诺伍德的建筑商》（1903年）

背景介绍

类型

短篇小说

英国首次发表

《斯特兰德杂志》，1903年11月

文集

《福尔摩斯归来记》，1905年

人物

约翰·赫克特尔·麦克法兰，寻求福尔摩斯帮助的年轻律师。

乔纳斯·奥戴克，富有的建筑商，人们认为他已被谋杀。

麦克法兰太太，约翰·麦克法兰的母亲。

雷斯垂德督察，苏格兰场的侦探。

福尔摩斯正在抱怨，“凶险蜘蛛”般的莫里亚蒂死后，伦敦变成了极其无趣的城市。此时，“眼神狂野”的年轻律师约翰·赫克特尔·麦克法兰来到了贝克街221B寓所，为他带来了可做的事情。麦克法兰正受到警察的追捕，警方怀疑他谋杀了市郊诺伍德宅邸的著名建筑商乔纳斯·奥戴克。故事中的地点和柯南·道尔在1891到1894年间居住的地区很相似。雷斯垂德督察很快前来抓捕麦克法兰，但同意先让他自述一下案情。

一笔意想不到的遗产

麦克法兰解释说，前一天，奥戴克拿着一份遗嘱的草稿来到他的办公室。麦克法兰从来没有见过奥戴克，但当他得知他是唯一遗产受益人时，大为吃惊。遵照奥戴克

福尔摩斯向麦克法兰展示了他的演绎法

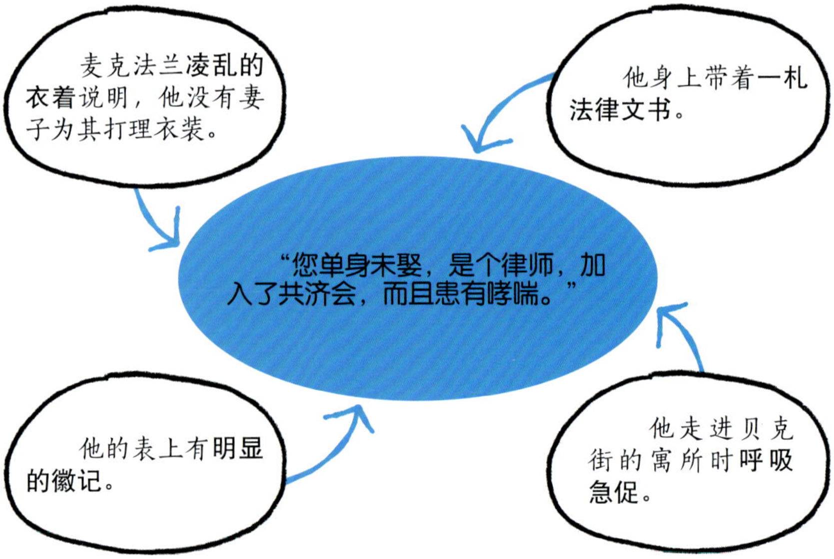

和原著不同的是，*1985年格拉纳达电视台播放的电视剧（杰里米·布雷特饰演福尔摩斯）中，表面看是受害者的乔纳斯·奥戴克实际是谋杀犯。*

的要求，麦克法兰当晚去了他家，敲定了遗嘱中的一些细节，后来是奥戴克把麦克法兰送出去的。第二天，警方发现有证据表明奥戴克已被谋杀，尸体被拖到屋外焚烧了。一向比较固执的雷斯垂德断定麦克法兰有罪，但读者会觉得福尔摩斯的分析更有说服力。他推测奥戴克是在去律师办公室的路上，也就是从诺伍德站开往伦敦桥的火车上写的遗嘱。字迹清晰的一段是在火车停靠在某站台时写的，不清晰的那些段落是在火车行驶过程中写的，最不清楚的那些部分说明火车正经过道岔。福尔摩斯还质问雷斯垂德为什么麦克法兰刚成为遗嘱受益人就要杀掉捐赠者呢？如果真是这样，为什么还要来找福尔摩斯这个肯定能查出凶手的人来帮忙呢？

放火得真相

犯罪现场的证据也对麦克法兰不利。转天早晨，当警察在奥戴克家的墙上发现麦克法兰的血指纹时，雷斯垂德为这胜利的发现得意至极。福尔摩斯几乎无法抑制欣喜之情，因为根据他先前的观察，他知道前一天墙上并没有这个指纹。他大略绕着房子转了一圈后，就开始大摆排场，充满激情地准备上演一场“暴露”出真凶的好戏。

福尔摩斯精心策划了一场火灾，此时奥戴克突然从一个暗门中冲了出来。正如福尔摩斯推理的那样，这位建筑商在墙里造了一个暗室。原来奥戴克曾追求过麦克法兰的母亲，却遭拒绝。他曾令这位女士苦恼不已，现在却策划出整个阴谋企图毁掉她儿子的一生。“这个恶毒计谋真是个杰作，”福尔摩斯评价，“可是，他终归欠缺艺术家必须具备的那种重要的天赋，不懂得适可而止。”奥戴克夜晚从暗室中溜出来，用麦克法兰拇指指纹的蜡模在墙上印上那个指印。蜡模是从信封的封口软蜡上获得的，其中运用了犯罪侦查的一种新技术。

福尔摩斯导演的这场好戏，虽有些恶作剧的意味，但依然在最终时刻彰显了他高尚的情操。当雷斯垂德谦逊地对福尔摩斯大加赞扬时，福尔摩斯还是坚持将破案的一切功劳归雷斯垂德所有。如果被判有罪的话，麦克法兰会面临死刑，因此本案可谓生死攸关，奥戴克的行为之恶毒令人难以置信。所有这些都让雷斯垂德在这位高级分析师面前毕恭毕敬。■

指纹鉴定

自1897年开始，殖民统治时期的印度已经使用指纹鉴定技术了。直到1901年，一名曾在孟加拉训练过的警员将这一技术带到了英国，从此成为英国犯罪调查的主要方法。这两个时间点都在《诺伍德的建筑商》发生的1894年之后，所以奥戴克和雷斯垂德都站在了时代的前列。柯南·道尔本人知晓此方法已有一段时间，因为人类学家弗朗西斯·高尔顿早在1892年就首次出版《指纹学》一书，证明每个人的指纹都是唯一的。这一著作建立在外科医生亨利·福尔茨的研究之上。1880年，福尔茨在科学期刊《自然》上发表了一篇论文，文中指出可以通过玻璃杯上留下的油渍指纹来鉴别小偷。福尔茨认为，指纹就像照片一样可靠。曾当过医生的柯南·道尔很可能读过福尔茨的论文，而且提前看到了这一技术的潜力。

我已经掌握了这个案子的所有线索

《跳舞小人》(1903年)

背景介绍

类型
短篇小说

英国首次发表
《斯特兰德杂志》, 1903年12月

文集
《福尔摩斯归来记》, 1905年

人物

希尔顿·丘比特, 诺福克郡莱丁索普宅邸的乡绅。

埃尔西·丘比特, 希尔顿的妻子, 婚前叫埃尔西·帕特里克。

马丁督察, 诺福克警局的警察。

亚伯·斯兰尼, 芝加哥歹徒。

威尔逊·哈格里夫, 隶属纽约警察局。

在诺福克郡海滨, 靠近北瓦尔萨姆镇的赫斯布拉村有一家山居旅馆, 柯南·道尔在此处小住期间, 得到《跳舞小人》的创作灵感, 并完成部分故事内容的写作。1903年5月14日, 他在写给《斯特兰德杂志》编辑赫伯特·格里诺夫·史密斯的信中说, 这是一个"充满血腥的故事"。也正因为这篇故事"情节的原创性", 柯南·道尔在选择12篇他最喜欢的福尔摩斯故事时, 将其排在了第三位。

《跳舞小人》中蕴含了柯南·道尔最喜爱的两个主题: 一是体面

> 我给你解释完之后，所有的问题都变成了小孩子的把戏。这有一个尚未得到解释的问题。
>
> 歇洛克·福尔摩斯

人的秘密和不体面的过去终有一天会令其尝到苦果，二是美国有组织的犯罪。福尔摩斯首个故事《暗红习作》以及《五粒橘核》和《红圈会》中都突出了这两个主题。

推理的力量

福尔摩斯令人惊叹的逻辑推理能力在《跳舞小人》中得到了充分的展示。甚至在开始叙述故事之前，他就示范了这一能力。1898年夏天的一个晚上，福尔摩斯正在贝克街221B寓所中做实验，调制一种"味道特别难闻的物质"。他忽然说："如此说来，华生……你是不打算投资南非证券喽？"华生对此推论感到异常惊讶，但福尔摩斯却放下手中的试管，列出了他称为"极其简单链条"上缺失的环节。

来自诺福克郡的谜题

故事真正的谜题是这样的：福尔摩斯递给华生一页纸，这张纸是从笔记本上撕下来的，上面有15个象形文字一样的火柴人简笔画，排成一排，姿势各有不同，这就是故事题目中的"跳舞小人"。华生的立刻说："咳，福尔摩斯，这只是小孩子的乱涂乱画嘛。"但福尔摩斯已经确定这张纸片的信息并不像它表面那么简单。

寄来这张涂鸦纸片的是希尔顿·丘比特先生。他是个普通乡绅，来自诺福克郡东部靠近北瓦尔萨姆镇的莱丁索普宅邸。他来到221B寓所向福尔摩斯讲述了他的遭遇。华生描述说："眼前的男人来自英格兰的古老土地，堪称是造

19世纪的密码编写

福尔摩斯对密码文件的解码方法来源于埃德加·爱伦·坡1843年的短篇小说《金甲虫》。19世纪后期，基于图形的秘密语言在旅行者、秘密社团和黑帮组织中十分盛行，尤其是在美国。到19世纪中期，更多难以破解的密码已被开发出来，包括"平缓"频度分析（即通过变换字母或数字增加代码的复杂性）或编制发出者和接受者都需掌握的"密钥"。电报和摩尔斯电码的发明开启了新的时代，把编码信息简化为数字或一系列二进制符号（一般是0和1），创造出了更复杂的代码。1854年发明的"普莱费尔密码"将一对对而非单个字母或数字编译成密码，增大了使用频度分析破译代码的难度。除非接受者知道"密钥"，否则无法破解。直到20世纪，这种密码还一直在军事中广泛应用。

福尔摩斯推理华生的投资决定

华生从俱乐部回来时，左手虎口沾有壳粉。

↓

他在虎口涂壳粉通常是为了稳定球杆。

↓

华生只跟瑟斯顿打台球。

↓

瑟斯顿给华生一个月的时间考虑是否要投资某项南非产业。

↓

华生的支票簿锁在福尔摩斯的抽屉里，而这位医生并没有问他要过钥匙。

↓

华生不打算投资南非证券

图中所画的北瓦尔萨姆镇是诺福克郡北部一个古老的集镇。故事中的莱丁索普（*Riding Thorpe*）应该是根据诺福克郡的莱德灵顿村（*Ridlington*）和埃丁索普村（*Edingthorpe*）结合而来的。

物主的一件佳作——纯朴、坦诚、文雅，蓝色的大眼睛真挚恳切，宽阔的脸膛端正俊朗，眉宇之间写满了对妻子的爱和信任。”

丘比特说，一年前他到伦敦参加女王加冕五十周年盛典（于1897年举行），遇到了同住一幢寄宿公寓的埃尔西·帕特里克小姐。她是位年轻的美国姑娘，孤身一人，他很快就爱上了她。埃尔西很坦白地告诉丘比特她“过去结交过一些非常糟糕的人”，但不会对他讲更多的细节。丘比特对他古老家族在诺福克的名声和“清白声誉”倍感自豪，埃尔西也非常尊重这一声誉，给了他解除婚约的机会。不够，丘比特并没有因此而感到不悦，他告诉福尔摩斯：“如果您见过她、了解她的话，你会体谅我的选择的。”丘比特承诺绝不询问她过去的事。一个月后，他们结婚了。

万事俱变

有一天，埃尔西收到了一封来自美国的信，她一下变得“面无人色”。读完后，她就把信扔到了火里，所以丘比特也不知信里写些什么。但从那以后，她明显总是在畏惧着什么人或什么事。她没有说到底害怕什么，丘比特也信守他的诺言，一直没有问过。“她应该相信我才是，”他对福尔摩斯说，“她肯定会发现我是她最好的朋友。”丘比特就像福尔摩斯很多其他乡下主顾一样，从没走出过他们舒适生活的小圈子。他感觉迟钝，想法单纯，无法想象埃尔西有可能陷入的危险境地。

后来的一天晚上，有人用粉笔在他家楼下的窗台上画了几个跳舞小人。丘比特叫人洗掉了这些小人，但当他跟埃尔西提起这事时，他很惊讶她把这件事看得非常严重。她请求他要是再有类似的小人出现，一定要让她看看。果真在一周后，他在花园里的日晷上发现了他寄给福尔摩斯的纸片。当他把它交给埃尔西时，“她竟然晕倒在了地上”。丘比特说，从那以后，“她一直都是一副梦游者的模样，成天恍恍惚惚，眼睛里总是藏着恐惧。”这些精心设计的火柴人简笔画有的姿势相同，有的举着小旗。虽然丘

> 形势万分紧急……因为咱们这位纯朴的诺福克乡绅已经陷入了一张非同一般的危险罗网。
>
> 歇洛克·福尔摩斯

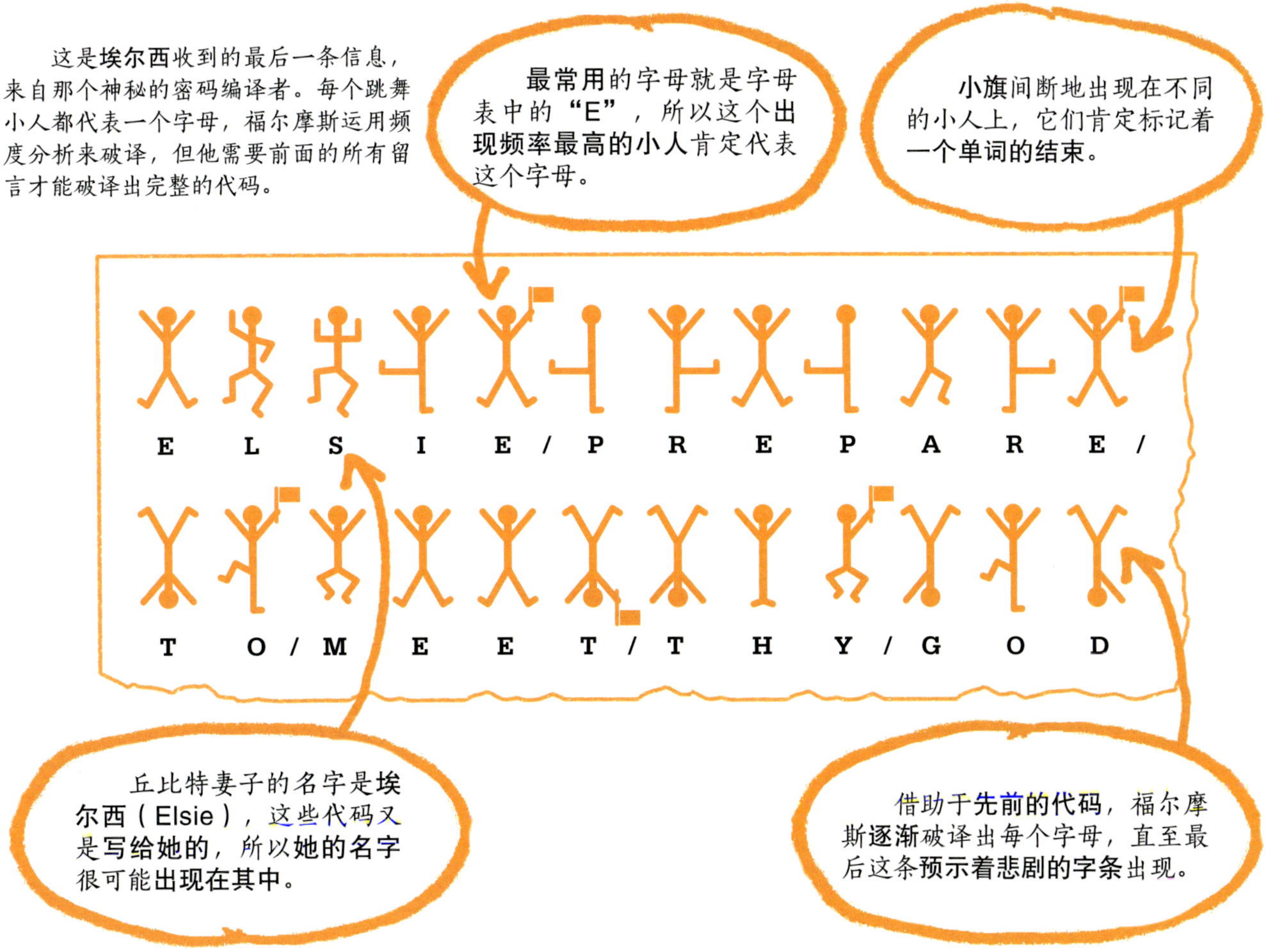

比特和华生都没看出来什么，但福尔摩斯知道这明显是一种代码。要想破译，还需要更多的材料。他让丘比特回诺福克郡，如有任何新的进展及时告知福尔摩斯。

技艺精湛的福尔摩斯

两周后，身心疲惫又忧心忡忡的丘比特再次来到贝克街221B，又带来了三条留在他家屋外的带有符号的讯息。第三条讯息出现的那天晚上，他守着没睡，而且看到了花园中有一个“鬼鬼祟祟的黑影”。当他正要拿着手枪冲出去时，埃尔西抱住他往后拽，死也不肯松手。不管是出于什么原因，她不想让丈夫冲出去。显然她认识外面的那个人，而且她不想让丈夫和这人或这事扯上关系。

福尔摩斯一直保持着专业、冷静的风范，但丘比特一离开他的住所，他便抑制不住心中的兴奋，全力投入到破译这些讯息的工作中。接下来的两个小时里，这位伟大的侦探走笔如飞，甚至忘记了华生的存在。最后，他从椅子上跳了起来，发出了胜利的欢呼，因为他已破译出了这些代码。他给某人发了一封电报，并告诉华生他们必须等到这封电报的回复，才能采取进一步行动。同时，福尔摩斯收到了丘比特寄来的一张新的编码信息。福尔摩斯读完这条信息又收到电报的回复后，他“突然站起身来，惊骇地大叫一声”。他想立刻赶到诺福克，但末班车已经开走了，他们必须等到转天早晨再出发。

死亡降临书房

第二天早晨，福尔摩斯和华生最终到达北瓦尔萨姆时，一下火车就遇上了车站站长。站长带来了

> 他最担心的事情突然变成了现实，致使他茫然若失，满心惆怅。
>
> 华生医生

不幸的消息，丘比特太太先枪杀了她的丈夫，然后又向自己开了枪，目前她伤得很重。福尔摩斯最担心的事已经变成现实。

在莱丁索普宅邸，大侦探对犯罪现场进行了彻底的检查，运用了独特的取证技巧和推理能力，还原并解释了这起悲惨的枪击事件。据华生描述，当地的警官起初还有点想“坚持自己的看法”，但很快就“佩服得五体投地，准备毫无保留地听从福尔摩斯的任何安排”。

人们是在书房中找到丘比特和他太太的。正在楼上睡觉的女仆和厨师听到了“一声爆炸声”，一分钟之后又是一声。他们冲下楼时，发觉楼道和书房中烟雾弥漫。屋里的窗户都是从里面闩上的，桌上的蜡烛还在燃烧。他们叫来了当地的医生。丘比特的手枪还在室内，“弹仓空了两格”，而福尔摩斯却戏剧般地指出了窗框上的另一个弹孔。“天哪！”警官大叫了一声，“您是怎么看到的？”福尔摩斯回答说：“因为我刚才就在找它。”他通过走廊里的火药味推断“悲剧发生时窗户是开着的”，而且这件事肯定涉及第三人，因为丘比特对着窗外的这个人开枪时，打到了窗框上。这个不明身份的人几乎是同时开了一枪，打死了丘比特，所以两枪叠加起来就像厨师和女仆所说的“一声爆炸声”了。埃尔西紧跟着关上了窗户，又向自己开了一枪。窗外的花已经被踩倒，松软的泥土上到处都是脚印。福尔摩斯“像只替主人寻取中枪鸟儿的猎犬”，四处搜寻。过了一会儿，他就像成功破译出密码时那样，发出了胜利的欢呼声，他找到了另一支左轮手枪发射出的弹壳。警官能做的就是“满脸惊叹地看着福尔摩斯驾轻就熟、进展神速的调查过程”。

福尔摩斯已从被破译的代码中得知了第三人的名字和住址。他以埃尔西的口吻，用跳舞小人的代码给一个叫亚伯·斯兰尼的人写了一张字条。福尔摩斯让丘比特的小马倌把这张字条送到附近的埃尔里奇农庄。直到此刻，他才肯将整件事情向华生和督察一一道来。

据信，电影《秘密武器》（1943年）改编自《跳舞小人》。实际上，它是改编自多个福尔摩斯探案故事，只有其中的秘密代码这一情节来自《跳舞小人》。

破译代码

福尔摩斯说，当他意识到这是一种简单替代密码时，他就知道如何破解这些讯息了。每个“跳舞”的姿势都代表字母表中的一个字母。第一条讯息是“我到了。亚伯·斯兰尼”（am here Abe Slaney），表明叫这个名字的人已经来到此地；第二条是“在埃尔里奇”（at Elrige’s），表明他在附近的这个农庄；第三条“来吧埃尔西”（come Elsie），是叫她去见他。但是，当埃尔西用同样的代码回答“决不”（never）之后，第四条讯息告诉她“准备见上帝吧”（prepare to meet thy God）。

破译了第三条讯息后，福尔摩斯就给他在纽约警察局的朋友威尔逊·哈格里夫发了封电报，询问是否知道亚伯·斯兰尼这个名字。回电中说亚伯·斯兰尼是“芝加哥最危险的骗子”，这使得福尔摩斯十分担忧，准备即刻坐火车赶往诺福克。

亚伯·斯兰尼

在柯南·道尔这部作品中有几个美国罪犯，其中的亚伯·斯兰尼是个不达目的决不罢休的人，他深深地迷恋着埃尔西。他对福尔摩斯说：“世上从没有哪个男人像我爱她那样爱过一个女人。”他对她的爱是毋庸置疑的，当他得知埃尔西受伤后，他承认“我确实恐吓过她。愿上帝宽恕我！但是我决不会碰她漂亮头上的一根头发……如果埃尔西死了，我根本不在乎自己会是什么下场”。当福尔摩斯告诉他，警方怀疑埃尔西谋杀了丘比特时，他即刻坦白是自己打死了丘比特。

很久以前，埃尔西曾答应和他在一起，这一起初的炙热恋情已变成了自以为然的占有欲望。埃尔西在这段感情中投入了多少我们无从而知。斯兰尼相信，如果他是做正经营生的，埃尔西是会嫁给他的。斯兰尼无法接受她弃他而去，于是爱情就变成了危险的痴迷，最终酿成悲剧。

真相大白

小马倌去送字条后不久，亚伯·斯兰尼就大步朝莱丁索普宅邸走来，手里还舞着一根手杖。“他身材高大，相貌英俊，肤色黝黑，黑色的络腮胡子宛如钢针，硕大的鹰钩鼻子气势汹汹。他身穿一套灰色的法兰绒衣服，头戴一顶巴拿马草帽。”他一走进屋子，福尔摩斯就用手枪顶住了他的脑袋，马丁也给他的双手戴上了手铐。斯兰尼很快承认杀了丘比特，但他说自己是为了自卫，因为是丘比特先开的枪。得知埃尔西伤势严重时，他悲痛万分，说自己只是因为气愤才恐吓她的，其实他很爱她，而且一直爱着她。他们是在芝加哥一起长大的，同属于一个帮派，帮派的首领就是埃尔西的父亲。他们发明了这种密码，让其看上去“像小孩子的乱涂乱画”，这样非本帮派的人就不会认为这是密码，更不可能破译它。埃尔西“无法忍受我们干的行当”，就逃走了，开始了新的生活。埃尔西和丘比特结婚后，斯兰尼给她写过信，但她没有回信，于是他就来英国找她。他大声喊道：“这个英国佬算是哪门子人物，凭什么挤到我俩中间来呢？告诉你们，我才是最应该娶她的人，我要求的只是我应得的东西。”故事的结局是这样的，在诺威奇的巡回审判中，斯兰尼被判死刑，但后来又改判为服苦役，原因是“案中存在从宽情节，希尔顿·丘比特首先开枪的事实也得到了确证。”

> 我对各种各样的秘密文字都算是相当熟悉，自己也就这个主题写过一篇不足挂齿的论文，对一百六十种不同的密码进行了分析。
>
> 歇洛克·福尔摩斯

充满激情的故事

柯南·道尔笔下的丘比特和斯兰尼性格迥异。丘比特是代表着英国荣誉、忠诚、正派作风的守旧式人物，而美国人斯兰尼是个来自大西洋彼岸盛气凌人的歹徒，对爱情和荣誉抱有自己坚定的，或者说有些扭曲的看法。

这个故事饱含着炙热的情感和含蓄的情感，福尔摩斯的理性逻辑主导着故事的发展，但他却没能挽救他的主顾。柯南·道尔似乎想在《跳舞小人》中表现一种平衡，一方面兼顾19世纪以居斯塔夫·福楼拜、陀思妥耶夫斯基、埃米尔·左拉和托马斯·哈代为代表的自然主义和社会写实主义，另一方面带有20世纪他的后继者阿加莎·克里斯蒂和埃德加·华莱士的感官主义。相比斯兰尼的固执恋情和最终悲惨的犯罪结局，福尔摩斯对神秘代码和如何破译代码这样的逻辑问题更感兴趣，或许柯南·道尔本人也是如此吧。■

她觉得她不认识那个人，我倒是确信她肯定认识

《骑自行车的孤身旅人》（1904年）

背景介绍

类型

短篇小说

英国首次发表

《斯特兰德杂志》，1904年1月

文集

《福尔摩斯归来记》，1905年

人物

维奥莱特·史密斯，音乐教师，热爱骑自行车。

鲍勃·卡鲁瑟斯，曾经去南非探矿，鳏夫，有一个独生女。

杰克·伍德利，恶棍，最近刚从南非回国。

威廉森先生，有过不良记录的牧师。

西里尔·莫顿，维奥莱特的未婚妻，电气工程师。

故事开头，华生向读者讲述了福尔摩斯成功的职业生涯，还说要判断数百件案子中哪件更适合公之于众，并不是一件轻而易举的事情。华生最终决定，“优先选择的案子应该以巧妙新颖、富于戏剧色彩的破案手法见称，而非以残酷野蛮的罪行取胜”。《骑自行车的孤身旅人》当然富有戏剧性，甚至有人还开了枪。在解救这位年轻女性的过程中，福尔摩斯充分展示了自己的侠义精神与充沛活力。

神秘的跟踪者

故事发生在1895年4月，维奥莱特·史密斯来到了贝克街221B。这是一个年轻漂亮而且坦率的女人，对自己寡居的母亲和未婚夫西里尔·莫顿都非常忠诚。福尔摩斯立即判断出，维奥莱特痴迷骑自行车（她有只鞋子的边缘已经被自行车的脚镫磨损了），从事音乐工作（指尖扁平）。

最近她刚刚给两个男人在报纸上发布的启事回了信。这两人一位名叫卡鲁瑟斯，另一位名叫伍德利，他们声称在南非结识了她的叔叔拉尔夫。他们告诉维奥莱特，拉尔夫已经去世，声称拉尔夫临死的时候嘱咐他俩找到他的亲戚，保证他的亲戚免于匮乏。维奥莱特说，伍德利经常冲她“挤眉弄眼”，觉得他“招人讨厌”。卡鲁瑟斯是个鳏夫，他请她教自己女儿学习音乐，但要住在雇主家，一座位于法纳姆附近的偏僻房子。因为这职位报酬很丰厚，并且卡鲁瑟斯看上去

福尔摩斯的诸多技能之一就是拳击，面对喝醉的伍德利，他就是用这一招来保护自己的。他告诉华生：“我顶着一名恶棍的连续猛击，一记左直拳就解决了问题。”

在爱德华时代，女性骑自行车被视为是独立、时髦和勇敢的象征。自行车确实解放了女性，因为这是她们第一次无需在男性的监督下出行。

也比较容易相处，她接受了这个职位。每个周末，维奥莱特都要骑自行车去法纳姆车站，然后搭火车去看望自己的母亲。但她发现，有另一个骑车人始终会远远地跟着她。这位沉默的跟踪者令她倍感不安，于是向福尔摩斯寻求帮助。

戳穿阴谋

华生被派去调查，可以预见的是，福尔摩斯对其调查结果十分失望，因为他的调查结果不过就是确认确有此事。因此，福尔摩斯亲自去了法纳姆，在当地一家酒馆中“小心翼翼地展开了调查”。在那里，他卷入了与伍德利的冲突。对方想要知道福尔摩斯为何要探听自己的事情。

当福尔摩斯和华生藏在乡间小路上时，他们遭到了一阵谴责。出于安全考虑，维奥莱特改坐轻便马车，但随着马车越来越近，他们发现里面空无一人。维奥莱特被绑架了，那个跟踪者在后面骑自行车飞快地追着。原来追踪者就是伪装后的卡鲁瑟斯，他正焦急地寻找维奥莱特，并且请求福尔摩斯帮他“救她”。听到维奥莱特的尖叫声后，他们找到了她。她昏昏欲倒，嘴上绑着一条手帕。他们得知，这位小姐已经被强行与伍德利成婚，主婚的是威廉森先生，一个被褫夺圣职的臭名昭著的牧师。

本罪案的核心当然是金钱。卡鲁瑟斯和伍德利在南非便已相识，他们知道维奥莱特即将从自己的叔叔那里继承一大笔财产，因此设计借威廉森的帮助坑害她。原本的计划是让伍德利跟她结婚，卡鲁瑟斯“分赃”。但是，计划失败了，卡鲁瑟斯爱上了这位小姐并充当其保护者，每周都骑车尾随她到法纳姆站，以防她被伍德利袭击。

卡鲁瑟斯害怕伍德利已经与维奥莱特成婚，于是愤怒地开枪打了他，伍德利受了伤但却无生命危险。福尔摩斯宣称，威廉森先生并不见得有权主持婚礼，并且出于强迫的婚姻没有任何效力。

故事的结尾颇具戏剧性，一位晕倒的女孩、两个残忍的恶徒和一名不道德的牧师，构成了哥特式叙事手法中一个经典的画面。虽然故事的女主人公是位独立女性，但仍要由身着闪光盔甲的骑士帮其逃脱“对女人来说最为悲惨的那种厄运”，这位骑士就是歇洛克·福尔摩斯。■

南非掘金

引发本案的财富来自于南非，该地区在19世纪晚期吸引了大量的掘金者。1866年，一位荷兰农场主的孩子在瓦尔河附近找到了一块22克拉的钻石。第二年，人们在金伯利发现了一座巨大的钻石矿。1884年，人们在威特沃特斯兰德发现了世界上最大的金矿。随着这些巨型矿石财富消息的传播，世界各地数以千计的移民纷纷来到了德兰士瓦。探矿者、工人和企业家的涌入给该地造成了巨大的影响，人们建立了城市——约翰内斯堡就是从一个名叫“郎拉赫特”的采矿营地发展起来的，新的交通设施得以发展，通了铁路，公路也变好了。那些超级有钱的探矿者（如本案中维奥莱特·史密斯的叔叔）被称为“金主”。

能跟一个想得出这种招数的罪犯打上交道，我倒是觉得非常荣幸

《修院学堂》（1904年）

背景介绍

类型

短篇小说

英国首次发表

《斯特兰德杂志》，1904年2月

文集

《福尔摩斯归来记》，1905年

人物

索尼克罗夫特·哈克斯泰堡博士，修院学堂的校长。

亚瑟·萨蒂尔勋爵，失踪的学生。

霍德瑞斯公爵，亚瑟的父亲。

詹姆斯·怀尔德，霍德瑞斯公爵的秘书。

海德格尔，修院学堂的德国裔老师。

鲁本·海斯，附近“斗鸡”客栈的老板。

索尼克罗夫特·哈克斯泰堡博士的亮相非常奇怪，他倒在了贝克街221B的地毯上。他的名片上满是各种学术荣衔，他“伟岸的身躯”与他冗长的名字一样笨重。这个学术性的故事就是以这样一个有损尊严的进门方式开始的。

华生检查了来者的身体，诊断说是消耗过度。福尔摩斯从来者的口袋中掏出了一张从英格兰北部梅克尔顿到伦敦的往返车票，貌似哈克斯泰堡确实是千里迢迢地赶过来的。

哈克斯泰堡最终苏醒了过来，他要求给他一杯牛奶和几块饼

消耗过度的哈克斯泰堡倒在贝克街221B寓所，华生在故事中说：“躺在我俩面前的是一个备受折磨的人。”这是西德尼·佩吉特为《斯特兰德杂志》中创作的插图。

干，吃过之后便开始解释来意。虽然他显得很滑稽，但却带着一个严肃的任务。他是一家名叫“修院学堂”的预备学校校长，专门为英国贵族的孩子提供教育服务。他最近刚刚招收了一位出身最高贵的学生亚瑟·萨蒂尔勋爵，但这个学生失踪了。福尔摩斯站起来在自己“那套无所不有的指南”中查找萨蒂尔的父亲“霍尔德内斯公爵”的名字，称他是“女王座下最了不起的臣民之一”。

虽然柯南·道尔并未明说，但福尔摩斯查的那本指南很可能是《伯克地绅名录》，这是系谱学者约翰·伯克于1826年编撰的，是一本关于英国名门望族的索引。这本索引现在仍在不断更新使用。整个故事中充满了有关英国贵族的重要内容；他们手中的权力以及他们脆弱的一面。公爵可能很有钱，但这却让自己的儿子遭遇了绑架风险。跟其他很多贵族一样，他时刻担心会社会丑闻会令自己的家族名声蒙羞。

密室谜团

本案案情像是“密室谜团”的翻版。萨蒂尔深夜从自己位于三层的卧室中失踪了，卧室还有一个外屋，住着两个睡觉很轻的学生。萨蒂尔的卧室窗户是开着的，窗下没有脚印，也没有任何迹象表明曾经有人进入他的房间。失踪之前他还穿上了全套的校服，一条深灰色的裤子、一件黑色的伊顿外套。此处作者暗中提及了英国的精英学校伊顿公学。所有这些细节都表明，这是一场有预谋的逃跑行动。学校后来清点人数，发现德国裔老师海德格尔也失踪了。失踪的学生和老师之间并无明显的联系，但后者明显是匆忙地从同样位于三层的卧室窗户中离开的，借助的是窗外的常春藤。卧室的朝向跟萨蒂尔勋爵的房间一样。海德格尔的自行车也不见了。

萨蒂尔失踪前没有人找过他，只是收到了一封信，而且这封信他还带走了。哈克斯泰堡还补充说，这个孩子在学校很开心，但在家中却并非如此。他的父母最近刚刚分居，公爵夫人搬到了法国。公爵的秘书詹姆斯·怀尔德告诉哈克斯泰堡，这个孩子更喜欢自己的母亲，而不是自己严肃而拘谨的父亲。有没有可能他逃到法国找自己的母亲去了呢？

> **贝克街这个舞台虽然不大，可我们也看过许多次戏剧性的出场和退场。在我的记忆当中，要说哪一次最最让人惊诧莫名，还得算拥有硕士博士等等头衔的索尼克罗夫特·哈克斯泰堡初次登台的场面。**
>
> 华生医生

金钱的诱惑

谜一样的案情足以吸引福尔摩斯放弃自己手头在忙的两个案子。抑或是福尔摩斯一反常态地被公爵开出的慷慨酬劳所吸引：找回孩子的人可以得到五千镑；如果能让他知道是哪个人或者哪帮人劫走了孩子，还可以额外得到一千镑。听到如此慷慨的报价后，福尔摩斯说："依我看，咱们还是陪哈克斯泰堡博士到北边去走一趟吧。"此时他甚至还没有听完整个案情。

当天晚上，福尔摩斯和华生来到了修院学堂，却发现公爵和怀尔德已经在等候他们。怀尔德痛斥哈克斯泰堡不应把福尔摩斯请来，虽然表面上他是在担心这个案子会造成一场丑闻，但在福尔摩斯看来，他更多是在害怕福尔摩斯会发现什么东西。对于一丝不苟的公爵而言，不知是出于贵族的保守作风，还是某些可疑的原因，他深沉洪亮的嗓音像"宣布开饭的铜锣"一般轰然鸣响，同意让福尔摩斯参与调查，却没有提供任何协助。

沿着海德格尔自行车车辙，福尔摩斯和华生发现了他的尸体。此图为西德尼·佩吉特为《斯特兰德杂志》创作的插图。

在他们第一次碰面中，柯南·道尔将怀尔德的狡诈和公爵的不安刻画得栩栩如生，将本案中的各个人物带入了阴谋的气氛中。同时，这也让福尔摩斯有机会展示自己的演戏技巧。当怀尔德尖刻地要求福尔摩斯离开时，他却反击让自己的来访听上去像是来度假的，"这里的北方空气提神醒脑、清爽宜人，所以我打算在您这边的荒原上住那么几天，尽量找点儿事情来充实头脑"。实际上，他正计划对荒原进行搜索，为了找到那个失踪的孩子萨蒂尔勋爵。

当天晚些时候，福尔摩斯和华生仔细钻研当地的一张地图。修院学堂前面是一条大路，在事发的那天晚上，一位警员碰巧在大路东边值班，他没有发现任何人。附近的"红牛"客栈当晚也有类似的事故发生，所以排除了有人从大路另一端逃走的可能性。学堂南面的地形不适合骑车，学堂北面先是一片树林，树林的远端是起伏不平的"南吉尔荒原"。荒原最终通到公爵家——霍德瑞斯府邸。福尔摩斯得出结论，他们调查的重点应该是这片荒原。此时哈克斯泰堡走了进来，手里拿着萨蒂尔的蓝色板球帽。这顶帽子是在一帮吉普赛人的篷车里找到的，他们星期二才从荒原离开，说明确实需要对这块地区进行搜查。

步入正轨

本案中很大方面依赖于福尔摩斯查看车辙的能力。踏上荒原后，他们发现了自行车轮胎印的痕迹。福尔摩斯一如既往地精准，他宣称自己熟知自行车的车胎辙印，并判断说这些轮胎上有补丁，跟海德格尔自行车的轮胎并不相符。

这条演绎很有说服力，但福尔摩斯有关自行车行进方向（从学堂那边过来的）的判断却具有误导性。柯南·道尔经常说，准确性和喜剧效果相比并不是那么重要，但此后也在其回忆录中承认，有些不合逻辑的情节设计遭到了世界各地

霍德瑞斯公爵

霍德瑞斯公爵的名字可能暗示了修院学堂的地址。在原稿中，这座学堂位于德比郡的卡斯尔顿，霍德瑞斯是距此不远的约克郡东部一大片地区的名字。很多学者试图将公爵与某个现实人物对上，但却未能实现。这让一些福迷朋友将其归功于华生对微妙事件高超的模糊化处理技巧。

故事中，华生笔下的霍德瑞斯公爵是一个冷漠、没有亲和力的人物，胡子一片火红，"脸型又瘦又长，长得出奇的鼻子弯出了一道古怪的弧线"。对于英国修饰良好的贵族而言，如嘉德骑士、枢密院成员、郡治安长官等，这种说法也许是合适的，但却并不符合故事中所展示的真实面目——一个有秘密感情经历的软弱的人。

> 这当然是一辆自行车，但却不是那一辆……我熟知四十二种不同的自行车轮胎辙印。
>
> 歇洛克·福尔摩斯

书迷的质疑。这些自行车的车轮胎辙印就是其中之一，柯南·道尔甚至亲自做试验来验证自己的观点："在这点上我受到了如此多的抗议，有人表示同情，有人则很愤怒。所以我取出了自己的自行车进行试验。此前我认为，当自行车不走直线时，通过观察前后轮胎辙印重合的地方可以判断行进方向。但我发现读者是对的，我是错的，因为自行车无论往哪个方向前进都是如此。另一方面，真正的判断方式更简单，在起伏不平的荒原上，上坡的轮胎辙印比下坡时要深一些，因此无论如何，福尔摩斯的智慧是站得住脚的。"

一个可怕的发现

在搜寻荒原的过程中，他们发现了海德格尔"帕尔默"车胎所特有的狭窄轮胎辙印。很快他们就发现了这位德国裔教师的尸体，死者一副惨相，颅骨都被打塌了。海德格尔穿着睡衣，没穿袜子，说明他离开学校去追萨蒂尔时非常仓促。这起凶残的谋杀案说明，凶手是一位强壮的成年人，他应该和萨蒂尔待在一起。海德格尔骑车技术非常好，却也追了足足五英里才追到，说明萨蒂尔及其同伴拥有某种飞速逃走的手段。但是，现场没有其他自行车的辙印，甚至连脚印也没有，尸体周围只有一些牛蹄印。

在附近的"斗鸡"客栈中，福尔摩斯促使故事出现了第二次戏剧性的转折。他假装自己扭伤了脚踝，以此为借口向刻薄、脾气不好的客栈老板借一辆自行车。可惜的是，鲁本·海斯虽然举止很像一名罪犯，但却没有自行车，只有一些马。直到福尔摩斯看到马厩和铁匠作坊时，他才突然做出了一种演绎。他注意到，虽然自行车辙印附近和荒原上的尸体周围到处都是牛蹄印，但他和华生却没有看到过一头牛。此外，牛蹄印也不像是牛留下来的——"咱们遇上的是一头很不一般的牛，又能走，又能慢跑，还能亮开四蹄飞奔"，福尔摩斯说。然后他查看了海斯马厩中的马，发现蹄铁是旧的，而且是钉上去没多久的旧蹄铁。

继承权丑闻

俩人离开"斗鸡"客栈时，公爵的秘书骑着自行车飞快地向着

1987年格拉纳达电视台播放的电视剧中，主演是杰里米·布雷特，拍摄地点在德比郡的查茨沃斯庄园，距离最初设定的故事发生地卡斯尔顿只有几英里之遥。

福尔摩斯研究了修院学堂和霍德瑞斯府邸附近区域的地图，从而推断萨蒂尔和海德格尔的去向。荒原上的自行车车胎辙迹给他提供了有用的线索。

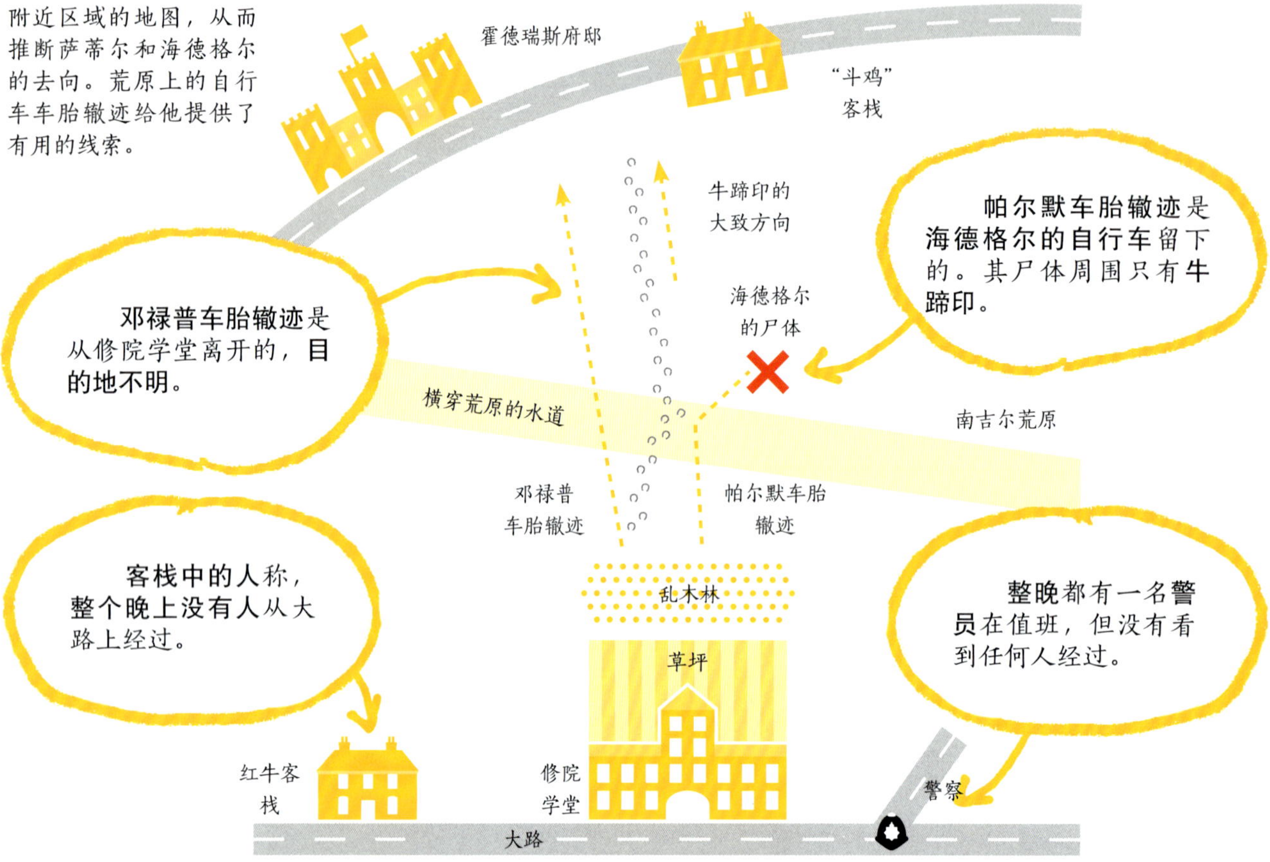

客栈冲去。在近距离观察中，他们发现怀尔德的自行车外胎打了补丁，与福尔摩斯在荒原中最早识别出的车辙印相符。他在客栈中现身是其计划破产的第一个标志。通过窗户看到客栈的情况后，福尔摩斯宣称案子已经了结，他心中已经有了答案。

第二天早晨在霍德瑞斯府邸，福尔摩斯揭开了怀疑对象的名字，指责公爵说他一直知道自己儿子的准确位置。除此之外，还暴露了一个事实，这位公爵承认怀尔德是自己的大儿子，是他年轻时一段爱情的私生子。怀尔德无望继承自己父亲的财产，也不可能继承父亲的头衔。现在这位公爵成了一个令人同情的角色：在自己的爱人死后，出于礼仪，他自己养大了这个孩子。

原来真正的恶棍是紧张不安的、狡诈的怀尔德。发现自己的出身后，他一直用这段丑闻来威胁自己的父亲赎罪。他计划绑架霍德瑞斯公爵合法的继承人——年轻的萨蒂尔勋爵，将其藏在了"斗鸡"客栈，以便敲诈自己的父亲。这一计划说明，怀尔德对其同父异母兄弟的憎恨之情达到了极点，同时也说明了他对丧失继承权的怨恨之情。

萨蒂尔收到的那封信是自己的父亲写的；但是，怀尔德塞了张便条进去，以他母亲的名义要求他当晚与某个骑马的人见面，这个人会带他去见自己的母亲。这个人就是受雇于怀尔德的海斯。海斯和萨蒂尔上马出发，但萨蒂尔不知道海德格尔看到他离开了学校。为了这个孩子考虑，他骑上自行车在后面追。当这位德国裔教师追上逃走的两人时，海斯用手杖给他一击杀了他。海德格尔被杀完全不在计划之内，是海斯绝望和凶残的结果。

正义得到伸张

公爵说，在发现海德格尔的尸体后，他得知了怀尔德的计划。但是，怀尔德请求“给他三天的时间”让海斯逃命，于是公爵“跟往常一样，又在他的哀求之下松了口”。公爵担心海斯被抓的话会暴露自己大儿子的罪行，因此觉得自己别无选择。

这当然是一个非常有意思的道德困境，福尔摩斯自己也指出了其中的混乱。公爵对怀尔德和海斯的同情之心让人难以相信，甚至有点不理智。他给了海斯逃命的时间，并且努力掩盖自己大儿子肮脏阴谋所造成的乱局。但是，这样做的话，他不仅帮助一名凶手负罪潜逃，还让自己的小儿子、一位身份尊贵的继承者落在一名已知的凶犯手中。福尔摩斯对公爵这种冷漠无情的家庭关系处理方式毫不同情。他说：“您让清白无辜的小儿子承受迫在眉睫的危险，就为了迁就您罪孽深重的大儿子。”他坚称必须立刻将年轻的萨蒂尔从“斗鸡”客栈接回来，并且应当把怀尔德送走。福尔摩斯建议，既然自己的私生子已经不在身边了，公爵应当尽量对公爵夫人做些补偿。

如果福尔摩斯对霍德瑞斯公爵的训斥有违故事对公爵和权贵的奉承态度，那么他同意接受公爵的金钱，掩盖这位贵族涉案及其与怀尔德（将被送到澳大利亚）的关系，却似乎更加确认了这一态度。他们轻易地将一位无辜教师的凶残谋杀案抛到了脑后，公爵心照不宣但又拙劣无比地将福尔摩斯的酬金翻倍，福尔摩斯理所应当地接受了这笔酬金，这一切无不表明这种酬劳已经变成了赤裸裸的贿赂。

福尔摩斯最后提出的有关马掌蹄铁的问题，貌似又将注意力放回到了自己通常更为关注的技术细节上。“中世纪之历代霍德瑞斯男爵劫掠四方”，那些可以踩出牛蹄印的铁掌原来是他们的传家之物，目的就是让追踪者迷途失路。人们认为，英国内战时期确实用过类似的把戏，但是大侦探说，这种精巧的铁艺只是“我在北方看见的第二件极其有趣的东西”。明显他最感兴趣的，还是自己那张令人质疑的巨额支票。■

> **公爵大人，这事情我只能这么看，罪行的始作俑者必须对由此引发的所有罪行承担道义上的责任。**
>
> 歇洛克·福尔摩斯

继承权规则

在“长子继承制”中，土地和头衔都要留给家中的长子。在英国，这就意味着权力和土地所有权一直是男性的特权。无论是否是长子，非婚所生的私生子都无权继承父亲的财产。即便到了今天，很多历史久远的贵族家庭仍旧遵循“长子继承制”。但到了21世纪，包括英国在内的绝大多数的君主制国家都开始在继承权中不再考虑性别差异，这就意味着，要求继承王位的公主不会再被比自己的弟弟篡位。

在柯南·道尔生活的那个年代，“限定继承权”意味着，划分或买卖不动产是非法的，因此这些财产一直集中在一少部分有权人手中。和长子继承制一样，限定继承权也是中世纪封建制度的遗物。在1789年革命之后，法国最先被推翻的几项事物中就有限定继承权。英国在1925年的《财产法》中废除了限定继承权，此后许多不动产被出售。

正确的做法是不断寻找符合情理的另一种可能性，随时做好应变的准备

《黑彼得》（1904年）

背景介绍

类型

短篇小说

英国首次发表

《斯特兰德杂志》，1904年3月

文集

《福尔摩斯归来记》，1905年

人物

彼得·凯里船长（“黑彼得”），捕鲸船船长，已退休。

约翰·霍普莱·奈利甘，银行家年轻的儿子。

帕特里克·凯恩斯，叉鱼手，曾经在彼得·凯里手下工作。

斯坦利·霍普金斯，一名年轻的督察。

福尔摩斯对谋杀犯身份的演绎推理

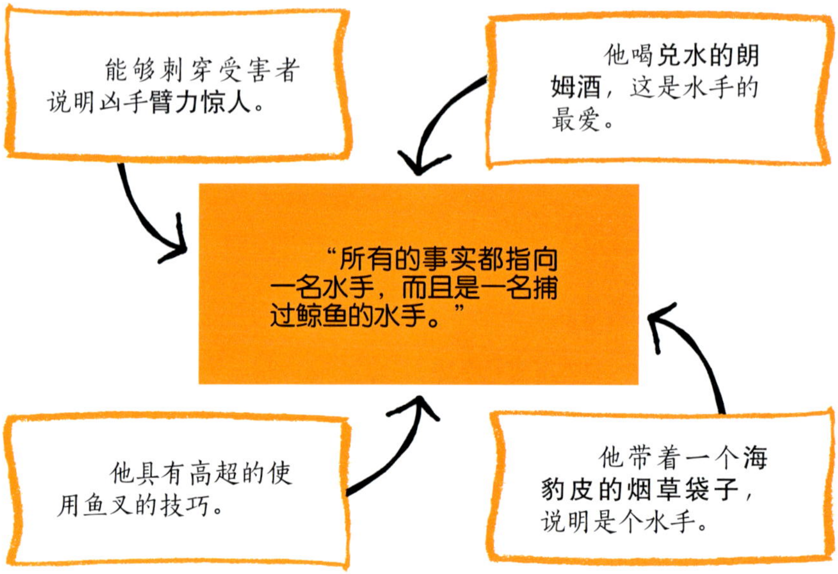

柯南·道尔将《黑彼得》的故事设定在1895年，这是一篇重在烘托气氛的小说，讲述的是一位凶残的捕鲸船船长退休后被杀的故事。故事中丰富的写实内容部分来源于作者的亲身经历。当柯南·道尔还是一名年轻的医学院学生时，曾经在“希望号”捕鲸船的北极捕猎之旅中，作为船医在船上生活了七个月。柯南·道尔之后曾经写道，他“是在北纬80°成年的”，周围全是冰川和跳跃的鲸鱼。捕鲸者本就彪悍，柯南·道尔对于像“黑彼得”这样冷酷无情的人只能说是太过了解。

故事开头，福尔摩斯回到了他和华生的寓所，腋下却夹着一柄鱼叉。福尔摩斯说自己去了趟肉铺，尝试一叉扎穿一头死猪，发现

> ……我杀死了黑彼得，执法机关应该向我道谢，因为我替他们节省了一根麻绳的费用。
>
> 帕特里克·凯恩斯

并不太费劲。华生对他这种奇怪的行为早已习以为常，断定福尔摩斯正在调查某个案子。实际上，福尔摩斯正在进行一项远超时代的法医试验，一项对谋杀凶器（本案中是一柄鱼叉）效果的控制性试验。现在，此类试验已成为承担谋杀调查任务的法医团队的标准做法，但福尔摩斯似乎是这方面的一位先驱者。

受挫的督察

一位名叫斯坦利·霍普金斯的年轻督察很快就加入了福尔摩斯和华生的行列。他是福尔摩斯的一大仰慕者。霍普金斯也一直在调查同一个案子，即退休的捕鲸者彼得·凯里的谋杀案。这位督察彻底失败了，所以向福尔摩斯寻求帮助。

人们常常叫凯里“黑彼得”。他是一个残酷的人，所有认识他的人都对他深恶痛绝，敬而远之。他睡在自己家外面的一座小屋中，里面的布局就像是一个船长室，他就是在此处被人谋杀的——被人钉在了墙上，鱼叉刺穿了他整个身体。霍普金斯仅发现了两条线索：一个打着“P.C.”缩写字样的海豹皮烟草袋子（这很奇怪，因为彼得·凯里很少抽烟）和一本写着“J. H. N.”缩写字样的记事本，里面满是证券交易记录。

两人被捕

霍普金斯、福尔摩斯和华生来到位于萨塞克斯“黑彼得”的屋中，发现有人曾经试图撬门。第二天晚上，他们守株待兔，抓住了这位夜间来客，是一个名叫约翰·霍普莱·奈利甘（J.H.N.）的虚弱年轻人。奈利甘解释说，他正在寻找“黑彼得”杀害他父亲后获得的一些证券。霍普金斯认为，自己已经找到了真凶，因此逮捕了奈利甘。

但福尔摩斯根据自己的试验知道，这位“病怏怏的年轻人”不可能有力气用鱼叉叉死“黑彼得”，于是继续进行调查。他以“巴兹尔船长”的名义招募捕鲸之旅的叉鱼手。其中一个应征者就是帕特里克·凯恩斯，他是一个身体强壮的叉鱼手，曾经在“黑彼得”的“独角鲸号”捕鲸船上做过船员。帕特里克·凯恩斯的名字首字母缩写同样是“P.C.”。认为自己抓到了真凶的福尔摩斯用手铐铐住了这个人。凯恩斯承认自己杀了“黑彼得”，但却坚称自己只是自卫。他说，他去找“黑彼得”敲竹杠，威胁说出自己当年目睹他谋杀奈利甘的父亲一事。凯恩斯被带走时，霍普金斯对福尔摩斯成功找出真正的凶手一事充满仰慕之情。

故事以一个神秘的论调结尾，福尔摩斯告诉霍普金斯，如果他需要自己出庭的话，“得上挪威的某个地方”去找他和华生，给读者留下了无限的遐想：下一个故事又会是什么呢？■

19世纪的捕鲸活动

在19世纪头50年中，鲸油是全球家庭照明用灯油的主要来源。捕鲸生意越来越大，英国的捕鲸港口惠特比和邓迪（“黑彼得”的“独角鲸号”捕鲸船的注册地）迅速发展起来。在大西洋对岸，马萨诸塞州的新贝德福德很快就赢得了“点亮世界的城市”的称号。

“捕鲸船”上的生活危险而艰苦，就像赫尔曼·梅尔维尔的巨著《白鲸》（1851）中描写的那样。很多捕鲸者一去不复返，但巨额的利益还是诱惑无数的人争相冒险。每年2月捕鲸者都会向北航行，以充分利用北极短暂的夏季。但到1893年，由于矿物油中提炼的煤油取代了鲸油，该行业也开始没落。像帕特里克·凯恩斯这样强壮的叉鱼手越来越少，因为捕鲸者开始使用新发明的鱼叉枪来捕猎，效率惊人，同时也不需要什么技巧。

天哪，华生，我知道了！

《查尔斯·奥古斯都·米尔沃顿》（1904年）

背景介绍

类型

短篇小说

英国首次发表

《斯特兰德杂志》，1904年4月

文集

《福尔摩斯归来记》，1905年

人物

查尔斯·奥古斯都·米尔沃顿，职业敲诈者。

伊娃·布拉克维尔夫人，上一季初入社交圈的漂亮女士。

多佛科特伯爵，伊娃夫人的未婚夫。

阿加莎，米尔沃顿的女仆。

匿名女士，一位受过米尔沃顿敲诈的受害者的遗孀。

雷斯垂德督察，苏格兰场的警探。

与故事同名的那个恶棍是一个职业敲诈者，福尔摩斯认为，他比自己所知的所有谋杀犯更可恶。柯南·道尔对本角色的灵感来自于查尔斯·奥古斯都·霍威尔。此人是艺术品商，疑为绰号“猫头鹰”的敲诈犯。他在伦敦离奇死亡，喉咙被割开，口中被塞入了一枚硬币——这是对诽谤者进行报复的标志。

初入社交圈的不幸女士

查尔斯·奥古斯都·米尔沃顿用有损对方名誉的信件对富贵人家进行敲诈，以此为生。这些信件是从那些不忠不义的仆人和爱人手中获得的。最近他找上了伊娃·布拉克维尔夫人，“在上一季初入社交圈的一众女士当中，她是最美丽的一个”。她有几封“措辞轻率”“非常活泼”的信掌握在这个恶魔手中，这会危及她与一位伯爵的婚姻。她委托歇洛克·福尔摩斯来争取一个好的交换条件。作为一个初入社交圈的女士，在参加完整的“社交季节”、寻求良好婚姻关系之前，首先要参加一个“登场仪式”，仪式中她将被正式介绍给女王。玷污她的美名，意味着她的名誉永久受损，因此这些信泄露的后果非常可怕。米尔沃顿索要7000镑，而福尔摩斯只给他2000镑，但这位敲诈者拒绝让步。他想用伊娃夫人树立一个“非常可怕的典型”，这让福尔摩斯决心拿回这些信。

在一个略显不妥的情节设计

此图为查尔斯·奥古斯都·霍威尔（1840—1890）的画像，由弗里·里克·桑迪斯1882年所绘。八年后这位画中人物被杀，谋杀现场十分恐怖。

> **我觉得有些罪行让法律鞭长莫及，这样一来，从某种程度上说，私自报复也算情有可原。**
>
> 歇洛克·福尔摩斯

中，柯南·道尔安排福尔摩斯假装与米尔沃顿的女仆阿加莎订婚，以便得知这位敲诈者的房间布局及其生活习惯。这明显有违福尔摩斯的绅士形象。华生喊道："你不觉得这样太过分了吗？"福尔摩斯回答说："桌子上摆着这么高的赌注，你只能把所有的牌都打出来。"他还说，自己有个不共戴天的情敌，我这边一走，他那边就会把我的位置填上。对于福尔摩斯而言，谈到感情和名誉，与一位夫人相比，女仆明显无足轻重。

福尔摩斯告诉华生，他们必须闯进米尔沃顿的宅子，从他的保险箱中偷走那些有人体面的信。福尔摩斯有一种自然法则情结，追求的是拨乱反正，纵使违反法律也在所不惜。作为一个私家侦探，他觉得自己可以这么做，只要目的正当就可以不择手段。

藐视法律

福尔摩斯和华生夜间闯入了米尔沃顿的宅子，看到这位敲诈者正和一个声称是某伯爵夫人女仆的女士会面。这位女士假装要卖给他一些有损名誉的信，但很快她就暴露了自己的真实身份——一位受过米尔沃顿敲诈的受害者的遗孀。之后她就实施了探案全集中由女性施加的最为残忍的罪行，把一梭子子弹都射进了米尔沃顿的体内。福尔摩斯烧掉了米尔沃顿用来敲诈的所有文件，然后俩人仓皇撤退。

第二天，雷斯垂德督察前来拜访福尔摩斯，告诉他有人看到两个飞贼逃离了犯罪现场。福尔摩斯恶作剧般地说其中一个凶犯是华生。玩笑过后，他拒绝帮雷斯垂德破案。最后，福尔摩斯在一个橱窗中看到了杀害米尔沃顿的凶手的照片。当华生认出她时，福尔摩斯把手指举到了唇边。他的道德罗盘又一次让他选择拒绝遵守法律条文。■

这位遗孀"把一颗又一颗的子弹射进米尔沃顿的恶心身体"。这是佩吉特为《斯特兰德杂志》所绘的插图。

这位先生的行径虽然古怪，但却并不是毫无章法

《六尊拿破仑胸像》（1904年）

背景介绍

类型

短篇小说

英国首次发表

《斯特兰德杂志》，1904年5月

文集

《福尔摩斯归来记》，1905年

人物

雷斯垂德督察，苏格兰场的警探。

摩尔斯·哈德森，买了三个胸像的店铺主。

贺拉斯·哈克，上了年纪的记者。

贝波，意大利工匠。

戈尔德商行管事，贝波曾经的雇主。

皮耶特罗·文努齐，来自那不勒斯，强壮的黑手党成员。

约西亚·布朗，第五尊胸像的拥有者。

桑迪福德先生，卖给福尔摩斯的那尊胸像的前主人。

本故事开篇是一个温馨的场景，歇洛克·福尔摩斯和雷斯垂德督察一起追溯多年来在一起工作时，他们的友谊是如何日益加深的。如今雷斯垂德已是贝克街221B的常客，他总会为福尔摩斯带来苏格兰场的种种最新动向。

一个疯狂的案子

案情涉及令人费解的偷窃，貌似荒唐的是，窃贼还破坏了三尊拿破仑石膏胸像：一尊在肯宁顿路的一家店铺内，铺主是摩尔斯·哈德森；另外两尊则在伦敦南部相距很近的两个地方。雷斯垂德之所以认为行窃的是“罪犯或者疯子”，也许是“当地的疯子”，可能跟该地区紧邻著名的贝德拉姆疯人院有关。现在这个疯人院已变成伦敦帝国战争博物馆。不管怎样，这个想法对福尔摩斯还是很有用的。当福尔摩斯得知第四尊胸像在贺拉斯·哈克的家中失窃，前门台阶上还有人被杀后，他有意给这位记者一些错误暗示，“一个仇恨拿破仑的杀人狂”，晚报中出现了同样

颅相学

19世纪，有很多人相信，一个人的心理状态是由大脑——也就是颅骨的形状——决定的。这就是所谓的“颅相学”（意思是“研究心理”），从其诞生之日起就被认为是伪科学。但是，大脑可以被“划分成”各个部分，每个部分对人的性格都会有一定的影响，这一观点与维多利亚时代科学发展和分类学精神是相符的：如果大脑是“心理器官”，那么认为其形状能够反映一个人的心理活动也就显得合情合理。到19世纪中期，意大利犯罪学家切萨雷·隆布罗索将这一观点引入犯罪研究中，写了一系列有关赌徒、骗子和各种卑鄙行径之人颅骨特征的书籍。柯南·道尔本人曾在爱丁堡颅相学学会学习医药知识。

> 事情无疑算得上十分古怪，而我又知道，你对所有的古怪事情都很上心。
>
> 雷斯垂德督察

的报道。福尔摩斯后来对着该报道吃吃地笑了起来，他说：“只要你懂得如何使用，华生，报纸实在是一件弥足珍贵的工具。”

福尔摩斯查案

显然，福尔摩斯已经有了计划：这些报道是为了误导那个罪犯，让他以为福尔摩斯没有找到任何线索。事实上，他已经有了两条主要线索。一条就是受害者身上的一张相片，相片里的人“神情机警，尖嘴猴腮，眉毛很浓，下半边脸以一种十分怪异的方式朝前方支楞着，看起来跟狒狒差不多”。这一描述与有关罪犯外貌的颅相学理论是相符的。

福尔摩斯感兴趣的是另一条线索，窃贼把第四尊胸像从房里带出来，走到了一个光线更好的地方，然后才将其打碎。这很奇怪，因为这样做意味着被人撞见的风险更高。如果这仅仅是一种破坏行为的话，为何窃贼要在灯下这么做呢？

与意大利人的联系

雷斯垂德只专注于谋杀和入室行窃，这是典型的苏格兰场破案方式。而福尔摩斯则认为，拿破仑胸像才是本案的关键。福尔摩斯顺着胸像这一线索查到了它的来源地——位于斯德普尼区的一家作坊。社会研究学家、慈善家查尔斯·布思称，该区域“很邪恶，与犯罪有间接的联系”。福尔摩斯在这里得知相片上的那个人名叫贝波，是意大利人，曾经在这家作坊工作过，一年前因为在大街上捅人而锒铛入狱。事发时间与胸像的制作时间基本相同。当天晚上在221B的寓所内，雷斯垂德确定了受害人的身份，他名叫皮耶特罗·文努齐，来自那不勒斯，是伦敦肮脏的意大利犯罪世界中的一员，也是黑手党的成员。雷斯垂德现在对胸像也产生了兴趣，他认为这是一起黑手党仇杀案，文努齐奉命去追杀那个胸像破坏者。但是，福尔摩斯更清楚事情的真相，他跟雷斯垂德打赌说，他们可以在齐兹克区的约西亚·布朗家中抓到这位罪犯。约西亚·布朗买下了剩余的两尊胸像中的其中一个（当时作坊一共生产了六尊）。

精心策划的高潮

贝波在布朗家中被捕。福尔摩斯第二天晚上在221B的寓所中主动解释所有事情之前，雷斯垂德本以为案子已经了结。在以十镑这个貌似慷慨的价格购得最后一尊拿破仑胸像后，福尔摩斯立即将其打碎，发现里面藏着的是无价之宝“波基亚黑珍珠”。该珍珠世界闻名，此前在一家意大利宾馆的房间中失窃。福尔摩斯无法独占所有荣誉，因为雷斯垂德的工作对于这个戏剧般的高潮至关重要。当他得知受害者的名字叫“文努齐”之后，福尔摩斯明白了事情背后的真相。他想起一年前珍珠失窃的事情，嫌犯是一个同姓的宾馆女仆。她把失窃的珍珠给了自己的兄弟，但他却在街头打架中被贝波刺伤，珍珠也被抢走。被捕前，贝波将珍珠藏在作坊中尚未完工的胸像内。文努齐一直在寻找贝波，但却在哈克屋外被刺死。

雷斯垂德发自内心地称赞，“我们苏格兰场的人……以你为荣”，这让人们少见地看到了福尔摩斯感性的一面。华生评论说：“人类心灵之中那些较为柔软的感情如此紧密地贴近了他的心灵，实在是我从来没有见过的。”■

受《六尊拿破仑胸像》故事启发，1944年人们拍摄了电影《死亡珍珠》，主演是巴兹尔·拉思伯恩和奈杰尔·布鲁斯，这是他们二人第九次在银幕上扮演福尔摩斯和华生。

把你的疑心说来听听吧，真凭实据由我来找

《三个学生》（1904年）

背景介绍

类型

短篇小说

英国首次发表

《斯特兰德杂志》，1904年6月

文集

《福尔摩斯归来记》，1905年

人物

希尔顿·索姆斯，圣路加学院的导师和讲师。

班尼斯特，索姆斯忠心的仆人。

道拉特·拉斯，勤奋的印度学生，沉默寡言。

吉尔克里斯特，刻苦的学生，优秀运动员。

迈尔斯·麦克拉伦，一个聪明但任性的学生。

虽然福尔摩斯在“大裂谷”时期（见164~165页）曾经游遍整个英国，无所畏惧地徒步穿越西藏和中东地区，但离开贝克街221B他从来不会感到惬意。他总是尽可能及时结案，以便搭上回伦敦的末班列车。即使是离开这座城市去疗养的时候，比如在《魔鬼之足》（见240~245页）中，他也渴望那种在雾都生活的激情。在《三个学生》中，福尔摩斯和华生在一座不知名的大学城中查案，华生医生这样写道：“离开了贝克街的惬意环境，我朋友的脾气并没有丝毫改善。”幸运的是，福尔摩斯总要为案情分心，这次找上门的是熟人希尔顿·索姆斯。

> **好了，华生，这事情你怎么看呢？……简直就是个用来娱乐客人的小游戏，跟那种三张牌挑一张的戏法差不多，对吧？咱们面前有三个人，其中一定有一个偷了题。**
>
> 歇洛克·福尔摩斯

三个嫌疑人

索姆斯是大学导师，一直在校对试卷上一大段学生从未翻译过的希腊文，这次考试是为一份高额的奖学金而设。但是，就在他离开自己办公室期间，有人进入房间，抄写了部分原题。考试就在第二天进行，如果找不到罪犯就只能取消，这会影响学院的名誉。凭借私人侦探的本领和审慎的名声，福尔摩斯又一次成为调查微妙案件的理想人选。

索姆斯的仆人班尼斯特不小心把钥匙忘在了门上，罪犯趁机进入他的办公室。住同一楼的三个学生立刻成了被怀疑的对象。这三个学生都要使用索姆斯办公室旁边的楼梯，并且都要参加考试。每个学生都有被怀疑的理由：麦克拉伦曾经有过丑闻前科，拉斯沉默寡言、让人捉摸不透，吉尔克里斯特看上去很阳光，但确实很缺钱，这让他有明显的作案动机。

检查线索

察看犯罪现场时，福尔摩斯得到的第一条线索是一些木屑。他从中得出了罪犯使用的铅笔的厂商和笔杆长度。福尔摩斯从办公室中试卷的散落方式推断出，罪犯险些被当场抓获。但是，最令人费解的是“一小团黑面或者黑泥，上面沾着一些看起来像锯末的东西”。

破案的关键在田径跑道上。第二天一早，福尔摩斯出现在了学院中，手里拿着三小块金字塔形的黑色泥土。他发现，这是跳远沙坑中的泥土块，是从钉鞋上掉下来。面对这样的证据，当运动员的吉尔克里斯特供认了一切，并宣称自己在福尔摩斯介入前已经决定这么做。

海外赎罪

仆人班尼斯特也扮演了重要的角色。在发现吉尔克里斯特罪行的第一时间，他就把那双会暴露其身份的手套藏了起来。之后人们发现，班尼斯特曾经受雇于吉尔克里斯特的父亲，其犯罪动机就是其忠诚之情。这位可靠的仆人貌似已经着手让自己的小少爷走上正道。和《蓝色石榴石》（见82~83页）中的詹姆斯·赖德和《修院学堂》（见178~183页）中的詹姆斯·怀尔德一样，吉尔克里斯特选择了前去海外，避免公开损害自己和学院的声誉。当时大多数的顶尖大学都有很强的宗教背景，任何一个学生的不当行为都会影响到整个学院。

吉尔克里斯特说，他要接受罗得西亚警察部队的聘任，这份工作虽然冒险但却受人尊敬，工作地点在当时动荡的南非地区。接受这份聘任意味着他就此远离象牙塔中的生活。■

此图为佩吉特为《斯特兰德杂志》绘制的插图。其中罪犯正向福尔摩斯认罪，之前他已经决定向索姆斯承认其过错。

维多利亚时代的大学

在维多利亚时代，上大学还是那些有钱年轻人的专利。上大学通常意味着接受拉丁语和古希腊语方面的教育。大学还讲授医药等方面的知识，但可选的专业远没有现在齐全。可供选择的大学也不像现在这么多。对于维多利亚时代的学生而言，主要选择是牛津、剑桥等古老的学校，以及那些古老的苏格兰大学。此外还有一些近代才设立的大学，如杜伦大学和伦敦大学。有时女性也可以上大学，但直到1878年才可以向其颁发学位，第一个吃螃蟹的是伦敦大学学院。

到了20世纪，情况发生了变化。“红砖大学”在曼彻斯特、伯明翰、布里斯托和利兹等工业城市中涌现出来。这些大学设有工程学等专业，朝着实用教育方向迈出了一大步。

说起来，我这些演绎实在是简单之极

《金边夹鼻眼镜》（1904年）

背景介绍

类型

短篇小说

英国首次发表

《斯特兰德杂志》，1904年7月

文集

《福尔摩斯归来记》，1905年

人物

斯坦利·霍普金斯，一名年轻的警探。

科瑞姆教授，年老的教授，身有残疾。

威洛比·史密斯，为科瑞姆教授工作的年轻研究员。

安娜，曾经的俄国革命者。

苏珊·塔尔顿，科瑞姆教授的女仆。

马克尔太太，科瑞姆教授的管家。

莫蒂默，科瑞姆教授的花匠，领年金的军人。

本案中的福尔摩斯处于演绎能力的巅峰期，他聪明地将一个令人困惑的谋杀案背后的真相拼接在一起。几条容易被忽视的线索却足以让他准确地抓到罪犯。负责调查本案的年轻警探斯坦利·霍普金斯虽有满腔的热情，也尝试在犯罪现场应用福尔摩斯的取证方法，但却只能张口结舌地看着福尔摩斯向其展示具体的做法。

午夜来访

1894年一个狂风暴雨的冬日晚上，福尔摩斯和华生默不作声地坐在贝克街221B的寓所中。华生注意到，尽管身处伦敦城中心，这样一个风雨交加的夜晚还是能够让人们感受到自然伟力和造物主的无情铁腕。在很多福尔摩斯故事中，伦敦城外黑暗的乡村中都潜藏着危险。也许这是为了提醒我们，理应像福尔摩斯一样对其保持警惕，避免发生混乱。

两人都专注于自己感兴趣的领域：华生正在钻研外科论文，福尔摩斯则在解读一部重写手稿。这是一份非常老的文件，通常用羊皮纸做成，原文已经被擦掉以便重新使用。但是，像福尔摩斯这样眼睛雪亮的人有时能够破解被新内容覆盖的隐藏内容；他对重写手稿的解读可以视为其破案方法的一个隐喻。

打扰福尔摩斯和华生清静的是警探斯坦利·霍普金斯，他为当天早些时候发生的一起谋杀案向福尔摩斯求助。

约克斯莱谋杀案

约克斯莱老宅是肯特郡乡村

> 霍普金斯，等你确定自己什么都确定不了之后，你又是怎么做的呢？
>
> 歇洛克·福尔摩斯

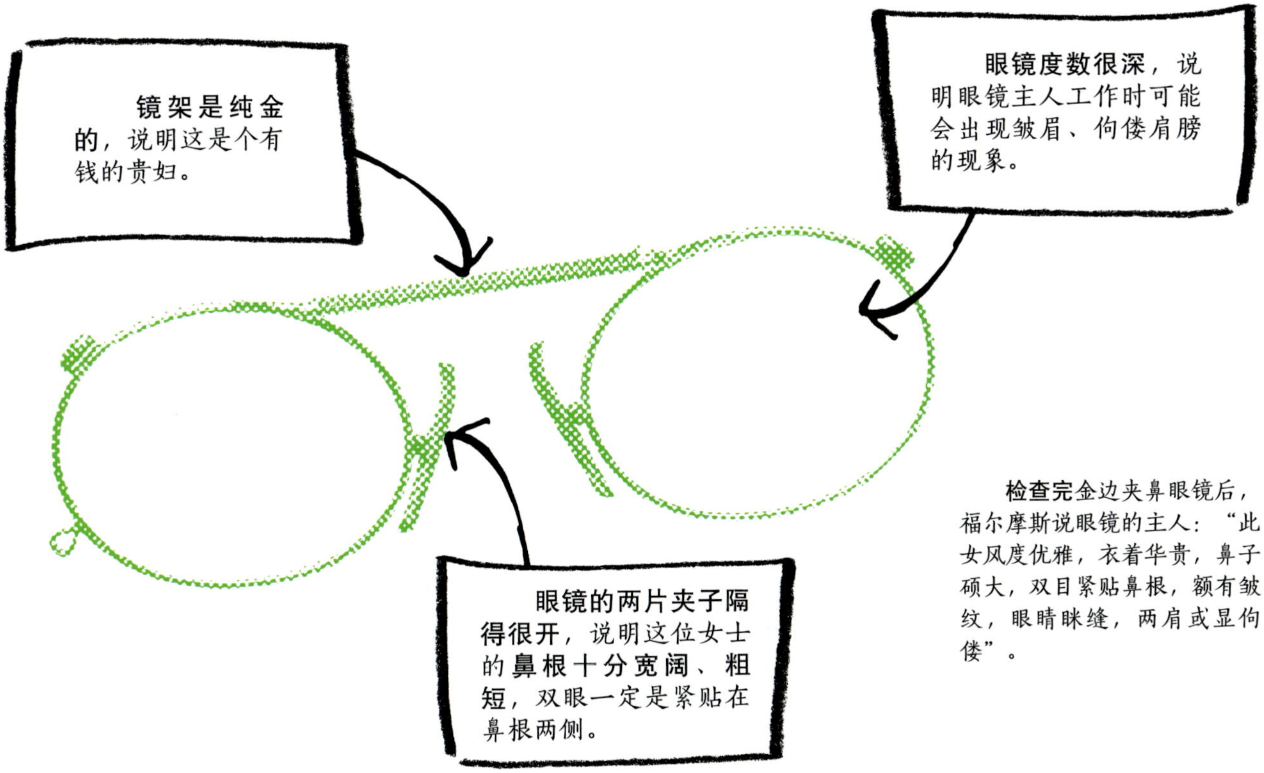

检查完金边夹鼻眼镜后，福尔摩斯说眼镜的主人：“此女风度优雅，衣着华贵，鼻子硕大，双目紧贴鼻根，额有皱纹，眼睛眯缝，两肩或显佝偻”。

的一个偏僻宅子，里面住着卧床不起的科瑞姆老教授。威洛比·史密斯是一个为他工作的年轻研究员，他在教授的书房死亡，有人拿起书桌上的裁纸刀刺中了他的脖子。弥留之际，他对发现此事的女仆说“教授，是她”，这说明凶手是个女人（科瑞姆教授是男的）。屋内没有任何东西丢失，屋中的人也没有看到东西或听到任何响声，此外似乎也没有犯罪动机。霍普金斯调查发现，凶手唯一的逃跑线路就是穿过花园，但他也没有发现脚印。

此时，霍普金斯又说，受害者手中紧握着一副金边夹鼻眼镜（这种眼镜只能通过夹住鼻梁来固定），他已经把眼镜带过来了。他说，毫无疑问，这是史密斯从凶手脸上或是身上抓下来的，因为死者并不戴眼镜。虽然19世纪90年代夹鼻眼镜非常流行，但福尔摩斯坚信这副眼镜会提供非常有价值的线索。福尔摩斯明显很享受这个向年轻信徒展示自身能力的机会，他仔细检查了这副眼镜，然后快速写下了有关其主人的一些外貌特征，其中一个关键的事实是：她近视得非常厉害，因此应当不难追查。做出所有这些推理时，他甚至还没看过犯罪现场。

花园小径

第二天早晨，福尔摩斯和华生及霍普金斯一起去了约克斯莱老宅。正是在这里他做出了自己最精彩的演绎，直到案子结尾他才透露这些演绎内容。

到达约克斯莱老宅花园之后，福尔摩斯仔细检查了其中的小径。霍普金斯再次重申自己昨天检查小径时，并没有看到任何脚印。但仍有迹象表明，有人踩着小径边缘的草地走过。霍普金斯认为，这说明有人不想留下任何足迹。福尔摩斯问霍普金斯是否认为凶手也是原路返回的，霍普金斯说应该是这样，因为没有别的路可走。福尔摩斯貌似并不相信，但读者尚不知道他的理由。

在检查教授的书房时，福尔摩斯立即注意到柜子的锁旁边有一个新的划痕。他推断被史密斯撞破时，凶手正试图打开这个柜子。福尔摩斯然后对逃走线路进行了思考。有两条线路可以选择，要么选择进来的那条路，要么只能沿着过道走到教授的卧室中。

福尔摩斯、华生和霍普金斯去探望了教授。福尔摩斯一边一根接一根地抽着教授提供的埃及香烟，一边和大家一起讨论史密斯可能的死因。教授说他认为这是一起自杀事件。之后福尔摩斯起身离开，说下午会回来向教授汇报案子的情况。当同伴问起自己是否有线索时，福尔摩斯神秘兮兮地回答说，“得看我抽掉的那些香烟”。

藏匿的俄国人

福尔摩斯在约定的时间回到了教授的卧室中，却“失手”将递给他的那盒烟掉到了地上。在捡起散落在地上的香烟的同时，令所有人困惑的是，福尔摩斯说他已经解决了这个谜案。他立即指出了那个带暗室的书柜，也就是凶犯的藏身之处。意识到事情已经败露，凶手现身并讲述了自己的故事，其外貌特征与福尔摩斯所说完全吻合。她承认，她进入房中是为了拿回某些关键性的私人文件，但却被史密斯当场撞破。逃跑时她失手杀了史密斯。慌乱中她选错了路，沿着过道走进了教授的卧室。虽然教授看到她很吃惊，但还是让她藏了起来，以免被警察抓住。

> **比眼镜更能说明问题的物品可不好找。**
>
> 歇洛克·福尔摩斯

最终人们发现，这个女人是教授的俄国妻子安娜。数年前，这对夫妻在自己的祖国参加了一次革命运动，但其行动却被政府发现。为了保住自己的性命，教授出卖了自己的妻子和伙伴，逃到了英国。很多人都被抓到了监狱中，包括安娜的好友亚历克斯。亚历克斯是无辜的，他写了很多信劝自己的同伴放弃暴力手段。教授发现了这

斯坦利·霍普金斯画的犯罪现场草图

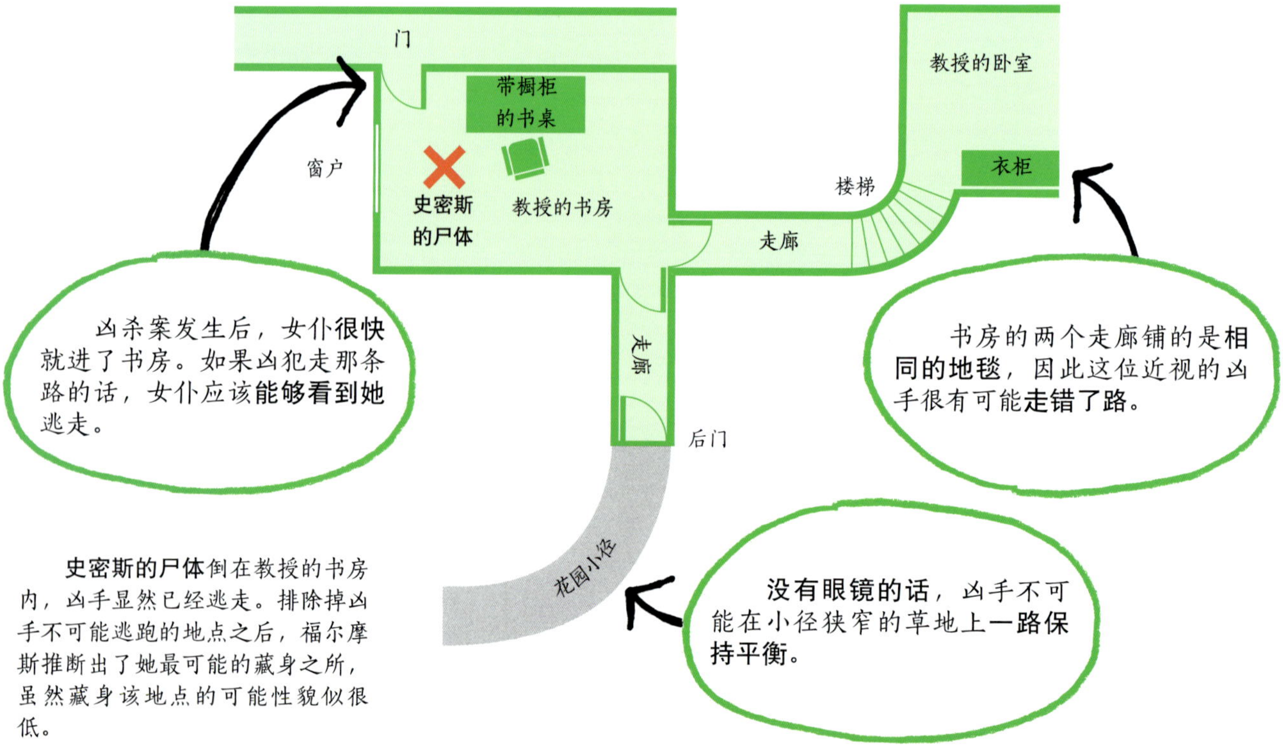

科瑞姆教授所抽的埃及香烟在维多利亚时代的英国社会中非常流行。英国和美国公司模仿了埃及香烟的图案，因此才有了当今的美国骆驼牌香烟。

些可以洗脱亚历克斯罪名的信，但却把这些东西藏了起来，安娜被逼无奈，只能亲自动手将这些信件偷走。

解释完自己解救朋友的高尚追求后，安娜瘫倒在床上死了，她在现身前已经服下了毒药。故事结局是个悲剧，但案子已经得到解决，能够保证亚历克斯无罪释放的那些文件也到了福尔摩斯手中。

大侦探的总结陈述

本案值得一提的是福尔摩斯的破案速度：距离霍普金斯到达贝克街仅仅过去了14个小时。在其他故事中，我们很少能看到福尔摩斯在线索如此模糊的条件下如此快速地破案。

和往常一样，福尔摩斯的成功秘密就是他能够观察到那些别人会忽视的细节。他向那些困惑不已的同伴解释了自己是如何得出结论的。首先，犯罪现场发现的金边夹鼻眼镜的制式，让他能够勾勒出其主人的详细画像（见193页）。其次，在检查花园小径时，他意识到，丢了眼镜的凶手近乎半盲，不可能一步不差地通过狭窄的草地原路返回，所以她应该还没有离开。第三，两条走廊铺的都是棕毛地毯，这就意味着视力不好的人很有可能会走错道而最终进入教授的卧室。最后是福尔摩斯对于烟灰的巧妙运用：他注意到有个书柜周围空了一块，于是将烟灰撒在了这块地板上。下午回到教授卧室时，他发现有人踩过烟灰，说明“逃犯”曾经走出她的藏身之地。

上述所有以及另外一些被霍普金斯忽视的细节，却在福尔摩斯洞悉一切的双眼面前暴露了秘密。福尔摩斯知道，最关键的一点就是不能因为真相出乎意料而让其溜走。他说：“案情虽然简单，多少也有点儿教益。”很明显，他希望霍普金斯能够记住这点。福尔摩斯非常满意，祝贺霍普金斯圆满地解决了手头的案子。■

俄国革命者

俄国沙皇亚历山大二世是一位改革家，于1861年赋予了农奴人身自由。但很多人认为这只是一种骗局，过去的沙皇独裁统治仍将继续。尤其是年轻的知识分子相信，只有通过暴力革命才能获得真正的自由。

1879年，亚历山大二世逃过了一次暗杀，但两年后还是在圣彼得堡被杀。这位沙皇死后，政治风险进一步加剧。秘密警察（奥克瑞那）严打年轻革命团体（如安娜和科瑞姆教授参加的这个组织），并认为犹太人参与了暗杀沙皇事件，所以对其进行大屠杀。革命者们利用炸弹袭击和恐怖主义进行反击。其中一个被称为“虚无主义者”的团体的名声很快传遍了整个欧洲，他们希望使用暴力来获得自己认为至关重要的政治变革。

有人下落不明，找到失踪者自然是我的分内之事

《失踪的中卫》（1904年）

背景介绍

类型

短篇小说

英国首次发表

《斯特兰德杂志》，1904年8月

文集

《福尔摩斯归来记》，1905年

人物

西里尔·奥弗顿，剑桥大学橄榄球队的队长。

戈德弗雷·斯坦顿，失踪的“中卫”，剑桥大学橄榄球队的明星队员。

蒙特-詹姆斯勋爵，戈德弗雷吝啬的叔叔。

莱斯利·阿姆斯特朗医生，戈德弗雷的朋友。

《失踪的中卫》中没有任何实际的罪行，这种情节设计在福尔摩斯故事中并不多见。但是，人们直到故事结尾才知道这一事实。整个故事中，福尔摩斯都在调查剑桥大学橄榄球队一位天才队员的失踪之谜。

第一印象

调查案件的过程中，福尔摩斯和华生遇到了两个截然相反的极端人物。第一位是失踪的中卫的叔叔，也是他唯一的亲属蒙特-詹姆斯勋爵。他是全英格兰数一数二的富翁，但却是一个刻薄的吝啬鬼，对于自己侄子的下落漠不关心。第二位是莱斯利·阿姆斯特朗医生，他是一个“严峻刻板、自奉俭薄、含蓄内敛、令人生畏”的人物，他脾气很差，警惕性极高，对福尔摩斯怀有莫名其妙的敌意，好像是在掩盖某种罪行。福尔摩斯甚至评价说，“在我见过的人当中，只有他最适合填补杰出的莫里亚蒂教授留下的空缺，如果他把自个儿的本事用到那个方面的话。”事实上，福尔摩斯错得不能再错了。

> **你生活的世界与我的不一样，奥弗顿先生，你那个世界比较美好，也比较健康。**
>
> 歇洛克·福尔摩斯

从伦敦到剑桥

本故事说明，外表具有何等的欺骗性，必须要挖开表面寻找背后的真实动机。故事还揭示了无所事事的危险性。故事开篇是2月里一个阴郁的早晨，福尔摩斯无所事事，非常无聊。华生对此非常警惕，因为他担心无聊的福尔摩斯会重拾服食毒品的恶习，“这个恶魔并未死去，仅仅是睡着了而已”。

案子的主顾是西里尔·奥弗

校队比赛始于1872年，并延续至今，是剑桥大学和牛津大学两大橄榄球队伍之间一年一度的比赛，比赛对抗十分激烈。

顿，剑桥大学橄榄球队的队长。他手下的明星队员——戈德弗雷·斯坦顿是一名“中卫”，但他却在一场与牛津大学的重要比赛头一天晚上失踪了。福尔摩斯查看了斯坦顿在伦敦的宾馆房间，在那里发现了印在吸墨纸上一份电报的部分内容。之后他使了点小手段让电报局的工作人员透露了电报的收报人。

这让他查到了住在剑桥的顽固医生阿姆斯特朗。紧跟着发生了一场猫和老鼠的追逐游戏。在尝试跟踪这位医生的马车时，福尔摩斯被带着兜了个大圈子。

他们进行调查后的第二天早晨，华生发现福尔摩斯手中拿着一个皮下注射器，这着实吓了他一跳。事实上，这位大侦探刚刚用它将茴香油喷到了那位医生的马车轮上，这样嗅探犬“庞贝”就可以循着气味进行追踪。这只狗顺利带着福尔摩斯和华生来到了一间偏僻的农舍。农舍中，他们发现斯坦顿正在为自己刚刚因肺结核过世的妻子哭泣。他们是秘密结婚的，不能让他那位薄情寡义的叔叔蒙特-詹姆斯勋爵知道她的存在，否则肯定会对她卑贱的出身大发雷霆。阿姆斯特朗一直在给她治病，结果证明他是最具善心的人，对自己的朋友斯坦顿非常忠诚，一直在保护他。

柯南·道尔本人对肺结核的可怕之处再熟悉不过了。他的第一任妻子路易丝于1893年被确诊罹患此症，1906年死于该病。

故事中不存在任何犯罪行为，但斯坦顿却遭受了一场悲剧。福尔摩斯坚称自己会尽一切努力不让报纸找到真相。他和阿姆斯特朗医生看错了彼此，本故事的高潮就在他们赢得彼此尊重的那一刻。■

嗅探犬

中世纪起，人们就开始使用侦探犬来追踪逃犯。在苏格兰，它们被称为“斯卢夫犬”，“警犬”一词便起源于此。

1869年，伦敦大都会警察局未能抓到开膛手杰克（见312页），引起了公众抗议。警官查尔斯·沃伦爵士用两条经过训练的侦探犬进行追踪试验，抓捕这位连环杀手。但这次侦查以失败而告终，沃伦被侦探犬咬伤，两条狗都逃走了。

在追查戈德弗雷·斯坦顿的过程中，福尔摩斯幸运地成功了。庞贝是一只追踪猎犬，这种猎犬通常是猎狐犬和猎兔犬的杂交品种，经过训练后对路上的气味进行跟踪。“剑桥大学追踪犬”最早出现在1855年，现在是英格兰唯一在运营的追踪犬群，其经营者是剑桥大学的学生。当时的福尔摩斯想在剑桥地区找一只像“庞贝”这样的追踪犬自然毫无困难。

好戏开场啦！

《福田宅邸》（1904年）

背景介绍

类型

短篇小说

英国首次发表

《斯特兰德杂志》，1904年9月

文集

《福尔摩斯归来记》，1905年

人物

斯坦利·霍普金斯，一名年轻的督察。

尤斯塔斯·布拉肯斯妥爵士，富翁，福田宅邸的主人。

布拉肯斯妥夫人（娘家姓名玛丽·弗雷泽），尤斯塔斯爵士的妻子，来自澳大利亚。

特蕾莎·赖特，布拉肯斯妥夫人的女仆。

杰克·克罗克，水手，布拉肯斯妥夫人的爱慕者。

福田宅邸跟汉普郡的这所大房子一样，是一座“帕拉迪奥式”建筑。帕拉迪奥式设计在18世纪的欧洲十分流行。

探案全集中，福尔摩斯本人的正义感经常与法律发生冲突。例如，在《博斯库姆溪谷谜案》（见70~73页）中，这位大侦探很同情那位被敲诈的杀手，同意对其罪行保密，因为杀手行将就木，很快就要“去一个比巡回法庭还要权威的法庭”接受审判。

在《福田宅邸》中，福尔摩斯甚至让一个健壮的年轻凶手逍遥法外。他告诉华生，“曾经有那么一两次，我觉得我亲手造成的实际伤害比涉案的罪犯还要大，尽管我做的事情是揭露罪犯，他做的事情是作奸犯科。现在我已经学会了谨慎从事，宁可戏耍英格兰的法律，也不能戏耍自己的良心。”华生则坚定地与自己的朋友选择了同样的立场，尽管该立场存在道德争议。

《福田宅邸》值得关注的另一点是对婚姻中受虐女性的处理方式：本案中的丈夫是一个暴力的酒

鬼。柯南·道尔本人就是酗酒行为的直接受害者，他的父亲查尔斯就是一个意志薄弱的酒鬼；在若干个福尔摩斯故事以及像《日本漆盒》等其他作品中，他都触及了该主题。

福尔摩斯得到召唤

《福田宅邸》中的故事发生在1897年冬天一个严霜凛冽的清晨。福尔摩斯叫醒了华生：因为一件情状奇特的谋杀案，霍普金斯督察要求他们到福田宅邸走一趟。

在火车上，福尔摩斯对华生进行了一些轻松的批评。他说，华生有一种要命的习惯，总是从铺排故事的角度来看待案件，但却把那些细微之处的工作一笔带过。华生愤愤不平地反驳说福尔摩斯应该自己写案子。福尔摩斯向自己的同伴保证，自己在步入晚年之后会这样做。他称自己有一天会写一部教科书，“囊括侦探艺术的方方面面”。

霍普金斯督察在福田宅邸门口迎接了他们的到来，并对发生的事情做了简述。死者是尤斯塔斯·布拉肯斯妥爵士，“肯特郡数一数二的富翁”，人们认为他死于三个入室强盗之手，凶器是一根拨火棍。根据布拉肯斯妥夫人的描述（她的女仆也证实了），霍普金斯认为凶手是臭名昭著的兰德尔匪帮。这个匪帮“两周之前在希登纳姆那边作过案”。

> 这时候，福尔摩斯的神态已经起了变化，脸上那种无精打采的表情不见了，深陷的锐利眼睛再一次闪出了警觉的光芒。
>
> 华生医生

布拉肯斯妥家的受害者

随后，霍普金斯将他们引见给了布拉肯斯妥夫人。她本名叫玛丽·弗雷泽，来自澳大利亚的阿德莱德。她是个金发美人，长着一双碧蓝的眼睛。华生赞不绝口地说，“她的身姿如此优雅、神态如此妩媚、容颜又如此美丽，样样都是我很少看见的风景。”她一只眼睛受了伤，其中一只胳膊上还有两块“鲜红扎眼的伤痕”，但她说这两块伤痕与头天晚上的事情无关。但是，这些伤痕的来源很快就大白于天下，她解释说，她与丈夫结婚大概有一年了，她的丈夫是个“怙恶不悛的酒鬼”。丈夫经常打她。显然她被困在一段充满了虐待的不幸婚姻中。

她继续讲述头天晚上发生的故事。临睡前时，她发现餐厅的窗户是开着的，之后便遇到了三个强盗。强盗照她的眼睛狠狠地打了一拳，把她打倒在地。之后她晕了过去。醒过来时，她发现他们已经扯断铃绳，用铃绳把她牢牢地绑在一张椅子上，还堵住了她的嘴。尤斯塔斯爵士应该是听到了什么动静，他冲进了餐厅，手里拿着他“最喜欢的那根黑刺李手杖”。但是，其中一个强盗抄起壁炉护栅里的拨火棍将其打倒在地。他倒在地上，然后就再也不动了。她又一次晕了过去，睁开眼睛的时候却发现那些人已经把餐具柜里的银器拢到了一起。他们低声交谈了几句，每个人手里都拿着一杯酒，就是从旁边一个酒瓶中倒出来的。他们离开后，她最终挣脱开来然后发出了警报。

福尔摩斯的怀疑

这个案子看上去很清楚，福尔摩斯和华生动身回了伦敦，但福尔摩斯却心存疑问。为何兰德尔匪帮会冒险在如此短的时间内在同一区域实施另一起入室抢劫案？为何他们会在己方人多势众、足以降服对方的时候犯下杀人的罪行？为何就偷走了这么点东西？为何他们会用拳头来制止布拉肯斯妥夫人叫喊，因为挨了拳头的女士只会叫得

如《斯特兰德杂志》中的插图所示，尤斯塔斯·布拉肯斯妥爵士死于拨火棍的致命一击，他并非人们一眼看到的那种无助的受害者。

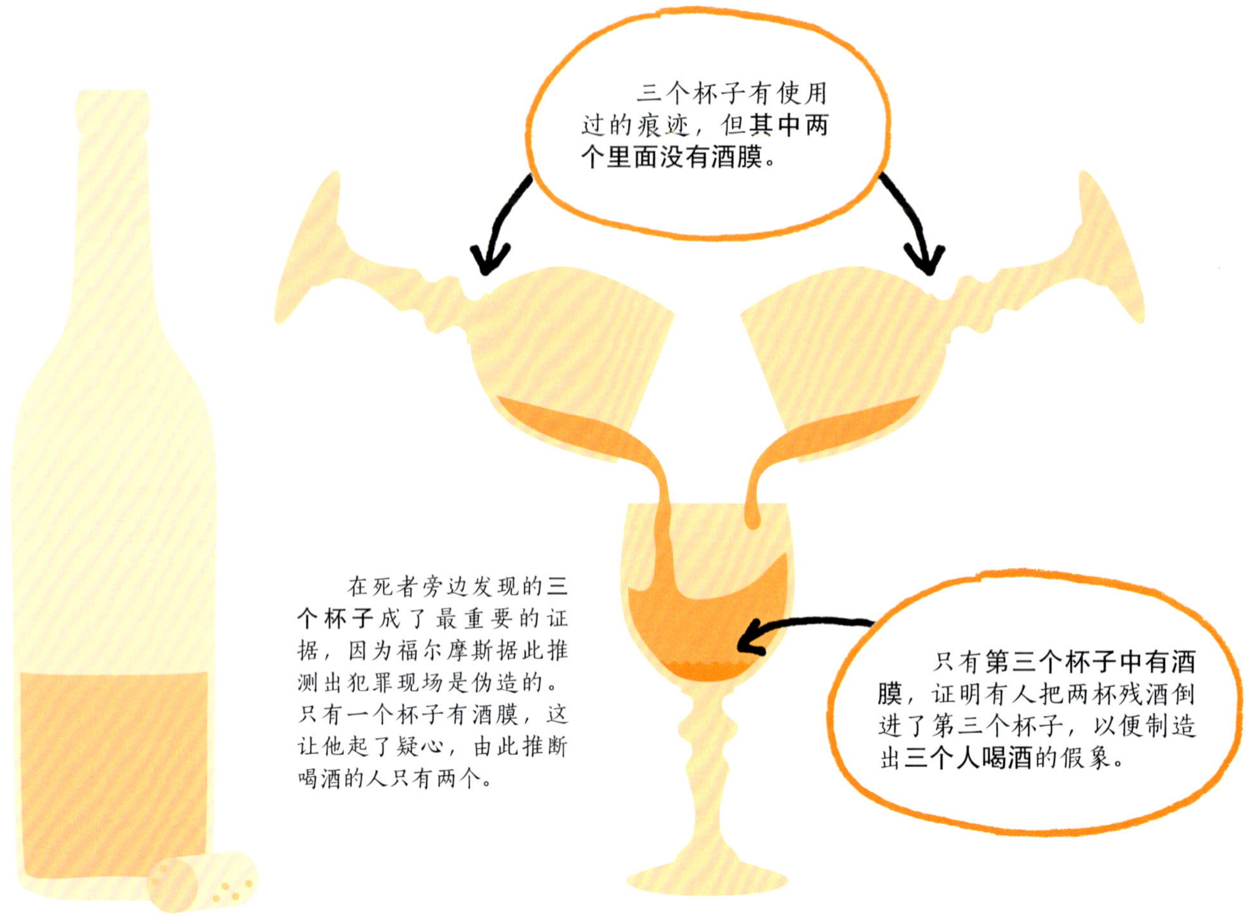

更欢？为何三个酒杯中只有一个杯子有酒膜？福尔摩斯怀疑喝酒的人只用了两个杯子，然后又把两杯残酒倒进了第三个杯子，以便制造出三个人喝酒的假象。他决定返回福田宅邸继续调查。

福尔摩斯的调查

福尔摩斯将自己锁在餐厅中，用华生的话来说，全身心地投入了他为人所知的“仔仔细细、勤勤恳恳的勘查”中。两个小时后，他得出结论，某个人并未扯断铃绳，否则会让警铃大作惊动仆人。这个人爬上炉台，用绳子隔断了铃绳。为了做到这点，他的身高要超过一般人。此外，从布拉肯斯妥夫人被绑的那个椅子上的血迹看，他推断她是在丈夫死亡之后才被人安排到这把椅子上的。

确立真相

布拉肯斯妥夫人说了一堆谎言。但从她那位忠诚的女仆特蕾莎口中，福尔摩斯听说了她丈夫对她施加的种种虐待。于是福尔摩斯语气温柔地要求她说出真相，但是，她却依然维持自己的那套说辞。

和华生离开福田宅邸时，福尔摩斯盯着一个未结冰的池塘看了一会儿，然后草草地给霍普金斯写了个便条。之后他提议去经营阿德莱德-南安普敦航线的那家航运公司看看。从真凶异常灵活的动作、外加绑住布拉肯斯妥夫人的那种绳结来看，福尔摩斯推测他是一名水手，并且最大的可能性是，他们是在她到英国的旅途中认识的。福尔摩斯查明，其中一位船长杰克·克罗克没有踏上回程，他住在希登讷姆。同时，霍普金斯得到消息，兰德尔匪帮在纽约遭到了逮捕，因此不可能在福田宅邸中实施“入室抢劫”。按照福尔摩斯的便条，他在池塘底部找到了“失窃”的银器。令霍普金斯疑惑的是，窃贼为何会将自己的战利品丢弃，但福尔摩斯告诉他，这只是个误导人的“障眼法”。

案子得以解决

应福尔摩斯之约，克罗克来到了贝克街221B。福尔摩斯成功劝服他吐露真相。福尔摩斯告诉他说：“跟我说实话吧，我们兴许可以帮你的忙。你要敢跟我耍花样，我就会让你翻不了身。”

克罗克是一个身材非常高的小伙子，拥有金色的髭须和蓝色的眼睛，他拥有尤斯塔斯爵士所没有的一切特征：华生想，他的仪表比以往的任何一个访客“都更有男子气概”。他也很有侠义精神，解释说自己在船上爱上了布拉肯斯妥夫人。但作为一名水手，他只能远远地爱慕着她，当她后来达成一段“良好的”婚姻时，他只是替她庆幸。但是，在偶遇女仆特蕾莎后，他发现了布拉肯斯妥夫人丈夫的真实嘴脸。他后来又见到了布拉肯斯妥夫人，两人还相爱了。

在决定命运的那天晚上，这对情人被尤斯塔斯爵士撞见了，他冲进了房间，“嘴里是男人用在女人身上的最污秽的言语”，手里的手杖也挥到了她的脸上，这是剧中的关键之处——此时尤斯塔斯爵士越过了所有的道德底线。克罗克抓起拨火棍将其打倒，然后给了布拉肯斯妥夫人一点酒来缓解她的惊吓，并且自己也喝了一些。之后克罗克和特蕾莎快速伪造了现场。在将银器扔到池塘中做出入室抢劫的假象后，克罗克离开了，觉得自己“就这个晚上算是做了一点儿好事”。

福尔摩斯扮演法官

福尔摩斯对克罗克的陈述很满意，他很同情他的行为，说自己将会在二十四小时后告诉霍普金斯，以便让克罗克可以远走高飞。克罗克非常生气，发誓说自己绝不会让布拉肯斯妥夫人被当成同谋抓起来。福尔摩斯对他的回答非常高兴，于是自己扮演法官，华生扮演陪审团。他们宣判这位船长“无罪开释”，福尔摩斯告诉他一年之后再回到自己的爱人身边。

对于福尔摩斯而言，克罗克杀死那位殴打妻子的暴君是一次正义的杀人行为。克罗克男人的行径和无畏的忠诚度，进一步强化了福尔摩斯对布拉肯斯妥夫人的保护欲。他给了霍普金斯所有破获此案的机会，并且对法律可能让克罗克无罪开释信心不足。在本案中，福尔摩斯确实将法律握在了自己手中。■

> **我坐在这儿跟你一起抽烟，说明我没把你和那些普通的罪犯等量齐观。跟我说实话吧，我们兴许可以帮你的忙。你要敢跟我耍花样，我就会让你翻不了身。**
>
> 歇洛克·福尔摩斯

离婚中的不平等

曾几何时，英国女性要想离婚是出了名的困难。面对一个虐待她的酒鬼丈夫，布拉肯斯妥夫人愤怒地指责让她无法摆脱命运折磨的“令人发指的法律”。

在19世纪中期之前，只能通过《私人议会法案》实现完全意义上的离婚。1857年的《婚姻诉讼法》将离婚程序从议会移交给了一个民事法庭，但当时的离婚理由少之又少。此外，人们将男女双重标准奉为圣旨。从1857年到1922年，通奸被认为是唯一的离婚理由。但是，如果是一位丈夫通奸的话，必须还有一种或多种其他越界行为：乱伦、虐待、重婚、鸡奸或遗弃。但如果妻子通奸的话，申请离婚的丈夫却不受此限制。因此，布拉肯斯妥夫人虽然遭到了严重的虐待，但自己的丈夫明显没有通奸行为，因此只能完全被困在命运的牢笼中。

不等掌握事实就提前做出判断，这样的做法最要不得

《第二块血迹》（1904年）

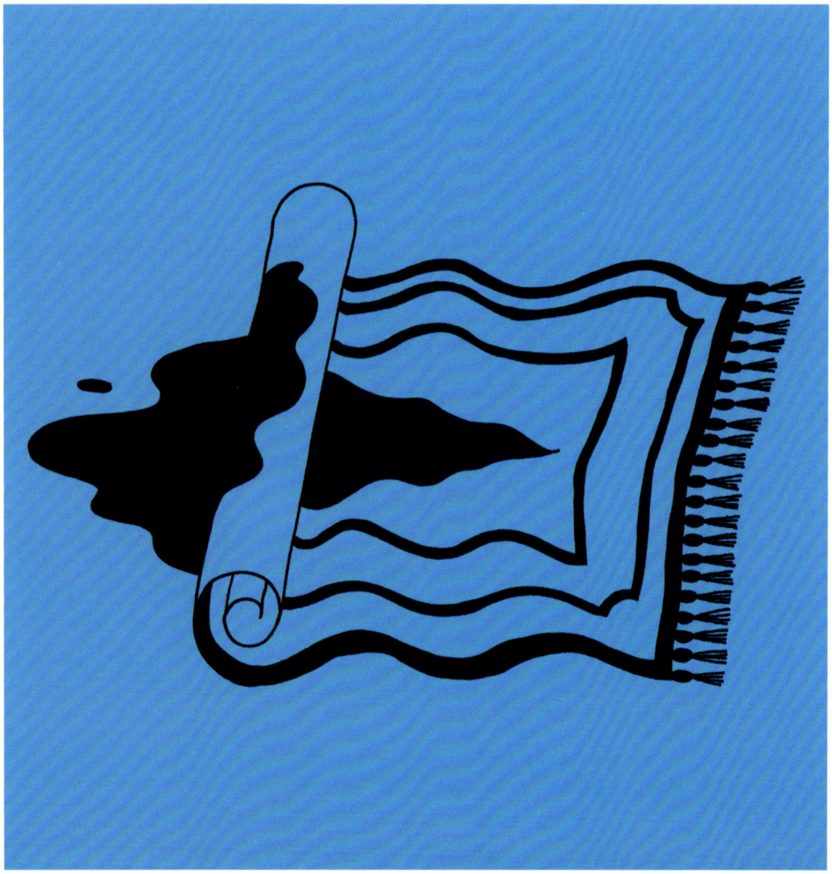

背景介绍

类型

短篇小说

英国首次发表

《斯特兰德杂志》，1904年12月

文集

《福尔摩斯归来记》，1905年

人物

贝林格勋爵，英国首相。

特瑞洛尼·霍普阁下，欧洲事务大臣。

希尔达·特瑞洛尼·霍普夫人，特瑞洛尼·霍普阁下的妻子。

埃杜瓦多·卢卡斯，间谍（又名昂热·方纳依）。

方纳依夫人，卢卡斯在巴黎的秘密妻子。

约翰·米顿，卢卡斯的贴身男仆。

雷斯垂德督察，苏格兰场的侦探。

麦克弗森警员，看守卢卡斯房子的警员。

这是《福尔摩斯归来记》中最后一个故事。在探案全集中，华生既是福尔摩斯案子的记录者，又是“发表者”。但是，他很快为自己发表福尔摩斯案子找到了借口，称自己已经向读者“承诺过”，不过，在所有故事中都没有此事的痕迹。对于遁入萨塞克斯丘陵的福尔摩斯而言，“他对无谓的声名深恶痛绝”，显然不愿意继续发表自己的案子，但这可能是因为

他不再需要华生故事曾经带来的那种广告效应。华生认为，“在他应邀侦办的所有国际性案件当中，这件案子最为重大”，十分适合成为这个系列的收山之作。对此我们没有任何异议。

> **形势固然十分危急，但还不能说是全无指望。**
>
> 歇洛克·福尔摩斯

历史背景

鉴于本案的重要性，华生坚持要对某些细节进行“模糊修饰”。例如，他并未明确故事发生在哪一年。在《海军协定》（见138~141页）和《黄色脸孔》（见112~113页）中都提到了《第二块血迹》，但好像都是指一个与本故事完全无关的案子，因此也都无助于确定本故事的发生时间。但是，通过故事中所描述的政治局势，即英国在欧洲“两大联盟”中扮演居间权衡的角色，说明故事应该发生在19世纪90年代早期：1892年，俄国和法国结盟以对抗德国、意大利和奥匈帝国组成的“三国同盟”（见139页）。如果再考虑“大裂谷”时期（见164~165页）这一因素的话，故事最早的发生时间应该在1894年。本故事中的英国首相是“威仪赫赫的贝林格勋爵”，他明显跟现实生活中曾经的自由党首相威廉·格莱斯顿存在诸多相似之处。他于1894年3月卸职，因此，在华生对其的描写以及西德尼·佩吉特为《斯特兰德杂志》所作的插图中，他都像极了格莱斯顿。

大人物来访

故事开头，英国首相和欧洲事务大臣特瑞洛尼·霍普阁下的来访，让“贝克街的区区寒舍”多了某种严肃的气氛。一份文件在特瑞洛尼·霍普的家中失窃，地点在西敏寺白厅巷。能够将其找回对于英国的国家安全影响重大。文件原本放在特瑞洛尼·霍普卧室中的公文箱中，现在却不翼而飞。特瑞洛尼·霍普肯定前一天晚上文件还在，因为他吃晚饭前还看到过。如果有人晚上进入卧室拿走文件的话，他和妻子肯定会察觉到。只有两个仆人能够进入卧室：他的贴身仆人和他妻子的贴身女仆，但两个仆人都很忠诚，并且他们不可能知道公文箱中有如此价值连城的东西。从前一天晚上算起，只有内阁成员和部里的两三名官员知道这封信的事情。

他们并未通知警察，因为害怕文件内容会公布于众。贝林格和特瑞洛尼·霍普不愿意告诉福尔摩斯任何实质性的细节内容。但是福尔摩斯说，除非他知道文件的内容，否则他无法提供帮助，再谈下去也只是浪费时间。面对如此显赫的人物，这样做可能显得很唐突，

欧洲政治

文中未具姓名的头脑发热的“外国君主”应该是恺撒·威廉二世（如图），他从1888年开始统治德国，丢失的那封信就出自这位君主之手。1895年，这位好战分子给南非总统保罗·克留格尔写了一封信，祝贺他刚刚击败了英国支持的一次袭击（这像极了本故事中那封信涉及的“殖民地事务”话题）。这是一次草率的行为，可能会引发像1899年布尔战争那样的紧张关系。虽然该事件比本故事的疑似发生时间要晚，但却与故事的发表时间相吻合——因为到1904年，公众对于德国迅速发展的军国主义非常担心。欧洲当时划分为两大联盟：俄国、法国和英国组成联盟对抗德国、意大利和奥匈帝国组成的“三国同盟”，他们之间的微妙平衡关系越来越紧张，在十年内最终导致了历史上伤亡最惨重的一次战争。

希尔达夫人

故事中并未透露，卢卡斯用来敲诈希尔达夫人（如图，扮演者是派翠西亚•霍吉）的信，到底是涉及他们二人之间的感情，还是夫人与其他某个“冲动”年轻人的感情。读者知道的是，希尔达夫人是优雅女性的典型化身，代表着维多利亚时代名人的形象。她为自己可能毁掉丈夫的职业生涯痛苦不已，绝望地想要避开所有可能玷污自己声誉的一切事物，但却无功而返，所有这些都充分说明了这点，同时也说明了对于像她这样的贵妇，为了维护自己的声誉不受损失所承担的巨大社会压力。在面对福尔摩斯的质问时，希尔达夫人也展示了巨大的勇气和决心。正如华生所说，希尔达夫人实际上“无比桀骜”，并且“她的勇气着实可嘉”。

与之形成鲜明对比的是方纳依太太，她是一个疯女人的化身。当她发现希尔达夫人和自己的丈夫在一起时，立即变得暴怒不已并愤而杀人，这与希尔达夫人的镇静和良好的自控能力形成了鲜明的对比。

但其背后的逻辑很明显：不提供点信息的话，又怎么能够期望他抓住自己钟爱的“技术细节”呢？两位政治家最终同意了。

一封烫手的书信

这份文件是一位头脑发热的外国君主所写的书信，具有极大的煽动性，其中的内容肯定会搅动本就不稳定的国际关系。贝林格告诉福尔摩斯：“我可以毫不含糊地告诉您，这封信一旦泄露，用不了一个星期，我国就会卷入一场大规模的战争。”福尔摩斯在一张纸片上写了个名字，首相确认他说的就是这位君主，但读者对此却毫不知情。这种保密行为明显是针对读者，而非可能的窃听者，这是柯南•道尔的高招，吊足了读者的胃口。贝林格说，公开这封信对于写信的“外国君主”而言没有好处，反而有利于他的敌人。如果信的内容被公开的话，只会让英国和这位君主所在的国家开战，最终会导致权力转移，让偷得信件的那个国家获得霸权（见203页）。

福尔摩斯推测信件失窃的时间应该在晚上7:30到11:30之间。7:30特瑞洛尼•霍普在用晚餐，11:30他妻子从剧院回来后他们回房就寝。如果没有人能从外面爬到他们三楼的卧室的话，那偷信的只能是贴身男仆或者女仆，虽然他们很可靠。拿到信后，最大的可能是将其交给知道该如何利用这封信的那些人，某个福尔摩斯熟悉的“国际间谍或者特工”。

新闻热点

两位大人物离开后，福尔摩斯琢磨起案子来，手中拿着自己沉思时标志性的烟斗。考虑到信件尚未转手，福尔摩斯猜测偷信的那个间谍或者特工可能正在等待英国或者书写者所在的国家出钱来买，以便卖给出价最高的一方。他说，只有三个家伙“有胆子做这么大的买卖”：奥伯斯坦和拉赫梯尔，两个人都在1908年的故事《布鲁斯-帕廷顿图纸》（见230~233页）中出现过，还有就是著名的社交人物埃杜瓦多•卢卡斯。

与此同时，华生在报纸上看到了头天晚上发生的一起“耸人听闻的”凶杀案。报道中的死者正是之前提到的埃杜瓦多•卢卡斯，他死在位于高道芬街的家中，距西敏寺的欧洲事务大臣家只有一个拐角的距离。福尔摩斯对这种巧合感到很吃惊，这让他的演绎有了一定的进展：卢卡斯于晚上10:00被杀，当时他的贴身男仆出了门。11:45，一位路过的警察发现他心脏中刀，这把印度短刀是从壁炉架上拿下来的。

> 眼下我看到他被我结结实实地吓了一跳，心里不免颇为自得。
>
> 华生医生

福尔摩斯听到卢卡斯一案凶手落网的消息很吃惊，一把从华生手中夺过了报纸。这是《斯特兰德杂志》中的插图。

此后不久，高贵的希尔达·特瑞洛尼·霍普夫人来到了贝克街，她迫切地想要知道自己丈夫丢失的文件的内容以及会有怎样的影响。福尔摩斯拒绝透露任何细节，但却赞同说丢失文件可能“会对公众的利益造成一些可怕的影响”，找不回来文件可能会危及她丈夫的政治生涯。希尔达夫人离开后，福尔摩斯表达了他那段有关女性“莫名其妙心思”的想法。但是，他说出了这样一个事实，明显希尔达夫人刻意坐在了背光的地方，显然是不想让他们看清自己的表情。

进展缓慢

在接下来几天中，福尔摩斯非常忙碌，但貌似案情进展并不顺利。华生从报纸上得知，卢卡斯被杀一案中只有他的贴身男仆约翰·米顿被捕，但随后却由于证据不足而将其释放。凶案中没有明显的动机，卢卡斯的贵重物品也都原封未动。

但是，第四天的报纸上出现了一封来自巴黎的电讯：一位法国女人已经发疯，她刚刚从伦敦返回巴黎，有证据表明她与西敏寺的谋杀案有关联。之后警方发现，她的丈夫昂热·方纳依与被害的杜瓦多·卢卡斯实为一人，他在伦敦和巴黎分饰两角。方纳依太太此前就多次因为嫉妒而疯狂。虽然在卢卡斯遇害当晚她的行踪并不清楚，但第二天早晨有人发现她现身查林十字车站，举止暴悍。凭借超乎他人的案情观察力，福尔摩斯将这起事件称为“一段微不足道的插曲”。与此同时，他反思说，在信件丢失后的几天里，没有任何相关的新闻。他指出，只发生了一件重要的事情，“就是什么事情也没有发生”。这既表达了他的失望之情，也说明了他的洞察力。这与《海军协定》中的情形形成了呼应：很有可能信件还没有到坏人手中，否则的话灾难应该已经来临。

一块神秘的血迹

在高道芬街，雷斯垂德督察相信巴黎警方对方纳依太太的怀疑是正确的。但是，之后他神秘地将福尔摩斯叫到了犯罪现场。警方认为调查已经结束，于是当天早上开始清理现场，但却发现了一件奇怪的事情。地毯的一个角上沾上了卢卡斯的血迹，应该有人在他被杀后动过这块地毯，因为这块地毯上的血迹与木地板上的血迹的位置对不上。福尔摩斯说，显然地毯被人转

> **前面这三天只发生了一件重要的事情就是，什么事情也没有发生。**
>
> 歇洛克·福尔摩斯

此图为1986年英国独立电视台拍摄的电视剧《第二块血迹》的剧照，其中福尔摩斯（杰里米·布雷特饰）、华生（爱德华·哈德威克饰）和雷斯垂德（科林·吉沃斯饰）正在检查地毯。

了一下，这位苏格兰场的警探抓住机会来了个冷幽默，他说："地毯被人转了一下，福尔摩斯先生，警方并不需要从你这里知道。"但他仍然想让福尔摩斯解释，转动地毯的人是谁？为的又是什么？福尔摩斯建议雷斯垂德督察仔细审问那个一直看着这座房子的那位警员。就在这位督察在另一个房间中忙活的时候，福尔摩斯和华生迅速检查了地毯下面的地板上有没有秘密的孔洞。他们发现了一个活页似的地板下面有个小洞，但令人失望的是，里面却是空的。雷斯垂德回来后，福尔摩斯毫无破绽地继续摆出他之前那副"有气无力"、无聊至极的样子。原来雷斯垂德手下的麦克弗森警员在头天晚上守卫房子时迎接了一位访客，一位"非常体面的年轻女士，而且很会说话"。

倒数第二场表演

雷斯垂德对扭捏的麦克弗森警员说："你运气不错，伙计，房间里没少什么东西，要不然的话，你的麻烦（Queer Street）可就大了去了。"这里有强烈的讽刺意味，因为读者和福尔摩斯以及华生都确定知道，房间中确实有东西"少了"，并且少的东西对本案还非常关键。值得注意的是，这里柯南·道尔提到了"麻烦（Queer Street）"，这是对"凯里街（Carey Street）"的口语说法，曾经是专门审理破产案件的法院的所在地。在《我们共同的朋友》（1864）中，查尔斯·狄更斯曾经用这一表达方式表示破产。但这一表达方式更广泛的意思是"经济遇到困难"。柯南·道尔的朋友罗伯特·路易斯·史蒂文森在《化身博士》中曾经用过这种表达方式，小说中正直的恩菲尔德先生说："越是感到离奇，就越要少问。"

读者很快就意识到，来访的那位"挺好看的"女人无疑是希尔达夫人。当福尔摩斯向警员举起一样东西时，警员大吃了一惊。这样东西就是从一张相片上剪下来的这位夫人的头像。福尔摩斯说："走吧，华生老兄，最后一场的幕布已经拉开了。"

戏剧性的时刻

福尔摩斯和华生直接去了特瑞洛尼·霍普家中。福尔摩斯要求希尔达夫人交出那封信，并且向她保证不会让她丈夫知道她参与了此事。在希尔达夫人多次否认后，福尔摩斯威胁说要将此事告诉她15分钟之内回来的丈夫。福尔摩斯一直在等待，直到希尔达夫人最终让了步：她拿出了“一个长条形的蓝色信封”，里面就是那封信，然后开始讲述自己的故事。

卢卡斯通过某种方式拿到了一封有损她名誉的信，这封信是希尔达夫人在与特瑞洛尼·霍普结婚前写的。卢卡斯用这封信威胁她，说除非拿藏在公文箱中的文件来换，否则就要将这封信交给她丈夫。卢卡斯是通过内阁中的某个间谍得知这封政治书信消息的，希尔达夫人同意进行交易，以便保护自己的名誉。

在那个致命的周一晚上，当卢卡斯和希尔达夫人交换信件时，方纳依太太突然闯了进来，卢卡斯飞快地翻开地毯将这封有关政局的信藏了起来。之后嫉妒心爆发、手持刀子的方纳依太太与卢卡斯之间野蛮地打斗起来，希尔达夫人则逃离了犯罪现场。直到第二天早晨，希尔达夫人才得知卢卡斯已经遇害。她从福尔摩斯的暗示中得知了那封信件落入坏人之手的严重性，之后便秘密地回到卢卡斯的房中取回了那封信。

特瑞洛尼·霍普和贝林格回来后，福尔摩斯宣称他确信这封信未被拿走，其实他已经偷偷地将其放回了公文箱中。按照福尔摩斯的建议，贝林格吃惊地找回了那封信，并且询问这封信是如何寻回来的。福尔摩斯则调皮地回答说：“我们也有我们的外交秘密。”

向迪潘致敬

虽然福尔摩斯在破案的同时保住了希尔达夫人的声誉和尊严，但明显还是有个未了的结局：虽然福尔摩斯展现了非同寻常的才华，让他能够避开信件“重新出现”这一问题，但他对此保持沉默也就意味着，读者永远无法找出卢卡斯在内阁中安插的间谍是谁。更重要的是，他甚至都没有暗示贝林格存在这样一位间谍。

本案中福尔摩斯最终的行动，仿佛埃德加·爱伦·坡1844年的小说《失窃的信》再次上演。小说中，一封重要信件的失窃令巴黎警方无比慌乱，最终爱伦·坡笔下著名的侦探（C.奥古斯特·迪潘）解开了谜团，那封信一直待在盗贼的信插上。在这样一个既是《福尔摩斯归来记》的收山之作，原本也打算作为最后一案的案件中，这样做是再合适不过的。柯南·道尔不仅应当提及福尔摩斯最重要的原型迪潘侦探，更应明确提及迪潘侦探那片的最后一个小节。这个借信复来的故事既具有启发意义又有欺骗性：这封信是如此之重要，以至于首相和读者都相信它早已飞到了远处，但事实并非如此。这足以让柯南·道尔将其列为自己最喜欢的一个福尔摩斯案子。■

> **我不愿给他的生活抹上哪怕是一丝阴影，可我知道，这事情一定会打碎他那颗高贵的心。**
>
> 希尔达夫人

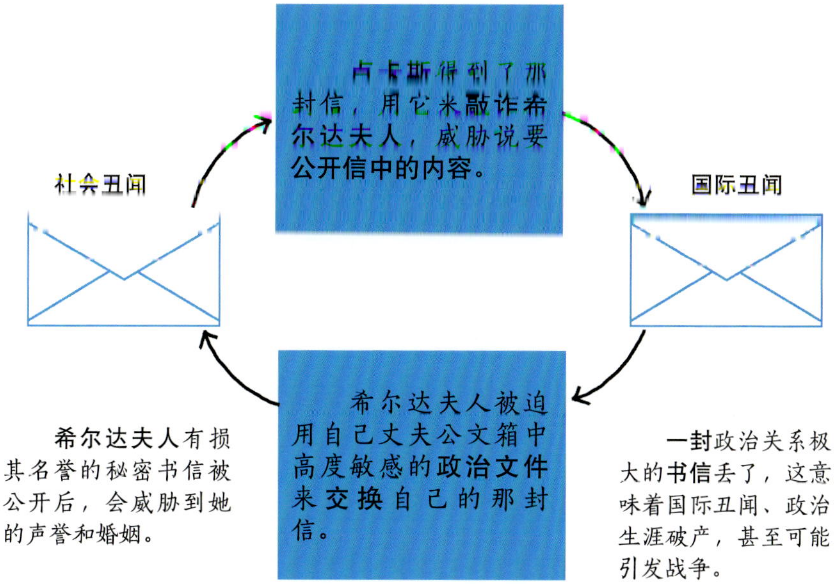

HOLMES TAKES A BOW

福尔摩斯
谢幕演出

1905年12月
柯南·道尔的《奈杰尔爵士》开始在《斯特兰德杂志》上连载。

1906年7月
柯南·道尔的第一任妻子路易丝（“图伊”）死于肺结核。

1907年
柯南·道尔出版了《乔治·艾达吉先生之案》，现实生活中的艾达吉因此免除了残害牛马的指控。

1907年9月
柯南·道尔迎娶他的“密友”琼·莱基。

1908年1月
为《斯特兰德杂志》创作福尔摩斯插画的西德尼·佩吉特去世，年仅47岁。

1908年9月
随后集结为小说集《福尔摩斯谢幕演出》的故事开始刊于《斯特兰德杂志》。

1910年5月
爱德华七世驾崩，享年68岁，乔治五世登基为王。

1912年
柯南·道尔发表科幻小说《失落的世界》（见345页）。

福尔摩斯和华生生活中的事件

本章内容

长篇小说

《恐怖谷》，1915年

短篇小说集

《福尔摩斯谢幕演出》，1917年

威斯特里亚别墅

红圈会

布鲁斯-帕廷顿图纸

垂死的侦探

弗朗西丝·卡法克斯夫人失踪事件

魔鬼之足

福尔摩斯谢幕演出

在1917年的小说集《福尔摩斯谢幕演出》的序中，华生描写了福尔摩斯在南唐斯丘陵的隐居生活，不过在小说集最后那篇同名故事中，福尔摩斯在一战前夕作为间谍再次回归。从时间上说，这篇故事也是探案全集中福尔摩斯最后一次出场。《恐怖谷》作为最后一本长篇小说，故事设定在1888年。

为了国家的利益

小说集《福尔摩斯谢幕演出》中的紧张气氛承载着第一次世界大战即将带来的创伤。《布鲁斯-帕廷顿图纸》是一个扣人心弦的间谍故事，发生在1895年，主要人物为福尔摩斯的哥哥迈克罗夫特。这是间谍惊悚领域的一篇早期作品。潜水艇在故事中占有重要地位，但直到1939年第二次世界大战开始时才在战争中扮演重要角色。在《福尔摩斯谢幕演出》这个故事中，福尔摩斯胜过了德国间谍冯·博克。这个故事发生在英国对德宣战前两天，德国入侵比利时之后。故事中充满了惆怅与不祥之兆。

柯南·道尔还在其他作品中写过比利时。罗杰·凯斯门特是柯南道尔的朋友，也是位人权斗士。1909年，受到罗杰·凯斯门特作品的影响，柯南·道尔在《刚果罪行》中反对利奥波德二世对非洲的开采。后来，他有关西线的作品集中描述了比利时战场。

1911年末，柯南·道尔转而支持爱尔兰自治，这可能也受到了

1914年8月
按时间先后，福尔摩斯最后一次出现在探案全集中（见《福尔摩斯谢幕演出》，246~247页）。

1914年9月
《恐怖谷》开始在《斯特兰德杂志》上连载。

1915年
柯南·道尔发表《恐怖谷》（见212~221页）。

1916年4月
柯南·道尔的《英国在法国和佛兰德斯的战役：1914》开始在《斯特兰德杂志》刊载。

1916年8月
柯南·道尔的朋友罗杰·凯斯门特以叛国罪处死。

1917年
柯南·道尔发表有关1916年战争的作品，包括索姆河战役。

1917年7月
柯南·道尔出版小说集《福尔摩斯谢幕演出》。

1917年9月
短篇小说《福尔摩斯谢幕演出》（见246~247）刊登在《斯特兰德杂志》上。

凯斯门特的影响。凯斯门特1917年因叛国罪被处以死刑。虽然爱尔兰是柯南·道尔的家乡，但它从未出现在探案全集中。不过，在《福尔摩斯谢幕演出》中，福尔摩斯扮演了一个爱尔兰裔美国人。《恐怖谷》中的“扫魂帮”是一个秘密的犯罪组织，原型就是“莫利·马圭尔帮”，后者是爱尔兰裔美国人组建的一个劳工组织，有人认为这个组织是宾夕法尼亚和西弗吉尼亚煤矿的恐怖活动的始作俑者。

现实生活中的侦查活动

柯南·道尔1905到1906年撰写的《奈杰尔爵士》系列小说以14世纪和15世纪的百年战争为背景，作者本人认为这标志着他在文学领域的高水平作品。在这一阶段，柯南·道尔的大部分作品更贴近当代，也与政治密不可分。1906年，他第二次竞选议员，发表了《乔治·艾达吉先生之案》和《奥斯卡·斯莱特之案》。这两个案子的当事人都具有外国血统，被误判为有罪，柯南·道尔调查了案件，进行斡旋。因为处理了这两个案件，柯南·道尔勇敢地克服了当时的种族偏见问题。不过，《威斯特里亚别墅》等故事却涉及种族的刻板印象，《魔鬼之足》中的致命毒药也将非洲与恐怖、绝望和死亡联系在了一起。

犯罪新时代

在小说集《福尔摩斯谢幕演出》中，有八篇故事预示着一个更暴力时代即将来临，还涉及组织更加完善的犯罪团伙。《红圈会》再次提到黑手党（第一次提及黑手党是1904年的《六尊拿破仑胸像》）。此外，与《恐怖谷》一样，这个故事讲到了纽约平克顿侦探社的一位卧底。该侦探社是美国第一家侦探组织，成立于1850年。

在《弗朗西丝·卡法克斯夫人失踪事件》中，华生不得不独自前往欧洲，后来福尔摩斯脱掉了法国工人的伪装。在这个故事中，福尔摩斯对华生的侦探技能进行了一番嘲讽。在《垂死的侦探》中，他欺骗了自己的朋友，让他误以为自己患了致命的疾病。不过，在《魔鬼之足》中，福尔摩斯真的面临死神时，是华生的机智救了他的命。■

一颗了不起的头脑
跟一个庞大的组织
合起来对付一个
孤立无援的人

《恐怖谷》（1915年）

背景介绍

类型

小说

英国首次发表

《斯特兰德杂志》，1914年9月

图书出版

乔治·H. 多兰出版公司，1915年2月

人物

约翰（杰克）·道格拉斯，勇敢、睿智、和善的爱尔兰裔美国人，住在萨塞克斯郡。整个情节都围绕着他过去的经历以及多重身份展开。

艾维·道格拉斯，约翰年轻、漂亮的第二任妻子。

亚力克·麦克唐纳警官，苏格兰场年轻的警探。

弗雷德·波洛克，莫里亚蒂匪帮的一员，福尔摩斯的线人。

瑟希尔·詹姆斯·巴克尔，约翰·道尔拉斯的朋友和客人，富裕的英国人。

泰德·鲍德温，扫魂帮的成员，试图暗杀道尔拉斯。

詹姆斯·莫里亚蒂教授，福尔摩斯未现身的劲敌，与扫魂帮合谋。

伊蒂·沙夫特，约翰的第一任妻子，二人在宾夕法尼亚结婚。

第一部

第一章
福尔摩斯和华生破译弗雷德·波洛克寄来的一封密信，波洛克是莫里亚蒂的人。信上说，一个叫道尔拉斯的人正处于危险之中。

第二章
麦克唐纳警探来到贝克街221B，说约翰·道格拉斯被杀。他不相信莫里亚蒂与此案有关。

第三章
萨塞克斯郡的警察开始调查这起谋杀案，随后决定请苏格兰场和歇洛克·福尔摩斯来帮忙。

第四章
福尔摩斯发现道格拉斯多少和美国有一定的联系，他的房间里只有一个哑铃。

第五章
道格拉斯夫人和瑟希尔·巴克尔向福尔摩斯和麦克唐纳讲述了事情的经过。

第六章
福尔摩斯确信巴克尔和道格拉斯夫人在说谎，强调了失踪哑铃的重要性。

福尔摩斯收到了线人发来的一份加密信件，信上说一个叫道格拉斯的人正面临极大的危险。这个线人是莫里亚蒂教授匪帮的成员。随后苏格兰场的麦克唐纳警官前来拜访，透露这样一个消息：美国人约翰·道尔拉斯在萨塞克斯郡伯尔斯通宅邸被杀。福尔摩斯表明莫里亚蒂是案件的主谋，但麦克唐纳并不相信。

福尔摩斯、华生和麦克唐纳来到道尔拉斯的家中。死者的脸被枪管锯掉一截的霰弹枪打烂。奇怪的是，道格拉斯的结婚戒指不见了，尸体旁边留了一张写着“V.V.341”的卡片。家中的客人瑟希尔·巴克尔指出，有一个沾了血的脚印，说明杀手从窗户出去后游过城壕逃跑了。巴克尔怀疑，这可能和道格拉斯过去牵扯的一个秘密组织有关。死者曾告诉他的妻子艾维：“我在恐怖谷里待过，到现在还出不来呢。”

福尔摩斯在案发现场发现了一个哑铃，意识到哑铃应该是成对的。他又发现贝克尔的拖鞋与带血

第七章
巴克尔陷入圈套，说出了谋杀案的事实。道格拉斯先生讲述了自己的故事。

第二章
麦克默多找了一份簿记员的工作，去拜见了扫魂帮的首领。

第四章
麦克默多和其他扫魂帮的兄弟因殴打被告上法庭，不过几个“证人”提供了他们不在场的证据，他们当庭释放。

第六章
麦克默多告诉扫魂帮的兄弟，平克顿侦探社一个名叫博迪·爱德华兹的侦探正在搜集他们的罪证，麦克默多自愿设计抓住此人。

尾声
福尔摩斯得知，道格拉斯/麦克默多/爱德华兹失足落海，被与扫魂帮联手的莫里亚蒂派手下暗杀。

第二部

第一章
二十年前，约翰·麦克默多搭火车从芝加哥到达宾夕法尼亚的维尔米萨山谷，开始寻找住处。

第三章
麦克默多加入扫魂帮，与他们一起殴打一位报纸编辑。

第五章
麦克默多亲眼看见扫魂帮成员谋杀了一位煤矿经理。

第七章
麦克默多设下的陷阱实际上对准了扫魂帮，麦克默多告诉他们他就是博迪·爱德华兹。

的脚印相符。福尔摩斯坚信，巴克尔和艾维·道尔拉斯都在说谎，于是设了一个小陷阱，告诉巴克尔早晨会把城壕抽干。当天晚上，福尔摩斯、华生和麦克唐纳躲在附近，看到巴克尔从城壕里捞出一个包袱。

因为事情败露，巴克尔承认死者其实是要谋杀道尔拉斯的人，二人在打斗的过程中被射杀。因为他的面容已毁，所以他们给那个人穿上了道尔拉斯的衣服，把他的衣服扔进了城壕，用哑铃把衣服沉到城壕底部。随后，福尔摩斯戏剧般地把道格拉斯带出了藏身之处。

道尔拉斯给了华生一份手写的证词。他的真名是博迪·爱德华兹，20年前曾是美国著名平克顿侦探社的一名私家侦探。他化名约翰·麦克默多，潜入一个秘密暗杀组织，名叫扫魂帮。这个组织位于美国宾夕法尼亚州的维尔米萨谷（缩写为V.V.，俗称恐怖谷），是尊贵自由人会的三百四十一分会，但却是一个腐败的分支。爱德华兹将这个匪帮一网打尽，但有几个成员逃脱了，其中就包括死者泰德·鲍德温，他是爱德华兹昔日的敌人。

莫里亚蒂接受了爱德华兹仇敌的委托，要杀死他。在福尔摩斯的规劝下，爱德华兹和艾维登上开往南非的轮船，但是在圣赫勒拿岛附近，爱德华兹却失足落海。福尔摩斯收到一张电报，他只是说了声“天哪”，这是福尔摩斯的口头语，带有一种嘲弄的语气。他说：“这可是大师手笔……你可以通过笔触认出古典大师的真迹，我也可以一眼看出莫里亚蒂的杰作。”罪犯中的“拿破仑”真的出手了。■

《恐怖谷》是第四部也是最后一部福尔摩斯长篇小说，以这种方式结束福尔摩斯在长篇故事中的功绩也许很轰动，也很适合，但这也标志着柯南·道尔对该作品的创作失去了好感。在这个故事中，福尔摩斯一半都处于缺席状态，虽然福迷朋友对此可能很失望，很伤心，但故事本身的确很吸引人，并且巧妙地将美国现实生活中的事件融入到英国乡村的一起谋杀案中。

正如十年前的《巴斯克维尔的猎犬》一样，《恐怖谷》也选择了在《斯特兰德杂志》上连载的形式。这些连载内容和往常一样激起了福迷朋友的热情回应，不过这部小说并没有取得《巴斯克维尔的猎犬》的那种胜利。即使那些崇拜者们也认同《恐怖谷》是一个合二为一的故事：有些牵强地讲一个破案故事与一个间谍故事结合起来。就像《暗红习作》和《四签名》一样，小说的第一部分详细介绍了一起案件，第二部分开始讲述导致案件发生的缘由。《恐怖谷》的主题并不陌生：一个人在海外的黑暗过往最后又找上了门；美国一个组织有序的犯罪团伙犯下了不少罪行。柯南·道尔此前在多篇短篇小说中曾涉及这两个话题，比如《五粒橘核》和《红圈会》。柯南·道尔对美国有组织犯罪的着迷在当时的英国作家中并不多见，当然除了埃德加·华莱士（1875—1932）以外。与柯南·道尔不同，华莱士对大洋彼岸可是非常熟悉。

> **我们刑事侦缉处的人都觉得，您对那位教授稍微有那么一点儿神经过敏。**
>
> 麦克唐纳警探

在美国内战期间，平克顿侦探社的侦探（如上图所示）被聘为亚伯拉罕·林肯的保镖。到《恐怖谷》的时候，他们经常充当破坏罢工的人。

巅峰状态的福尔摩斯

故事的前几章，福尔摩斯侦查与破案的部分巧妙地连成一个整体，与探案全集的其他故事一样复杂，一样令人满意。福尔摩斯经常逗弄华生，这部小说从一开始，柯南·道尔的态度就比以往更为幽默。故事是以二人的对话开头的。华生说：“我在想——”福尔摩斯打断他说：“接着想吧。”他的意思是说华生这句话不小心说出了他的心声，他实际上什么都没想。

当时，大侦探福尔摩斯刚刚收到他的线人弗雷德·波洛克寄来的密信，正忙着解开密信的内容。他说，波洛克是他的首要敌人莫里亚蒂教授的党羽，为了让华生明白波洛克和莫里亚蒂的关系，他做了如下比喻：“你不妨把他想象成鲨鱼身边的引水鱼，或是狮子左右的豺狼，总之就是个微不足道的角色，但却跟某个十分强大的家伙混在一起。”福尔摩斯用赞赏的口气评价他的劲敌：“有史以来最了不起的阴谋家……控制地下世界的神经中枢。”显然，他很期待接下来的挑战。正如华生所说，经历了几个月百无聊赖的日子，“我们终于迎来了一个配得上他那些非凡本领的目标。与所有的特殊禀赋一样，如果没有用武之地，那些本领就会变成主人的烦恼 。”

戏谑的揭秘方式

福尔摩斯故事中都有这样一个亮点，虽然多次使用但仍然魅力难挡。那就是当福尔摩斯戏剧性地告诉华生一系列令人困惑的演绎背后的推理过程。柯南·道尔总是采取延迟的策略，一般是福尔摩斯先随便说了一些引人注目的话语，让华生和读者十分渴望听到理由为何。在《恐怖谷》中，这个亮点出现在早餐桌旁，当时福尔摩斯说：“一个庞然巨大、漫无边际、触目惊心、彻头彻尾的谎言，这就是这家人给咱们准备的东西……巴克尔的全部说辞都是谎言。还有啊，道格拉斯太太证实了巴克尔的说辞……他俩都在说谎，而且是事先串通好的。”

福尔摩斯说出此番言论时，柯南·道尔给了我们一个机会，可以将一些事实联系起来，但显然不能像福尔摩斯那样巧妙，加倍完整。我们意识到自己无法得出正确的结论时，[illegible]福尔摩斯超乎常人的能力。例如，巴克尔说他是半夜11:30分听到的枪声，女管家说她11:00听到了摔门声。只有福尔摩斯做出了正确的演绎：女管家听到的才是真正的枪声。

戏剧效果没有就此打住。福尔摩斯让华生和警官和他一起在黑暗中藏在树丛中，几个小时的时间

破译密信

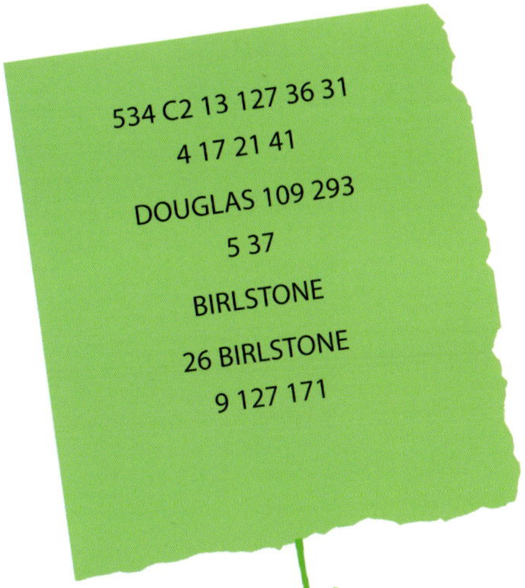

华生问福尔摩斯没有解码需要参照的那本书如何破译一封密信呢，福尔摩斯则把这一点当成了一条线索。既然写信的人没有把破译密码的书寄过来，说明他相信福尔摩斯肯定有这本书。所以这本书肯定是一本家喻户晓的常见书。页数和栏数说明这应该是一本参考书。

密信中的第一个数字534可能表示的是页数。如果没错，这本书应该很厚。

华生说C2指的是“第二章”，但既然已经知道了页数，没必要提哪一章，所以这应该是指第二栏。

13和后面的所有数字肯定指的是534页第二栏中每个单词的位置。

密信中写出的单词很重要，但在所指的那一栏中没有这个词，所以只能直接写出来了。

华生首先提出的解码用书是《圣经》，但是因为版本很多，所以无法确定写密信的人和解码的人用的是同一本。《列车时刻表》也被排除在外，因为单词数量有限。最后，福尔摩斯把目光停在了《惠特克年鉴》上，经检验他的选择是正确的。

格鲁姆布里奇庄园是一处带有城壕的宅邸，柯南·道尔以此作为道尔拉斯的住处“伯尔斯通宅邸”的原型。柯南·道尔住在庄园附近的克劳巴罗城，是庄园的常客。

他并没有告诉他们为什么要这么做。当麦克唐纳问原因时，福尔摩斯回答说：“华生老是说，我这个人喜欢给现实增添一点儿喜剧色彩。我身上确实有那么一点儿艺术家的气质，它一刻不停地督促我去追求完美的舞台效果。”福尔摩斯的发现是值得等待的：他已经找到了城壕里的包袱，但又把它放了回去，这样巴克尔打捞这份证据时，他们可以现场逮住他。

最惊人的秘密正要揭开。令华生和麦克唐纳惊奇不已的是，福尔摩斯对艾维·道格拉斯说：“我强烈建议，您还是把道格拉斯先生请出来，让他自己给我们讲讲他的故事吧。”随后，这位我们以为已经死了的人从藏身之处走出来，把一卷纸给了华生，里面写着关于恐怖谷的故事。

回到现实

谋杀案破了以后，柯南·道尔开始了回溯之旅，就像《暗红习作》一样。在这部分叙述中没有福尔摩斯的身影，读者见证了道尔拉斯在美国扫魂帮中的经历。此前在《巴斯克维尔的猎犬》中，柯南·道尔使用了真实的传说。在这个故事中，扫魂帮的原型是19世纪爱尔兰和美国的一个秘密组织“莫利·马圭尔帮”（见220页）。这个帮派在宾夕法尼亚煤矿十分活跃，后来因为暴力事件，帮派的20名会员被绞死。控告他们的证据主要是平克顿侦探社的一名侦探收集的。这名侦探名为詹姆斯·麦克帕兰，就是约翰·麦克默多的原型。美国侦探及作家威廉·约翰·伯恩斯曾来柯南·道尔在克劳巴罗城的家中拜访，柯南·道尔从他那里听说了莫利帮和麦克帕兰的故事。

完成手稿之后，柯南·道尔向出版商道歉说，在所有人（尤其是作者本人）都在担心第一次世界大战的时刻，他却提供如此轻松的故事。但是，《斯特兰德杂志》的赫伯特·格里诺夫·史密斯认为，报刊上铺天盖地的都是战争报道，公众正好需要一些缓解。读一读英国最受欢迎的侦探故事，可以分散大家的精力，绝对是读者逃避现实所需的读物。史密斯是对的：刊登这个故事的第一期杂志销量和以前一样红火。不管战争是否发生，读者对福尔摩斯的喜欢始终如一。

柯南·道尔心里明白，小说中一半的时间福尔摩斯都没有出场，这并不合所有读者的胃口，但他为自己的决定找了理由。不过，很多粉丝都因为福尔摩斯的缺席而深深失望。正是因为这个原因，虽然《恐怖谷》故事情节波澜起伏，充满幽默感，但却是所有福尔摩斯故事中最不受关注的一本。

> **我还从来没碰上过比这更奇特、更有趣的案子呢。**
>
> 歇洛克·福尔摩斯

爱恨交加

当福尔摩斯和华生前往萨塞克斯郡调查道尔拉斯谋杀案时，他们在当地的威斯特维尔纹章旅馆下榻。华生写道，他们二人住的是标准间，这显然是“这家乡村小旅馆条件最好的房间了”。但是，我们不知道华生所说的房间究竟是有一张双人床，还是两张单人床。福尔摩斯有时被刻画为一个受压抑的同性恋者，比如在比利·怀尔德的电影《福尔摩斯的私生活》（1970）中，以及（在某些粉丝眼中）BBC的电视剧《神探夏洛克》（2010年）中。不过，在柯南·道尔的笔下，福尔摩斯显然是一个没有性欲的苦行者。福尔摩斯在《恐怖谷》中对华生说，他“并不是特别地崇拜女性”。当然，《波西米亚丑闻》的艾琳·阿德勒除外，她的睿智和天赋等“男性”气质赢得了大侦探的敬意。

福尔摩斯很敬爱华生，绝对的直男华生也是一样，这一点是毫无疑问的。柯南·道尔本人想打造的是一种纯粹的友谊，不过他的继承者们却做出了其他思索。

可以说，福尔摩斯和他的头号敌人莫里亚蒂教手之间的关系，和他与华生的关系一样坚固。不过，前者是一种爱恨交加的关系。福尔摩斯惊骇于对手的犯罪行为，但他那些邪恶行为中表现出的天赋却令福尔摩斯神往。福尔摩斯情不自禁地赞赏莫里亚蒂教授的天赋，因为这是唯一一个智力可以与他匹敌的人。就像他对华生所说的，莫里亚蒂教授拥有一个能够“左右民族命运的大脑”。因此，在福尔摩斯所有的敌人中，莫里亚蒂是

《斯特兰德杂志》旨在吸引新出现的中产白领阶层，他们上下班通常会乘坐火车。福尔摩斯故事正是他们路上需读的东西。

THE STRAND MAGAZINE.

SEPTEMBER, 1914. Vol. xlviii. No. 285.

The VALLEY of FEAR

A NEW SHERLOCK HOLMES STORY

by A. CONAN DOYLE

Illustrated by FRANK WILES

PART ·I·

THE TRAGEDY OF BIRLSTONE

CHAPTER I.

THE WARNING.

"I AM inclined to think——" said I.

"I should do so," Sherlock Holmes remarked, impatiently.

I believe that I am one of the most long-suffering of mortals, but I admit that I was annoyed at the sardonic interruption.

"Really, Holmes," said I, severely, "you are a little trying at times."

He was too much absorbed with his own thoughts to give any immediate answer to my remonstrance. He leaned upon his hand, with his untasted breakfast before him, and he stared at the slip of paper which he had just drawn from its envelope. Then he took the envelope itself, held it up to the light, and very carefully studied both the exterior and the flap.

"It is Porlock's writing," said he, thoughtfully. "I can hardly doubt that it is Porlock's writing, though I have only seen it twice before. The Greek 'e' with the peculiar top flourish is distinctive. But if it is from Porlock, then it must be something of the very first importance."

He was speaking to himself rather than to me, but my vexation disappeared in the interest which the words awakened.

"Who, then, is Porlock?" I asked.

"Porlock, Watson, is a *nom de plume*, a mere identification mark, but behind it lies a shifty and evasive personality. In a former

Vol. xlviii.—38.

Copyright, 1914, by A. Conan Doyle.

THE CIPHER AND THE MAN WHO SOLVED IT.

詹姆斯·麦克帕兰

作为《福尔摩斯探案全集》中最不同寻常的人物之一，博迪·爱德华兹的原型是詹姆斯·麦克帕兰。1843年，麦克帕兰出生在爱尔兰的阿马郡，1867年来到纽约，最初是一名工人，又成为警察。搬到芝加哥以后，他开了一家酒肆。1871年芝加哥人火烧毁了他的店铺，他成为平克顿侦探社的一名私家侦探。这家极具传奇色彩的侦探社成立于1850年，社长是爱尔兰裔美国人艾伦·平克顿。

麦克帕兰最大的成功就是19世纪70年代[illegible]莫利·马圭尔帮。他化名为詹姆斯·麦克肯纳，获取了该组织的信任。[illegible]活动时，他十分骇然。此外，他对想要消灭莫利·马圭尔帮的煤矿主管也十分失望。不过，与《恐怖谷》中博迪·爱德华兹不同的是，他并没有被谋杀，而是1919年死在丹佛慈爱医院的病床上。

唯一可以真正挑战他的人，反之亦然。他们是天设地造的一对对手，仿佛谁也离不开谁。不过，最后必定有一个输者。当巴克尔问福尔摩斯，能否打败“这个魔王”时，福尔摩斯的回答并不像往常那样有信心：“我并没有说他不可战胜。不过，你必须给我时间！”

福尔摩斯和莫里亚蒂是第一对被视为两个自我的侦探和坏蛋。这种双重手法随后十分流行，受此影响的包括詹姆斯·邦德和布罗菲尔德，以及蝙蝠侠和小丑。像福尔摩斯一样，哥谭市的黑暗骑士也被称为“世界上最伟大的侦探”。

糟糕的时间顺序

现代的犯罪小说作家十分注重笔下故事的时间顺序，这与相对不那么严格的柯南·道尔是一种警告。《恐怖谷》中有一个重要错误。这个故事发生在《最后一案》之前，但 在《最后一案》中，华生却说从来没有说过莫里亚蒂。

作家安东尼·霍洛维茨（1955— ）把莫里亚蒂教授写入自己的福尔摩斯小说《丝之屋》时，直接忽略了这个问题。这种小失误其实没有多大关系，因为《最后一案》是整本探案全集中莫里亚蒂教授唯一的两次出场之一。在《恐怖谷》中，他并没有现身，因此成为绝佳的黑暗力量，在幕后巧妙地施以操纵。实际上，不出场对他来说是很重要的，可以让人们相信他就是福尔摩斯的终极敌人。

> **莫里亚蒂对他的党羽实施的是一种铁腕统治。他的戒条十分恐怖，处罚则只有一种，就是死刑。**
>
> 歇洛克·福尔摩斯

海外观点

纵观所有的福尔摩斯故事，外国往往被刻画为罪恶和危险的来源，有时是通过动物表现的，比如《斑点带子》；有时是与人有关的。“害怕异域”是19世纪中上层英国人的典型态度，柯南·道尔欣然探索了这一话题。作者在故事中描写了危险动物以及吹管放毒刺的土著人，说明他确实是他那个时代自己所属社会阶层的一员。当代作者很喜欢涉及异域的故事情节和写作手法。如今，“异域”也许含有贬抑，但在柯南·道尔那个年代，这只是说明对奇怪事物的单纯好奇。不过，如果读者怀疑柯南·道尔的道德感，请想一想他那高于一切、始终如一的人性刻画，这可以从华生的忍耐和同理心上看出来。

至于美国人，柯南·道尔显然很欣赏他们的活力，不过他也对他们的过度行为很感兴趣。柯南·道尔在《恐怖谷》中描写的美国以及其他地方是一片充满机会的土地，但同时也是歹徒和腐败的温

莫利·马圭尔帮

柯南·道尔根据现实中的劳工煽动组织莫利·马圭尔帮，创造了扫魂帮。莫利·马圭尔帮俗称为莫利帮，是19世纪的一个秘密组织，在爱尔兰起步，后来在美国的利物浦和宾夕法尼亚也成立了机构。在美国，该组织挑唆爱尔兰裔美国煤矿工人采取激进（有时暴力）的行为，反抗非人的生活和工作环境，以及无情的矿主开出的可怜工资。爱尔兰的农民起义通常以地产和地产经济人为对象（包括破坏篱笆、用犁破坏耕地），但是在美国暴力冲突甚至谋杀都很常见。

在宾夕法尼亚，这个秘密组织现在被历史学家定性为一个抵抗腐败机构的暴力组织。有人甚至指出，这个帮派根本就不存在，只不过是煤矿主宣传的，目的是打消异议。不过真是这样的话，基本上可以说他们是成功的。

> 对未来事件的机灵预测、对大胆假设的成功验证——这些东西，不正是咱们毕生工作的荣耀和报酬吗？
>
> 歇洛克·福尔摩斯

床。它那邪恶的触角已经穿过大西洋到了伦敦，甚至伸到了英国乡村的安静宅邸。麦克默多/爱德华兹觉得维尔米萨谷是个阴森恐怖的地方，“从黎明到黄昏，人们的心里时时刻刻装满了恐惧。”不过，当他完成在那里的任务，改名换姓以后，却得以在加利福尼亚的金矿发了财。后来，又以道尔拉斯之名住在萨塞克斯郡，以勇敢、开朗，尤其是“民主做派”著称。就像《巴斯克维尔的猎犬》中的亨利·巴斯克维尔一样，他在美国这个新世界的经历教会了他不要太势利。但是，虽然爱德华兹的优秀品性使他在当地很受欢迎，他在美国结下[illegible]找到了他。

迎接摩登时代

在探案全集中，《恐怖谷》有两点尤为突出。第一，它反映了人们期待摩登时代的紧张心情；第二，它是一部另类前卫的犯罪小说。故事从舒适朴实的贝克街221B很快过渡到[illegible]可怕血腥的[illegible]充满腐败暴力和即决裁判的美国。它先于美国的硬汉派侦探小说，比如达希尔·哈米特的《血色收割》（1929）。在背景为美国的那部分，以及与小说开头的幽默气氛形成鲜明对比的凄凉结局中，我们可以感受到一种黑暗的虚无主义，这是在柯南·道尔其他作品中所没有的。就维多利亚时代的作品而言，这部小说看起来十分现代，预示着由于第一次世界大战中大屠杀所引起的焦虑。■

1848年的加利福尼亚淘金热吸引了30万的淘金者，他们中大部分人在河里通过淘洗来找金子。有些人因此发了财，比如故事中的道尔拉斯。

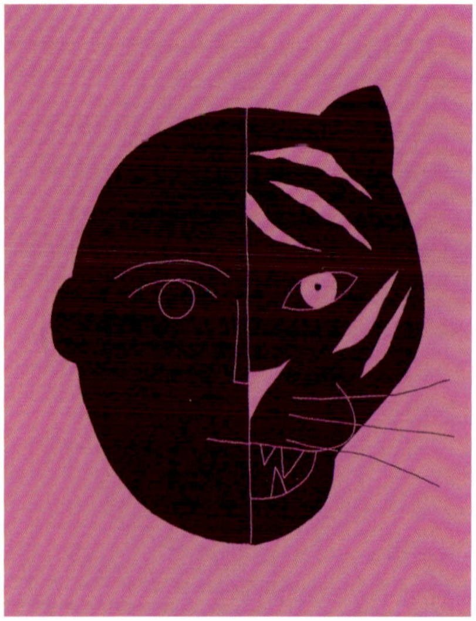

霎时间，我眼前这团毫无头绪的乱麻一下子变得条理分明

《威斯特里亚别墅》（1908年）

背景介绍

类型
短篇小说

英国首次发表
《斯特兰德杂志》，1908年9月

文集
《福尔摩斯谢幕演出》，1917年

人物
约翰·斯科特·埃克尔斯，受人尊敬的英国单身汉。

阿洛伊修斯·加西亚，住在萨里郡的年轻西班牙人。

加西亚家的厨子，威斯特里亚别墅的厨师。

格雷森督察，苏格兰场的警官。

贝恩斯督察，萨里郡的警官。

唐·穆里罗，加西亚的邻居。

伯尼特小姐，亨德森家的家庭教师。

卢卡斯，亨德森的秘书。

这部小说最早发表在《斯特兰德杂志》上，名字叫作《福尔摩斯的回忆》。小说分为两部分，第一部分为“约翰·斯科特·埃克尔斯先生的奇遇”，第二部分为“圣佩德罗之虎”。后期版本中将整个故事的名字改为《威斯特里亚别墅》。

根据华生的记载，这件事情发生在1892年3月一个寒风凛冽的日子，但这个日期却正好落在1891年到1894年之间，即所谓的“大裂谷”时期。因此，华生医生和柯南·道尔中必有一人搞错了。

怪诞与阴谋

故事开头，福尔摩斯收到了一封电报：“适才遭遇怪诞之极，令人难以置信。可否相询？”福

1928年发行的无声电影《厄舍古厦的倒塌》是让·爱浦斯坦的作品，其中暗示了威斯特里亚别墅中同样的哥特式氛围。

尔摩斯问华生对“怪诞”这个词作何解释，华生回答说“稀奇古怪”和“不同寻常”。福尔摩斯补充说，“还暗含着‘悲惨’和‘可怕’的意思”。然后，他回顾了《红发俱乐部》和《五粒橘核》两个案子，这两个案子都不能仅用“怪诞”一词来概括。对话中柯南·道尔间接提到了过去的一位作家——埃德加·爱伦·坡，这是一位擅长烘托紧张气氛的短篇小说巨匠，是《怪异故事集》（1840年）一书的作者。主人公C.奥古斯特·迪潘是爱伦·坡虚构的一位法国侦探，被公认是福尔摩斯的灵感来源之一。但是，人们更多地将这个案子与爱伦·坡更早的小说《厄舍古厦的倒塌》（1839）相提并论。

发电报的是备受尊敬的约翰·斯科特·埃克尔斯，当他抵达贝克街221B号的时候，他坦陈对私家侦探之类的人物绝无好感，但自己又不知道还能找谁求助。此时福尔摩斯和他的主顾之间开始有点冷场，这与福尔摩斯对贝恩斯督察的高度评价形成了对比。贝恩斯督察是紧随着大家耳熟能详的苏格兰场督察格雷森到达的。不同寻常的是，来自当地萨里警局的贝恩斯证明，自己确实有能力与福尔摩斯竞争破案，并且他的破案方法令大侦探眼中闪出尊重与骄傲的光芒。

> “我的脑子就像是一部空转的引擎，近乎要把自个儿折腾得七零八落。”
>
> 歇洛克·福尔摩斯

1988年，由杰里米·布雷特主演的电视剧《威斯特里亚别墅》与原著有所不同，剧中圣佩德罗之虎被福尔摩斯追捕时死在火车上。

一次令人困惑的聚餐

埃克尔斯是直接从萨里郡的威斯特里亚别墅过来的，此前在阿洛伊修斯·加西亚的家中做客住了一晚上。他最近才和这位年轻的西班牙人成为朋友。埃克尔斯并不喜欢这次拜访活动，他觉得加西亚家中让人心情很压抑，更糟糕的是，平常积极乐观的加西亚，当天却一支接一支地抽烟，举止显得焦虑不安。晚餐期间仆人交给了加西亚一张便条，看完之后加西亚的情绪更差了。回房就寝时，埃克尔斯如蒙大赦。但这种情绪并未维持多久，因为在凌晨一点钟，房屋的主人很奇怪地将他叫醒，问他有没有拉铃。埃克尔斯说自己没有拉铃，加西亚向他赔了不是。

第二天早晨，故事情节发生了更奇怪的转折。埃克尔斯发现整个房间空无一人——加西亚、负责上菜的苦脸仆人、体格庞大的厨师，全都在一夜之间消失得无踪影。他并不知道，加西亚当天凌晨被人杀死在自己家附近的公地上。贝恩斯从死者口袋中找到了一封信，证实了埃克尔斯确实出现在威斯特里亚别墅中，也解释了为何贝恩斯会将他扯进案子中。但是，由于这位英国人一贯无可挑剔的品格，很快就被排除在嫌犯范围外。

之后贝恩斯出示了另一张便条，也就是加西亚在晚餐期间收到的那张便条。加西亚将其扔到火中时扔过了头，便条卡在了柴架上，

在威斯特里亚别墅壁炉中发现的加密便条起初令福尔摩斯很困惑，认为其中代表着赛马的颜色，并且是出自一位醋意大发的丈夫之手。后来他推断出，便条说的应该是附近一座大房子的布置情况，每一部分都透露了这座房子的一个重要方面。

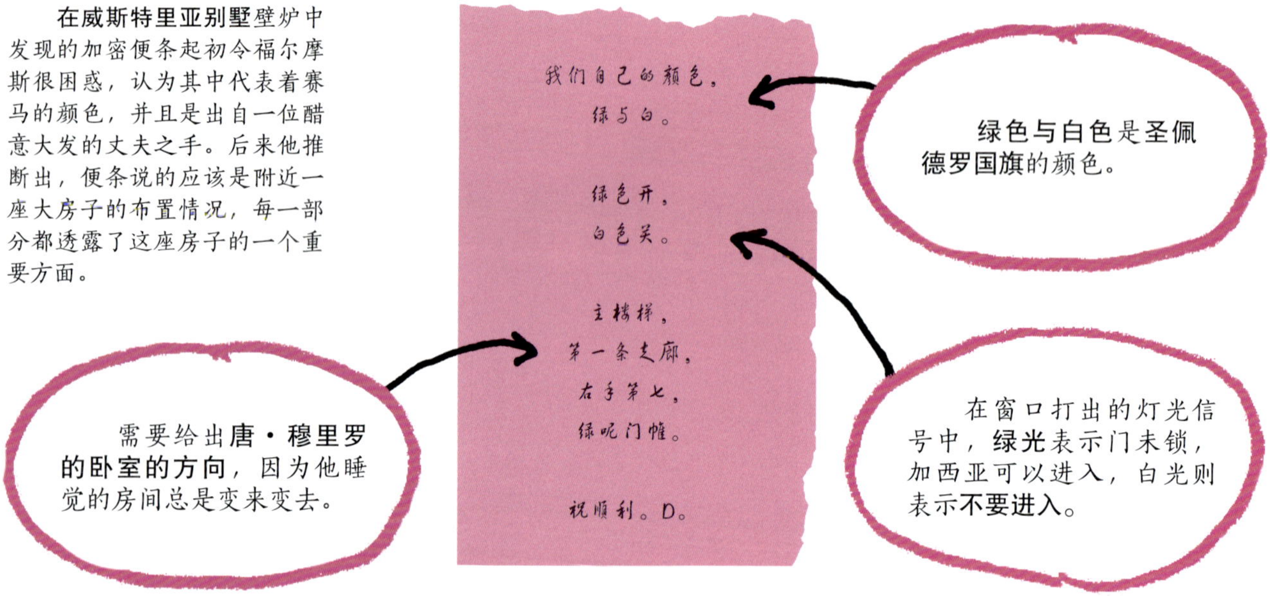

于是被贝恩斯督察发现了。福尔摩斯很赞许这位督察的锐利眼神和细节观察力。福尔摩斯推断这张便条是女人的手笔，与背面的地址笔迹不符。便条本身就是加密的，起初福尔摩斯也被困住了，随后他演绎推论出，第一部分是一个信号，第二部分是一次约会（见上）；他同时还推断，被杀时加西亚正在走向自己家附近的一座大房子，福尔摩斯决定列出这些大房子的清单。

不在场证明

福尔摩斯仔细思考了埃克尔斯和加西亚之间突然产生的友情，想知道这位西班牙人的仆人为何要逃跑。他认为，埃克尔斯“不可能让一个头脑灵活的拉丁人引为知己”，但却是“那些循规蹈矩的英国正人君子当中的一个样板”。也就是说，可以靠他来提供不在场证明。

当天晚上，福尔摩斯、华生和贝恩斯去了威斯特里亚别墅，一个古老、破败的地方，暗影幢幢，“漆黑的剪影矗立在铅灰色的夜空之下”。别墅里值班的警员报告称，之前被窗外一个恶魔般的巨大身影吓到了。贝恩斯也有一些古怪的东西给福尔摩斯看——碗橱上一个干瘪的人形物体、水槽中白色大鸟的肢体和身子、一个装满鲜血的锌桶以及一个堆着烧焦骨头的盘子。

意想不到的合作

至此，福尔摩斯和贝恩斯陷入了一种友好竞争的状态，各自按自己的思路查案，破案变成了一种完美协同合作的实例。当那个吓到值班警员的“恶魔”回到威斯特里亚别墅时，人们发现他就是加西亚家的厨师，被贝恩斯指控谋杀。福尔摩斯确定贝恩斯督察抓错了人，但事后证明，贝恩斯的做法与大侦探自己的魔法箱如出一辙：他故意错抓了这位厨师，此后逼出了本案的真凶——当地一位名叫“亨德森”的有钱人。事实上，他是一位流亡的中美洲暴君，名叫唐·穆里罗，一直和家人躲在英国。

穆里罗也就是臭名昭著的“圣佩德罗之虎”，曾经暴行统治中美洲十多年，整个中美洲都对他谈虎色变。在全体国民奋起反抗推翻其统治后，他逃亡欧洲，但非法获取的财富却未受任何影响。加西亚是

> **那家伙是个地地道道的野人，壮得像一匹拉大车的马，凶猛得跟恶魔一样。**
>
> 贝恩斯督察

此图为亚瑟·特怀德尔为《斯特兰德杂志》绘制的插图，其中那位厨师被刻画为一头饥饿的野兽，有着恶魔般的外表。柯南·道尔设置这一情节，是为了给故事蒙上一层恐怖的感觉。

一个组织的成员，该组织志在向这个“荒淫、嗜血的暴君”复仇。事实上，当晚加西亚打算去杀死穆里罗。邀请埃克尔斯来自己家，正是为了让他提供不在场证明。

在威斯特里亚别墅壁炉中发现的神秘便条是亨德森家的家庭教师“伯尼特小姐”写的。她是一个卧底，暗中与加西亚合作，真名叫作维克多·杜兰多太太，丈夫被穆里罗在圣佩德罗杀害。她写的加密便条是要告诉加西亚可以采取行动以及在哪里可以找到这位曾经的暴君。但不幸的是，穆里罗的秘书卢卡斯在她写便条时撞破了此事，便将她锁在了房中。之后卢卡斯在便条上加上了地址送了出去，这就是为什么便条的笔迹不同。之后他在公地上伏击了加西亚，加西亚死前还是未能完成自己的任务。

暴君逃走

福尔摩斯从其外表只能判断出亨德森——也就是穆里罗——“要么是个外国人，要么就是在热带地区待过很长的时间”，但在一个平静的萨里郡村庄中出现两帮子外国人已经足以引起他的警觉。因此，他雇佣被穆里罗辞退的花匠约翰·沃纳来监控这座房子，报告事情的进展。但他没想到的是，贝恩斯也在追查穆里罗的真实身份。厨师被抓让这位暴君以为自己已经安全，决定坐火车逃走，他和卢卡斯拖拽着中毒已深的伯尼特小姐前往车站。但沃纳一直跟着他们，当家庭教师挣脱架着她的那些人时，这位花匠救下了她，将她带到了福尔摩斯身边。贝恩斯解释说，他派了一名便衣在车站蹲守。但扭转局面的是福尔摩斯的人。这位家庭教师缓过来之后，讲述了穆里罗和圣佩德罗自由斗士组织的全部故事。

穆里罗和卢卡斯在火车站摆脱了福尔摩斯和贝恩斯的追捕，但华生报道了6个月后穆里罗在马德里遇刺的消息——明显是死于加西亚所在组织之手。但加西亚家厨房中的古怪残留物和吓到那位值班警员的“恶魔”又是怎么回事呢？实际上，恶魔就是加西亚家的厨师，只是要取回他的东西，提到他的“野人”行为只是为了掩人耳目，用来烘托“怪诞”的气氛。事实上，《威斯特里亚别墅》是最早描述伏都教的英国文学作品之一，这种宗教仪式主要盛行在西印度群岛。■

线头虽然不一样，连着的却是同一团乱麻

《红圈会》（1911年）

背景介绍

类型
短篇小说

英国首次发表
《斯特兰德杂志》，1911年3月

文集
《福尔摩斯谢幕演出》，1917年

人物
沃伦太太，一座寄宿公寓的中年女房东。

吉纳罗·卢卡，一个意大利小伙，先逃难到纽约，然后到了伦敦。

艾米莉亚·卢卡，吉纳罗的妻子。

朱塞佩·乔治亚诺，那不勒斯的一个帮会——红圈会的成员。

托拜厄斯·格雷森督察，苏格兰场的警官。

勒维顿，来自美国的平克顿侦探事务所。

《红圈会》最初是分成两部分发表的（明显这并非柯南·道尔的本意），小说有两个相互交织的故事。在第一部分中，福尔摩斯应邀调查伦敦一间公寓内一位隐秘房客的古怪行为；第二部分中，故事情节突然升格到对一位声名狼藉的谋杀犯的跨境追捕。此人同时也是一家帮会头目的，在美国和意大利都被列入通缉名单中。

一位隐秘的房客

沃伦太太向福尔摩斯求助，因为她很担心自己的新房客，一个一直待在自己房间的人。房客英语说得很好，但带有口音。十天前，这位蓄着大胡子的年轻人以高于正常价的标准预付了两周的食宿费，并且要求沃伦太太遵守他的严格规矩：他要有屋子大门的钥匙，不得以任何理由打扰他。沃伦太太向福尔摩斯解释说，此后这位房客只出现过一次，只在第一天晚上离开过屋子，回来的时候其他人都不在场。

根据房客的交代，他的饭要摆在门外的一把椅子上。需要其他东西的时候，他会用印刷体写在纸片上，然后把纸片留给沃伦太太。

沃伦太太经营的公寓位于大奥姆街，这条街以大奥蒙德街为原型，这里的很多建筑物都属于安妮女王风格。

福尔摩斯认为，房客书写纸条的行为是为了掩盖他不懂英文的事实。随着其他线索浮出水面，他推断现在房中住着的并不是那个租下公寓的蓄着胡须的人，房客已经掉了包。

房客每天都要一份《每日公报》。福尔摩斯怀疑蓄着胡须的人可能通过报纸上的私人启事向房客传递信息。通过浏览他整理的私人启事剪报，福尔摩斯立即发现了房客入住两天后见报的一则启事："请耐心等待。必将找到可靠通信方式。目前请继续留意此专栏。G." 此后的启事好像证实了福尔摩斯的猜测，令其注意到了一个暗号和附近的一座建筑物——"红色高楼，白石贴面"，"G"将从此处发出信号。

就在此时，沃伦太太来到了贝克街，带来了一个奇怪的消息：当天早晨她丈夫在出门后被不知名的行凶者绑架了。他被塞进马车兜了一个钟头后，在汉普斯蒂德荒地被推了出去，没有受伤。福尔摩斯猜测在雾蒙蒙的晨光中，绑架者把房东的丈夫错认成了房客，因此他要求见见这位房客。

烛光发出的警告信号

福尔摩斯和华生[illegible]了过屋小巷，通过在房客房间对门巧妙放置的一面镜子，他们瞥见了掉包后的房客。令他们吃惊的是，他们看到的不是一个男人，而是一个肤色黝黑的漂亮女人。这个女人看上去还惊恐万状。

当天晚上，福尔摩斯和华生来到了寄宿公寓的一个窗户前。

破解密码

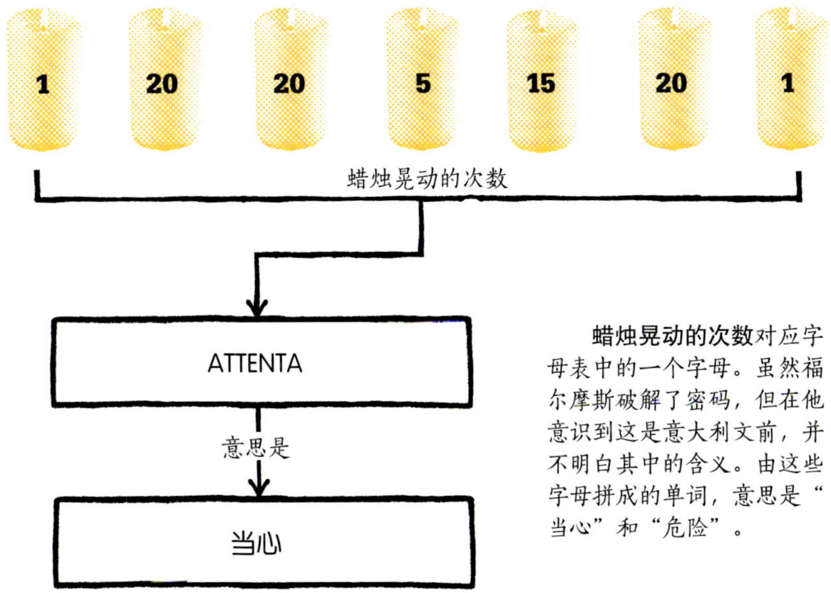

蜡烛晃动的次数对应字母表中的一个字母。虽然福尔摩斯破解了密码，但在他意识到这是意大利文前，并不明白其中的含义。由这些字母拼成的单词，意思是"当心"和"危险"。

他们看到附近那座房子中有烛光晃动，应该是"G"在向房客的房间发送密码信息。福尔摩斯开始不知道这些讯息是什么意思，后来意识到这是意大利文的"attena（当心）"和"pericolo（危险）"。

> **这一切的根由是什么呢？这个问题起初只是沃伦太太的大惊小怪，但却在咱们调查的过程当中渐渐放大，呈现出了一种更为险恶的面目。**
>
> 歇洛克·福尔摩斯

最后的讯息陡然中断。这令福尔摩斯和华生警觉起来，他们赶紧下楼冲到了"G"所在的那座房子下面，却意外地在门口遇到了苏格兰场的格雷森督察和来自美国平克顿侦探事务所的侦探勒维顿（这个侦探事务所于1850年在美国创立，在《恐怖谷》中起到了重要作用）。原来他们正在追踪一位名叫朱塞佩·乔治亚诺的意大利暴徒，一位臭名昭著的谋杀犯，他是纽约谋杀案的主谋。

房间中的谋杀案

两位警探跟踪乔治亚诺来到这座房子，一直在等待找到一个抓他的名目。从他们开始监视这座房子算起，共有三个人从里面出来，其中一个与沃伦太太描述的蓄着胡子的房客相符，但却没有那个谋杀犯。福尔摩斯将把楼上窗户中发出的警告信号告诉了两位警察，他们认为这是乔治亚诺在试图警告他在伦敦的同伙有危险。

之后两位警察决定逮捕乔治亚诺，他们冲进了那所房子，福尔摩斯和华生也跟了进去。他们确定了发出信息的那间屋子，发现地上躺着乔治亚诺的尸体，咽喉处戳着一把刀子，旁边放着一把匕首，还有一只黑皮手套。明显有打斗的痕迹，这个五大三粗的意大利人被放倒在地。当所有人都在调查吓人的谋杀现场时，福尔摩斯重新点亮了蜡烛，从窗口发出了“vieni（过来）”的信号。

几分钟之后，那位神秘的女房客过来了。当她看到乔治亚诺的尸体时，脸上惊喜交集，因为她认为是警察杀了他。但是，在她意识到实际上是自己的丈夫、留着胡子的“G（吉纳罗）”杀死了乔治亚诺时，她依旧坚持要说出所有的真相。她坚信，考虑到死者令人发指的罪行，“世上没有哪个法官会认为我丈夫杀他是种罪行”。余下的故事，除了篇幅寥寥的结尾外，几乎都是这位自称艾米莉亚·卢卡的女房客在叙述。

> **我可怜的吉纳罗……加入了那不勒斯的一个帮会。那个帮会名叫红圈会……会里的那些誓约和秘密非常可怕，可你一旦入了会，以后就再也别想脱身。**
>
> 艾米莉亚·卢卡

艾米莉亚的故事

艾米莉亚解释说,她和丈夫四年前从意大利移居纽约，一则是逃避自己父亲对这门亲事的反对，二则是为了躲避吉纳罗年轻时被诱骗加入的一个那不勒斯犯罪团伙——红圈会。这对情侣享受了一段时间的安定生活：吉纳罗曾经帮助过一位意大利同胞，这位同胞给了他一份主管工作。俩人还买了一座小房子。但之后吉纳罗过去的阴影笼罩了他：他被一位叫作乔治亚诺的红圈会成员跟踪了，此人“体型夸张、怪异、让人非常害怕”，在意大利时正是此人招他入会的。一旦宣誓效忠，红圈会成员以后就再也别想脱身。

在逃脱意大利警方的追捕后，乔治亚诺跑到了纽约，并迅速在那里办了个红圈会分会。这个帮会专靠勒索住在美国的富裕意大利人挣钱，如果他们不给钱，帮会就会用上暴力恫吓的方法。帮会找上了吉纳罗的雇主和恩人（也是好友），可他没有屈服于帮会的威胁。因此吉纳罗抽到了一张画着红圈的签条，红圈就是“杀人的命令”，违反命令的话就要死。吉纳罗当然不想杀害自己的朋友，反而向他发出了警报，并通知了意大利和美国的警方。之后他和艾米莉亚

黑手党

20世纪早期，随着犯罪网络的出现，有组织犯罪的性质发生了急剧的变化，尤其是在纽约，伦敦同样如此。1880年到1910年期间，大约有50万意大利人来到纽约。他们聚居在同一社区，租住在拥挤不堪的房子中。他们被当地的公民所怀疑，有些意大利人认为，只有那些在美国犯罪团伙中的意大利成员可以保护他们，因为他们掌握着执法权。敲诈和收保护费日益盛行，为黑手党（如图）等团伙所采用。1908年，意大利的帕斯夸莱·帕蒂父子银行遭遇黑手党炸弹袭击。这一举动并不是为了抢劫银行，而是对“公开宣称不会向帮会屈服的帕蒂本人”的一种警告。银行爆炸后的挤兑行为以及帕蒂住所的遇袭，最终令这位意大利人破产。可能正是这一事件让柯南·道尔获得了灵感，设计了红圈会对吉纳罗雇主的威胁情节。

在1994年格拉纳达电视台的电视剧中，福尔摩斯、华生和霍金斯督察（分别由杰里米·布雷特、汤姆·查本和爱德华·哈德威克扮演）正在查看红圈会的标志。

逃到了伦敦，乔治亚诺对两人紧追不舍。

一到伦敦，吉纳罗便将艾米莉亚安置在沃伦太太家中，以保证其安全，但显然乔治亚诺比警察先一步找到了他。但幸运的是，貌似吉纳罗最终完成了对乔治亚诺的致命一击。

模棱两可的结尾

柯南·道尔没有交代吉纳罗是如何杀死自己敌人的，是单枪匹马，还是借助于从房子中出来的另外两人的帮助？也没有交代之后吉纳罗是否被警方逮捕。艾米莉亚最终的命运也没有交代。故事以福尔摩斯和华生去看歌剧草草收尾。结尾部分描述了一个从意大利到纽约再到伦敦的逃亡故事，有人认为受《斯特兰德杂志》交稿时限和篇幅的限制，柯南·道尔无法给出一个令人满意的结局。

尽管如此，故事的展开方式还是令人眼前一亮。在大部分情节中，福尔摩斯自己的调查与苏格兰场和平克顿侦探事务所的调查都在平行地进行。正如福尔摩斯所说，两条“不同的线头”连着的却是“同一团乱麻”。因此，虽然故事以福尔摩斯将琐碎的线索拼在一起这一熟悉的套路开头，但却变成了一部大戏，这部戏与福尔摩斯的世界相去甚远，涉及美国有组织的犯罪和恐吓。■

> **华生，你那份收藏里又多了一件惨烈怪诞的样本。**
>
> 歇洛克·福尔摩斯

毫无疑问，伦敦的罪犯都是些庸碌之辈

《布鲁斯-帕廷顿图纸》（1908年）

背景介绍

类型
短篇小说

英国首次发表
《斯特兰德杂志》，1908年12月

文集
《福尔摩斯谢幕演出》，1917年

人物
迈克罗夫特·福尔摩斯，歇洛克·福尔摩斯的哥哥，一位有影响力的政府官员。

雷斯垂德督察，苏格兰场的侦探。

亚瑟·卡多甘·威斯特，伍利奇兵工厂的一名低级职员。

维奥莱特·威斯特伯里，亚瑟·卡多甘·威斯特的未婚妻。

詹姆斯·沃尔特爵士，负责看管图纸的官员。

瓦伦丁·沃尔特上校，詹姆斯·沃尔特爵士的弟弟。

西德尼·约翰逊，伍利奇兵工厂的一名高级职员。

雨果·奥伯斯坦，德国间谍。

《布鲁斯-帕廷顿图纸》首次发表时，间谍惊悚小说尚未形成完整的体裁。现在人们广泛认为该小说是间谍小说的先驱。

本故事与国家安全有关，利用当时的媒体报道，作者提及了政府更迭、国家间的激烈对抗，以及整个欧洲笼罩着冲突的阴云。在著名的德雷福斯案件中，这位法籍犹太军官被以间谍罪起诉。该案件的解决仅比柯南·道尔写这篇小说早两年。这场政治丑闻引起了整个社会对于军事机密可能落入不法分子之手的警惕。

柯南·道尔此前在《第二块血迹》中，曾让福尔摩斯扮演过一次缉拿间谍的角色。作为间谍主题的延续，福尔摩斯在之后的《福尔摩斯谢幕演出》中扮演了一位双重特工。在这些小说中，《布

伦敦伍利奇兵工厂设立于16世纪，用于生产和存放武器装备。其生产活动的保密性很高，一度从未出现在伦敦的街道地图上。

鲁斯-帕廷顿图纸》将政府阴谋主题刻画地最为生动，这要归功于福尔摩斯的哥哥迈克罗夫特这一中心人物。全书中他仅在四个故事中出现过，最后一次现身就是在本故事中。在此前的故事中，华生了解的信息是，迈克罗夫特是政府的一名小职员。但直到本故事，福尔摩斯才透露，自己的哥哥实际上十分重要，甚至于“他有些时候就是中央政府”。

失窃的军事秘密

故事发生在1895年11月下旬，浓重的黄雾已经在伦敦上空盘旋了多日，福尔摩斯和华生被迫待在他们的寓所内。浓雾是本故事中贯串始终的一个主题，也是一个重要的叙事策略。

迈克罗夫特和雷斯垂德督察来到贝克街，向自己的弟弟紧急求助。福尔摩斯正在为百无聊赖的局面躁动不安，渴望找到一些有意思的罪案，因此答应帮助破案。

亚瑟·卡多甘·威斯特是伍利奇兵工厂一名年轻的低级职员，人们在阿尔德盖特地铁站外面的铁轨上发现了他的尸体。死者的脑袋已经碎裂，兜中有一捆政府最高级别的秘密图纸，这是关于革命性的新一代潜艇“布鲁斯-帕廷顿潜艇”的图纸。这种潜艇直到第一次世界大战时才投入使用，但在20世纪早期已经开始研发，小说对这种处于秘密状态的潜艇在未来几十年中所起的关键作用进行了展望。此时英国E级潜艇的相关工作也在进行中，布鲁斯-帕廷顿潜艇可能就是这种先驱性军事战舰的代码。这些图纸有10张，但死者身上只有7张；四张最重要的图纸中有3张不见了。迈克罗夫特催促弟弟找到图纸，这事关系到国家安全。

> 这样的日子里，窃贼和凶手完全可以放开手脚嘛，他们可以在伦敦随意游荡，就像是密林之中的老虎，即便到了发起突袭的那一刻，也只有受害者能把他们看个清楚。
>
> 歇洛克·福尔摩斯

1870年，儒勒·凡尔纳发表了小说《海底两万里》，潜艇让人们为之神往。1902年，英国海军第一艘潜艇试水。

穿针引线

随着故事的展开，正派诚实的卡多甘·威斯特似乎就是偷图纸的人。图纸存放在保险柜里，地点是伍利奇兵工厂旁边一间保密的办公室。只有两个人有办公室的钥匙：一位是詹姆斯·沃尔特爵士，他是政府雇请的著名科学家，不容置疑；另一位是西德尼·约翰逊，一位高级职员。但是，卡多甘·威斯特和西德尼·约翰逊一起工作，因为工作的原因，他每天都要直接接触图纸。福尔摩斯猜测他可能有几把仿制的钥匙，以便盗窃图纸并高价卖给外国间谍。

福尔摩斯前往发现卡多甘·威斯特尸体的地点——铁轨的道岔处，得知一位乘客在晚上11:40左右曾经听到了一声沉重的闷响，只可惜当时雾很大，什么也看不见。奇怪的是，虽然这位倒霉职员的脑

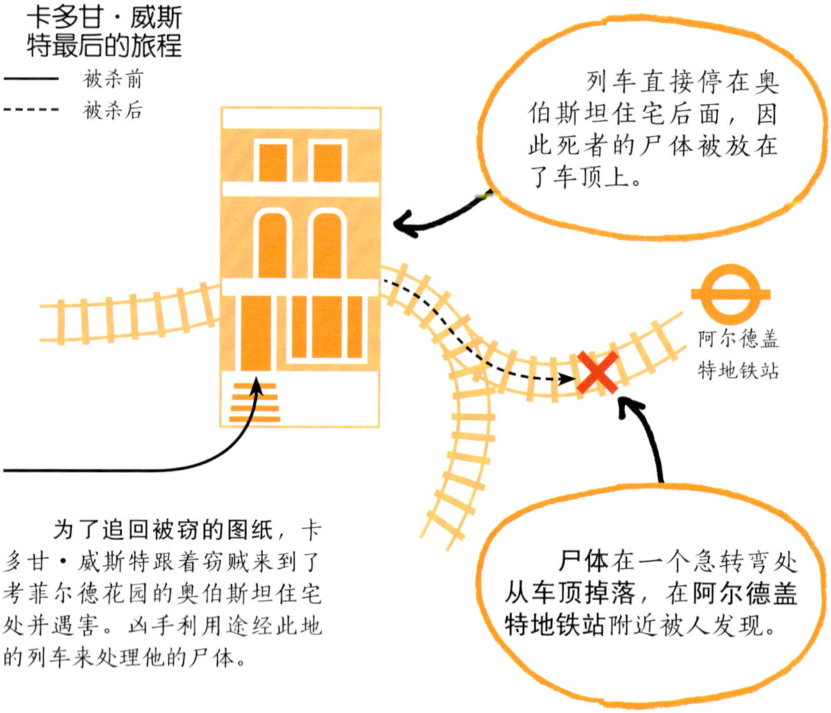

袋已经碎裂，车厢内却没有打斗的痕迹，而且铁轨上也没有血迹。福尔摩斯推断这个人是在其他地方死的，尸体则被人放在了地铁列车的车顶，在火车转弯时掉了下来。

走访一圈

福尔摩斯和华生随后走访了与本案有关的多位人员。他们先去了詹姆斯·沃尔特爵士家中，却惊讶地发现爵士本人已于当天早晨去世。从他弟弟瓦伦丁·沃尔特上校口中得知，图纸失窃这桩丑闻令爵士遭到了“灭顶之灾”。福尔摩斯想知道他是不是自杀身亡，“谴责自己疏于职守”。但奇怪的是，作者未向读者透露他的死因。

之后，他们走访了遇害职员的未婚妻维奥莱特·威斯特伯里小姐。从她口中得知，当时他俩正走着去剧院，但在晚上7:30左右走到死者办公室附近的时候，这位职员突然拔腿就跑，消失在了大雾里面。她说死者不会出卖国家托付给他的机密，但也承认他最近显得忧心忡忡，说过一些“外国间谍”和“叛国者”的话。

福尔摩斯在兵工厂中与西德尼·约翰逊会面时，发现了令他兴致高昂的线索：文件失窃的办公室外面是草坪，那里的枝条有扭曲折断的痕迹；同时，窗板并没有完全合拢，外面的人完全有可能看到办公室里的情形。最后，他们又从伍利奇车站售票员那里得知，他记得曾经见过一个非常激动的人坐晚上8:15的火车去了伦敦。福尔摩斯被难住了，他说在他的记忆中，他和华生曾经办过的案子中“哪一件也不比眼前这件更棘手”。

一个高明的骗局

福尔摩斯让他哥哥提供了一份伦敦所有外国特工的名单，其中就有雨果·奥伯斯坦，他刚刚去了别处。这是这位德国间谍第二次出现在福尔摩斯的故事中——在《第二块血迹》中，他就是最重要的一个特工，只是在本故事中扮演了更为重要的角色。

福尔摩斯为了追求正义不惜触犯法律，他说服华生帮他闯入奥伯斯坦的住宅。这座住宅的后窗的确开在格洛斯特路地铁站附近的地铁线上，而且那是铁路的交会点，列车经常都会在那里一动不动地停几分钟。很快他们就在铁路正上方的窗台上发现了蹭擦的痕迹和血迹，并得出结论卡多甘·威斯特的尸体就是通过那个位于列车停车点正上方的窗户被放到车顶上的。他们还在《每日电讯报》的私人启事栏里发现了一连串的加密讯息，发信者是“皮耶罗”，安排从一位神秘卖家手中购买布鲁斯-帕廷顿潜艇的图纸。

福尔摩斯巧妙地以“皮耶

> 能让我哥哥改变自己的生活习惯，这样的死亡事件一定不一般。
>
> 歇洛克·福尔摩斯

> 要我说……在这件事情上，女王陛下的全班人马恐怕也起不了什么作用。
>
> 歇洛克·福尔摩斯

罗”的名义在这份报纸发了另一条讯息，要求当晚在德国特工的寓所中与这位不知名的图纸窃贼见面。计谋成功了，瓦伦丁·沃尔特上校应约而来，却发现福尔摩斯、华生、雷斯垂德和迈克罗夫特早已等候多时。

一个令人满意的结局

沃尔特上校对偷窃图纸供认不讳，解释说自己欠了债，出于钱的原因才出此下策，并且复制了他哥哥的办公室钥匙。与未婚妻在一起的卡多甘·威斯特从外面看到了办公室的灯光，立即前去查看。之后在跟踪上校的过程中，他登上了晚上8:15开往伦敦的火车，一直跟踪到奥伯斯坦住宅处，也就是他遇害的地方。

沃尔特上校坚称，是奥伯斯坦给了这位年轻职员的头部致命一击，并且拿走了其中最重要的三张图纸，希望用其他七张图纸来陷害已经丧命的职员。福尔摩斯让上校写信给这位已经逃至欧洲大陆的狡猾特工，提出要将建造潜艇所需的第四张关键图纸卖给他。

奥伯斯坦上钩了。他回到伦敦并被捕，人们在他的行囊中找到了失窃的布鲁斯-帕廷顿图纸。福尔摩斯破案的天赋令他从一位“特别大方的女士”那里得到了一枚翡翠领针，这位女士就是维多利亚女王。沃尔特上校锒铛入狱，并死在狱中。奥伯斯坦在监狱中待了15年，对于本应被判死刑的他这已是从轻发落。评论者因此猜测，他用更多的秘密“买了”自己的性命。

现实世界的罪案

黄雾是维多利亚时代伦敦最重要的特征之一，在这个充满阴谋和欺骗的故事中扮演了关键的角色。黄雾的出现，正如福尔摩斯在故事开头所说，能够让人随意游荡却不被他人发现。在它的笼罩下，卡多甘·威斯特能够跟踪沃尔特上校来到奥伯斯坦住宅处，让奥伯斯坦能够将卡多甘·威斯特的尸体放在列车车顶，也让尸体从车顶掉落时无人发现。

专家一直在争论这个故事的灵感来源于现实世界的哪宗罪案。有人称，在伦敦铁路隧道中发现的一具年轻男尸给了柯南·道尔灵感，让他设计了卡多甘·威斯特尸体的最终命运。还有人怀疑另一个角色的灵感来自于弗兰克·沙克尔顿。他是南极探险家欧内斯特·沙克尔顿爵士的弟弟，是1907年爱尔兰王冠珠宝失窃的主要嫌疑人。无论猜测准确与否，有一点可以确定：将政治丑闻和战争导火索等现实情况精巧地反映到小说中，柯南·道尔确实是这方面的大师。■

伦敦地铁的诞生

随着19世纪上半叶伦敦人口的激增，这座城市的街道越来越拥挤，穿过城区越来越困难，花费的时间也越来越长。一些工程企业提出了一种激进的想法，“让火车在下水道中行驶”，也就是一套地下蒸汽机车客运系统。

经过若干年的投资、规划、建设，世界上第一条地铁“大都会线”于1863年正式通车。其中一站就在福尔摩斯的住处贝克街。地铁列车车厢为木制，采用煤气灯照明，第一天有4万人搭乘，行程5公里（3英里），用时18分钟。批评者警告称，这会导致社会平等的急剧滑坡，因为上层乘客被迫“与比林斯门的‘鱼贩子’并肩出行”。但地铁网络迅速扩展开来，对低收入工人搬出城中心的贫民窟、郊区的扩张以及通勤的诞生起到了主要作用。

唉，华生，咱们好像是时运不济啊

《垂死的侦探》（1913年）

背景介绍

类型

短篇小说

英国首次发表

《斯特兰德杂志》，1913年12月

文集

《福尔摩斯谢幕演出》，1917年

人物

哈德森太太，福尔摩斯的房东。

卡维尔顿·史密斯，种植园主、业余疾病学者。

莫顿督察，苏格兰场的警探。

福尔摩斯通常都会竭尽全力破案，不过在《垂死的侦探》中，他为这一事业的献身精神上升到了一个新高度。福尔摩斯之前未能破获一起投毒谋杀案，并且激怒了凶手，所以他精心准备了一个陷阱，过程中冷酷地将最爱他的那些人都蒙在了鼓里，故意让他们相信自己已经生命垂危。

福尔摩斯生命垂危

这是11月里一个雾蒙蒙的日子，焦虑的哈德森太太来到了华生家，带给他一个惊人的消息：福尔摩斯生命垂危。可怜的哈德森太太，福尔摩斯不仅让她的房子充满了雪茄的苦味，他本人作息无常，进行“各种莫名其妙往往还臭气熏天的科学实验”，在屋里练习枪法。他简直就是“全伦敦最为恶劣

福尔摩斯的化妆道具

福尔摩斯将**颠茄**溶液滴到眼中让其“烧得精光闪亮”。

用**蜂蜡**在嘴唇周围抹一圈儿硬壳，让他看起来好像数天水米未进。

福尔摩斯在额头上涂点**凡士林**装出“憔悴枯槁的面孔”。

> **昏暗的天光把病人的房间映得格外阴郁，然而，真正让我心里一凉的还是从床上直瞪着我的那张憔悴枯槁的面孔。**
>
> 华生医生

的房客”，现在还利用房东太太的感情，在他多年来对她所做的种种恶行的基础上又加了浓浓的一笔。

忧心忡忡的华生赶到了福尔摩斯床边，却发现他说着一些关于牡蛎的谵妄之语，明显是感染了传染性极强的热带病。福尔摩斯说自己一定是在罗瑟海兹码头“查案”，与中国水手一起工作时染病的。华生不顾自身安危想给福尔摩斯做检查，不料福尔摩斯却坚持让他退后，并就他的“医生资历”说了一些伤人的话。奇怪的是，当华生正要拿起壁炉台上的一个象牙小盒子时，福尔摩斯尖叫着训斥了他。

华生很受伤，感慨自己的面子可能挂不住了。随后他被福尔摩斯派去请一位据他称能帮助他的人：卡维尔顿·史密斯，一位种植园主、业余疾病学者，来自苏门答腊岛，目前正在伦敦做客。出门时，华生遇到了苏格兰场的莫顿督察，他脸上欣喜若狂的表情显得莫名其妙（这里说这位督察是“老熟人”，但书中其他地方都未碰到过）。

一位强大的敌人

史密斯脾气不好，身躯矮小单薄，但却有着“忧郁凶险”的眼睛，“他那颗脑袋确实是容量巨大”。显然他属于和莫里亚蒂一样的聪明人。起初史密斯不想见华生，当他听说了福尔摩斯的情况后却眼睛一亮：“他是个业余的破案专家，我也是个业余的疾病学者。他的对手是歹徒，我的对手则是病菌”。史密斯同意去福尔摩斯家。

遵照福尔摩斯严格而神秘的要求，华生独自一人回到了贝克街221B，藏在了自己朋友的床头处。史密斯幸灾乐祸地出现了。他自认为没有第三者在场，于是承认他将象牙小盒子寄给福尔摩斯，里面恶作剧似的放了一种致命的病毒。他也承认用同样的方式杀害了自己的外甥，以确保“复归”，也就是攫取了这位年轻人的财产。应福尔摩斯的要求，他把煤气灯调亮了一点，毫不知情地向外面的莫顿督察发出了信号。莫顿督察立即进入房中实施了抓捕。有华生作为人证，游戏结束，福尔摩斯承认欺骗了对手，也欺骗了自己的朋友。

真相大白

福尔摩斯尝试装病作诱饵，解释说如果让华生靠近的话，他不可能骗过这位医生——“难道你真的认为，我看不起你的医术吗？”如果不是真的认为福尔摩斯生命垂危的话，华生也不可能骗过史密斯。三天水米未进，福尔摩斯建议到他们最喜欢的“斯特兰德街的辛普森饭店”补点儿营养。貌似他完全忘了让华生和哈德森太太备受煎熬这事。■

一种致命的美容用品

福尔摩斯用颠茄溶液散瞳，在嘴唇周围抹上蜂蜡，在额头涂上凡士林，通过这种方式骗过了华生和哈德森太太。福尔摩斯所用的颠茄溶液应该来自颠茄（Atropa belladonna）。颠茄有剧毒，其拉丁语名字（意思是“漂亮女人”）起源于中世纪时期威尼斯贵妇中流行的一种习惯，她们用从该植物中提取的阿托品散瞳。柯南·道尔曾经是一名眼科医生，肯定对其特性十分熟悉。

1893年，纽约发生了一起轰动一时的案件，罗伯特·布坎南被指控用吗啡谋杀了自己的妻子；他同时还给她用了颠茄，以掩盖使用这种药物时出现的缩瞳这一典型特征。审判期间，当庭进行了一次令人惊悚的演示，在给一只猫注射了致命剂量的吗啡之后，在其眼中滴入了颠茄以证明其效果。

咱们可不能坐等警方采取行动，也不能死守法律的条条框框，那样的后果咱们承担不起

《弗朗西丝·卡法克斯夫人失踪事件》（1911年）

背景介绍

类型

短篇小说

英国首次发表

《斯特兰德杂志》，1911年12月

文集

《福尔摩斯谢幕演出》，1917年

人物

弗朗西丝·卡法克斯夫人，中等富裕的贵妇。

菲利普·格林阁下，在南非发了财的英国人。

施莱辛格博士，刚从南非回来的传教士，正处于康复之中。

施莱辛格夫人，传教士的妻子。

玛丽·德汶，弗朗西丝·卡法克斯夫人的女仆。

儒勒·维巴，玛丽·德汶的爱人。

正如很多案件一样，本故事也以福尔摩斯坐在贝克街221B寓所的起居室中开场。通过外套左边袖管上溅上的泥点（说明他当天早晨和其他人一起乘坐过二轮马车），以及与平时不同的系鞋带的方式（土耳其浴澡堂中的小伙计所为），福尔摩斯猜测了华生当天的行踪。他取笑这位医生奢侈的洗浴方式，询问说：“你干吗要去澡堂洗又贵又让人懈怠的土耳其浴，不选择提神醒脑的自家浴室呢？”也许是认为福尔摩斯有点虚伪，华生随后在《显赫的主顾》中称：“我和福尔摩斯都对土耳其浴情有独钟。”但是，这位大侦探还是为自己的朋友推荐了一种更好的调剂方式，去瑞士走一趟，对案子进行初步的调查。

华生奔赴国外

弗朗西丝·卡法克斯夫人，中年，未婚，是一位已故伯爵的女儿，目前已经失踪。她原本一直待在洛桑城一家酒店中，但突然决定离开，自此便失去了音信。弗朗西丝夫人并不是特别有钱，但她确实拥有一些异常精美的古董珠宝，并且总是把它们带在身边。福尔摩斯在忙另一个案子，他半开玩笑地说，“我还是待在国内比较好，一来是免得苏格兰场感到孤立无援，二来是防止犯罪阶层当中涌起一些不健康的兴奋情绪”。因此华生作为福尔摩斯的代表被派往瑞士，俩人商定通过电报保持联系。

柯南·道尔本人非常喜欢瑞士，早在1893年便第一次到访了这个国家。他曾经带第一任妻子路易丝（或者叫图伊）到达沃斯度长

> 是啊，弗朗西丝夫人到底出了什么事呢？眼下她是死是活？这就是需要咱们去查的问题。
>
> 歇洛克·福尔摩斯

福尔摩斯对当天华生行动的推断

华生习惯按一种特定的方法来**系鞋带**，但当天他的鞋带系成了一种**复杂的双结**。

↓

他当天明显**脱过靴子**，后来**其他人**帮他系的鞋带。

↓

可能是**鞋匠**，要不就是**土耳其浴澡堂**里的小伙计。

↓ ↓

鞋匠的**可能性不大**，因为华生的靴子**基本上是新的**。

“好了，还剩什么呢？澡堂。”

柯南·道尔曾经帮助推广滑雪运动，并且准确地预言到，未来人们会蜂拥到瑞士享受滑雪季。

假，试图减轻其肺结核的症状。在那里，他成了滑雪运动早期的拥护者，此时瑞士阿尔卑斯山区几乎从未听说过这项挪威人的运动。不过，他热爱这个国家的最大证据也许是，在首次到访这个国家后不久，他就决定将这里作为《最后一案》中福尔摩斯的死亡地。

位可疑的陌生人

华生在洛桑与弗朗西丝夫人的女仆玛丽·德汶的爱人进行了交谈，从他口中得知，有人曾经看到夫人与一位留着胡子、看着很野蛮的英国人倾谈，之后她便突然离开了洛桑。华生还发现，她的下一个目的地是德国城市巴登。紧跟着她的足迹，华生也去了巴登，却发现三周前她和一些新的朋友离开去了伦敦。这些新朋友就是施莱辛格博士和他的妻子。施莱辛格博士是一位人品超群的传教士，在南非传教时染病，此时正处在康复之中。在从酒店经理口中得知弗朗西丝夫人帮助施莱辛格太太照顾这位“圣徒”时，华生说道，“跟大多数寂寞女士一样，弗朗西丝夫人在宗教当中找到了慰藉和理想”。同时他还得知，玛丽·德汶已经离开了夫人。那位神秘的英国人之前到巴登询问过弗朗西丝夫人的下落。此时，华生已经确信，这位“不依不饶的恶棍”正追得弗朗西丝夫人害怕地四处躲藏。在给福尔摩斯的电报中，他吹嘘自己“是多么神速、多么笃定地查明了问题的根源”。

之后华生去了法国，希望从玛丽·德汶那里得到一些线索。他在蒙彼利埃找到了她，这位小姐坦陈了自己对那位“凶神恶煞”的大胡子的怀疑。在两人交谈的过程中，这个男人出现在外面的街道上。华生与其当面对质，想知道他到底把弗朗西丝夫人怎么样了。这个男人很吃惊，然后暴怒而起，卡住了华生的脖子。华生在一位法国工人的干预下才得以逃脱，这位工人却是福尔摩斯乔装打扮的。之后福尔摩斯语带嘲笑地告诉被掐得半死的华生，“事情都让你搞成了一团糟！……一时之间，我确实想不出来，有哪种大错你没有犯过。概言之，你这次的行动就是到处拉警报，什么也没找着”。他嘲讽自己朋友的调查工作，然后才吹嘘自己的重大发现。

华生如果对此有所怨言也正常，因为福尔摩斯对他的态度有点不同寻常的麻木不仁。这并不是他首次派华生先行调查案件，自己随后认真跟进。只是在《巴斯克维尔的猎犬》中，华生作为明面上的调查者起到了关键的作用。但在本案中，福尔摩斯对自己突然出现在此地的解释有些牵强，自己只是最终得到了离开伦敦的空闲。福尔摩斯是个善变的人，他曾经在《恶魔之足》中谦虚而热情地大叫“说真的，华生！我得跟你道声谢谢，还得向你赔个不是。”但这个影子此时在他身上找不到任何痕迹。

追踪一个恶棍

愤怒攻击华生的那个男人是菲利普·格林阁下，他是一位英国贵族，最近刚刚从南非回国。他解释说，自己和弗朗西丝夫人年轻时即彼此相爱，但是，由于他曾经是个“浪荡小子”，并且“她容不下一丁点儿粗野的东西”，最终她还是回绝了他。多年之后，他在南非发了财，试图劝她回心转意。

> 好吧，咱们已经没有办法可想，只能直接发起面对面的进攻了。
>
> 歇洛克·福尔摩斯

随后福尔摩斯收到消息，确认“施莱辛格博士”正是澳大利亚历史上最肆无忌惮的歹徒之一，“圣徒”彼得斯。彼得斯“利用宗教感情来诱骗那些生活孤寂的女士”。毫无疑问，脆弱的弗朗西丝夫人现在处于极度危险中。他们和格林一起继续搜索，但貌似一切都是徒劳，直到有人在当铺中典当了一个显眼的古老珠宝。格林在珠宝店守株待兔，不久之后彼得斯所谓的妻子带着弗朗西丝夫人继承的珠宝出现了。格林跟踪她先到了一个殡葬行，然后到了伦敦南部的一个地址。糟糕的是，他在监视这个房子时，有人送来了一个棺材。

一个人还是两个人的葬礼？

在那个“尘封虫蛀”的寓所中，福尔摩斯和华生与彼得斯当面对峙，要求知道弗朗西丝夫人的下落。彼得斯称，她跟着这对夫妻来了伦敦，然后就甩掉了他们，留下来抵账的东西就是一点过时的珠宝。虽然福尔摩斯没有搜查令，但他仍宣称要搜查这个地方。在彼得斯妻子报警的同时，他冲过了门厅进入了一个房间，里面有一个棺材。当福尔摩斯打开棺材盖时，却惊讶地发现里面躺着一个形销骨立的老妇人。彼得斯无情地嘲笑福尔摩斯：他满以为能看到弗朗西丝夫人？这是彼得斯妻子以前的保姆的尸体，他们在附近的济贫院找到了她，把她带到了家中。她的葬礼将在第二天八点钟进行。警察到来后，将福尔摩斯和华生赶了出去。

氯仿

在维多利亚时代，氯仿经常被用作麻醉剂。这是一种无色液体，其蒸汽能够致人昏迷。直到20世纪初才因相关的心脏并发症而被弃用。虽然小说中经常出现这样的画面：一个邪恶的绑架者用一块浸过氯仿的手帕捂住受害者的嘴，但通常情况下，很难用氯仿放倒一个不情愿的人。这一过程至少需要五分钟，并且此后需要连续不断地供应氯仿。不过，人们并未停止这方面的尝试，很多犯罪故事中，罪犯都尝试用这种方式让受害者昏迷。据称，臭名昭著的连环投毒者汤玛斯·尼尔·克利医生（如图），也就是人们常说的“兰贝斯投毒者”，至少在一起谋杀案中使用了氯仿。1879年，他的一位病人（也许也是他的情人）被人们发现因吸入过量氯仿而死在他诊所后面的小巷中。

除非拿到搜查令，否则他们什么都做不了。

回到贝克街后，福尔摩斯烦乱地无法入眠，反复思考案子的各个细节；第二天一早，他突然间意识到了发生了什么事。“快，伙计，快！这事情生死攸关——九死一生。咱们要是去晚了的话，我永远也不会原谅自己，永远不会”！他和华生赶到了彼得斯的住处，恰好此时那口棺材刚刚要被抬出门。福尔摩斯要求打开棺材，发现里面除了那个老妇人外，还有被氯仿深度迷晕的弗朗西丝夫人。他们最终救活了这位夫人，但在混乱中，罪犯却逃之夭夭。

不同寻常的是，本案中福尔摩斯的破案手法并不成熟，并未展示多少他缜密的分析推理能力。除了及时从一条重要线索（殡葬行的老板娘说这口棺材“超出了尺寸，所以更费功夫”——足以容纳两具尸体）中做出推断外，破案更多是依靠耐心的监视和当面对峙。

> 那个夜里，我脑子里一直盘旋着一个念头，什么地方有一条线索、一个莫名其妙的句子我曾经听到过，但却非常草率地把它当成了耳边风。
>
> 歇洛克·福尔摩斯

维多利亚时代的共济院，其设立是为了向那些贫穷而体弱的老年人提供住所和工作，共济院的生活条件很艰苦。彼得斯正是从其中一个共济院中接走了那位老妇人。

一位不受欢迎的仰慕者？

菲利普·格林与《魔鬼之足》中的莱昂·斯滕戴尔有很多相似的地方。两人都身材魁梧，留着胡子，脾气暴躁，在南非生活了很长时间，回到英国时依然保留着野性，并且倾向于自己替自己执法。最重要的是，两个人都是爱情方面的失败者，这让他们很英勇，同时也让他们身上潜藏着巨大的危险。

现代读者可能会为格林对弗朗西丝夫人的穷追不舍感到不安，更遑论福尔摩斯明显的共谋行为了。虽然格林称她“在她纯洁的人生里一直保持着独身，全都是为了我的缘故”，但事实上，弗朗西丝夫人确实拒绝了他至少两次，甚至远远地逃到洛桑，精心策划逃到巴登以便甩掉他。确实，柯南·道尔笔下坚强的女性人物通常都是中产阶级，如《铜色山毛榉》中的维奥莱特·亨特和《波希米亚丑闻》中的艾琳·阿德勒。弗朗西丝夫人如此容易上当受骗，貌似属于那些轻信别人的贵妇之列，如《显赫的主顾》中的维奥莱特·德·默维列。但是，福尔摩斯或者格林都未曾考虑过这种可能性，弗朗西丝夫人独身一人可能是一种自愿选择，而非不幸的环境所致。弗朗西丝夫人的真实感觉无从得知，但结尾处有些东西还是隐隐值得注意，在听到格林沉重的脚步声后，福尔摩斯退缩了，他把这位处于半清醒状态、毫无防卫能力的老处女留给了“某个比咱们更有资格照顾这位女士的人”。■

单看第一眼的印象，比这更离奇的案子还真是不多见呢

《魔鬼之足》（1910年）

背景介绍

类型

短篇小说

英国首次发表

《斯特兰德杂志》，1910年12月

文集

《福尔摩斯谢幕演出》，1917年

人物

莱昂·斯滕戴尔博士，猎狮能手和探险家。

莫蒂默·特雷根尼斯，教区牧师家的单身房客。

欧文·特雷根尼斯和乔治·特雷根尼斯，莫蒂默的兄弟。

布伦达·特雷根尼斯，莫蒂默的妹妹。

朗德海先生，教区牧师。

波特太太，特雷达尼克·瓦塔宅邸的管家。

1927年，当《斯特兰德杂志》让柯南·道尔列出自己最喜欢的12个福尔摩斯的故事时，他寥寥数语地评价道："《魔鬼之足》这个答案正确。这本书新奇又恐怖。我们将它放在第九位。"这确实是一个恐怖的故事，是柯南·道尔烘托气氛最好、最吓人的小说，故事场景荒凉而不祥，主题暗指神秘的超自然黑暗力量。为了破案，福尔摩斯必须将客观的态度、敏锐的天赋和勇气发挥到极致。

1910年，柯南·道尔和第二任妻子琼来到康沃尔郡的颇度湾度春假，住在颇度宾馆。此时琼腹中

数百年来，无数的作者和画家从康沃尔郡芒茨湾那戏剧般的场景中汲取灵感。这是定居纽林的加拿大人伊丽莎白·福布斯1909年的一幅作品。

怀着他们的二儿子阿德里安，他在《魔鬼之足》发表前几周出生。英国这个地区充满了有关巫术的传说，柯南·道尔明显感觉这是《魔鬼之足》完美的场景；同时该故事和情节也受到了柯南·道尔对此灵异日益增强的兴趣的影响。

休养中的福尔摩斯

故事发生在1897年3月，长年的工作令福尔摩斯付出了代价。哈莱街一位知名医生告诫他需要休养一段时间，否则将“面临着永远丧失工作能力的危险”。因此，福尔摩斯和华生在颇度湾海岬顶端租了一间小农舍。这是一个非常好的烘托气氛的场景，俯瞰“整个芒茨湾，这个险恶的半圆形海湾历来是过往船只的死亡陷阱，边缘都是黑黢黢的悬崖和惊涛拍击的礁石，不计其数的水手葬身于此”。

但令福尔摩斯着迷的是那

> **我所经办的案子以康沃尔惨案最为离奇，何不告知他们。**
>
> 歇洛克·福尔摩斯

些“阴沉的”荒原、古老的康沃尔语和史前石头纪念碑，这些同样也引起了柯南·道尔的浓厚兴趣。他们享受了几天在荒原上散步的“简单生活”，其间福尔摩斯突发奇想，认为康沃尔语源自迦勒底语，该亚拉姆语是在青铜器时代由那些从事锡矿贸易的腓尼基人带来的。以现代人看来荒唐的理论，但却被当时的古玩收藏家所广泛接受。

他们户外散步时，曾经见过一位当地的名人，即“猎狮能手”莱昂·斯滕戴尔博士。他体型魁伟，头发花白，留着白胡子。

发疯和死亡

一天早晨，福尔摩斯和华生正在吃饭的时候来了两个人：教区牧师朗德海先生和他的房客莫蒂默·特雷根尼斯，一位无须操劳生计的单身汉。

头天晚上，莫蒂默一直在荒原上的特雷达尼克·瓦塔宅邸和自己的兄弟欧文和乔治以及妹妹布伦达打牌。莫蒂默住在附近，其余三兄妹则一起住在宅邸中。当十点钟刚过莫蒂默离开时，其余三兄妹还好好的。第二天早上他外出散步时，遇到了当地的理查兹医生，说自己刚刚接到了一个十万火急的通知，正要去那座宅邸。他们发现房间中的三兄妹仍然坐在牌桌旁，跟莫蒂默离开的时候一样。但布伦达早已断气，她的两个兄弟则在那里尖叫，丧失了理智，脸上都带着“一种极其恐惧的表情”。进入房间时，理查兹医生本人差点晕倒。最后朗德海告诉福尔摩斯：“放眼整个英格兰，你就是我们最需要的人。”虽然医生让他静养休息，但福尔摩斯为这个神秘的案子激动不已，“活像是一头老猎犬，听见了主人发现狐狸的吆喝声”。华生想要他休息的愿望彻底破灭。

> **她的脸上仍然残留着惊恐抽搐的痕迹，诉说着她临死之前最后的一缕人类情感。**
>
> 华生医生

查看现场

在莫蒂默的陪同下，福尔摩斯和华生进入宅邸进行调查。去的路上他们遇到了将欧文和乔治送到疯人院的那辆马车。“一张扭曲变形、龇牙咧嘴的可怕脸孔，正在恶狠狠地瞪着我们。那两只圆睁的眼睛和那两排紧咬的牙齿从我们面前一闪而过，仿佛是一个恐怖的幻影。”

到达宅邸后，福尔摩斯绊翻了一个浇花的水壶，里面的水洒了出来。利用这一笨手笨脚的动作，福尔摩斯是在测量莫蒂默的脚印，借此查明他头天晚上的行动。当时他确实像自己说的那样直接回到了牧师住宅。进入房间后，福尔摩斯和华生看到了布伦达的尸体躺在自己床上，她曾经也是个漂亮女郎。他们得知，在进入女房东遇害的那间屋子时，管家波特太太晕倒了。检查完现场后，福尔摩斯觉得春天晚上在小房间里生火很奇怪。莫蒂默解释说夜里“又冷又潮”。

福尔摩斯哀叹线索太少了。“没有足够的材料就在那里瞎想，好比是让引擎空转，”他说，“迟早会转散架的”。他提议和华生去走走，商量一下。两人都认为，他们可以排除那些“恶魔干预人类事务”的说法。

牧师家中的谋杀案

当他们回到小农舍时，福尔摩斯和华生意外地发现闻名遐迩的

维多利亚时代人们对于药品和疯病的着迷影响了同时代的小说，例如R.L.史蒂文森的《化身博士》。这种偏好一直持续到20世纪。

猎狮能手莱昂

到1910年，猎狮能手、探险家莱昂·斯滕戴尔博士这一人物形象已经存在许多年。柯南·道尔青年时期将其视为浪漫冒险者的英雄形象，但意识到白人的殖民统治对非洲土著人的种种不当行为后，这一形象逐渐坍塌。柯南·道尔崇拜那些在非洲原野披荆斩棘的探险家，如理查德·伯顿和约翰·斯贝克。有些福学家认为，斯滕戴尔是以英国自然主义者、探险家查尔斯·沃特顿（1782—1865，如图）为原型塑造出来的。他曾经赤脚穿过亚马逊，所著《迷失南美》给了查尔斯·达尔文和阿尔弗雷德·华莱士等自然学家很多灵感。但是，斯滕戴尔也许是维多利亚时代诸多探险者的集合体。他的名字也许来自于罗伯特·斯滕戴尔。罗伯特·斯滕戴尔在《索德布尔山脉的宿营生活》等书中描述了发生在印度的大狩猎行动，这本书给了拉迪亚德·吉卜林的《丛林故事》很多灵感。

莱昂·斯滕戴尔正在等他们，希望听听福尔摩斯关于惨案的怀疑对象。他称自己已经准备去非洲了，但在接到牧师发来的有关惨案的电报后，立即从普利茅斯赶了回来，虽然自己的部分行李已经上了船。对于这位独行侠为了自己和欧文、乔治和布伦达的友谊而放弃非洲之行的说法，福尔摩斯并不相信，拒绝向他透露任何细节。

斯滕戴尔走了，福尔摩斯悄悄地跟踪了他。他去了牧师的住处，在外面等了一阵，然后回了家。第二天早上，朗德海情绪激动地来找福尔摩斯和华生。“我们这里闹鬼啦，福尔摩斯先生！我这个倒霉的教区闹鬼啦！魔王本人正在这里为所欲为！”莫蒂默·特雷根尼斯死在了楼下的屋子中，死状跟他妹妹很像。

他们赶在所有人之前到了未被破坏的犯罪现场，发现莫蒂默死在了自己的椅子上，脸上有着恐惧的表情，和他死去的妹妹一模一样。他们还注意到了屋里令人窒息的空气，桌上有一盏仍旧“点着的冒烟的”油灯。发现了新的线索后，福尔摩斯四处查看。“他冲上草坪，从窗子跳进起居室，在房间里转了一圈儿，跟着就上楼去了卧室，怎么看怎么像是一头一往无前的猎狐犬，正在将猎物赶出树丛，”华生这样描述。福尔摩斯检查了油灯，从中取走了一些粉末样品，给警察留了一部分。

> 这里藏着一条线索，兴许能帮咱们理清这团乱麻，只不过，咱们还没有认清这条线索到底是什么。
>
> 歇洛克·福尔摩斯

一个危险的实验

回到农舍后，福尔摩斯又变成一位实证科学家，正如华生在《暗红习作》中与他初次见面时那样。福尔摩斯用一盏与莫蒂默房间中一模一样的油灯做了一系列的实验。他说，自己已经找到了油灯、特雷达尼克·瓦塔宅邸中的炉火以及两个犯罪现场“憋闷的空气”之间的联系。他假定说，两起惨案的罪魁祸首都是一种通过燃烧发挥效力的毒物。为了验证自己的假定，他需要用从油灯中取出的粉末进行实验，并邀请华生全程参与。这位忠诚的医生高兴地答应了。福尔摩斯将从第二个犯罪现场取来的粉末撒到了燃烧的油灯上，然后他们一起坐下来等待下文。很快华生就产生了幻觉，但当他瞥见福尔摩斯的脸，“脸惨白僵硬，已经在恐惧之中变了形”，他猛然惊醒，一把抱住福尔摩斯，拖着他冲到了花园里，然后肩并肩地趴在那里，贪婪地享受着户外的感觉。这是一次非常侥幸的脱险，随之而来的是一个不常见的感人时刻，展示了他们之间深厚的友谊。在那一

杰里米·布雷特扮演的福尔摩斯用一盏和牧师家中点着的那盏很像的油灯来测试不同灯油的燃烧时间。

瞬间，幕布拉开，知道自己刚刚与死神擦肩而过，俩人都说出了自己的真实感觉。“我得跟你道声谢谢，还得向你赔个不是，”福尔摩斯说，“这种实验用在自个儿身上都说不过去……我真的觉得非常抱歉”。华生回答说：“能帮上你的忙，正是我最大的快乐和荣幸。”但是，几秒钟后福尔摩斯就恢复了正常的那种挖苦的态度。

医学实验

对于19世纪的医生而言，以身试药是生命中的一个组成部分。在对药物和毒药进行临床实验的时代到来之前，医生通常只能通过拿自身做实验的方式来了解这些化学物质的效果。其中不免有虚张声势的成分，但也包含着不断探索新的科学前沿的意味。柯南·道尔在爱丁堡学医期间，就曾经拿素馨属这种毒药在自己身上做过实验，并在1879年以自身的观察记录给《英国医学杂志》写了一篇文章。华生第一次见到福尔摩斯时，这位大侦探满身都是做实验留下的伤疤。他以身试药的习惯可能就是这样养成的。

但是，福尔摩斯也承认，让华生参与自己的实验真是疯了，能够死里逃生真是幸运。即使通过实验确实验证了特雷达尼克·瓦塔宅邸和牧师家中的死亡事件是如何发生的，这样做也是十分疯狂。福尔摩斯确定莫蒂默离开宅邸时将一些粉末投入了炉火中，将烟气的骇人作用施加在自己的家人身上。他之前承认在分财产的时候与他们闹过纠纷，但声称“达成了和解”。但福尔摩斯说，“我觉得这个人的心胸宽广不到哪里去”。

> **第一阵气味刚刚袭来，我的大脑和思维立刻失去了所有的控制。**
>
> 华生医生

福尔摩斯悉知真相

应福尔摩斯的邀请，斯滕戴尔很快赶来。这位大探险家对福尔摩斯的号令显得很生气，但当福尔摩斯说他知道谁杀死了莫蒂默时，

有毒的植物

小说中虚构的“魔鬼之足”是根据属植物曼陀罗草联想出来的。其根茎呈叉状、人形，据说拔出时会“尖叫”。曼陀罗草中含有有毒的致幻剂，是欧洲巫术的主要用料之一。世界各地的巫医使用各种植物来引发幻觉，甚至会致人发疯或死亡。在柯南·道尔求学的爱丁堡医学院中，有一位名叫罗伯特·克里斯蒂森（1797—1882）的著名教师，他在服用传教士从非洲热带地区发来的卡拉巴豆（见左图）后险些丧命，喝了自己的剃须水后才获救，但却落下了病根。他还在讲述“箭毒”时用吹管放箭而为人所知，箭毒是箭毒马鞍子的毒素，南美印第安人用以浸制毒箭。探险家查尔斯·沃特顿（1782—1865）和亚瑟·柯南·道尔一样，曾在兰开夏郡的斯托尼赫斯特学院学习。他向人们展示，中了这种毒药的驴可以通过人工呼吸来维持生命，直至其毒药作用彻底消失。这让沃特顿有足够的理由认为，植物可以用来做麻药。

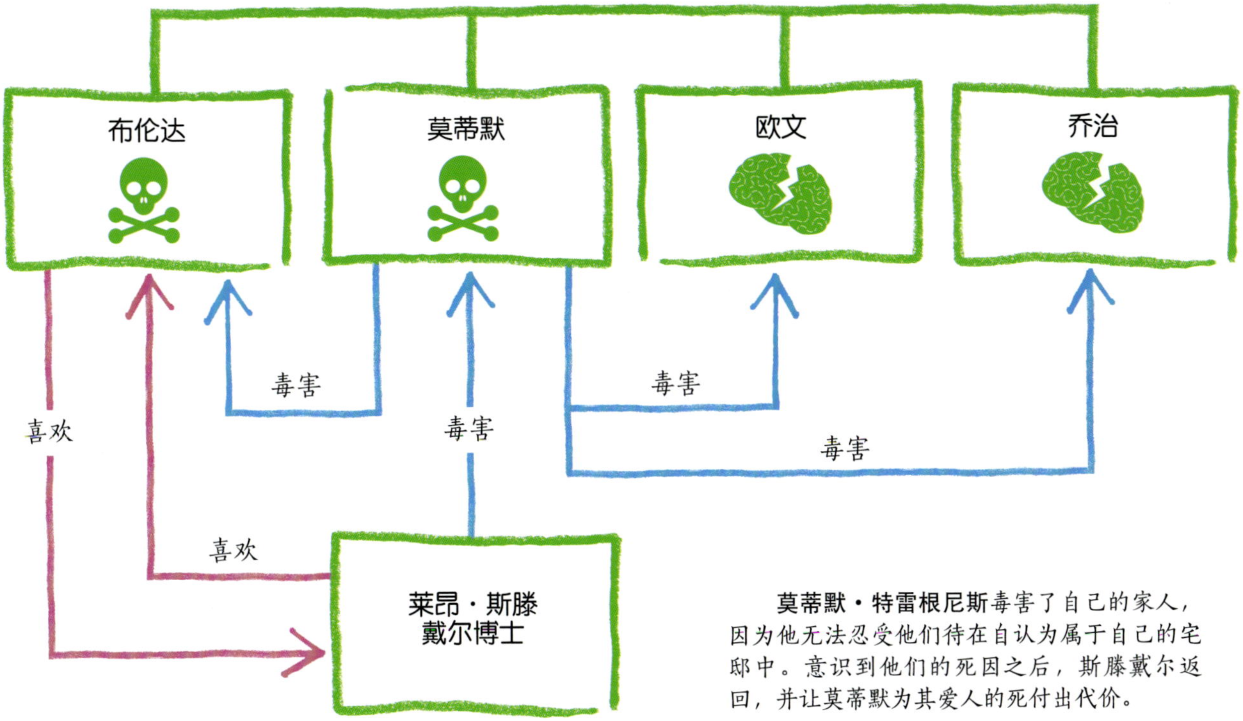

莫蒂默·特雷根尼斯毒害了自己的家人，因为他无法忍受他们待在自认为属于自己的宅邸中。意识到他们的死因之后，斯滕戴尔返回，并让莫蒂默为其爱人的死付出代价。

他恢复了平静。福尔摩斯承认说，在他们第一次见面后跟踪斯滕戴尔到了他家，并且在随后的调查中发现，他家的小石子出现在莫蒂默卧室窗户前面的草地上。因此福尔摩斯推断，斯滕戴尔当天早晨去过牧师家，向窗户上扔石头叫醒了莫蒂默，然后斯滕戴尔将其锁在点着油灯的房间中，自己则在外面的草地上抽烟，目睹了他的死亡过程。

斯滕戴尔震惊地对福尔摩斯尖叫道：“您简直是魔王现世！”他对福尔摩斯的怀疑供认不讳，承认多年来一直爱着布伦达，妻子虽然多年前已经舍他而去，自己却离不了婚。就在几周前，斯滕戴尔向莫蒂默展示了他“在非洲收集的一些新鲜玩意儿”，其中就有这种用“魔鬼之足”做成的红褐色粉末。“西非一些地方的巫医”用它来充当“神判药物”。莫蒂默知道了其致命作用之后，偷走了一些粉末，并用它来谋杀自己的家人，以便让自己“独占全家人共有的产业”。为了给布伦达报仇，斯滕戴尔拿着枪，强迫莫蒂默坐在椅子上等待同样可怕的死亡降临到自己身上。这位探险家告诉福尔摩斯：“还没到五分钟，他已经一命呜呼。我的上帝！他死得可真是惨。”

显然，大侦探很同情斯滕戴尔。既然他已经了解了背后的真相，决定放其离开。相对于法律条文，福尔摩斯总是更倾向于维护公正。一旦他觉得正义已经得到伸张，很少去关心具体的法律程序。斯滕戴尔离开后，福尔摩斯告诉华生：“我从来不曾有过恋爱的经历，华生。话又说回来，如果我爱过，我爱的女人又如此惨死的话，我的行动兴许也跟咱们这位目无法纪的猎狮能手差不多。”

福尔摩斯对于斯滕戴尔遭遇的同情之心是如此明显而强烈，难免让人觉得这应该是柯南·道尔自己的心声。1897年，也就是《魔鬼之足》故事发生的这一年，柯南·道尔遇到了琼·莱基，并深深地爱上了她。不过，他妻子路易丝此时罹患重症肺结核，柯南·道尔没有选择此时与妻子分手，而是精心照顾妻子。柯南·道尔最终于在1907年与琼·莱基结婚。长达10年的心痛经历让作者清晰地知道生不逢时的爱情感受如何，也能够充分想象出斯滕戴尔突然与真爱阴阳两隔时痛不欲生的感觉。■

要刮东风啦，华生

《福尔摩斯谢幕演出》(1917年)

背景介绍

类型

短篇小说

英国首次发表

《斯特兰德杂志》，1917年9月

文集

《福尔摩斯谢幕演出》，1917年

人物

冯·博克，运动行家、德国间谍。

玛莎，冯·博克的仆人。

冯·赫灵男爵，德国公使馆首席秘书。

埃尔塔蒙，反英国主义者、爱尔兰裔美国人，情报员。

福尔摩斯是如此出名，以至于人们经常忘记柯南·道尔是以布尔战争战地记者的身份被授予爵位的，而不是因为他塑造了世界上最受人喜爱的侦探。实际上，作者永远无法与福尔摩斯脱离干系。在有关一战的报道《探访三大战线》中，柯南·道尔写道，一位法国官员曾经问他福尔摩斯是否在英国军队中。“我的将军，”柯南道尔回答说，“他太老了无法参军。”但是，他很快就改变了主意。1917年发表的《福尔摩斯谢幕演出》记录了这位已退休侦探的秘密军事活动。按时间排序，1914年这个时间是福尔摩斯在书中最后一次出场。起初，小说的副标题叫作“福尔摩斯战时服役”，在后面的版本中删除。

福尔摩斯用氯仿放倒了德国特工冯·博克，将其捆住放在车后座上，然后前往伦敦。这是《斯特兰德杂志》上的插图，绘者是阿尔弗雷德·吉尔伯特。

探案全集中只有两个故事是以第三人称写的，这是其中之一，另一个故事是四年后发表的《马泽林钻石》。这可能是记录者华生有意为之，在《雷神桥谜案》中，他稍稍提及，这些案子他“要么是未曾参与，要么就是参与的程度极为有限，只能使用第三人称”。

不吉利的时刻

“时间是八月二日，晚上九点。这是世界历史上最可怕的一个八月”，故事开篇这几句话显得非常不吉利。这种世界末日的气息可以用当时的日期来解读，因为1914年8月2日，蓄意发动战争的德国向比利时发出最后通牒、入侵卢森堡并与土耳其签订了秘密同盟协议。同天俄罗斯入侵普鲁士。仅仅过了两天，英国对德国宣战。

在冯·博克的英国乡间别墅中，这位德国间谍正在与他的上级冯·赫灵男爵聊天。预感战争即将到来，冯·博克正准备离开英国。冯·赫灵觉得也许没必要这么做，因为英国尚未准备好开战，内部乱成了一锅粥。冯·博克大部分家人和其他人都已经离开，只留下了仆人玛莎。对于这位仆人，冯·博克轻蔑地称“她简直就是不列颠妮亚的化身，满脑子都是自个儿的事情，悠闲自在，昏昏欲睡”。

> **跟我一起在露台上待会儿吧，说不定，咱们再也没机会平平静静地交谈啦。**
>
> 歇洛克·福尔摩斯

卧底

冯·赫灵离开后，冯·博克的一位情报员赶来，他是一位名叫埃尔塔蒙的反英国主义者、爱尔兰裔美国人，是来送所谓的英国海军密码副本的。冯·博克向埃尔塔蒙吹嘘他的保险柜，里面装满了机密文件。保险柜的密码是双重的，“August（八月）1914”，这是四年前设置的密码，证明德国密谋开战不是一天两天了。

打开装着那本书的纸包后，冯·博克吃惊地发现其中只有一本名叫《养蜂实用手册》的小册子。但在他反应过来之前，埃尔塔蒙一跃而起，用一块浸过氯仿的海绵让他失去了知觉。扣人心弦的是，此时作者才指出，埃尔塔蒙是福尔摩斯伪装的，两年前他退休开始养蜂，中途却不得不出山来挖出这个不断制造麻烦的德国特工。在福尔摩斯和“司机”华生享用冯·博克准备的葡萄酒时，福尔摩斯解释说，玛莎（很多福迷认为就是哈德森太太）早已知情，自己花了两年多的时间做卧底（包括在美国待了一段时间），以便和冯·博克搭上线。这与一个月后发表的《恐怖谷》中的博迪·爱德华兹惊人地相似。

当冯·博克醒来后，福尔摩斯充分表述了他的爱国之心，在这方面他与冯·博克也算是公平竞争了。但是，故事以一种警告的语气收尾，借大侦探之口，柯南·道尔表达了自己对德国所带来的威胁的感受：“要刮东风啦……东风终归要来，而且是英格兰从来不曾见过的暴风。这阵风定然寒冷彻骨，华生，我们当中的许多人都会在风中枯萎凋谢。即便如此，这阵风依然是出自上帝的意愿，风暴平息之后，沐浴在阳光之下的将会是一片更加洁净、更加美好、更加坚实的土地。”■

战时间谍活动

[illegible]英国的间谍活动，但这种间谍活动其实很少。只有31位德国间谍接受审判，其中11位在伦敦塔被处死。在《福尔摩斯谢幕演出》中，冯·赫灵暗示说，德国插手挑起了爱尔兰内战，并煽动了女权运动。后者并无证据，但德国支持爱尔兰“自治”运动以削弱英国的力量确有文件证明。其中的关键人物是罗格·凯斯门特（如图），他向德国寻求支[illegible]们提供了武器。凯斯门特帮助刚果共和国终结了比利时对其进行的残暴殖民剥削。他认识柯南·道尔，也了解他的作品。后来凯斯门特被指控为同性恋，之后又因重大叛国罪受审，最终于1916年被英国人以“不受欢迎的人（persona non grata）”的名义处死。即使柯南·道尔的介入也未能保住他的性命。

THE FINAL DEDUCTIONS

最后的演绎法

1918年
柯南·道尔发表了《新启示》，公开自己的唯灵论信仰。

1918年11月
英德签订停战协议，第一次世界大战结束。

1918年12月
柯南·道尔出版了《危险短篇集》，他的儿子金斯利因战争受伤等原因去世。

1919年2月
柯南·道尔的弟弟英尼斯因为在战争中罹患肺结核去世。

1921年
柯南道尔的母亲玛丽去世。

1921年5月
柯南·道尔再次将福尔摩斯搬上舞台，剧名为“王冠钻石”，在布里斯托尔开演。

1921年10月
随后收录在《福尔摩斯旧案钞》中故事开始在《斯特兰德杂志》上连载。

1922年
柯南·道尔发表《柯南·道尔诗集》。

本章内容

短篇小说集

《福尔摩斯旧案钞》，1927年

马泽林钻石

雷神桥谜案

爬行人

萨塞克斯吸血鬼

三个加里德布

显赫的主顾

三尖别墅

白化士兵

狮子鬃毛

退休的颜料商

戴面幂的房客

肖斯科姆老宅

《福尔摩斯谢幕演出》小说出版四年之后，福尔摩斯最后一次回归，这些故事1927年收录在小说集《福尔摩斯旧案钞》中出版。这12个故事是柯南·道尔在自己生命的最后十年间完成的，第一个故事《马泽林钻石》发表于1921年，是根据柯南·道尔的独幕剧《王冠钻石》改编的。小说集以《肖斯科姆老宅》结束。

愈发黑暗

与之前的故事相比，《福尔摩斯旧案钞》中的故事更加黑暗，更加暴力，主题更冷酷无情，这也许反映了柯南·道尔所说的他写作过程中的“狂热时期”，以及一战过后广泛存在的理想破灭。福尔摩斯表现出了更负面的情绪，包括恐惧和愤怒。此外，他愤世嫉俗，有仇必报，会出现误判，甚至会向失败低头。正如《雷神桥谜案》中所说的，一个公文箱里装满了没有解决的案子。在《显赫的主顾》中，福尔摩斯面对勇敢的吉蒂·温特毫无准备，温特小姐的行为使他大为震惊。

有些批评人士称，这些故事可能并非全是柯南·道尔的作品，它们的确良莠不齐，比以前的故事都更为阴郁，其中的主题包括毁容（《显赫的主顾》和《戴面幂的房客》），甚至自杀（《雷神桥谜案》）。在最为暴力的故事《三个加里德布》中，华生甚至受了枪伤。

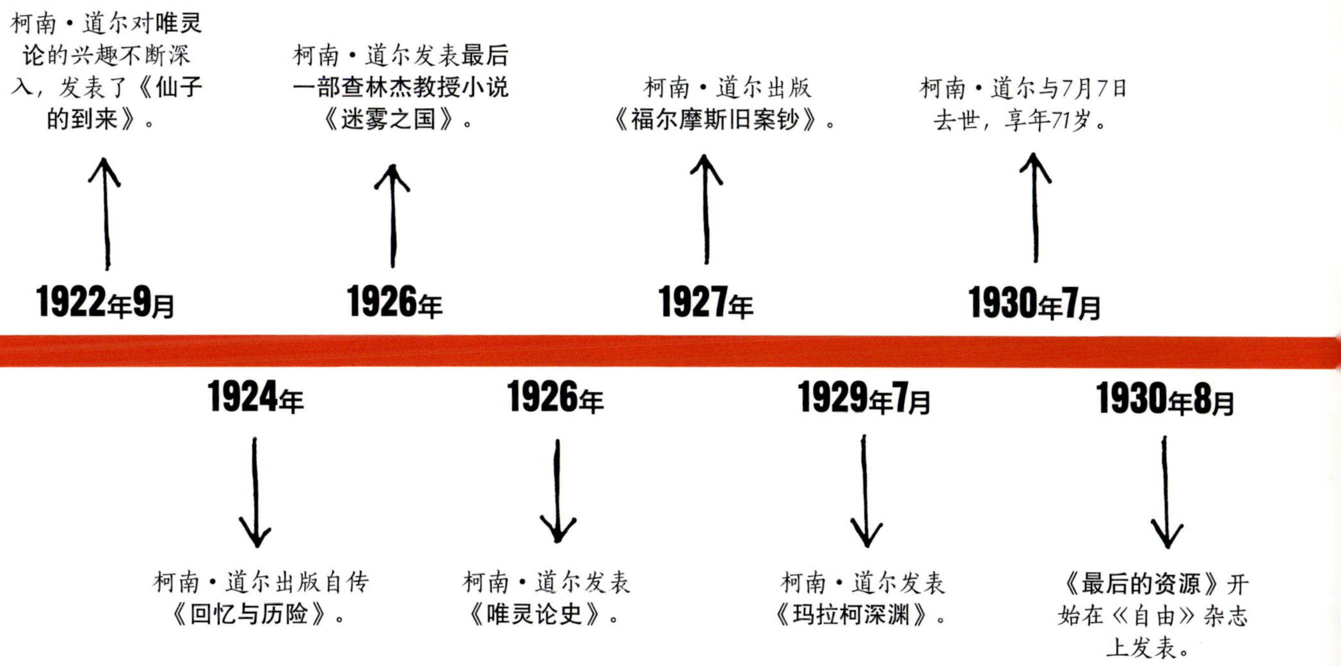

硬币的两面

虽然柯南·道尔1902年被授予爵位，但福尔摩斯却在《三个加里德布》拒绝接受爵位。此外，作者和他笔下的人物这些年还在信仰上出现了分歧：柯南·道尔对唯灵论很感兴趣，神视能力也达到了巅峰。其中的原因很可能是他的儿子在一战中去世，随后他的弟弟也在因战争中染上肺结核而死去。

此时，柯南·道尔已经成为招魂术的忠实信徒，定期参加降神会和心灵感应的实验。1922年，他发表《仙子的到来》一书，支持两个声称拍摄到仙子的女孩（数年后，她们承认自己的欺骗行为。）有一点值得注意的是，尽管柯南·道尔完全相信超自然的现象，但福尔摩斯还像以往一样十分理性，尤其是《萨塞克斯吸血鬼》，这个故事表明大侦探完全不相信超自然的理论，“用不着添上什么鬼魂”。

变化的世界

除了《狮子鬃毛》中的故事发生在1907年以外，《福尔摩斯旧案钞》中的其他故事都发生在1903年之前，比《福尔摩斯谢幕演出》的1914年早很多。在《福尔摩斯谢幕演出》中，福尔摩斯对“狂乱不堪的时代”发出了感慨。也许柯南·道尔宁愿让大侦探福尔摩斯立足于维多利亚时代晚期和辉煌的爱德华时期，因为他觉得即使拥有他那样极为有效的能力，可能也无法解决20世纪初复杂的道德和实际困境。

在这最后一部小说集的序言中，柯南·道尔与福尔摩斯道别，希望福尔摩斯和华生有一天能够找到一个地方，这里“想象力的产物可以停留在某种妙不可言的中间状态”。虽然柯南·道尔把创作福尔摩斯看成是“低层次的文学成就”，但在接下来的数十年中，福尔摩斯一直是睿智但古怪的侦探原型，我们在现代犯罪小说中可以经常看到。如今，福尔摩斯一如既往地广受欢迎，这一人物形象不断演变，可能连他的创造者都无法想象。世界各地的福迷朋友仍然着迷于福尔摩斯的故事——不管是书本上的，还是银幕上的。■

这家伙揣着他自个儿的算盘来找我，可他兴许会掉进我的算盘

《马泽林钻石》（1921年）

背景介绍

类型

短篇小说

英国首次发表

《斯特兰德杂志》，1921年10月

文集

《福尔摩斯旧案钞》，1927年

人物

内格雷托·西尔维斯伯爵，有一半意大利血统的贵族，主犯。

山姆·默顿，愚蠢的拳击手，伯爵的同伙。

比利，福尔摩斯的小听差，聪明伶俐。

坎特米尔勋爵，本案中福尔摩斯显赫的主顾之一。

这部小说改编自柯南·道尔的独幕剧《王冠钻石》。该独幕剧本身改编自他之前的一部小说《空屋子》，故事情节几乎完全一样。值得注意的是，这也是两篇以第三人称叙述的福尔摩斯故事中的一篇，另一篇是《福尔摩斯谢幕演出》，并且整个故事都发生在福尔摩斯的起居室中。

一份闪闪发光的荣誉

福尔摩斯受首相、内政大臣和某个名叫坎特米尔的勋爵之托，要找回失窃的王冠钻石。钻石价值十万英镑，比《蓝色石榴石》中的莫尔卡的宝石贵重100倍。福尔摩斯知道谁偷了钻石，但不知道现在钻石藏在什么地方，因此才允许窃贼逍遥法外，虽然这会让他陷入险境。有一半意大利血统的主犯内格雷托·西尔维斯伯爵是个神枪手，因此福尔摩斯在前窗的帘子后面放了一尊自己的蜡像，防止有人暗杀他。当伯爵出现在自己家门口时，福尔摩斯看到了破案的机会，因此在接见伯爵前派华生去叫苏格兰场的警察。

> 您唬不了我，西尔维斯伯爵……您跟一块玻璃板没什么两样，我一眼就可以看穿您的花花肠子。
>
> 歇洛克·福尔摩斯

一个熟悉的坏蛋

西尔维斯是《空屋子》中猛兽猎手塞巴斯蒂安·莫兰上校的海外化身，甚至连福尔摩斯都把两者的狩猎方式与自己抓犯人的方式相提并论。两个坏蛋都钟爱专门设计的气枪：莫兰的气枪是“一位双目失明的德国技师冯·赫德”制造的，而西尔维斯的气枪则出自一位听起来像是德国人的技师“斯特劳本齐老先生”之手。虽然这位伯爵更喜欢去阿尔及利亚打狮子而不是

> 我这位老朋友可以作证，我这个人习惯不好，喜欢搞点儿恶作剧。
>
> 歇洛克·福尔摩斯

去印度打虎，但西尔维斯和莫兰一样留着大胡子，长着一副鹰钩鼻。同样他也有“两片冷酷无情的薄嘴唇”，在后面的故事《显赫的主顾》中，邪恶的欧洲贵族格朗纳男爵同样如此。

变脸的把戏

福尔摩斯提出，如果西尔维斯及其同伙山姆·默顿交出钻石，就不去妨碍他们的自由。然后他及时离开了房间，假装要去卧室练习小提琴。认为无第三者在场的西尔维斯告诉默顿，钻石他就随身带着。恰在此时，“蜡像”突然间活了，手中拿着左轮手枪。福尔摩斯通过卧室的暗门与蜡像换了位置，小提琴的声音是留声机发出的。两个窃贼被耍得团团转，最后被逮捕。

使用类似的恶作剧手段，福尔摩斯涮了高傲的勋爵一顿。他假装帮助坎特米尔勋爵脱大衣，趁机将钻石放在了他的口袋里。之后恶作剧般地指责他就是“收赃的人”。转瞬之间，坎特米尔勋爵从宣称自己始终都不相信福尔摩斯的本事，变为对其不可思议的破案技巧恭维不已。“我们欠了您一个天大的人情，福尔摩斯先生。……说到您那些神奇的专业本领，我这就收回我以前的所有评论。”

亮点和不足

这个故事的情节与《空屋子》如此雷同，让人感觉仿佛是其他人对《空屋子》的抄袭之作。故事中充斥着各种对话，许多对话是直接从独幕剧中截取的，显得很夸张。暗门也是舞台剧中的陈词滥调。但是，这个故事中确实偶有妙语，如福尔摩斯所说的“我整个人就是一颗脑袋，华生，其他部分仅仅是附件而已”。■

西尔维斯伯爵准备袭击蜡像，但就在此时，门口传来了一声“不温不火、藏针带刺的”招呼。这是《斯特兰德杂志》上的插图，绘者是阿尔弗雷德·吉尔伯特。

王冠钻石

1921年，独幕剧《王冠钻石：福尔摩斯之夜》在布里斯托大剧院首演，丹尼斯·尼尔森·特里扮演福尔摩斯，雷克斯·弗农·泰勒扮演华生，诺曼·雷兰德扮演莫兰（不久泰勒就因一桩涉及酒吧女招待和失窃手表的丑闻被保罗·阿什威尔所取代）。在伦敦大剧院演出后，该剧开始在全英国巡演。但很快这种娱乐活动就被电影所取代，人们很快忘记了这部剧，以至于柯南·道尔死后发现的这部剧本一度被误认为是一部从未面世的作品。

这并不是柯南·道尔第一次写剧本。1899年，轰动一时的《歇洛克·福尔摩斯》在加里克剧院拉开帷幕，这是他与剧作家威廉·加里克合作的作品。柯南·道尔的其他剧作品包括对拿破仑故事的改编、某个版本的《斑点带子》。他甚至还和自己的朋友J. M.巴里为轻歌剧《简·安妮》成立了一家合资公司，后被萧伯纳以“胡闹大爆发”的名义解散。

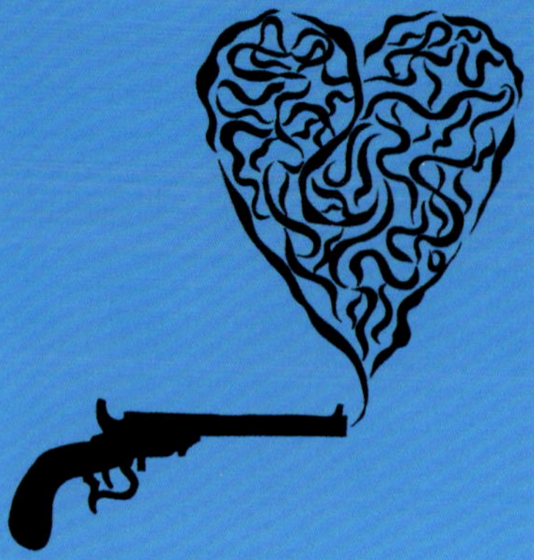

我有本事发现事实，华生，可我没本事改变事实

《雷神桥谜案》（1922年）

背景介绍

类型

短篇小说

英国首次发表

《斯特兰德杂志》，1922年2月

文集

《福尔摩斯旧案钞》，1927年

人物

尼尔·吉布森，美国百万富翁，金矿大王，曾做过参议员。

吉布森夫人，尼尔的妻子，巴西人。

格蕾丝·邓巴小姐，吉布森两个孩子的家庭教师。

考文垂警长，当地的警察。

作为全书中的第50个故事，《雷神桥谜案》以一个令福迷们念念不忘的秘密开头。华生提到，存在一个“满载风尘、破旧不堪的马口铁公文箱”，里面塞满了福尔摩斯各种未形诸笔墨的案卷。但在本故事中，福尔摩斯展现了其不时嘲弄人以外的另一面。除了故事本身和各主要人物那些令人印象深刻的动机之外，故事中还包含了异常丰富的对于福尔摩斯性格、偏见甚至是错误方面的挖掘。

> 没有答案的问题或许能引起研究者的兴趣，只可惜必然招致普通读者的怨声。
>
> 华生医生

无可匹敌的福尔摩斯

这次的主顾是个无情的美国金矿大王尼尔·吉布森，他曾经做过参议员，住在汉普郡的雷神府邸。与现实生活中的金矿大王、政治家乔治·赫斯特（报业大王威廉·伦道夫·赫斯特之父）存在不少相似之处，这绝非巧合。吉布森的妻子是一个典型的巴西人（“热带出身，热带性情”），被人发现死在雷神府邸附近苇塘上的一座石桥上，脑袋被打穿。吉布森两个孩子的家庭教师格蕾丝·邓巴已经被捕，她承认自己与吉布森太太在桥上见过面。死者手中攥着一张邓巴小姐写的条子可以作为罪证。此外，在家庭教师的衣橱中还发现了一把用过的左轮手枪。

吉布森不是一个讨人喜欢的角色，自己的庄园管事称其为“一个地狱里来的恶棍”。华生尖刻地写道：“把亚伯拉罕·林肯身上的高贵替换成卑污，你就可以大致想见他的模样。”这位百万富翁想让福尔摩斯接手这个案子，以便为邓巴小姐洗脱冤情。但当他拒绝说出与这位小姐的关系时，福尔摩斯将他赶了出去。被拒绝后，习惯了为所欲为的吉布森愤而威胁福尔摩斯，但福尔摩斯毫不慌张，平静地回答说：“少安毋躁，吉布森先生。”笑对恐吓是福尔摩斯最讨人喜欢的特点之一，正是这种不畏权威和不畏以自我为中心的人的态度，让他在《波西米亚丑闻》中激怒了自己的皇家主顾，在《显赫的主顾》中藐视格朗纳男爵的威胁。

最后，吉布森承认自己曾经追求过这位有魅力的家庭教师，却被对方回绝了。但是，她还是留在了他的家中，因为她似乎想对吉布森的性格施加一些正面的影响。吉布森显然被她的仁爱之心所感动，因此，福尔摩斯接手这个案子更多是因为这位家庭教师的原因，而不是因为吉布森。

一桩残忍的罪案

福尔摩斯先与华生探访了雷神府邸，并与当地警察考文垂警长检查了犯罪现场。随后他去温彻斯特监狱中探视了邓巴小姐。她发誓说，在雷神桥上与吉布森太太会面是对方本人通过便条提出的，自己所写的回信只是确认了时间和地点。邓巴小姐称，一到雷神桥，她就遭到了这个嫉妒女人愤怒的抨击：“直到那一刻，我才真正认识到这个可怜的妇人恨我恨到了什么程度……她把满腔的疯狂怒火都变成了无比激烈的言语。”她称，此后自己就离开了雷神桥。

福尔摩斯和华生所用的枪的品牌是福尔摩斯迷争论的一个热点话题。有人认为，在本案中起到关键作用的华生的左轮手枪品牌应该是韦伯利或亚当斯（如图）。

在邓巴小姐衣橱中发现的左轮手枪应该是一对手枪中的一支，但在吉布森“一大堆各式各样、有大有小、令人胆寒的火器”中却无法给这把枪配上对。在过去的一个世纪中，英国人认为美国人喜欢带枪这一观念并没有发生多大的变化，正如考文垂警长所说，“那些美国人可比咱们这边的人喜欢用枪。”这一说法在书中其他好战分子身上也能找到回应，如《三个加里德布》中的“杀人魔”埃文斯。

案情突破

本案的关键是雷神桥扶手上新出现的一块痕迹，这是一次猛烈撞击留下的。福尔摩斯意识到了它的重要性，华生那把患难之交的左

重建犯罪现场

在柯南·道尔创作福尔摩斯故事的40年中，犯罪现场分析和重建是相对新颖但飞速发展的一门专业。指纹等一些取证方法在进入20世纪时已经为人所使用，但在维多利亚时代，人们更多依赖一种有缺陷的断案模型。在该模型中，案情推测先看证据和动机，其次才是确证性的物证。但是，在《波西米亚丑闻》中，福尔摩斯警告不要扭曲事实来适应自己的假设。他并不是唯一一位持这种观点的人。1898年，犯罪学家汉斯·葛罗斯写道，假设应基于事实证据而非证词。犯罪学家爱德华·奥斯卡·海因里希认为，在希望找出嫌犯之前，调查人员应当先找出“发生了什么、何时发生、发生地在哪”。

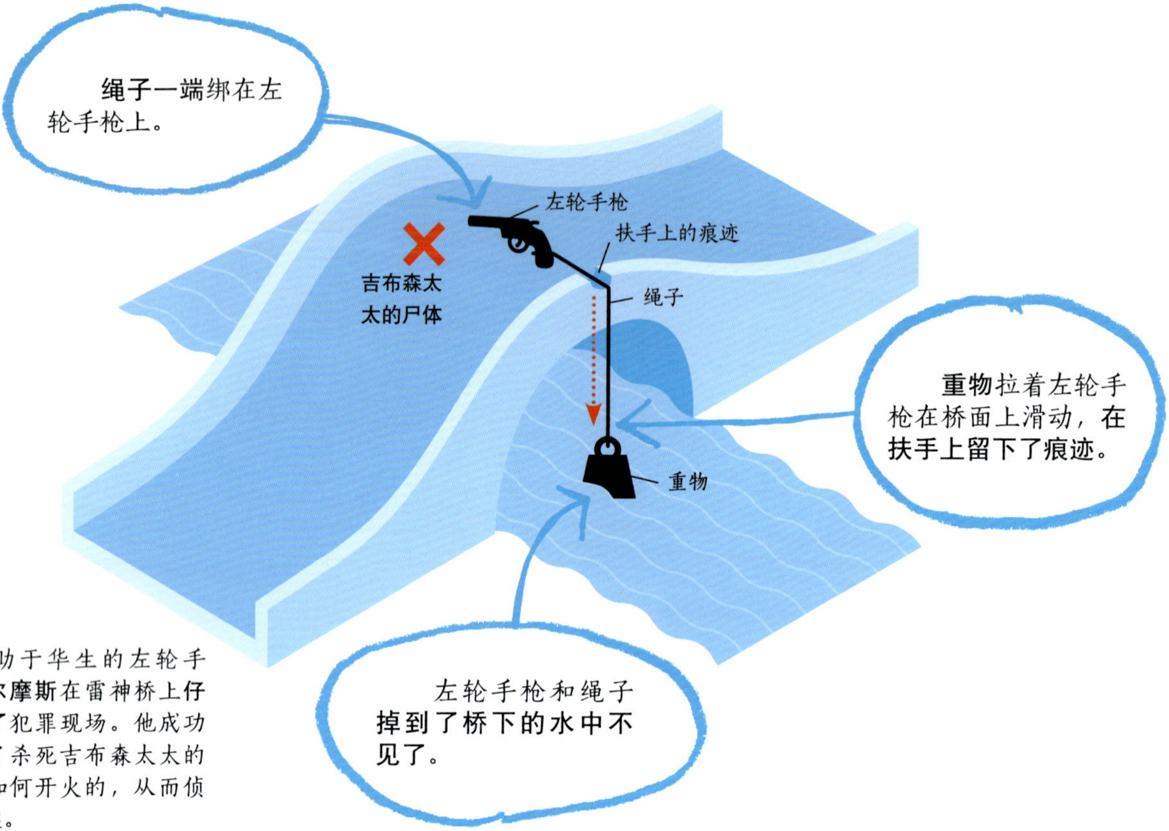

借助于华生的左轮手枪，**福尔摩斯**在雷神桥上仔细重构了犯罪现场。他成功地演示了杀死吉布森太太的手枪是如何开火的，从而侦破了本案。

轮手枪又一次派上了用场，成为重建犯罪现场的关键道具。福尔摩斯将这把手枪拴在了一根长绳上，绳子另一端绑在了一块大石头上，之后将石头从桥上放了下去。福尔摩斯站在吉布森太太尸体被发现的地方，将手枪举到了头上，然后松了手。手枪在石头重量的作用下先击中了桥栏的扶手，然后掉入苇塘中，在扶手上留下了一块与先前那块一模一样的凿痕。

福尔摩斯已经证明，本案并非谋杀，而是一起巧妙设计用来陷害那位倒霉家庭教师的自杀行为。虽然这一想法貌似异想天开，但实际上，柯南·道尔确实是受到了德国一起真实案件的启发。1896年，奥地利犯罪学家汉斯·葛罗斯报告称，一位男士正是采用了这种看似谋杀的自杀方式，以免其人寿保险单失效，从而可以让其家人受益。

爱情的力量

吉布森已经承认，他很久以前就对自己妻子的爱已经淡了，对邓巴小姐却产生了强烈的感情。虽然没有什么不得体的事情发生，但他说："我妻子非常妒忌她，这是件毫无疑问的事情。"吉布森太太是一个热情、纯粹的南美人（跟《萨塞克斯吸血鬼》中的弗格森夫人很像），她"疯狂地仇恨"孩子的家庭教师。故事反复提及"身体"关系和"精神"关系的区别。吉布森先生与邓巴小姐之间的精神关系深沉、热烈但又纯洁，却在某种程度上比吉布森夫妇的身体关系和现实的婚姻关系亲密得多。邓巴小姐认为，吉布森太太"那种身体层面的爱情实在是太过强烈，因此就理解不了我和她丈夫之间这种精神层面乃至宗教层面的纽带"。当吉布森自己尝试解释"对精神关系的妒忌也可以非常疯狂，不逊于对身体关系的妒忌"，说明他自己也在努力应对这一课题。

柯南·道尔本人也曾一度面临肉体之爱和精神之爱的问题。在他的第一任妻子路易丝（"图伊"）1906年去世之前的很长一段时间内，柯南·道尔就遇到并爱上了一位名叫琼·莱基、比他小十四岁的漂亮女人。在他们结婚前（图伊死后），柯南·道尔始终将这段恋情保持在柏拉图式的爱情状态。从《雷神桥谜案》中复杂的三角恋中，读者难免会读出其中的弦外之音。在给自己母亲的一封信中，柯南·道尔暗中提及了与莱基的恋情，“我生命中有很大的空白，但如今已经被填满了”。

吉布森明显有同样的感觉，并且最终获得了代替作者达到幸福彼岸的机会。读者们可以猜想吉布森和邓巴小姐是否会结婚，以及她能否帮他“看到某种比财富更加持久的东西”。

一位超然的职业侦探？

在《雷神桥谜案》中，福尔摩斯本身的行为和他对自己主顾的态度错综复杂地交织在一起。开始接手案子时，吉布森让他开价并想想他的声望：“只要您办成了这件事情，英美两国的所有报纸都会把您往天上捧。”福尔摩斯冷冷地回答说，自己的业务费用有一套固定的标准，并且更喜欢隐姓埋名地工作。这与在《修院学堂》中兴高采烈地从霍德瑞斯公爵手中拿到一大笔钱的那个男人形成了鲜明的对比。也许别人觉得他的动机太过肤浅令其不满，抑或他只是想让吉布森做出一些有意义的牺牲。在他享受从老派贵族手中攫取财富的同时，这位美国人的钱财对于福尔摩斯来说是无关紧要的，因为对于这位主顾而言，这点钱也无关紧要。

> **到这会儿，所有的环节都已就位，事件的链条也已经构筑完整。**
>
> 歇洛克·福尔摩斯

> **尼尔·吉布森先生还是从那座教授人生课程的苦难课堂里学到了一点儿东西的。**
>
> 歇洛克·福尔摩斯

正如福尔摩斯所解释的那样，“我兴趣所在仅仅是问题本身。”但如果这种将人生戏剧变成智力难题的欲望显得太过冷血的话，福尔摩斯对本案的感情投入程度比自己声称的更深。他发自内心地同情邓巴小姐，当他嘲讽吉布森时，言语中明显带着怒气，“你们这样的富人真应该受到一点儿教训，好让你们知道，并不是整个世界都会接受你们的贿赂，对你们的罪恶不闻不问。”

多面英雄

本故事中，柯南·道尔描绘了一位更加多面的福尔摩斯形象，而不是早期故事中那种超然的超级英雄形象。事实上，在本案的发展过程以及《福尔摩斯旧案钞》中的其他故事中，这位大侦探暴露了之前从未流露过的、无法脱俗的愤怒、恐惧、报复心和犬儒主义等感情，甚至他自身也可能会出现误判乃至遭遇失败。他在《显赫的主顾》中受伤，还有本故事开头提到的那个装满了未曾破解的谜案的公文箱，所有这些都为福尔摩斯注入了一种从未有过的、非常人性的基因：他也是人，也有可能会失败。正如柯南·道尔在《福尔摩斯旧案钞》序言中所说的那样，这可能是他将福尔摩斯这一形象付诸“某种妙不可言的中间状态”前，希望让笔下的这个人物性格更加复杂。■

福尔摩斯用自己的手杖敲打桥的扶手，推断出凿痕是遭受下部猛烈撞击造成的。这是《斯特兰德杂志》上的插图，绘者是阿尔弗雷德·吉尔伯特。

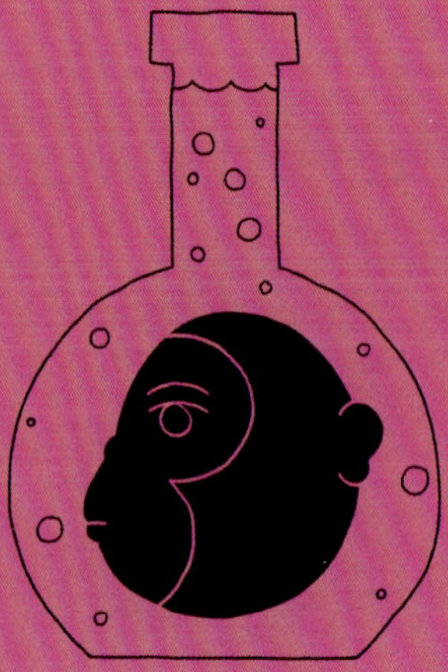

人若是企图凌驾于自然之上，结局多半是堕落到自然之下

《爬行人》（1923年）

背景介绍

类型

短篇小说

英国首次发表

《斯特兰德杂志》，1923年3月

文集

《福尔摩斯旧案钞》，1927年

人物

普雷斯伯里教授，剑津大学的著名生理学家。

特雷弗·本尼特，普雷斯伯里教授的科研助手、房客、未来的女婿。

伊迪丝·普雷斯伯里，教授的女儿，本尼特的未婚妻。

H.洛文斯坦，住在布拉格的生理学家。

A.多拉克，洛文斯坦在伦敦的代理。

1991年英国独立电视台根据《爬行人》改编了电视剧，其中杰里米·布雷特、爱德华·哈德威克和科林·吉沃斯分别扮演福尔摩斯、华生和雷斯垂德。

故事发生在1903年，福尔摩斯退休前不久。故事开头，华生对自己在福尔摩斯辉煌的职业生涯中所起的作用进行了一番有趣的思索；这位医生承认自己一向有点儿迟钝的反应令人烦躁，但却认为这些是砥砺福尔摩斯头脑的磨石，可以刺激他的思维。

一宗奇怪的案子

本案中的主顾是特雷弗·本尼特，他很担心自己的雇主普雷斯伯里教授，并向福尔摩斯介绍了教授的若干细节。普雷斯伯里教授61岁，是个鳏夫。这位教授最近陷入了一场对一位二十多岁年轻女子昏天黑地的热恋之中，但却因年龄遭到拒绝。之后普雷斯伯里神秘地去了一趟布拉格，回来之后就像变了一个人一样，脾气暴躁易怒。一直都是他忠实朋友的那条狗如今见了他却非常愤怒，已经攻击过他两次。最后，这位教授的女儿曾经在午夜看到过他在楼梯上四处“爬行”，像动物一般双手双脚爬行。

福尔摩斯并没有理会华生关于风湿性腰痛的医学诊断，而是怀疑背后有更意思的内情。根据本尼特的记录，每隔9天这位教授都会从伦敦一位波西米亚裔杂货铺东主那里收到一个包裹，这个包裹只能教授本人过目。每次收到包裹后，教授都会出现一段狂躁的表现，因此福尔摩斯推断说教授一定是从布拉格收到了某种药物。

在下一个九天的周期到了之后，福尔摩斯和华生到学院拜访了教授，对此教授怒不可遏。福尔摩斯还观察到，教授的指关节“又粗又大，满是老茧”。一天晚上，在两人秘密观察教授一举一动的时候，他们惊慌地发现教授伏到地上手足并用地爬了起来，之后开始顺着墙上的常春藤往上爬，身手矫健得匪夷所思。他就像是吓人的邪恶幽灵一样。“睡袍在他的身体两侧扇来扇去……活像是一只巨大的蝙蝠。”然后他开始撩拨自己那条拴着的狼狗，直到狼狗挣脱开咬住了他的喉咙。本尼特最终让狼狗恢复了理性，他和华生处理了教授的伤处。

> **在我们全部的冒险生涯之中，哪一幕也不比眼前这一幕更加古怪。**
>
> 华生医生

一个非自然的解决方法

福尔摩斯推断，这位陷入疯狂热恋、知道自己年事已高的教授秘密接触了布拉格的一位实验科学家，并从他那里得到了一种返老还童血清的样品。他们找到了一封盖着布拉格邮戳的信，寄信者是H.洛文斯坦。信中确认，“效果神奇的强身”血清是从黑面叶猴身上提取的，这是一种生活在喜马拉雅坡地的攀爬猴类。洛文斯坦是通过居住在伦敦的第三方——A.多拉克先生向教授提供这种药物的。这位头脑发热的教授想要凌驾于自然之上，打断年龄增长的进程并重新获得青春。但在这次危险的试验过程中，他表现出了攻击性灵长目动物的特征。之所以受到自己养的狗的攻击，是因为狗天生的直觉让它注意到了这种危险。

这位教授表现出来的类人猿行为，让福尔摩斯对试图扭曲“自然法则”的科学实验的风险提出了警示。这个故事还揭示一点：认可万事万物终有归宿这一事实的必要性，青春终会过去，理应享受老年的平静。现代科学进步也许有助于缓解该发展趋势，但最终所有人都会走向同一种命运。福尔摩斯也必须从中学到一点，正如他考虑退休回到“梦想之中的小农庄去”一样。■

科幻小说

19世纪末20世纪初，一些作家开始探索诸多推理性的主题：时间旅行、失落的世界、乌托邦和野心勃勃的科学家。这些主题很快就充斥了此后的科幻小说。历史证明，儒勒·凡尔纳、H.G.威尔斯和埃德加·赖斯·巴勒斯的名声经久不衰。柯南·道尔也将其天赋转向了科幻小说，写了一系列描写查林杰教授冒险之旅的小说。这位教授率队探索未知世界，在南美热带雨林深处发现了活着的恐龙，面对外太空来的剧毒乙醚的威胁，还与即将到来的地球末日不断斗争。

《爬行人》在一定程度上受到了20世纪20年代有关将猴子腺体移植到人类身上、借以返老还童研究的影响。文中对某些草率的科学实验的后果进行了探索。这非常有先见之明，关系到21世纪人们对基因突变的担心以及对优生学的关注。

对咱们来说，现实的世界已经够大了，用不着添上什么鬼魂

《萨塞克斯吸血鬼》（1924年）

背景介绍

类型

短篇小说

英国首次发表

《斯特兰德杂志》，1924年1月

文集

《福尔摩斯旧案钞》，1927年

人物

罗伯特·弗格森先生，茶叶经纪人，两个孩子的父亲。

弗格森夫人，罗伯特的妻子，秘鲁人，杰克的继母，育有一个婴孩。

杰克，罗伯特15岁的儿子，身体有残疾。

多萝蕾丝，跟随弗格森夫人多年的朋友和仆人。

梅森太太，婴孩的保姆，为人可靠。

弗格森家中的爱与背叛

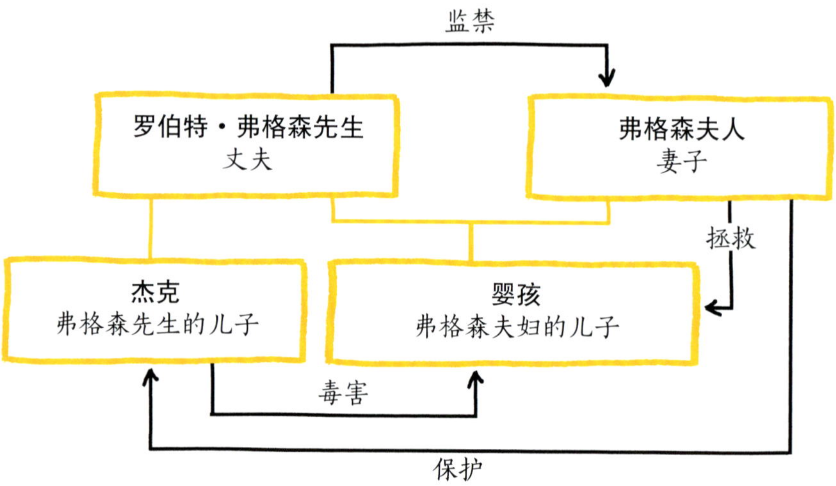

《萨塞克斯吸血鬼》与通常那些符合常理的福尔摩斯案件有所不同，其中暗含迷信的成分，跟《爬行人》很像。19世纪晚期，英国社会刮起了唯灵论之风，达尔文的进化论动摇了整个社会的宗教根基。人们纷纷寻找其他有关生命意义的替代性学说，柯南·道尔成为唯灵论运动的坚定支持者。他也是超自然鬼神俱乐部的著名成员，笃信来生、心灵感应，甚至是神仙。

唯灵论者之旅

柯南·道尔笃之所以信唯灵论，主要因为20世纪处他妻子和儿子均悲惨地死去，但他对唯灵论产生兴趣的时间要更早。《美国故事》（1880年）这篇关于一种吸血植物的短篇小说反映了他早期对玄学的兴趣。到1924年《萨塞克斯吸血鬼》发表的时候，他已经痴迷于唯灵论。两年之后，柯南·道尔发表了他的一部重要作品——《唯灵论史》。

一个来自秘鲁的吸血鬼?

在《萨塞克斯吸血鬼》中，罗伯特·弗格森先生是个茶叶经纪人，有两个孩子。他向福尔摩斯求助，因为他认为自己新娶的秘鲁妻子一直在吸他们孩子的血。虽然她对他情深爱重，对孩子也是呵护备至，但她的吸血行为却被孩子的保姆撞见了。最终这位保姆鼓足勇气向男主人坦白了一切。

弗格森开始并不相信，直到他看到婴儿脖子上的伤口和孩子母亲嘴上的鲜血。他的妻子没有向他提供任何解释，只是直勾勾地看着他，“眼神又狂野又绝望”。同样，她曾经两次痛打自己15岁的瘸腿继子杰克，也没有解释这么做的原因。杰克是弗格森前妻的孩子。发生的这一切令弗格森很震惊，对此他一筹莫展。

福尔摩斯和华生前去弗格森位于萨塞克斯的家中，以确证福尔摩斯的演绎结果：吸血鬼与这个奇怪的案件毫不相关。福尔摩斯实际上是这么说的，“我一向觉得，吸血鬼的说法纯属荒诞无稽。那样的事情绝不会出现在英格兰的犯罪活动当中”。作为理性主义者的代表，福尔摩斯始终是一位头脑清醒、讲究证据的理智调查者，从来不相信不合逻辑的事物。

一到弗格森那座陈旧腐朽的都铎式农庄，福尔摩斯就用上了自己的观察力。他注意到，宅子中央的房间中陈设着南美的手工制品，包括一些武器。第二条线索是一条瘸腿的宠物斯班尼犬，他通过询问得知，这条狗突然间就成了半麻痹状态，原因未知。第三条线索是弗格森抚弄自己的小儿子时，杰克脸上出现的强烈妒忌和仇恨表情。

揭开谜底

福尔摩斯很快就宣布，弗格森的妻子是无辜的，罪魁祸首实际上是杰克。这个男孩拿继母收藏的浸过箭毒的箭，先射在小狗身上做试验，然后扎伤了那个小婴孩，试图杀害这个令他嫉妒不已的弟弟。弗格森夫人将毒从孩子的脖子中吸了出来，救了自己孩子的性命。并因继子太过恶毒而打了他一顿。她并未透露这一切，因为怕伤了自己丈夫的心。

故事中充满了作者与主人公、唯灵论者和逻辑论者之间的矛盾关系，反映了当时社会有关唯灵论和唯理论、宗教和科学之间的大争论。

故事以颇具讽刺意味的华丽辞藻收场，弗格森夫人以迷信的口吻赞扬了福尔摩斯的聪明才智。她说：“这位先生……像是魔法师一般。”柯南·道尔似乎想要证明，虽然他个人笃信鬼神和唯灵论，但仍能忠实于自己的文学创作。■

此图为《萨塞克斯吸血鬼》首次发表时《斯特兰德杂志》的原始封面。该短篇小说于1924年1月首次连载发表。

维多利亚时代的吸血鬼

自古以来，人们一直热衷于吸血鬼故事。世界文化中刻画了各种超自然的奇怪吸血鬼形象，但到了维多利亚时代，人们才将其变成了人的形象，虽然是哥特式风格的人物形象。文学界中最著名的例子就是1897年的小说《吸血鬼伯爵德古拉》，作者是柯南·道尔的朋友布莱姆·斯托克。

维多利亚时代的作家和读者为这种脸色苍白、通常长着尖牙的活死人所着迷。他们拥有催眠能力，习惯于夜间活动，这与正派纯洁的高尚品质形成了鲜明对比，同时展现了世纪末颓废风潮和纯真遭到背叛的理念。维多利亚时代的吸血鬼，无论男女，一听就是邪恶、诱人、令人震惊和性感的代名词，可以将其视为一种被压抑的同性恋和女性性需求的表达。作为一位充满母爱的仁慈女性，弗格森夫人当然完全不符合维多利亚时代典型的吸血鬼形象。

这间屋子里埋藏着某种罪恶的秘密

《三个加里德布》(1925年)

背景介绍

类型

短篇小说

英国首次发表

《斯特兰德杂志》，1925年1月

文集

《福尔摩斯旧案钞》，1927年

人物

约翰·加里德布，美国律师，来自堪萨斯州。

内森·加里德布，足不出户的单身汉，专注于收集古董。

亚历山大·汉密尔顿·加里德布，日进斗金的美国老头。

介绍本故事时，华生说这事发生在1902年6月。事发的日子他记得非常清楚，因为它刚好发生在福尔摩斯拒绝接受爵位的那个月，至于他获颁爵位的缘由“将来我兴许会动笔叙写”。当然，该故事情节设计精巧，诡计安排异常华丽，包含了一些喜剧元素。但事件对于各位主角造成的后果却让人难以一笑了之。对于很多读者而言，这更多是一个关于福尔摩斯和华生之间关系的故事；面对好友的生命之忧，福尔摩斯最终展现了对自己朋友和案件记录者深深的挚爱和尊重之情。

> 是吗？如果能找到一个姓‘加里德布’的人，那你就有钱赚啦。
>
> 歇洛克·福尔摩斯

一份神秘的遗产

故事以约翰·加里德布的到访开头。他是一位眼睛无比明亮和机警的美国人，声称自己是一位律师，来自美国堪萨斯州。他讲述了一个关于自己这个少见姓氏的奇怪的故事，声称在祖国只遇到了一个这个姓氏的人——亚历山大·汉密尔顿·加里德布。后者是一个有钱的老人，留下了一个古怪的遗嘱：如果约翰能再找到两个同姓之人，他们每个人都能够继承一笔可观的财富。约翰把自己的律师业务扔在一边，展开了搜寻“加里德布”的行动。他在伦敦遇到了内森·加里德布。出乎约翰·加里德布意料的是，内森已经提前向福尔摩斯求助，而这正是约翰来访的原因。

福尔摩斯觉得这个故事非常可疑，同时对约翰本人也持怀疑态度。这位男士说自己刚来到伦敦，但从他起了毛的英国服饰以及不怎么重的美国口音可以看出，他在英国已经待了一段时间。他很警

英国独立电视台改编的《马泽林钻石》（1994年）结合了《三个加里德布》这起案件，主演是加万·奥赫里奇和理查德·卡蒂考特。

惕，很快就被福尔摩斯“搅乱了心绪”，对于内森·加里德布把侦探找来这事很不痛快。在伦敦的电话簿上很容易查到内森。在福尔摩斯那个年代，电话簿内容很少：第一版电话簿发行于1880年，比本故事早22年，上面只有248个名字。华生给内森打了个电话，与之约定了拜访时间。

珍品柜

内森60岁上下，蓄着胡子，弓腰驼背，住在埃吉沃尔路一条支路的单身公寓内。华生注意到，该公寓距离恐怖的“泰本树”曾经所在的位置只有咫尺之遥。泰本树是若干世纪以来执行公开处决的地点，给人一种危险的感觉。福尔摩斯和华生立即喜欢上这位加里德布先生，并对他建立了信任，觉得他“模样虽然稀奇古怪，倒也算得上和蔼可亲”。他热衷于收藏古玩和古物，家里可称得上是一座小型博物馆，从古代铸币到化石骨骼再到装有蝶蛾标本的盒子，无所不包。在自己这座兼收并蓄的博物馆中做研究并进行打理工作，是这位先生永恒不变的兴趣，他承认自己很少出门。有关加里德布的那份遗产令这位先生心动不已，他可以用那份价值500万美元的遗产扩大自己的收藏，这一天赐良机令他震撼不已，以至于从未怀疑过其真实性。

就在此时，约翰·加里德布来了，手中挥舞着一份伯明翰的报纸，上面刊登着农用机械制造商霍华德·加里德布的启事。约翰建议内森第二天坐火车去趟伯明翰，向第三位加里德布先生解释一下前因后果，因为他“英国人”的身份会让对方更容易相信此事。这个老头不太情愿地答应了。在离开内森家前，福尔摩斯和华生获许可以在内森不在家时参观其收藏。之后福尔摩斯告诉华生，这则启事是约翰本

维多利亚时期的收藏家

内森·加里德布说自己想成为“当代的汉斯·斯隆”，这里他提到的是英国医生汉斯·斯隆（1660—1753，如图）。牙买加之行点燃了这位收藏家的收藏热情，他带回了约800种动植物。随着时间的推移，斯隆的“珍品柜”日益增大，藏品涉及植物学、考古学、人类学、自然历史和地质学等多个领域。到他去世时，斯隆已经收藏了71000种物件，他将这些藏品都赠予了英国。

这些藏品为1759年向公众开放的大英博物馆奠定了基础。到了维多利亚时代，那些前往世界各个角落的旅行者也成为了杰出的收藏家，在他们的帮助下，伦敦维多利亚和阿尔伯特博物馆等新成立的收藏机构的藏品柜不断丰富。但是，对于珍品的热衷不可避免地导致了各种防不胜防的伪造行为，很多业余收藏家被伯明翰或曼彻斯特出产的所谓“真品”宝藏所愚弄。

人发布的，目的就是要让内森离开自己的公寓，只是他尚且不清楚约翰为何要这么做。

第二天，福尔摩斯独自进行了一些调查，然后神色严峻地回到了家。他警告华生说，他们面对的是一个非常棘手的案子，也是一个危险的案子。他去苏格兰场探望了雷斯垂德督察，发现约翰·加里德布并不是什么律师，而是一位出生在芝加哥的冷血罪犯，又名“杀人魔埃文斯”。他曾经在美国谋杀了三人，后逃脱监禁来到伦敦，此后十年一直待在伦敦。1895年，他因牌桌争执枪杀了一位名叫罗杰·普雷斯科特的美国人。由于是受害者动手在先，埃文斯被轻判，只在狱中待了五年。获释后，他一直受到警方监控，只不过迄今未见劣迹。

福尔摩斯还有其他发现：他咨询了负责管理内森·加里德布公寓的租赁经纪行，得知之前的租客是个身材很高的大胡子，一张脸黑黢黢的。这一描述与罗杰·普雷斯科特相符。这位租客突然间不知去向让福尔摩斯更加确信，约翰·加里德布和埃文斯就是同一个人。

福尔摩斯现在确信，“杀人魔埃文斯”虚构了加里德布的故事，来转移人们的视线，目的就是为了进入被他谋杀的那个人住过的房间，但福尔摩斯并不知道他到底想要什么东西。他说，屋子里埋藏着某种罪恶的秘密。这加剧了他们去参观内森珍品博物馆的风险。福尔摩斯知道埃文斯通常携有武器，因此他和华生都装备了武器。同往常一样，这位医生平静地接受了自己可能面对的危险，决定与自己的朋友并肩作战。

短兵相接

两人进入了空无一人的寓所，藏在了主房间中一个橱柜后面静静等待。果不其然，埃文斯也进入这所房子。他径直走向了房间中央的一张桌子，并将其推到一边，露出了一个活门。当他进入活门之后，福尔摩斯和华生一起蹑手蹑脚地摸向那道打开的活门。吱呀作响的地板让埃文斯产生了警惕之心，他发现了福尔摩斯和华生，但探出脑袋的埃文斯却发现有两把手枪指着自己的脑袋。开始时他神情又是困惑又是暴怒，之后假装放弃抵抗：“要我说，您那边的人可比我这边多了一个啊，福尔摩斯先生。依我看，您肯定是识破了我的计谋，从一开始就在把我当猴耍。”但这只是他另一个掩人耳目的伎俩，他飞快地掏出左轮手枪连着开了两枪，其中一枪擦伤了华生的腿，福尔摩斯的手枪砸在了这位美国人的脑袋上。

> **你没受伤吧，华生？看在上帝分上，说话啊，说你没有受伤！**
>
> 歇洛克·福尔摩斯

约翰·加里德布称，在伯明翰当地一家报纸上发现了一则启事，其中暗含的多条线索让福尔摩斯推断，这则启事出自一位美国人之手。

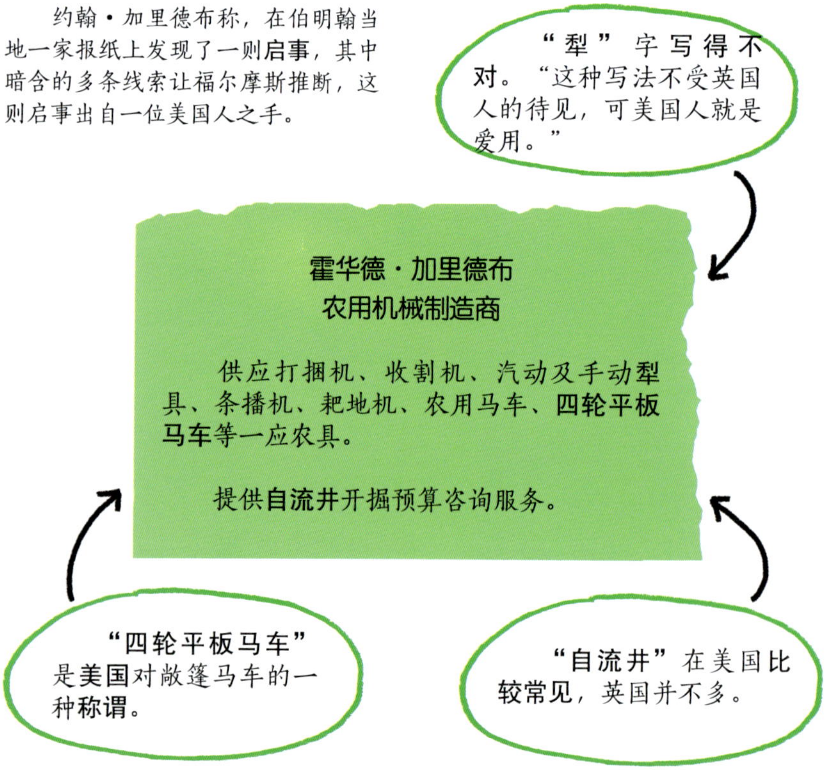

牛津大学的皮特利弗斯博物馆成立于1884年，收藏着维多利亚时代的收藏家皮特·利弗斯将军收集的五十多万件藏品。

埃文斯精心设计的诡计随后被揭穿，他是一个罪犯。活门下面有个小房间，里面放着一台印钞机。埃文斯解释说，罗杰·普雷斯科特是伪钞制造的行家，是伦敦历史上最了不起的伪钞制造者。埃文斯想要的是小房间中放着的价值20万英镑的伪钞。他所谓的加里德布遗产的故事也是伪造的，如同他们脚下放着的伪钞一样。他精心编织了这样一张谎言大网，目的就是为了支走那位轻信别人、全神贯注的收藏家，然后取走他地板下面的这笔财富。他将这位收藏家称为"又疯又蠢的虫豸专家"。埃文斯想要确保自己的自由，提出与福尔摩斯分享这笔伪钞财富，但福尔摩斯却当着他的面笑了出来。埃文斯因谋杀未遂又被关进了监狱。

真相、谎言和忠诚

内森·加里德布博物馆式的个人收藏，表现了他对过去历史的诚挚热情以及渴望了解历史的感情。他的藏品——作者想让读者们相信——都是真品，是从伦敦高档拍卖行苏富比或佳士得拍得的。他最大的乐趣就是研究和整理这些物品目录。与之形成鲜明对比的是，"约翰·加里德布"就是一个伪君子，是一个暴力贪婪的人，将聪明才智都用在了获取不义之财上。在这位一心研究学问的人码放整齐的藏品之下，存放的却是一位伪钞制造者的犯罪工具。令人悲伤的是，巨额遗产梦想破灭的事实对内森·加里德布造成了永久性的打击，他最后的音讯是从一家疗养院传来的。

在审视真相和谎言、真情与虚伪的同时，该故事还歌颂了福尔摩斯与华生之间的长久友谊。福尔摩斯显然也爱着华生，尊重这位朋友在多年一起共事过程中展示出来的无可置疑的忠诚和勇气。他对华生枪伤是否严重的惊慌失措、对朋友的真心关注都令人非常感动。他怒视着埃文斯说，"你要是杀死了华生，那你就别想从这间屋子里活着出去"，这位通常沉默寡言、冷静异常的人他极少有地流露了自己的感情。

对于华生而言，他显然被福尔摩斯此时表现出来的友情所感动，称"受次伤也值得——受再多次伤都值得——只要能看到那张冷漠的面具背后埋藏着多么深沉的忠诚和挚爱……就这么一次，我不光是瞥见了一颗伟大的头脑，还瞥见了一颗伟大的心灵。我付出了这么多年卑微却执著的犬马之劳，终于换来了这个天启一般的时刻。"■

有些人的和善态度比那些粗人的暴力行径还要致命

《显赫的主顾》(1925年)

背景介绍

类型

短篇小说

英国首次发表

《斯特兰德杂志》,1925年2月

文集

《福尔摩斯旧案钞》,1927年

人物

有爵士头衔的詹姆斯·戴姆雷上校,上层人物,显赫主顾的代表。

阿德尔伯特·格朗纳男爵,奥地利贵族,臭名昭著的花花公子,个性凶残。

维奥莱特·德·默维列,格朗纳男爵的未婚妻。

欣维尔·约翰逊,福尔摩斯的助手,曾经是个罪犯。

吉蒂·温特,男爵曾经的情人,已被抛弃。

莱斯列·奥克肖特爵士,外科医生。

本案过去10年之后,福尔摩斯终于许可华生将这个案件公之于众,他觉得没有必要再保护某个知名人物了。华生称,这个案子“从某种意义上说,是他朋友侦探生涯当中至关重要的一段经历”。但是,读者可能无法完全认同。故事中并不涉及福尔摩斯非凡的演绎推理,自始至终也未透露主顾的身份。故事情节也与早期的福尔摩斯故事《查尔斯·奥古斯都·米尔沃顿》惊人地相似。但是,《显赫的主顾》确实是一个扣人心弦的故事,上层社会的光鲜华丽与伦敦地下犯罪世界的肮脏粗鄙交织在一起。同时，本故事中的罪犯也是探案全集中最有魅力的坏蛋之一，其最终遭遇也是最骇人的结局之一。

上层人物来访

在维多利亚时代，土耳其浴在富人中非常流行。到19世纪末，伦敦大街小巷都是土耳其浴室。当福尔摩斯和华生在诺森伯兰大街一家土耳其浴室中惬意地抽烟时，福尔摩斯拿出了一张短笺。短笺来自詹姆斯·戴姆雷上校，请求当天在贝克街221B寓所与福尔摩斯会面。华生知道詹姆斯爵士，“他在社交圈里是个无人不晓的人物”。短笺是在蓓尔美尔街的卡尔顿俱乐部写的，这是现实生活中保守党高层政客和上流社会的聚会地点。

这些暗指社会高层的细节表明，本案可能需要高度审慎对待。福尔摩斯说，詹姆斯爵士“可是名声在外，专门处理那些不能见报的微妙问题”，也就是社会礼仪问题。当天晚些时候，詹姆斯爵士到了221B寓所，华生对其挑剔的衣着品味和气宇轩昂的做派做了描述：头戴高顶礼帽，身穿礼服外套，光皮鞋外面罩着鞋套。詹姆斯爵士对华生的出现非常满意，这也说明了这位案件记录者本身的知名度。

神秘主顾的关系图

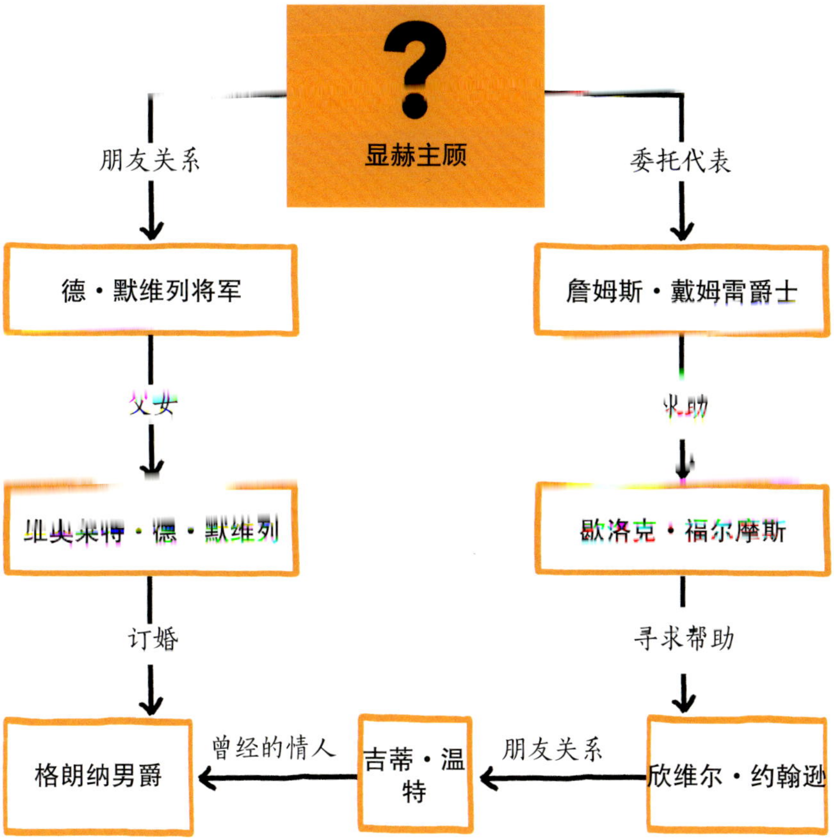

> **关注欧洲大陆的罪案细节正是我的本行。**
>
> 歇洛克·福尔摩斯

草率的结合

詹姆斯爵士说明了来意：声名狼藉的阿德尔伯特·格朗纳男爵，也就是他口中全欧洲最危险的人物。福尔摩斯将格朗纳称为“那个奥地利凶手”。很明显，福尔摩斯和詹姆斯爵士都认为，这位男爵肯定在奥地利杀了他的前妻（虽然官方裁决他无罪），只是由于纯技术层面的原因和“一名证人不明不白地送了命”才让他逃脱了惩罚。

詹姆斯爵士此后称，自己的委托人，也就是故事名字中的“显赫的主顾”不想透露姓名。福尔摩斯被这种保密要求激怒，执意让詹姆斯爵士透露主顾的身份，称只有了解了所有细节后才能接手这个案子。詹姆斯爵士坚持不肯透露主顾的身份，但向福尔摩斯保证“他这么做是出于极度高尚、极度侠义的动机”，并且福尔摩斯会满心自豪地为他办事。

格朗纳男爵能够让任何女人俯首帖耳，还利用这种本事捞了不计其数的好处。最近他刚刚与年少多金、美貌多才的维奥莱特·德·默维列小姐订婚，她是英国一位著名将军的女儿。考虑到这位男爵残暴、不值得信任的性格，对于维奥莱特而言，这段感情注定要以悲剧收场。福尔摩斯听说，这位小姐十分痴迷这位英俊的男爵。詹姆斯爵士说，“‘爱’这个字眼压根就形容不了她对他的感情”，还说这位小姐被格朗纳“迷住了心窍”。格朗纳把自己闹出的所有公开丑闻都讲给她听了，还把自己打扮成一个受了冤屈的无辜者。德·默维列将军对此非常担心，那位匿名的主顾同样如此，他从维奥莱特的孩提时代就认识了这位姑娘。

听完整个故事后，福尔摩斯同意接手这个案子。他询问，关于这位男爵，他是否还需要了解一些别的情况，得知他颇有艺术眼光，热衷于收藏中国陶瓷，还写过一本这方面的专著。福尔摩斯说，了不起的罪犯都有一颗复杂的头脑，并举了两个例子。维多利亚时代著名的罪犯查理·皮斯是个发明家、小提琴大师、杀人犯，“怀恩莱特”（也就是托马斯·格里菲思·怀恩莱特）是一位有天赋的艺术家、评论家和投毒者。

> 办案的时候，我已经习惯了有一头是个谜的局面，可是两头都是谜的局面实在让人犯难。
>
> 歇洛克·福尔摩斯

从天堂到地狱

福尔摩斯的第一站是联系自己的助手欣维尔·约翰逊，他曾经是个罪犯，在狱中待了两年，之后痛改前非。柯南·道尔通过营造这样一种几乎不可能出现的关系，在这部小说中刻画了维多利亚时代整个社会的全景：一端是“著名的”上层人物詹姆斯爵士，另一端是约翰逊这个上不了台面的人物以及他在伦敦庞大的地下罪犯网络中的诸多耳目。

此时华生并不住在221B寓所，而是住在安妮女王街。他和大侦探在斯特兰德街的辛普森饭店会面，这是柯南·道尔最喜欢的餐厅，这条街也是伦敦最繁忙的街道之一。在饭店中，福尔摩斯描述了这位男爵，此前他已经直截了当地拜访了这位男爵。福尔摩斯要求男爵放弃这桩婚事，但却遭到了格朗纳的威胁。男爵暗中提及，另一位侦探在调查自己的事情后落下了可怕的残疾。他还吹嘘说，他已经完全迷住了维奥莱特，如果福尔摩斯拜访这位小姐的话，会发现她对自己的忠心绝不会动摇。

约翰逊追查到了一位年轻的工薪阶层女士，名字叫作吉蒂·温特。这位小姐也曾一度被格朗纳玩弄，沦为他的情人，虽然读者并不清楚到底发生了什么。她告知福尔摩斯，格朗纳有一个“下流的本子”，其中记录了他所有罪行的真相。他将这个本子放在书房里屋，外屋是摆设“中国瓦罐”的地方。

泼硫酸

本故事多次描述了不同人物的皮肤情况，预示着吉蒂将硫酸泼到男爵脸上后的毁容后果。华生在描述欣维尔·约翰逊时写道，“满是瘢痕”和“麻风一般的”，而福尔摩斯称，维奥莱特接待自己和吉蒂时“架势活像是一位可敬的女修道院院长，正在接待两个染了麻风的叫花子”。此后有报纸称，福尔摩斯正在遭受丹毒折磨，感染这种疾病通常表现为脸上出疹子。

如今，硫酸是一种常见的消毒剂，很容易获得。在《蓝色石榴石》，华生提及了另一起泼硫酸事件，但现实中这种犯罪行为实际上比较少见。1867年，一位男士给《泰晤士报》写信称，自己的妻子遭人泼了硫酸，但因为穿的裙子和衬裙较多毫发无伤。到20世纪，政府对这种物品的销售进行了控制，意味着这种袭击行为变得更加少见。

斯特兰德街辛普森饭店中的男士餐厅，也是福尔摩斯和华生用餐的地方。直到1986年，女性才被允许进入这种带隔板的街头餐厅。

她自己与维奥莱特·德·默维列天壤之别的悲惨境地，是男爵无情地玩弄女性的又一罪证。“这个家伙喜欢收集女人，”吉蒂告诉福尔摩斯，“还为自己的收藏洋洋得意，就跟那些收集飞蛾或者蝴蝶的人一样。”她还提到格朗纳与她相爱时所犯下的两件凶案，并向福尔摩斯详细描述了男爵“书房里屋”的具体位置。她认为格朗纳那个秘密匣子就在其中。

第二天晚上，他们在辛普森饭店，福尔摩斯向华生讲述了他和吉蒂拜访默维列住宅的经历。这座宅子位于伦敦高档住宅区——梅费尔区巴克莱广场。福尔摩斯是这样描述的：“伦敦有不少比教堂还要庄重威严的阴郁城堡，将军的宅子也是其中之一。”这表明了他对于富人住宅的反感之情。福尔摩斯说，当自己尝试劝说维奥莱特不要和男爵结婚时，却被对方指责说自己就是个雇佣兵、一个收钱办事的侦探。对她而言，福尔摩斯才是不道德的那个人。即使说话直截了当的吉蒂都无法说服维奥莱特，这次拜访完全以失败告终。

夺命袭击

两天之后，当华生走在斯特兰德街上时，瞥见了一条新闻摘要：“歇洛克·福尔摩斯遭遇夺命袭击”。这种经历以及华生震惊的反应让人想起柯南·道尔自己生命中的某个时刻。他在1924年所著的自传《回忆与历险》中提及了自己得知好友罗伯特·路易斯·史蒂文森死讯时的反应：“1896年，我坐着双轮马车经过斯特兰德街时，瞥见了一条黄纸黑字的新闻摘要‘史蒂文森之死’。我无法忘记当时那种触目惊心的感觉，好像我从[illegible]。”

实际上福尔摩斯并没有死，只是在袭击中受了重伤，事发地点为摄政大街。歹徒经由皇家咖啡馆逃至索霍区肮脏的小巷中。当时的索霍区还是一个贫穷、阴暗、异常拥挤的区域。皇家咖啡馆和辛普森饭店一样，是作家们常去的地方，并且现在依然存在。此处又与史蒂文森有关。在史蒂文森所著的小说《化身博士》（1886）中，秘密

整个故事中，福尔摩斯和华生走访了现实中的诸多地点，其中大部分都集中在伦敦市中心。福尔摩斯居住的贝克街就在地图所示区域稍北一点。

1. **诺森伯兰大街**：福尔摩斯和华生洗土耳其浴的地方。

2. **斯特兰街**：福尔摩斯和华生在此处的辛普森饭店中用餐。

3. **巴克莱广场**：维奥莱特·德·默维列的住址。

4. **摄政大街**：福尔摩斯在此处的皇家咖啡馆外遇袭。

5. **斯特兰德街**：华生在此处得知福尔摩斯遇袭。

6. **格拉斯豪斯街**：袭击福尔摩斯的歹徒在此处逃脱。

7. **阿加街**：福尔摩斯接受治疗的查林十字医院19世纪晚期时位于此处。

8. **圣詹姆斯广场**：华生在此处的伦敦图书馆中学习中国古代陶瓷知识。

就发生在杰基尔博士的大房子中，这座房子有一个不太协调的“破烂的”后门，这个门通往一个阴暗的社区。他的邪恶化身海德先生使用的正是这扇门。人们认为，史蒂文森笔下杰克尔博士的大房子是以18世纪著名的苏格兰科学家、外科医生约翰·亨特（1728—1793）的住宅为原型创作的。这座住宅位于莱斯特广场，距离皇家咖啡馆仅一步之遥，背面同样是阴暗的小巷。

> **我已经有了一些计划……肯定会有人找你打听消息的，到时你就尽量吹吧，华生。**
>
> 歇洛克·福尔摩斯

福尔摩斯头部受伤但却无生命危险，这多亏了著名的外科医生莱斯列·奥克肖特爵士的照顾。不过，福尔摩斯要求华生在所有媒体上夸大其病情，让所有看报纸的人都以为他徘徊在生死边缘，已经无法再参与此案。但当报纸上刊登公告说男爵要在结婚前去美国时，福尔摩斯被迫提前动手，因为他知道男爵会带上自己的犯罪记录本。福尔摩斯一如既往地忽视了华生的本职工作，要求他在24小时内尽自己所能掌握有关中国陶瓷的知识。之后他给了华生一个价值连城的明代薄胎瓷，要求他将其卖给男爵。此时福尔摩斯并未解释为何要这么做，但此后人们才明白，他需要华生分散男爵的注意力，以便自己可以进入书房里屋找到那个本子。华生唯命是从地开始尽可能记忆有关中国陶瓷的知识。

华生闯入虎穴

华生假扮成陶瓷专家希尔·巴顿医生进入了男爵的豪宅中。当多疑的主人用圣武天皇和北魏等诸多难题考验这位医生时，房间中的紧张气氛立即升温。华生很冷静，但男爵很快就看穿了他的虚张声势，准确地猜到了他是福尔摩斯派来的，并且愤怒异常。就在他愤怒地要攻击华生的时候，男爵警惕地听到了自己书房的动静。冲进去之后，他发现了从窗户中逃走的福尔摩斯。格朗纳男爵追逐福尔摩斯来到花园中，紧随其后的华生看见一只女人的胳膊猛然从树丛中探了出来。格朗纳发出了“一声可怕的叫喊”，然后双手捂脸倒在了地上。华生立刻冲过去救他，但却发现硫酸正在腐蚀伤者脸上的各个部位。后来才发现，伸手的正是吉蒂·温特。福尔摩斯带她过来是为了让她帮忙确定书房里屋的位置，但她却有自己的算盘，抓住机会对自己曾经的爱人实施了报复，向他脸上泼了硫酸盐，把男爵那张英俊的俏脸毁得一团糟。

孽债

回到221B寓所后，福尔摩斯和华生显然还为男爵的遭遇感到良心不安。虽然他实施了多起谋杀，但遭遇硫酸袭击对其而言显得太过残忍。“孽债啊，华生——孽债！”还在颤抖的福尔摩斯说道，这是对《圣经·新约》罗马书的一个呼应。

> 咱们必须摧毁男爵的道德形象，而不是他的身体形态。
>
> 歇洛克·福尔摩斯

由于华生与男爵交谈的时间足够长，福尔摩斯成功潜入书房，现在他拿到了男爵的“淫乱日志”。福尔摩斯相信，这本日志能让维奥莱特睁开双眼，放弃这段婚事。他非常清楚，男爵被毁容一事可能只会起到相反的作用，因为“她会把男爵看成一个毁了容的殉道者，对男爵的爱只会有增无减”。

在福尔摩斯看来，“疯狂恋爱”的状态与纯粹疯狂的状态并无二致。实际上，本故事中充满了有关女人不理性的内容。此前，吉蒂·温特宣称自己可以冒生命危险复仇，言语中带着“刻骨的仇恨”。华生写道：“女人很少会有如此强烈的仇恨，男人更是永远也不会有。”吉蒂最终实施的致命一击也充分体现了这种不顾一切的冲动。

审判日

三天后，维奥莱特和格朗纳男爵的婚事告吹。同时，报纸上还报道，法庭对吉蒂进行了传讯。此处也对一定程度的普遍腐败表达了赞同之情：虽然福尔摩斯面临入室行窃的指控，华生觉得他们主顾的显赫地位足以让法律变得“知情识趣，有商有量”。

华生后来看到马车上的“纹饰”，知道了主顾的身份，但福尔摩斯让他就此打住：“是一位忠心耿耿的朋友，也是一位豪侠仗义的绅士。从现在直到永远，咱们知道这一点就够啦”。■

主顾的身份

柯南·道尔对故事结尾的处理技巧堪称大师手笔：当华生马上就要说出詹姆斯·戴姆雷爵士代表的那位“显赫主顾”的身份时，福尔摩斯打断了他。詹姆斯爵士匆忙用自己大衣遮盖了四轮马车上的“纹饰”（如上图所示），这可能属于国王爱德华七世的皇家盾徽。当然，车夫“帽子上缀有花饰”，也就是说制服上有玫瑰花饰或者类似的显眼徽章，也说明了其极高的地位。此外用来引诱格朗纳男爵的诱饵“中国薄胎瓷”，也让这一说法多了一条证据，福尔摩斯称这套瓷器“价值连城”。当然，这位主顾也可能是[illegible]将军其他某位富有同情心的显赫朋友，但是，就福学专家对此的所有争论而言，真相一直是个谜。

我虽然不能代表法律，可我会尽自己的绵薄之力去充当正义的代言人

《三尖别墅》（1926年）

背景介绍

类型

短篇小说

英国首次发表

《斯特兰德杂志》，1926年10月

文集

《福尔摩斯旧案钞》，1927年

人物

斯蒂夫·迪克西，职业拳击手，受雇威胁福尔摩斯。

玛丽·麦博雷夫人，上了年纪的寡妇。

道格拉斯·麦博雷，麦博雷夫人已过世的儿子。

苏珊，麦博雷夫人的仆人。

苏特罗先生，麦博雷夫人的律师。

伊萨多拉·克莱因，寡妇，南美人，道格拉斯曾经的爱人。

朗代尔·派克，伦敦城的流言贩子。

本故事中，福尔摩斯和探案全集中少数几位非常棘手的女性人物之一发生了冲突。与《波希米亚丑闻》中的艾琳·阿德勒不同，福尔摩斯并未向这位“作为主谋的”伊萨多拉·克莱因表达赞美之情。但很明显，在故事结尾，这位“无情尤物”至少获得了福尔摩斯一定程度的同情。当然，这次他又选择了自行解决而不是借助法律。

不受欢迎的访客

福尔摩斯和华生正在贝克街221B寓所中，此时突然有一人闯入房中，“一个身材魁梧的黑人”。此人名叫斯蒂夫·迪克西，是一个犯罪团伙的打手，警告福尔摩斯不要插手哈罗那边的事情。描述迪克西时，华生无意带了一点儿种族歧视，这在当时非常普遍。福尔摩斯虽然受到严重挑衅，但还是一反常态地用言语攻击了迪克西。迪克西称福尔摩斯为“先生（Masser）”，美国黑奴经常用这词称呼自己的主人。迪克西告知福尔摩斯，派他过来的那个人叫巴尼·斯托克代尔，是斯宾塞·约翰那个匪帮的高级成员。但福尔摩斯认为，这个帮派背后还有一个更难对付的幕后主使。

神秘的买家

福尔摩斯和华生直接去拜访了新主顾玛丽·麦博雷夫人。她是个寡妇，住在哈罗荒地的三间别墅中。她希望听到福尔摩斯的建议。她的儿子道格拉斯是驻罗马的使馆随员，最近刚刚去世，此后不久她就收到了一份奇怪的报价。一位房产经纪代表主顾要求买她的房子，包括房间里所有的东西，她的私人用品也不例外。这立即让福尔摩斯起了疑心，推测说这人可能是想要某样藏在屋子里的东西。

行李箱中的秘密

福尔摩斯在拜访过程中揭露了麦博雷夫人仆人苏珊的真实身份，她也是帮会成员。他由此推断，有人雇佣这个臭名昭著的帮会来恐吓这个寡妇，幕后主使应该很熟悉伦敦的犯罪世界，所以才能雇佣斯宾塞·约翰及其党羽恐吓麦博

> **她就是那个众所周知的美人儿，从来没有哪个女人能与她相提并论。**
>
> 歇洛克·福尔摩斯

雷夫人。审问过苏珊后，福尔摩斯怀疑幕后主使可能是一个富婆，而不是一个富翁。随后他看到门厅中放着的道格拉斯的行李箱，这些行李箱最近刚从罗马运回来。他推测幕后主使想要的东西就在行李箱中，因为正是在道格拉斯去世、行李箱运回来之后，麦博雷夫人才遭到恐吓的。

奇怪的是，福尔摩斯建议麦博雷夫人检查一下行李箱中的东西，而没有亲自动手。为了安全起见，福尔摩斯建议这位夫人让她的律师苏特罗来住一晚上。但当晚房屋失窃，窃贼的目标就是道格拉斯的行李箱。其中一部手稿失窃，245页手稿中只留下了一页，这显然是一个有关爱与被拒的爱情故事的结尾。福尔摩斯指出，奇怪的是，故事结尾处叙事者的口气突然间从第三人称变成了第一人称。他即将解开这个谜团的真相，但还未找出幕后主使。

最终揭秘

福尔摩斯联络了朗代尔·派克，此人相当于伦敦所有留言的接收站和发射台，对伦敦社会的大事小事无所不知。由此，他找上了伊萨多拉·克莱因，一个有钱貌美的南美寡妇，一个爱情投机者。从她口中得知，失窃的那部手稿实际上是道格拉斯对他们之间注定失败的爱情故事的记录，现在已经变成她壁炉中的一堆灰烬。遭到伊萨多拉拒婚后，道格拉斯变得“让人难以忍受”，在伤心和愤怒之下，他决定公开自己的手稿以毁掉对方。现在她就要和一位年轻的英国公爵结婚了，知道这个故事会毁了她的名声以及她想要获得英国头衔的所有努力。于是她向斯宾塞·约翰的帮派求助，让他们帮助自己拿到这部有损她名誉的手稿。

伊萨多拉·克莱因是一位放荡不羁、带着异国风情的蛇蝎美人，但她的诡计对福尔摩斯无效。这是她在格拉纳达电视剧中的形象，扮演者是克劳迪娅·奥格尔。

吸取教训

伊萨多拉与福尔摩斯遇到的很多女人不同，她既不是受制于男性的弱者，也不需要靠男人活着。最终摊牌时，她向福尔摩斯坦白自己的魅惑“伎俩”，随后也陈述了自己为何要窃取那部手稿，称自己在“其他办法全都宣告失败之后”才做出了这样的选择。在坚决反对这种做法的同时，福尔摩斯明显还是对其遭遇起了同情之心，也许道格拉斯的报复惩罚计划对他们的爱情结局而言太过残酷。她向福尔摩斯做出承诺，同意赔钱让麦博雷夫人周游世界。■

帮派中的女性

在维多利亚时代，女性在伦敦地下犯罪世界发挥着自己的作用，伊萨多拉·克莱因在伦敦参与帮派活动中并非史无前例。早在18世纪，一个名叫“四十大象”的全女性帮派曾活动于伦敦。这个帮派受“皇后”领导，分成不同的基层小组。从19世纪70年代到20世纪50年代，这个帮派在全伦敦野心勃勃地进行了多起店铺扒窃行动。这些女性成员配有专门设计的服装，内有暗兜。在那个古板的年代，她们经常能够逃过近距离的身体检查。最终她们在伦敦过于出名，以至于不得不在其他城市建立分部。除了商店行窃之外，她们还从事女佣工作，以便抢劫和敲诈自己的雇主。这个帮派一直守护着自己的领地，驱赶越界者（有时驱赶方式很暴力）。她们享受帮派的不义之财，经常举办盛大的聚会。

我看见的东西并不比您多，只不过我对自己进行过一番训练，能够确确实实地留意到自己看见的东西

《白化士兵》（1926年）

背景介绍

类型
短篇小说

英国首次发表
《斯特兰德杂志》，1926年11月

文集
《福尔摩斯旧案钞》，1927年

人物
詹姆斯·M.多德，曾经当过兵。

戈德弗雷·埃姆斯沃斯，曾经当过兵，詹姆斯·M.多德的好友。

埃姆斯沃斯上校，退休军官，戈德弗雷的父亲。

埃姆斯沃斯夫人，戈德弗雷的母亲。

拉尔夫和他的妻子，分别是在埃姆斯沃斯家中服务多年的管家和保姆。

肯特先生，戈德弗雷的医生。

詹姆斯·桑德斯爵士，著名的皮肤病医生。

本故事有点不同寻常：它的讲述者是福尔摩斯。他解释说，通常扮演案件记录者的华生已经“抛下他去讨了一个老婆”，他只好亲自动手将案子写下来。福尔摩斯对写故事这件事进行了一番思考，发现虽然他经常说华生迎合大众的口味，不懂得严格遵循事实和数据，但自己同样也需要写成读者爱看的样子。福尔摩斯在此处多次提及华生：他赞扬了华生的优点，还略带挖苦地评论说，对事态的变化感到惊诧莫名是他最强的能力之一。

与笔下的人物多德和埃姆斯沃斯一样，柯南·道尔在布尔战争期间也曾在南非服役，他在朗曼野战医院担任医生志愿者。

士兵来访

故事发生在1903年1月，一个名叫詹姆斯·M.多德的人登门造访。福尔摩斯立即看出他曾经当过兵，准确说出了他的编制（米德尔塞克斯义勇骑兵团），一如既往地展示了自己的观察和演绎能力。多德果然被打动了，承认自己确实参加了南非的布尔战争，最近才回来。

1886年，德兰士瓦布尔共和国发现了金子，该地区遂成为英国在南非地区殖民主权的潜在威胁之一。因此，英国向此地派兵捍卫自己的利益。1902年3月到6月期间，柯南·道尔本人随军前往南非担任军医，并为英国的军事行动辩护，站在了那些质疑战争是否正义的评论者的对立面。

多德让福尔摩斯帮他解开一

布尔战争是荷兰殖民者与英国人之间为争夺金矿和钻石矿控制权发起的战争，交战地点在非洲两个国家：德兰士瓦共和国和奥兰治自由邦。

个谜团，事关他的老战友戈德弗雷·埃姆斯沃斯的命运。这位战友在军事行动中受了伤，随后被送回家中。俩人曾一度写信联系，但之后埃姆斯沃斯就断了音信，多德已经六个月没有收到过他的来信了。戈德弗雷的父亲埃姆斯沃斯上校（在克里米亚战争中获得了维多利亚十字勋章）说，自己的儿子坐船环游世界去了，一年之内都不会回来。但多德并不相信这一说法：自己的好友不可能不告诉他就踏上这样的旅途。他决心找出真相，成功说服了戈德弗雷的母亲准许他到家中拜访。戈德弗雷的家位于贝德福德的塔克斯伯里老庄园。

一座阴暗的屋子

多德到达这个偏僻、杂乱的老宅之后，立即遭到埃姆斯沃斯上校的质问。上校是个威风凛凛但凶巴巴的人。当多德要求知道戈德弗雷的下落时，上校现出敌意，并且隐晦地暗示说，为了自己家考虑，多德不应再参与此事。在此后的晚饭期间，戈德弗雷温柔和蔼的母亲急切地向多德打听他和自己儿子在战争中的经历，但上校对此毫无兴趣，并且显得"闷闷不乐，沮丧不已"。与宅子老管家拉尔夫的对话更是引起了多德的怀疑，因为提及这位少爷时，他居然用了过去时。多德直接问他戈德弗雷是否已经死了，这位老人给出了一个可怕的答案："死了倒好！"。

当天晚上多德住在一层，他一直盯着窗户，却惊讶地看到了戈德弗雷的脸紧贴在玻璃上，苍白得跟死人一样，形同鬼魅。戈德弗雷很快就跑开了，但多德还是从他脸上看到了"一种偷偷摸摸、鬼鬼祟祟、做贼心虚的神色"，这与他以前认识的那位阳刚士兵大不相同。多德追着自己的朋友进了花园，但很快就在黑暗中迷了路。不过，多德确定他听到了庄园中某处有关门的声音。他确信戈德弗雷跑到一个地方藏了起来。

第二天早晨，多德在花园中找到了一个屋子。他走到屋子跟前时，一个穿着考究的人正好从屋子中出来，出来后就锁上了门。两人客套了几句，但这个人的口气听着有点儿内疚。等到夜深人静的时候，多德溜到了这个小屋外面。透过窗板上的一道裂缝，他看到了早晨遇到的那个人，屋子里还有一个人，他确认就是戈德弗雷。就在此时，愤怒的埃姆斯沃斯上校出现了，因为其“间谍的勾当”立即将他赶了出去。多德感觉，这个极具威胁性的好斗男人，就是他遇到的所有谎言和敌意的根源。

真相大白

福尔摩斯自信解决这个“简单至极”的案子毫无困难。几天之后，他与多德动身前往贝德福德，

> **排除掉所有不可能的解释之后，剩下的解释就必然是事情的真相，不管它是多么匪夷所思。**
>
> 歇洛克·福尔摩斯

同行的还有一位老人，福尔摩斯介绍说这人是一个老朋友。路上他与多德反复确认戈德弗雷苍白的脸色，这事似乎对福尔摩斯非常重要。当他们到了目的地之后，福尔摩斯立即注意到了另一个细节：管家拉尔夫穿着传统的仆人服饰，但却戴了一副棕色的皮手套。看到来访者之后，他立即摘下手套，但福尔摩斯异常敏锐地闻到了手套上散发出来的强烈的“焦油气味”。

此时，福尔摩斯再次反思了应该如何叙写案件，他觉得自己不懂得遮遮掩掩，相比之下华生则技高一筹。他略带诙谐地说，自己已经露骨地给出了全部案情，而华生则会隐藏此类的演绎环节，以便“能把结局写得哗众取宠”。

上校对他们的到来非常愤怒，但当福尔摩斯交给他一张写了一个单词的纸后，他立刻安静下来。后面我们可以发现，这个词就是“麻风”。“这你是怎么知道的？”他倒吸一口凉气，满脸都是惊愕。福尔摩斯回答说：“知道各种事情是我的本分，我就是干这个的。”

上校无可奈何地将他俩带到了那间屋子。他们见到了戈德弗雷，他那张英俊的脸庞已经变得白

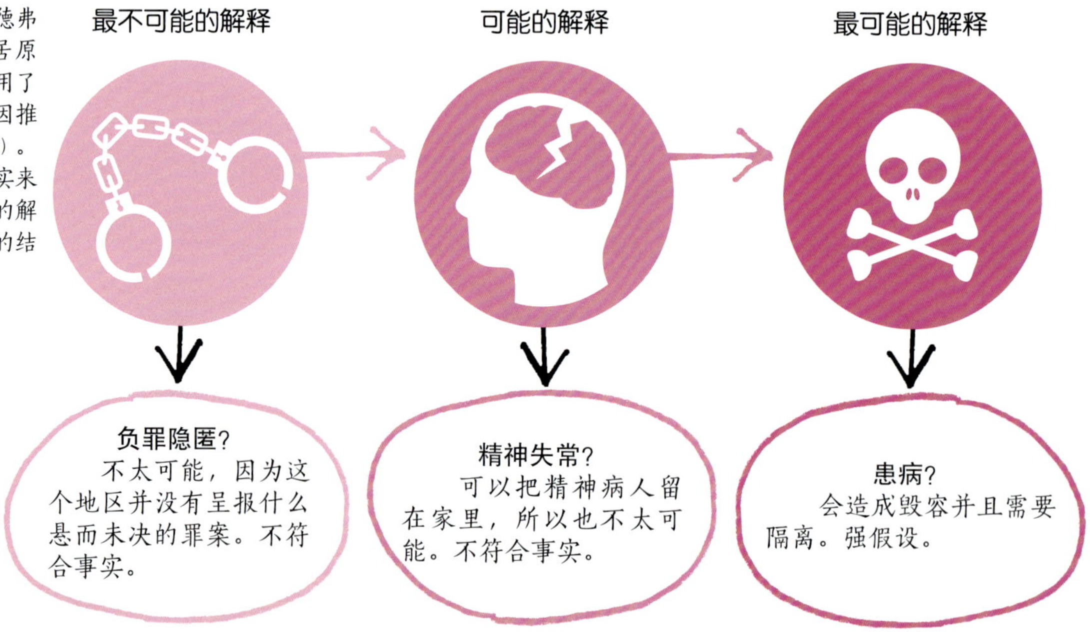

为了解读戈德弗雷最可能的隐居原因，福尔摩斯使用了他招牌式的“溯因推理法”（见307页）。他利用已知的事实来排除那些不可能的解释，预测最可能的结果。

斑驳驳。他解释了自己是怎么变成这样的。在南非中枪后，他无意中逃到了一家麻风病院中。回家后，他脸上开始出现斑痕，断定自己感染了这种可怕的疾病。戈德弗雷解释说，与被隔离相比，在家中自己隔离要好得多。他有两个可靠的仆人，还有一个私人医生（肯特，就是多德此前看到的那位和自己朋友待在一起的人）。之后福尔摩斯揭开了那位神秘同伴的真实身份，他就是著名的皮肤病医生詹姆斯·桑德斯爵士。他建议戈德弗雷听听这位爵士的诊断意见。

不断排除的过程

与此同时，福尔摩斯向在场的所有人解释道，他是使用自己招牌式的逻辑分析能力解决此案的。对于戈德弗雷为什么会在父亲的庄园小屋里遭受禁锢，他想到了三种可能的解释。第一种解释，他因为犯罪而躲藏起来，但这种解释被福尔摩斯排除了，因为这个地区并没有什么悬而未决的罪案，而且更合逻辑的做法是把罪犯打发到国外。第二种解释虽然不太可能但无法完全排除，戈德弗雷可能已经精神失常，家人将他锁起来并派医护人员看护。但为何要保密呢？毕竟那个年代把精神病人留在家里并派人员看护不是违法的事情。福尔摩斯发现“这种解释也不符合事实”。

第三种解释，也是可能性最大的解释，就是戈德弗雷在南非感染了某种疾病。在那个年代，麻风非常流行，因此可能就是这种病。与麻风有关的流言也能够解释为何这个人要隐居，他们必须严守秘密，否则当局就会出手干预。麻风病表现出来的皮肤白化症状，加上福尔摩斯注意到，管家的手套浸过消毒水，让他确认了自己的猜测。

此时，皮肤病权威桑德斯爵士带来了一个好消息，戈德弗雷并未感染麻风。他得的是“假麻风”，又叫鱼鳞癣，治愈还是有可能的。戈德弗雷的母亲惊喜地晕了过去。幸运的是，她儿子能够正常生活，不需要与社会隔离开来。

> 他的脸白得跟死人一样，我从来没见过白成那样的人。
>
> 詹姆斯·M.多德

正面的结局

本故事设计得十分聪明，处处让读者感到措手不及。多德诚实地以军人的风格刻画了一个危险的宅院，院子的主人是一个吓人的上校。但是，福尔摩斯揭开的谜底却让事情峰回路转，呈现在我们眼前的是一位慈祥的父亲，他正在努力保护自己的儿子，让其免受在为国作战时感染的疾病所带来的耻辱。

有些评论家认为，文中的麻风具有象征意义。通过让戈德弗雷逃过这种可怕的疾病所带来的悲惨命运，柯南·道尔实际上是在为英国在南非的殖民活动辩护。■

麻风

麻风是一种传染性疾病，首先会破坏皮肤表面的细小神经，从而留下变色斑痕。不加治疗的话，可能导致毁容（如图）、严重残疾和失明。麻风困扰了人类上千年，造成了巨大的恐惧和误解。人们坚信患病者“不干净”，极具传染性，所以会有组织地将其驱逐。

19世纪，麻风是大英帝国某些地方的流行病。人们担心殖民者和士兵也会感染这种疾病。1873年，挪威发现了造成麻风的麻风分枝杆菌，但直到20世纪中期，人们才能够治愈麻风。南非1892年颁布了《打击麻风法案》，成立了像戈德弗雷待过的那种隔离点。现在，麻风及其发病率已经降低了90%，如今可以通过联合化疗治愈麻风，但该病仍多发于世界上较为贫穷的地区，尤其是南亚（特别是印度）和巴西。

我是个什么书都读的人，对各种琐事的记性又好得出奇

《狮子鬃毛》（1926年）

背景介绍

类型

短篇小说

英国首次发表

《斯特兰德杂志》，1926年12月

文集

《福尔摩斯旧案钞》，1927年

人物

哈罗德·斯戴克赫斯特，山墙补习所校长，福尔摩斯的朋友。

菲茨罗伊·麦克弗森，补习所的自然科学教员。

伊恩·默多克，补习所的数学教员。

莫德·贝拉米，当地一位年轻漂亮的女人。

汤姆·贝拉米和威廉·贝拉米，莫德的父亲和哥哥。

巴德尔督察，萨塞克斯警局的警察。

这是福尔摩斯最后办的几个案子之一。探案全集中只有两个案子的叙述者是福尔摩斯而不是华生，本故事就是其中之一，另一个是《白化士兵》。同时，这也是唯一一篇以在萨塞克斯退隐的老年福尔摩斯为主人公的故事。

这位主人公在柯南·道尔近40年的人生中扮演了重要角色，给他带来了巨大的财富。但是，柯南·道尔创作本故事的时间极为仓促，好像他本人急于与故事的主人公分手，不过，作者本人对故事的结局非常满意，该故事也是他本人

最喜欢的福尔摩斯故事之一。

归隐的侦探

在故事介绍中，福尔摩斯告诉读者自己已经收山归隐。那个曾经在伦敦喧嚣都市中扮演重要角色的人，现在已经彻底逃离到萨塞克斯海滩过着平静的生活，每天养养蜜蜂散散步。他告诉读者：“我已经全身心地投入了静谧安神的田园生活。此前的许多个年头，身处伦敦的阴霾之中，我时常都对这样的生活充满了渴望。”这话不像是出自我们熟知的那位不知疲倦的大侦探之口。也许读者会吃惊福尔摩斯居然能够舒适地享受平静的隐居生活，因为在《铜色山毛榉》等的故事中，他清楚地表达了自己对乡下的恐怖感，为这种地方的与世隔绝而担心，感觉这会为种种罪行提供逍遥法外的机会。

在贝克街221B寓所中，福尔摩斯既忙碌又活跃：伦敦的犯罪现场让他充满动力，他渴望解决最复杂的谜团，能够在拥挤的城市中找到安慰。

在萨塞克斯海边收山归隐时，福尔摩斯换了一种生活方式：此时他享受独自散步和养蜂的过程，对于一度令其恐惧的乡村也乐在其中。

缺失的一环

华生好似从福尔摩斯的生活中消失了，“充其量不过是偶尔跑来度个周末而已”。故事中他完全没有出现，这同时也彰显了华生在其他故事中所起的重要作用。华生叙写故事时，读者会对福尔摩斯展现的演绎技艺赞叹不已。在华生惊叹的同时，读者也会发出同样的赞叹，给人一种兴奋的感觉，同时会预测这位大侦探下一步要做什么。但是，由于福尔摩斯认为自己的很多演绎推理稀松平常，当我们从他的视角看整个侦查过程时，他的发现显得不再那么令人惊奇。福尔摩斯也承认这点，坦承如果华生执笔，故事“真不知道会有多精彩”，而福尔摩斯则只能“按我自己这种平铺直叙的方法”把故事讲出来。读者可能也会觉得，相比起通常会困惑不已的华生，福尔摩斯的叙述确实欠缺吸引力。

> 我过上这样的生活之后，华生老兄几乎完全断了音讯。
>
> 歇洛克·福尔摩斯

一起神秘的死亡事件

故事发生在1907年7月。狂风终于减弱，这是一个美好的夏日清晨。福尔摩斯在峭壁上漫步，遇到了朋友哈罗德·斯戴克赫斯特，他是当地山墙补习所的校长。虽然福尔摩斯不甘自我孤处，但他仍是怀念与华生的友谊，于是找了另一个好伙伴。福尔摩斯告诉我们，他与斯戴克赫斯特之间，“随便哪个晚上，我俩无需邀请就可以去对方家里串门，跟我有这种交情的人只有他一个”。这让我们想起了无需邀请便可以出现在221B的华生。

俩人见面后不久，他们就看到了一个年轻人。他只穿着裤子、上衣，外加一双没系鞋带的帆布鞋

福尔摩斯查看潟湖，对麦克弗森的死困惑不已。这是《狮子鬃毛》在《斯特兰德杂志》上首次发表时的插图。

子。这位年轻人走路踉踉跄跄，最终痛苦地栽倒在地。俩人立即上前帮忙，但为时已晚。这位年轻人咽了气，在生命最后一刻还说着“狮子鬃毛”的字眼。

当上衣从死者肩头滑落后，福尔摩斯和斯戴克赫斯特看到他的后背上布满了暗红色的线条，“就跟被人用一根细细的鞭子狠狠地抽过一顿一样”。福尔摩斯注意到，“用于抽打的刑具显然是有弹性的”，因为那些鞭痕绕过他的肩头，爬到了他的肋骨上。

死者是菲茨罗伊·麦克弗森，补习所的自然科学教员。福尔摩斯和斯戴克赫斯特站在尸体旁时，另一个熟悉的人物伊恩·默多克来了，他是同一家补习所的数学教员。福尔摩斯将其描述为一个落落寡合、邪恶古怪的人物，还告诉读者，默多克曾经愤怒地将麦克弗森的小狗从装着厚玻璃板的窗子里面扔了出去。默多克明显是一个凶猛的人，也许对麦克弗森怀恨在心。读者的胃口被吊了起来。

福尔摩斯的调查

默多克被派去法尔沃斯的警局报案，而福尔摩斯则开始进行调查。他从地上的印记看出，在爬上峭壁的过程中麦克弗森不止一次摔倒在地。在下面的海滩上，他看到了一些没穿鞋子的脚印，说明麦克弗森去过那个他打算去游泳的潟湖。但是，他的毛巾叠得整整齐齐，而且是干的，因此大侦探得出结论，死者到最后也没有下过水。附近没有看到任何其他人，也没有任何其他线索。

福尔摩斯回到死者身边，发现警察已经赶来。警察在麦克弗森的口袋中发现了一张便条，上面说的是一次约会：“我会去的，你放心好了——莫迪”。当警察搜索麦克弗森的房间时，发现了几封信件，说明死者与法尔沃斯村名为莫德·贝拉米的美人之间有着秘密的爱情。如果他们两人想要保守秘密的话，理应避免在潟湖这种公众场所见面。他们随后发现，有几个学生本来要跟麦克弗森一起去游泳的，但默多克把他们留在了教室中。福尔摩斯若有所指地问，麦克弗森独自去游泳真的“只是偶然吗”，这让读者对默多克产生了怀

> **读者诸君，就算是翻遍我所有的探案记录，你们也找不出有哪件案子曾把我逼到这种山穷水尽的地步。面对这个谜题，不要说演绎法，就连我的想象力都提不出一个答案来。**
>
> 歇洛克·福尔摩斯

疑。福尔摩斯和斯戴克赫斯特前往法尔沃斯对莫德·贝拉米进行调查，但快到对方家时却看到了默多克。默多克粗鲁地拒绝透露自己来此地的原因，斯戴克赫斯特愤怒地开除了他。

莫德的秘密

福尔摩斯描述莫德时充满了羡慕之情，读者感觉这更应该出自华生之口，而非来自这位著名的冷面侦探。他写道：“她那张轮廓分明的完美脸庞，看到她那种凝聚了这片丘原所有妩媚的娇艳肤色。”福尔摩斯得知，她与麦克弗森已经订婚，但双方均要瞒着自己的家人以免受到干扰。在故事后面我们了解到，默多克刚刚告诉了她有关其未婚夫的死讯，她希望帮助福尔摩斯调查，但却无法提供任何真正的线索。但是，默多克看起来曾经爱过并且现在依旧爱着她。怀疑对象指向了这位数学教员，正如福尔摩斯说的那样，他之所以激怒斯戴克赫斯特，是因为想让其解雇自己，以便抓紧时间脱身。福尔摩斯要求搜查默多克的房间。

福尔摩斯的顿悟

福尔摩斯回到家中苦苦思索本案的迷情，之后得到消息，有人发现麦克弗森忠诚的埃尔戴尔犬死在了潟湖旁，就在它主人丧命的那个地方，小小的身体因痛苦而扭曲。福尔摩斯的脑海中一片混乱。他去潟湖旁边散步，以便让自己的

《户外》一书的作者约翰·乔治·伍德写过多部书。他是一位牧师兼自然主义者：一位以研究自然科学作为一部分神职工作的牧师。

头脑清醒一下，回家的路上他突然灵光乍现，“电光石火之间，我想到了我搜肠刮肚都没有想到的那样东西”。他提醒读者，自己的脑子就像“一个满满当当的杂物间”，里面满是某天可能派上用场的各种数据或者“冷门知识”。“杂物间”（福尔摩斯也将其称为“人脑阁楼”）的说法要追溯到第一本有关福尔摩斯的故事，这是柯南·道尔用来描述福尔摩斯思维方式的一个关键形象，也得到了很多心理学家的认可。例如，俄罗斯裔美国心理学家玛丽亚·康尼科娃就将这种“大脑阁楼”的比喻看作一种非常有用的方式，可以帮助我们理解人类如何存储信息、构建知识并借此形成清晰的思维方式，从而做到“深思熟虑”。

但在本案中，提及“大脑阁

伊恩·默多克

数学教员伊恩·默多克被设定为故事中的嫌疑人。在具体的描述中，他身上带着一种“古怪的异域性情”，有着乌黑的眼睛和黝黑的脸庞，还有偶尔爆发的脾气。柯南·道尔在福尔摩斯故事中经常采用维多利亚时代盛行的一种观点，可以从外貌上看出罪犯的类型。但是，此处他却用这种惯性思维来误导读者，让人相信默多克就是凶手。

作为竞争莫德小姐的对手，默多克自然是怀疑对象。但莫德说得很清楚，在知道自己确实爱上了麦克弗森之后，他就退到了一边。此外，斯戴克赫斯特坚称，默多克和麦克弗森之间关于小狗的争执已经烟消云散，现在成了好朋友。不过，福尔摩斯选择忽视这些证人的证词，依旧怀疑默多克。令人奇怪的是，通常很讲究逻辑和理智的福尔摩斯，居然会在职业生涯末期为自己的偏见所左右而进入误区。

故事中水母的螫刺

福尔摩斯有关该故事来源（《户外》一书）的说法是正确的。这种被称为“狮子鬃毛”的巨型水母是世界上真实存在的最大水母。最大标本的钟形部分宽达3米，触手展开后可超30米。狮子鬃毛主要生活在北大西洋地区，冰冷的北极水域中的狮子鬃毛尤为巨大。英格兰南部海域的常见品种体型较小，很少出现巨型水母，正如故事中所说，这只巨型水母兴许是被西南的狂风吹离了自己正常的栖息地。

狮子鬃毛的触手上有数千个带刺的细胞，其中含有有毒的折叠线状体，能够像鱼叉一样叮入猎物体内。沿着水母线形的触手，皮肤上留下巨大的红色伤痕或起皱的之字形条纹，就像福尔摩斯描述的那样。这种蜇伤会引起剧痛，少数情况下会造成死亡。

楼”只是为了让福尔摩斯查看自己真正的阁楼，并在那里找到了一本“咖啡色和银色封皮的”小书，名字叫作《户外》。这本书著于1874年，实际上是维多利亚时代自然史通俗作家约翰·乔治·伍德的真实作品。

迟来的揭秘

通过查询书籍确认自己的怀疑后，福尔摩斯实际上已经解决了麦克弗森死亡的谜团。不过，柯南·道尔稍微加大了故事的长度，通过多重障碍阻止福尔摩斯揭开重大发现，借此吊着读者的胃口。

先是巴德尔督察来访，福尔摩斯说他是一个“稳重踏实、反应迟钝的人”，说明他值得信任但却不够聪明。他问福尔摩斯自己是否应该在嫌犯默多克离开前将其逮捕。默多克脾气火爆，过去曾跟麦克弗森发生过争执，他还深爱着莫德，正在准备离开法尔沃斯。此外，确实没有其他任何可能的嫌犯，诸多事实让这位督察觉得他就是罪犯。但福尔摩斯指出，默多克有不在场证明，针对他的这些证据又都有破绽。这位大侦探还告诉他，自己检查过一张麦克弗森伤口的照片，讨论了各种有关奇怪伤口的解释，以此吊足督察以及读者的好奇心。之后，就在他要解释事情真相的时候，默多克闯了进来，进一步推后了福尔摩斯的揭秘时间。

默多克的情况非常糟糕。他承受着巨大的痛苦，肩膀上有着和麦克弗森同样的伤痕。喝下许多白兰地之后，他最终陷入昏迷。斯戴克赫斯特在峭壁上遇到了默多克，紧随其后来到福尔摩斯家中。他请求福尔摩斯为他们解除这种诅咒。

> 疼痛显然十分剧烈，并且不是局限于伤处，因为伤者额上汗流如注，呼吸断断续续，脸色阵阵发黑，还一边大声吸气，一边用手按住胸口。
>
> 歇洛克·福尔摩斯

最终福尔摩斯动了怜悯之心。他说，“咱们马上就会知道，我能不能把凶手交到您的手里”，然后带领督察和斯戴克赫斯特来到了潟湖旁的海滩上。福尔摩斯在仔细检查下面的深潭时，突然得意扬扬地叫喊起来：“霞水母！看哪，这就是狮子鬃毛！”三人看到水中有一个巨型水母的触角和球状身体。福尔摩斯发现正对深潭的地方有一块大石头，他喊道“把这个凶手结果了吧”，然后三人把这块大石头推进了水潭杀死了这只水母。

来自大自然的凶手

看来根本没有什么凶手，麦克弗森和他的狗以及默多克都是一种自然危险的牺牲品——通常被称为“狮子鬃毛”的霞水母。福尔摩

> **以前我经常开你们这些官方警探的玩笑，这一回，发状霞水母差一点儿就替苏格兰场报了仇啦。**
>
> 歇洛克·福尔摩斯

斯在家中向朋友们展示自己的藏书《户外》，麦克弗森并非碰上这种危险巨型水母的第一人。《户外》的作者约翰·乔治·伍德解释说，自己曾经近距离遭遇狮子鬃毛的经历，幸运地逃过一劫。在书中，他警告游泳者倘若在水里看到一个茶色黏膜、样子像是一大把狮鬃的物体的话，必须格外当心。

被这种水母蜇伤后十分痛苦，但很少致命。不过，柯南·道尔刻意强调麦克弗森的心脏有问题，因此他会死于这种蜇伤，而默多克却活了下来也是合情合理。

福尔摩斯已经英雄迟暮？

故事中，柯南·道尔利用了一个扣人心弦、现实中存在的杀手。巴德尔督察对福尔摩斯揭开案情真相的方式充满钦佩之情，他喊道："以前我读到过您的事迹，可我一直都不相信。真是了不起！"但福尔摩斯谦虚地承认说："刚开始我非常迟钝——迟钝到了犯罪的程度"。本故事中福尔摩斯显然并未展现其最佳的观察力。

福尔摩斯从一开始就认为麦克弗森死于谋杀，凶手用工具将麦克弗森打得皮开肉绽。起初他怀疑默多克就是凶犯，但这种怀疑更多是基于长相和性格而非事实，这往往是华生才会陷入的误区。

福尔摩斯说，他被麦克弗森的浴巾误导了：他以为死者压根儿就没有下过水。如果他发现死者下过水的话，应该能够更明确地找到死因。但是，细心的读者会注意到，福尔摩斯并未发现麦克弗森死时头发肯定还是湿的。如果他顾不上擦干身体就穿上衣服的话，他的衣服应该也是湿的。同样，当福尔摩斯调查犯罪现场时，他没有注意到那个巨型水母，这一点也很奇怪。不过，虽然有这些疏忽，解开谜团的最终还是福尔摩斯。

没有华生作为福尔摩斯思维的磨石，柯南·道尔在故事情节中可能没收了大侦探的一点聪明才智。不过读者们无须担心福尔摩斯的能力会随着年龄增长和收山归隐而消退：在《狮子鬃毛》故事发生7年之后，《福尔摩斯谢幕演出》中展示了这位侦探杰出的卧底工作，说明他的能力依然处于巅峰状态。■

福尔摩斯在萨塞克斯的住处与图中的海警房很像，可以俯瞰整个海峡，白垩峭壁景色尽收眼底。福尔摩斯的乐趣之一就是沿着峭壁上的小径走到海边。

我们尽量攫取，我们死不撒手，到头来，手里又能剩下些什么呢？幻影而已！

《退休的颜料商》（1927年）

复杂的关系网

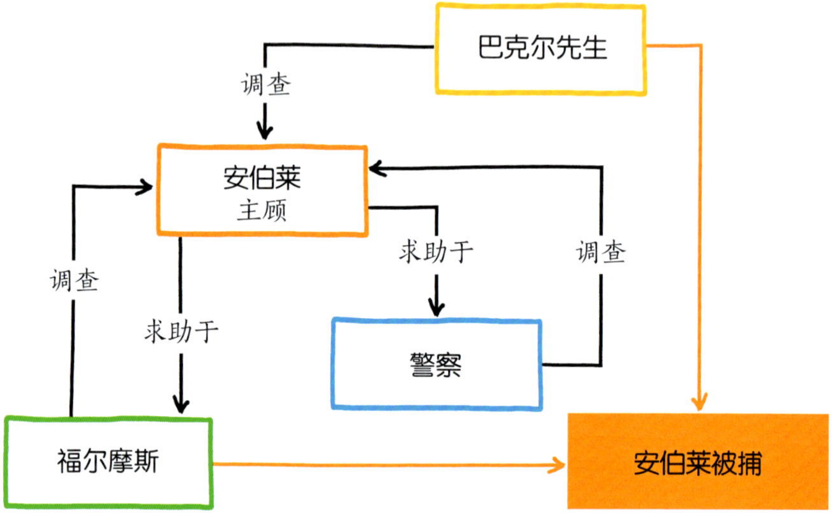

背景介绍

类型

短篇小说

英国首次发表

《斯特兰德杂志》，1927年1月

文集

《福尔摩斯旧案钞》，1927年

人物

约西亚·安伯莱，退休的颜料商（艺术用品生产商）。

安伯莱太太，约西亚·安伯莱年轻的妻子。

雷·欧内斯特医生，跟约西亚一起下象棋的伙伴。

巴克尔先生，私家侦探，福尔摩斯的职业对手。

J.C.埃尔曼，小珀灵顿的牧师。

麦金农督察，模样精明的年轻警官。

福尔摩斯最近见过苏格兰场介绍过来的一位新主顾后，显得郁郁寡欢。这位主顾名叫约西亚·安伯莱，也就是故事名字中的“退休的颜料商”。他曾经是艺术用品生产商，现在变成了一个惨状可悯、一蹶不振的家伙，比其实际年龄显得更加苍老，脸上沟壑纵横，佝偻着背，衣冠不整。

安伯莱称，自己年轻的妻子与和自己的棋友雷·欧内斯特医生有私情，现在俩人已经不知所踪，还带走了他毕生的积蓄。作为福尔摩斯的代表，华生前往安伯莱位于刘易舍姆的家中进行调查。对于不信任华生调查工作并且需要对其进行复核的福尔摩斯而言，这种行为虽然不是绝无仅有，但确实并不多见。《巴斯克维尔的猎犬》中也是如此。华生所写的调查报告充满了创造力，让福尔摩斯有足够的机会嘲讽他喜欢大肆渲染的习惯。

福尔摩斯接手案子

华生最关键的一大发现是，安伯莱正在用一种气味浓烈的绿漆粉刷自己房中的门和过道。华生还注意到，在他离开安伯莱家时，一个高个子、皮肤黝黑、蓄着胡须的人跟踪了他。这些情况足以引起福尔摩斯的怀疑。福尔摩斯伪造了一份署名为埃尔曼的牧师的电报，让华生和安伯莱踏上了一段注定无果的埃塞克斯之行。在他们踏上旅途的过程中，福尔摩斯确认，安伯莱在妻子失踪那天晚上的不在场证明（前往剧院）是假的。之后福尔摩斯破门而入，进入安伯莱家，在新刷漆的门后发现了一个封闭的小屋，屋里的一根煤气管泄露了天机，这是一个完美的谋杀地点。安伯莱将自己的妻子及其嫌疑恋人骗到了小屋中，将其困在屋内，并向其中注入了有毒的煤气。

> **只要有这个心，我随时都可以改行从事入室行窃……**
>
> 歇洛克·福尔摩斯

联手破案

华生看到的那个皮肤黝黑的神秘人，其实是福尔摩斯的对手——私家侦探巴克尔先生。他受雇于雷·欧内斯特医生的家人，来调查此案。不同寻常的是，两位侦探联手将本案的凶手交给了苏格兰场的麦金农督察。福尔摩斯让这位督察在房子周围查找谋杀案的确凿证据，包括废弃的水井。警察很快就发现了受害者的尸体。这位督察表达了对福尔摩斯真诚的敬意，满怀崇敬地说，“真是大师手笔”。

安伯莱先后向警方和福尔摩斯求助只是在“卖弄”，他自信比警察和这位有名的大侦探都要聪明。

动机和癫狂

福尔摩斯认为，安伯莱的精神状态已经被嫉妒之心所扭曲。安伯莱选择用绿色油漆来掩盖谋杀地点散发出来的煤气也许并非偶然，因为绿色代表嫉妒。福尔摩斯认为，这起残忍的谋杀案是一种癫狂的标志，说明安伯莱最终的归宿多半是布罗德摩尔而不是绞架。

相比开头给读者那种沉闷的感觉，整个故事的论调还是比较轻松和富有戏剧性的。由于侦查能力方面的差距，华生扮演侦查角色无疑会在两位好友之间造成一些诙谐的玩笑。在作者笔下，福尔摩斯成了一个技艺高超的飞贼，而警察则一如既往地对案件束手无策。虽然福尔摩斯破获了整个罪案，但他并不需要公众的认可，他似乎非常喜欢看到案情报道将破解谜案归功于警方。但是，他还是略带讽刺地建议华生将案情记下来，称“总有一天，真相将会大白于天下”。■

布罗德摩尔

正如福尔摩斯所说，安伯莱可以申请“因精神病而无罪”，从而被判处终身监禁而非绞刑。到19世纪，越来越多的人开始意识到，精神失常的罪犯需要与普通罪犯区别对待。1800年颁布的《精神错乱者犯罪法》中，允许对精神错乱的罪犯进行终身监禁。

布罗德摩尔疯人罪犯收容所位于伯克郡克罗索恩，1863年开张营业，是为此类案件专门设立的机构。该收容所自给自足，有自己的农场和车间由其中的犯人负责运营。男女分开关押，有固定不变的工作、锻炼和休息程序。收容所（医院）的负责人包括一位院长和两名医生，有100名协助的非医务人员。

现在，布罗德摩尔仍旧保持着“特殊医院”的地位，但不再接受女性病人。对自身或他人造成高风险的男性患者可以在这个高度安全的场所接受治疗。

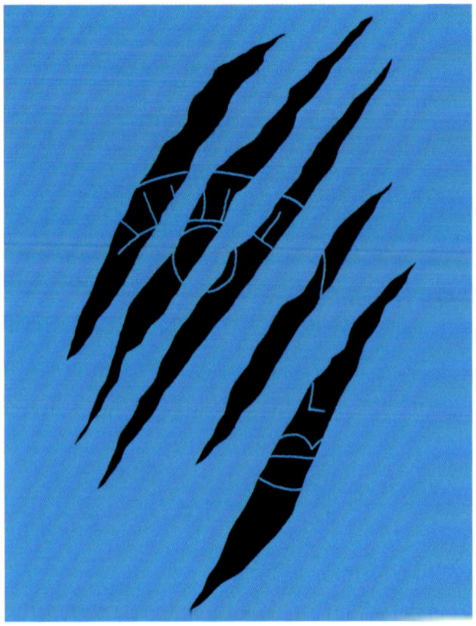

一个人能够坦然地面对磨难，这种耐性本身就足以成为一个最可取的榜样

《戴面幂的房客》（1927年）

背景介绍

类型

短篇小说

英国首次发表

《斯特兰德杂志》，1927年2月

文集

《福尔摩斯旧案钞》，1927年

人物

尤金妮娅·荣德，曾经的马戏团演员。

荣德先生，尤金妮娅已去世的丈夫，马戏团老板。

列奥纳多，马戏团的大力士，尤金妮娅已去世的爱人。

莫瑞罗太太，尤金妮娅的房东，受尤金妮娅委托向福尔摩斯求助。

本故事与一般的福尔摩斯故事有一点不同，几乎完全依赖于认罪独白而非案情侦破。这是一个关于爱情与仇恨的悲情故事。本案中的福尔摩斯不是那个善于分析和演绎推理的天才，而是一个牧师般的倾听者。他的角色就是向一位精神饱受摧残的女性表达同情之心，并赦免其罪行。

一个有来历的女人

1896年年末，福尔摩斯接到了莫瑞罗太太的求助委托。这位房东太太非常担心自己的一位房客，一个名叫尤金妮娅·荣德的深居简出的女人，整天带着面幂掩盖自己遭受毁容的脸。这位房客似乎“一天比一天衰弱”，睡梦中还一直嚷嚷“杀人啦！”，房东建议，如果尤金妮娅心中藏着什么秘密的话，她可以向牧师、警察或者福尔摩斯吐露。尤金妮娅选择了福尔摩斯。

福尔摩斯告诉华生自己读过有关尤金妮娅一案的报道。她曾经

流动马戏团

英国第一个马戏团于1768年开张，班主是一位名叫“菲利普·阿斯特利”的前骑兵军官。当时的马戏团只有马术表演，此后越来越多的由流浪艺人组成的马戏团在不同城镇之间巡回演出。之后，持杆走钢丝、杂技和小丑表演逐渐引入马戏团，很多马戏团凭借令人印象深刻的巡演为自己打广告。

到19世纪末，马戏团表演俨然成为一道盛大的风景。

美国的巴纳姆贝利马戏团于1897至1902年期间在欧洲巡回演出，以花式马术、杂耍、吊杆表演和畸形人演出打动了观众。该马戏团的另一个闪光点就是大象、狮子和其他异域生物表演（当时有专门为马戏团驯养野生动物的国际交易）。英国马戏团直到最近才有动物巡演，但目前禁止这种做法的法律正在酝酿之中。

1891年，一位无畏的驯狮人在巴黎赛马场表演。最流行的马戏表演中，通常都会有大胆而夸张的野兽表演。

在马戏团工作，与一个流动“野兽秀”马戏团的驯狮人、马戏班主结了婚。七年前的一天晚上，马戏团的狮子从笼中逃了出来，攻击了尤金妮娅，把她的脸撕扯得不成样子，用爪子打碎了她丈夫的头骨。不过，警方的调查却留下了很多疑团，福尔摩斯说，自己很不满意“意外致死”的最终裁决。

揭开的谜团

福尔摩斯和华生来到尤金妮娅的房间，她向他们吐露了自己一直埋藏在心中的秘密。她的丈夫是一个残暴的酒鬼，不停地在肉体和感情上折磨她。他对马戏团的人和动物都非常残忍。

列奥纳多是马戏团的大力士，他和荣德相比就是两个极端。他很有魅力、充满自信。尤金妮娅爱上了列奥纳多，很快俩人就谋划着如何摆脱那位恶魔。这位迷人的大力士做了一个精巧的武器——一根有五根钉子的棒子，排列方式跟狮子爪子一模一样。一天晚上，当荣德出去喂狮子的时候，列奥纳多把他的脑袋打开了花。

按照他们的计划，尤金妮娅从笼子中放出狮子，让人们以为狮子是自己丈夫死亡的罪魁祸首。但是，狮子却扑到了她身上，用牙齿咬穿了她的脸。列奥纳多吓得落荒而逃。尤金妮娅对列奥纳多在荣德之死中扮演的角色闭口不谈。虽然被对方抛弃，但她仍爱着对方。

挽救生命

尤金妮娅失去了美丽的容颜、爱人和自己的生活，因此选择隐居。但在最近得知列奥纳多的死讯之后，她迫切地想要说出一切。她的供词引起了福尔摩斯的深切同情，在敏锐地感觉到尤金妮娅想要自杀之后，他警告说：“您的生命并不属于您自己……麻烦您高抬贵手。”自杀在当时是非法的。两天之后，尤金妮娅给福尔摩斯邮寄了一个装有致命毒药的瓶子，附言说明这位女士选择了继续活下去。

故事中既有实实在在揭开面幂的行为：尤金妮娅在福尔摩斯面前拿下了面幂，又有一种象征意义：抛开谎言揭示真相。荣德将妻子困在自己创造的笼子里，以满足自己的私欲。当被狮子毁掉人生后，尤金妮娅像负了伤的野兽一样回到自己的笼子中：一个与世隔绝的房间。尤金妮娅放出狮子的时候，也释放了对丈夫的刻骨仇恨，却造成了终生无法摆脱的可怕后果。

本故事的核心是尤金妮娅困在一段遭受虐待的婚姻中。在很多福尔摩斯故事中，为命运所困的无助女性都是一个共同的主题，《福田宅邸》就是如此。■

> **任何言辞也形容不出，仅余骨架的面孔究竟有多么恐怖。**
>
> 华生医生

虐待与背叛交织的三角关系

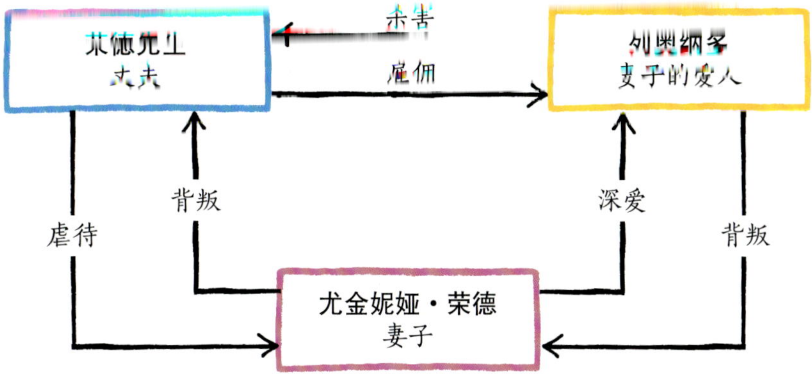

只有那些波澜不惊、毫无特色的案子才让人无从措手

《肖斯科姆老宅》（1927年）

背景介绍

类型
短篇小说

英国首次发表
《斯特兰德杂志》，1927年4月

文集
《福尔摩斯旧案钞》，1927年

人物
罗伯特·诺伯顿爵士，肖斯科姆老宅的主人，情绪暴躁。

比阿特丽斯·福德夫人，罗伯特爵士的姐姐，身患疾病。

约翰·梅森，罗伯特爵士的首席练马师。

诺莱特夫人，比阿特丽斯夫人的女仆。

诺莱特先生，诺莱特夫人的丈夫，一位演员。

斯蒂芬斯，罗伯特爵士的管家。

约西亚·巴恩斯，绿龙客栈的老板。

桑迪·贝恩，骑师。

《肖斯科姆老宅》是56个福尔摩斯短篇故事中的最后一个，发表3年后柯南·道尔辞世，享年71岁。该故事也是跟福尔摩斯的永别。故事开头显示了这位大侦探的远见之明，他展示了自己对法医学的驾轻就熟。但是，随着案情的展开，福尔摩斯更需要的是演绎能力，而非法医学知识，尤其是在犯罪现场无从谈起的情况下。故事吸引人的地方就在于可能确实发生了一起非常恶劣的犯罪事件。

法医学大师

故事开头，福尔摩斯借助显微镜确定，在圣潘克拉斯案子中，在死去警员身边找到的那顶帽子上有胶团。这一线索直指一个装裱匠，尽管他一直否认帽子是自己的。

福尔摩斯通过这种方式运用法医学知识，站在了其职业领域的最前沿。作为使用鞋印、细小痕迹和抓痕、血迹、泥迹、有机物痕迹和胶等其他蛛丝马迹方面的先驱者，福尔摩斯采用的方法说明详细研究犯罪现场以获得细微线索十分重要。该方法现已成为现代法医调查的核心。

现实世界中伟大的法医学预言家埃德蒙·罗卡博士（1877—1966）被称为“法国的福尔摩斯”，这绝非巧合。罗卡提出的最重要的一条准则就是“凡有接触，必留痕迹”，也就是人们熟知的“罗卡交换定律”。这一简短的陈述表明，在犯罪现场，罪犯必然会带走一些

埃德蒙·罗卡博士（*1877~1966*）是法国的一位科学家先驱，他于*1910*年创立了世界上第一座警方实验室，不过直到*1912*年实验室的工作才得到官方认可。

此图为威廉·鲍威尔·弗里思的作品《德比日》（1856—1858），其中描绘的场景，罗伯特爵士应该非常熟悉。这部作品十分受欢迎，英国皇家艺术学院不得不加上围栏来控制人流。

东西，亦会留下一些东西，无论这种东西是多么微小。

案情

在准确辨别出胶团后不久，福尔摩斯就迎来了一位访客，来自肖斯科姆老宅的首席练马师约翰·梅森。肖斯科姆老宅是伯克郡的一个大田庄。梅森十分担心自己主人——花花公子罗伯特·诺伯顿爵士。他是一个有名的败家子，如今债台高筑。为了还债，他只能寄希望于自己的赛马“肖斯科姆王子”能够在即将到来的埃普索姆镇德比大赛中获胜。此前，他有意误导人们错估这匹马的赔率（早晨遛马时，他聪明地用这匹马同父异母的兄弟来误导马探子）。但是，梅森对最近发生的一些其他事情担心不已。为何罗伯特爵士不再去探望他一向敬重的、身患疾病的寡居姐姐？为何罗伯特爵士将她心爱的宠物斯班尼犬送给了绿龙客栈的老板？为何罗伯特爵士深更半夜跑到老教堂的闹鬼地穴里跟一位神秘人接头？梅森和罗伯特爵士的管家斯蒂芬斯在地穴里发现的干尸头颅和骨头来自哪里？比阿特丽斯夫人房间下方有个地窖，集中供暖的锅炉就在其中，为何锅炉中会有一根烧焦的人类腿骨？

寻找线索

最后一个可怕的问题引起了福尔摩斯的兴趣。罗伯特爵士和那位不知名的同伴是否已经谋杀了比阿特丽斯夫人，并用锅炉来毁尸灭迹？福尔摩斯和华生伪装成度假的钓鱼爱好者住进了绿龙客栈。客栈老板约西亚·巴恩斯警告他们要小心罗伯特爵士。他说：“他向来是个先动手后讲理的人。”两人并未被吓到，主动提出带上那只曾经属于比阿特丽斯夫人的斯班尼犬去散步。他们径直走向肖斯科姆老宅，刚好赶上这位夫人每天中午例行的马车兜风。当马车在田庄门口放慢速度，福尔摩斯放开那只斯班尼犬。它热情地冲向了马车，然后突然愤怒地撕咬上面的乘客。马车上的乘客本应是比阿特丽斯夫人和她

> 这件事情非常复杂，梅森先生，又复杂又丑恶。
>
> 歇洛克·福尔摩斯

> 罗伯特爵士虽说家世高贵，老鹰窝里钻出个吃腐肉的乌鸦也是常有的事情……他不能逃往国外，因为他必须先得到他那笔横财。
>
> 歇洛克·福尔摩斯

的仆人诺莱特夫人。但在“比阿特丽斯夫人”的披肩后面，华生和福尔摩斯却听到了一个粗粝的男子嗓音喊道“快走！快走！”。福尔摩斯说：“咱们手里又多了一张牌，华生，即便如此，出牌的时候还是得多加小心。”

当天晚些时候，两人去了地穴。梅森看到的那些骸骨已经不见了，福尔摩斯猜想可能和其他骨骼一起放在锅炉中烧了。当福尔摩斯发现有一个棺材最近打开过时，他们听到了脚步声，“一个令人生畏的家伙，身材魁梧，气势汹汹”地从阴影中走了出来。这就是罗伯特爵士。

在一个完美的哥特式瞬间，福尔摩斯拉开了棺材盖，罗伯特爵士后退了几步，然后喊了出来。里面是比阿特丽斯夫人的尸体，“从头到脚都裹着布，五官像巫婆一般可怕，鼻子和下巴整个儿地歪到了一边，剥落变色的脸上嵌着一双呆滞无神的眼睛，眼睛还睁得大大的”。罗伯特爵士决定解释一下自己的行为，他邀请福尔摩斯和华生到他家中，以便他们可以自行判断到底是怎么回事。

真相大白

他告诉福尔摩斯和华生，大概一周前，比阿特丽斯夫人死于水肿。就在他寄予厚望可以替他偿清所有债务的德比大赛几周前，他面临着失去这座宅子，失去马厩和所有赛马的境地，因为整个肖斯科姆

> 我的责任仅限于查明事实，剩下的都是别人的事情。您的行为是不是符合道德要求和社会规范，轮不到我来发表意见。
>
> 歇洛克·福尔摩斯

老宅，包括赛马，实际上都是她的财产。如果公布她的死讯，所有一切将复归到她已经过世的丈夫的弟弟手里。绝望的罗伯特爵士决定在比赛前隐瞒姐姐的死讯。

为了给她的尸体腾出地方，罗伯特爵士和仆人诺莱特先生（女仆的丈夫）先从棺材中取出了一位祖先的干尸，将其放在锅炉中烧掉了。他说：“我们可没有什么冒犯或者不敬的地方。”然后他解释道，诺莱特同意假扮比阿特丽斯夫人，他是“一个獐头鼠目的矮小男人，神态鬼鬼祟祟，令人生厌”，曾经是个演员。他们之所以要把那只斯班尼犬送走，是因为这只狗一直对藏尸的那间老井房狂叫不止。

当福尔摩斯说他的行为“无论如何也说不过去”时，罗伯特爵士反驳说，“漂亮话谁都会说。可您要是处在我的位置，感觉没准儿就不一样啦。”在之前的某些案子中，福尔摩斯如果觉得凶手的行为确实情有可原时，有时会放过对方。但这次他明显并未被说服，宣

验尸官的作用

早在1194年，验尸官就开始扮演调查猝死死因的角色。这一角色是诺曼人创立的，目的不是为了伸张正义，而是确保已经缴纳了相关税费。任何一个发现死尸的村庄都会被处以名为“秘密杀害（Murdrum）”的罚金（“谋杀”一词便源于这个词），这一罚金的假设前提是被害者是诺曼人，凶手则是盎格鲁-撒克逊人。1836年，世界上第一部《出生与死亡登记法》颁布，出生与死亡登记成为因此法律要求。但是，越来越多的人担心洗脱谋杀罪名太过容易，尤其是在使用毒药的情况下。在可疑死亡事件调查中，验尸是一种太过昂贵的手段。因此，1887年，新颁布的《验尸官法》规定，验尸官要调查任何突发性、暴力型或非自然死亡的原因。比阿特丽斯夫人的突然死亡就属于验尸官的调查范围。

正如福尔摩斯的调查结果所示，罗伯特爵士在肖斯科姆老宅的真实生活与其表象相差十万八千里。他是一座大宅子的主人，拥有一匹能够赢得比赛的赛马，但实际上却濒临一无所有的境地。

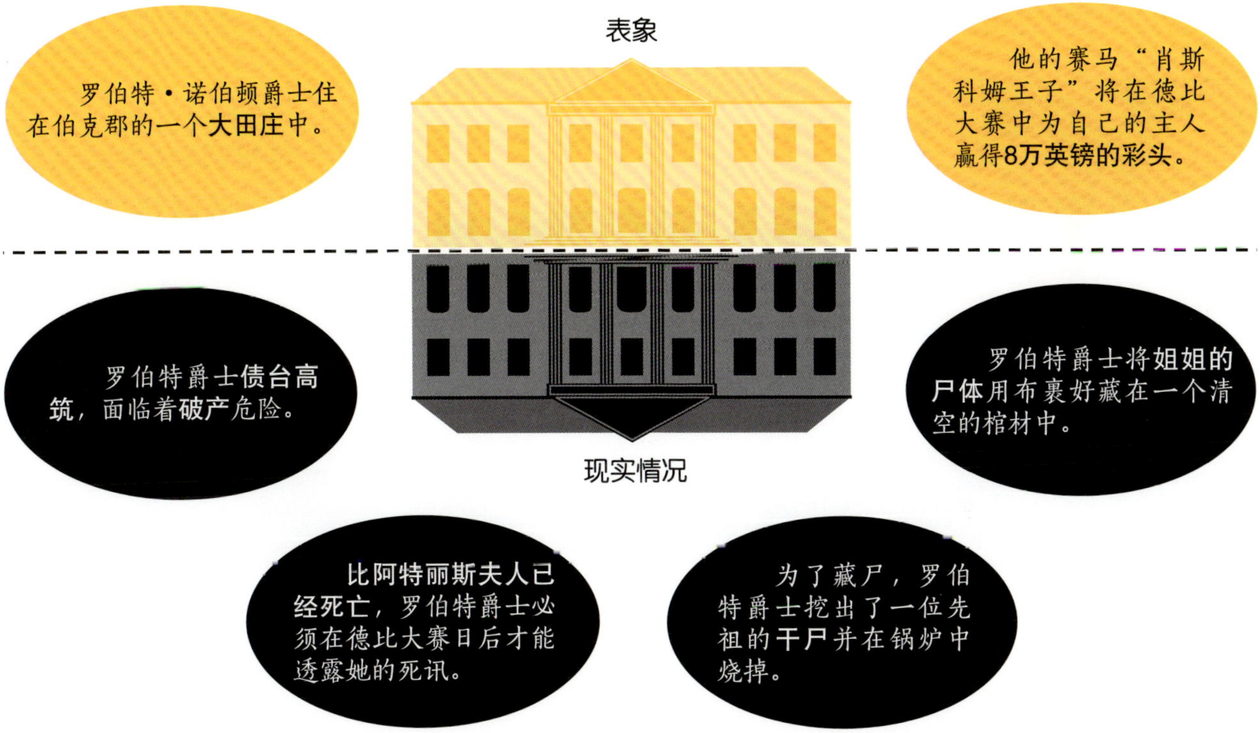

称这件事情必须让警方来处理。

用华生的话来说，肖斯科姆老宅一案的结局要"比罗伯特爵士该得的报应好一些"。考虑到罪行非常怪诞，警方采取了一种宽人为怀的态度，仅仅是轻描淡写地申斥罗伯特爵士没有及时申报姐姐的死亡。同样值得一提的是，罗伯特爵士的债主们也同意等到比赛结束再去讨账。最后，罗伯特爵士的赛马"肖斯科姆王子"赢得了德比大赛，得了八万镑的彩头，罗伯特爵士在足额清偿所有债务之后，还可以重建一种相当优裕的生活。

职业生涯落幕

华生描述地穴中的场景时异常富有戏剧性，读者感觉好像是在看恐怖小说。他描绘了比阿特丽斯夫人尸体恐怖的模样，以及身材魁梧的罗伯特爵士吓人的形象。通过这种哥特式的细节描述，让我们以为接下来会发生一些可怕的事情。但几分钟之后，所有人就心平气和地坐在了一起，罗伯特爵士讲述的也不过是一个关于未及时申报一位长期患者死亡消息的平凡故事。

在《肖斯科姆老宅》中，福尔摩斯揭开的不是什么恐怖谋杀或残忍杀害的故事，而是一个绝望的、不太讨人喜欢的地主所实施的愚蠢而令人非常不快的欺骗故事。此外，嫌疑人本人亦侥幸地逃脱惩罚。这对于福尔摩斯的职业生涯而言显得有些虎头蛇尾，可能柯南·道尔本意确实如此。故事开头华生说，"他属于那种生错了时代的人"，在结尾则说"已经摆脱了事件留下的重重阴影，可望迎来一个体面的晚年"。这两个地方华生都是在说罗伯特爵士，但这些描述同样适用于福尔摩斯本人。■

THE WORLD OF SHERLOCK HOLMES

福尔摩斯
的世界

福尔摩斯的世界和他本人一样，都是民间神话与现实生活的独特统一体。在本书的最后一章，我们将从多个维度讨论大侦探福尔摩斯以及他所处的时代，重现柯南·道尔所住的环境，解释历史和社会变迁，它们不仅影响了柯南·道尔及其读者的生活，还影响了他笔下最著名的人物的生活。此外，我们还以各种形式探索福尔摩斯那经久不息的传奇人生。

神话、现实与原因

维多利亚时代晚期的伦敦是福尔摩斯世界的中心，常常被视为一个由东区后街组成的雾气笼罩的城市。不过，大众心里的图景并不准确。柯南·道尔笔下的伦敦拥有宏伟的新建筑、时尚的购物中心、煤气灯照耀下的宽阔街道，以及富裕的近郊，这就是福尔摩斯居住的城市。此外，伦敦还位于通讯革命的中心，拥有帕丁顿和国王十字等宏伟的火车站、国家电报系统，以及蒸蒸日上的大众媒体。

福尔摩斯所在的伦敦充斥着反差。虽然蒸汽机车在各大车站驶入驶出，地铁在城市的街道下方运载乘客，但较为富有的公民在市中心还是会乘坐双轮马车。尽管大英帝国财富剧增，但伦敦还是极度贫困，不过这在柯南·道尔的探案全集中并未得到体现。

差异与传统

整个19世纪，伦敦的人口已经增长至600万。人口、思想、财富和文化的涌入造就了一个复杂的大熔炉，孕育着各种社会变化。这座城市的规模在当时可谓首屈一指，人们由此产生了对下层阶级的担忧，他们目无法纪，主要挤向过度拥挤的东区。尽管如此，福尔摩斯案件中所涉及的人物主要来自于社会的中层和上层阶级，这也是柯南·道尔的读者对象。柯南·道尔利用社会张力，普遍的种族、性别和阶级刻板印象，为自己的故事增添了恐惧和兴奋的元素。因为福尔摩斯的“波西米亚”情感，贝克街被刻画成一个以白人男性为主的中产阶级的世界，如果用今天的标准来衡量，有时似乎有些偏执。在这些故事中，罪犯往往是外国人，女性主要是受害者或无辜的棋子。

> （伦敦）是人文荟萃之区，全球最完备的缩影。
>
> 亨利·詹姆斯
>
> 小说家（1843—1916）

犯罪与侦探

从隐喻的角度来说，福尔摩斯是两个人结合的产物。他的创作受到了埃德加·爱伦·坡笔下的C.奥古斯特·迪潘，以及柯南道尔之前的老师约瑟夫·贝尔教授的影响。这两个先驱人物都十分擅长演绎法，即我们所说的“推理”（ratiocination），也就是福尔摩斯侦查学的原则。我们在本章研究了这个术语的历史，包括希腊哲学的根源、17世纪启蒙运动的理想，及其在查尔斯·达尔文《物种起源》中所起到的重要作用。

推理对犯罪演绎学的蓬勃发

展起着十分重要的作用，这在柯南·道尔的探案全集中有所体现，因为“法医学”和“犯罪学”已成为固定词汇。福尔摩斯本人也对法医学做出了贡献，他就烟灰、打字机、文身以及很多其他话题写过专著，这可以看成是打击犯罪精神的更广阔的体现。

对犯罪的钟爱

与柯南·道尔笔下的其他人物相比，福尔摩斯的成功可以部分归因于社会的不断变化。城市的发展以及阶级分化的加剧，让人们对犯罪产生了恐惧，同时渴望正义得到伸张，这也是包括“廉价的恐怖小说”在内的大众媒体所乐于鼓励的。当时，破案学不断成长，侦探小说也是一样。侦探小说这一体裁可以追溯到埃德加·爱伦·坡、威尔基·柯林斯，甚至查尔斯·达尔文等作者，从近代来看，还包括柯南·道尔、G. K. 切斯特顿，以及E.W. 霍尔农。20世纪，硬汉派侦探小说崛起，女性侦探小说作家，比如阿加莎·克里斯蒂、P.D.詹姆斯和鲁斯·伦德尔享誉文坛。如今，犯罪小说还和以往一样受人欢迎，很多现代作家都从福尔摩斯的传奇故事中汲取灵感。

名望与传统

福尔摩斯有一点不容争议，那就是他本人及其传奇故事广受欢迎，此外它们很快就吸引了公众的注意。柯南·道尔的第一部福尔摩斯小说《暗红习作》（1887）首次发表时也许无人注意，但是他的短篇小说在《斯特兰德杂志》上连载时却引起了经久不衰的轰动，全球各地都成立了福迷俱乐部。

正如福尔摩斯激发了多种文学解读一样，他也是舞台和银幕上的一颗常青树。很多著名演员都扮演过歇洛克·福尔摩斯，比如艾利·诺伍德、巴兹尔·拉思伯恩、杰里米·布雷特，以及本尼迪克特·康伯巴奇。

本章选取了最为重要的福尔摩斯改编作品，从早期1899年威廉·吉列特的舞台剧《歇洛克·福尔摩斯》，到最近由伊恩·麦克莱恩爵士饰演的电影《福尔摩斯先生》。

此外，还有无数文学作品，包括早期拙劣的模仿作品、探案全集中很多“未讲述案件”的继续创造、完全的重新创作，以及目前流行的“同人小说”。

除了《福尔摩斯探案全集》以外，柯南·道尔还写了很多其他小说和故事。本章还介绍了他更喜欢的历史、宗教和政治评论，以及唯灵论的冥想。他认为这些创作“更为有用”，因此曾暂时结束他笔下最著名的人物的性命。不过，福尔摩斯仍是他所有作品中最持久的人物。用作家文森特·斯塔瑞特的话说，福尔摩斯“从未生过，因此永远不会死”。■

> **歇洛克·福尔摩斯是一个高于现实的真实人物；一个住在独特时期、独特地点的人。**
>
> 理查德·兰斯林·格林
> 作家、批评家（1953—2004）

咱们一起在伦敦城里逛一逛，你意下如何？

维多利亚时代的世界

对于很多现代读者来说，福尔摩斯的故事似乎提供了一幅典型的画作，描绘了维多利亚时代的英国。大侦探福尔摩斯的穿着明显是19世纪末的一位英国绅士，他乘坐双轮马车穿过装有煤气灯的街道。他的主顾往往是（但并不总是）维多利亚时代富有的中产阶级，因为工业革命以及大英帝国的扩张，他们的财富和地位不断提高。但是，这仅仅是故事的一半。

福尔摩斯所处的环境

把福尔摩斯和他的创作者完全归为“维多利亚时代的人”，其实并不准确。虽然很多故事的背景是在19世纪八九十年代，也就是维多利亚女王统治后期，但超过一半的故事写于20世纪初写，其中蕴含着更现代的元素。

柯南·道尔1859年出生，1930年去世，所以他一生中有42年的时间属于维多利亚女王的臣民。这是一段创新、扩张和快速变化的时期。此外，他还经历了爱德华时代、第一次世界大战以及内战，见证了巨大的政治、经济、文化和科技发展，其中很多都在福尔摩斯的故事中有所体现。所以说，福尔摩斯和华生所处的“维多利亚时代”的世界与同一时期其他小说描写的世界差别很大，比如狄更斯1843年的经典小说《圣诞颂歌》，比福尔摩斯小说差不多早50年。福尔摩斯本人的圣诞节特辑是《蓝色石榴石》，这个故事中描绘的伦敦要比

伦敦之雾

众所周知，19世纪的伦敦饱受大雾的折磨。柯南·道尔对大雾的描述并不像查尔斯·狄更斯或是罗伯特·路易斯·史蒂文森那么频繁，不过华生在《五粒橘核》说过，“这座庞大城市的上空悬着一层朦胧的纱幂，纱幂背后的太阳闪着柔光”，他也许是在暗示大雾的存在。伦敦的“淡黄色浓雾”源自重工业污染、气候特点、成千上万的煤火，因此具有毒性，对很多伦敦人的健康造成了威胁。最糟糕的时候，很多人因此死亡，大多数受害者都是呼吸道疾病患者、婴幼儿和老人。不过，还有一件令人讨厌的事更为常见，就是漂浮的煤灰，会弄脏衣服和室内的装饰品。在《诺伍德的建筑商》中，约翰·麦克法兰在十分炎热的一天，穿着一件“轻便的夏季外套”。他很可能是为了不让衣服被空气中的烟尘弄脏。

柯南·道尔所处的年代正好是大英帝国的鼎盛时期，当时英国在维多利亚女王（如右图）的统治之下。福尔摩斯不仅代表了维多利亚时代以及帝国主义的价值观，同时也提供了另外一种价值观。

狄更斯那个年代更具世界都市的特色。

柯南·道尔出生的时候，维多利亚时代很多标志性的大事都已发生，很多著名人物也已出现。1851年的万国博览会已经举办，克里米亚战争（1853—1856）已经结束，为贸易和旅游带来革命的工程师伊桑巴德·金德姆·布鲁内尔（1806—1859）已经到了暮年。

从文学角度来说，柯南·道尔的出生日期与F.斯科特·菲茨杰拉德（1896）和欧内斯特·海明威（1899）相近，后两位是美国20世纪初最具影响力的小说家。与维多利亚时代三大作家丁尼生（1809）、伊丽莎白·盖斯凯尔（1810）和查尔斯·狄更斯（1812）相比，柯南·道尔出生得更晚。最后一个福尔摩斯故事发表于1927年，几乎是维多利亚女王登基90年之后。

> **（福尔摩斯）的冒险生涯始于维多利亚时代晚期中叶，贯串了其卑不永的爱德华时代，即便在狂乱不堪的当今时代，他仍然守住了他那块小小的阵地。**
>
> 亚瑟·柯南·道尔《福尔摩斯旧案钞》

城市化与郊区

虽然福尔摩斯经常前往伦敦附近树木葱茏的郊区，但他生活在大都市，是数百万被吸引至伦敦的一员。正如华生在福尔摩斯第一部小说《暗红习作》中所说，伦敦好比“一个巨大的污水池，大英帝国境内所有的游民懒汉都会不由自主地流到那里去”。在19世纪的最初十年，英国的城市人口从20%增长到了近80%。到福尔摩斯那个年代，伦敦成为全球人口最多的城市。

工业革命以及后来的城市化让很多人富起来，但与此同时也有无数人陷入了极度贫困的境地。贫穷的工人阶层很少出现在福尔摩斯的故事中，不过，他们的生活条件对城市面貌的显著影响并没有逃过华生的眼睛。在《六尊拿破仑胸像》中，当福尔摩斯和华生从西区超级富有的肯辛顿，到东区极度贫穷的斯特普尼，华生描写的景象也随之从别致时尚变为肮脏穷困。

19世纪最后十年快要结束的时候，那些有支付能力的人开始迁往伦敦相对安静的新式郊区，这一潮流我们可以在《四签名》看到。当时，福尔摩斯和华生乘坐马车离开位于市中心的贝克街，穿过“一排排崭新刺目的砖头建筑，长得似乎没有尽头，如同庞大城市伸向相见的一根根丑陋触须”。这一点还体现在，郊区出现在故事中，

双轮马车十分安全，驾驶方便。当福尔摩斯建议华生“送上门来的第一辆和第二辆都不能坐”时，他心中正装着其他危险情况。

比如伦敦南部的诺伍德（《诺伍德的建筑商》中乔纳斯·奥戴克尔的住处，以及柯南·道尔在伦敦的住处），布莱克斯顿（苏格兰场斯坦利·霍普金斯警探的住处），还有斯垂特厄姆（《绿宝石王冠》中的银行家亚历山大·霍尔德的住处）。

大众交通工具

迁往郊区居住的潮流催生了一种现代现象：人们乘坐公共交通工具上下班。在《红发俱乐部》中，福尔摩斯和华生都看到了“一条从故城通往北区和西区的一条交通要道”。华生描写道：“浩浩荡荡的商旅河流之中涌起进城出城的两股大潮，两边的人行道也挤满了行色匆匆的路人”。

得益于维多利亚时代伦敦交通系统的发展，人们可以每天乘坐交通工具上下班。在19世纪最初几年，人们不得不住在离工作很近的地方。不过，到了福尔摩斯的时代，由公共汽车、船只和火车组成的交通网络十分广泛，遍布伦敦。

大都会铁路开通于1863年，是最早的地下火车线路之一。不过，福尔摩斯和华生在《红发俱乐部》中从贝克街乘地铁到阿尔德斯门街站（今巴比肯站）时，车辆还是由蒸汽机拉动的。地上越来越多的伦敦居民开始乘坐火车（伦敦现代所有主要线路的火车站几乎都是在19世纪开通的）。福尔摩斯充分利用了这一交通网络：不同的火车公司掌握着不同的线路和站点，大侦探福尔摩斯曾在伦敦桥站、优斯顿站、帕丁顿站、维多利亚站、滑铁卢站、查令十字站和国王十字站乘坐火车，最北到达了德比郡的皮克区，往西南方向到达了德文郡和康沃尔。

不过，福迷朋友最经常乘坐的交通工具还是标志性的双轮马车。这种马车由一匹马拉，车夫的座位较高，设在乘客的后方。这种双座马车十分普遍，速度很快，车费低廉，在19世纪30年代首次获得专利。成千上万的双轮马车在伦敦街道来来往往，直到20世纪最初十年机动出租车问世才逐渐减少。此外，还有一种马车更为宽敞舒适，

在福尔摩斯的一生中，英国发生无数大事件，出现了里程碑式的技术，以及具有历史意义的发明。

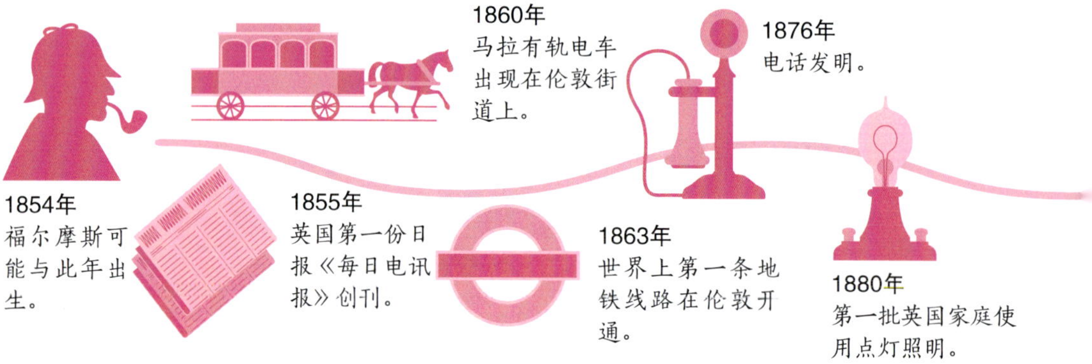

但速度更慢，即四轮马车。这种马车更像是传统的封闭式马车。

帝国时代

到维多利亚女王去世的时候，大英帝国的士兵与国外势力或并肩作战，或大打出手，原因不外乎是殖民地纠纷。在这种帝国主义为主的国际环境的影响下，柯南·道尔在福尔摩斯的世界中融入了很多异域元素，比如《翻唇男子》中的印度水手，《四签名》中吹管放箭的安达曼群岛的土著人，还有那些从殖民地回来的人，他们通常在海外变得品质恶劣，比如《斑点带子》的格莱米斯比·罗伊洛特医生。

肇始于其他国家（尤其是北美）的罪行和冲突会潜入福尔摩斯所在的维多利亚时代的英格兰，不过，柯南·道尔让最出名的福尔摩斯故事却在海外上演，这可以算是一种公正的补偿。在《最后一案》中，故事的高潮发生在瑞士的阿尔卑斯山脉。此外，维多利亚时代因为战争频发，很多退役的军人源源不断地涌入伦敦，很多福尔摩斯故事中都有他们的身影，比如《哨[illegible]》、《海军协议》、《白化士兵》。当然，这些退伍军人当中最重要的就是福尔摩斯的朋友和记录者约翰·华生医生。华生曾在第二次英国-阿富汗战争（1878—1880）中服役。英国共发起过三次试图控制阿富汗的战争，以反对沙俄在阿富汗的影响，第二次英国-阿富汗战争就是其中之一。

跨时代的英雄

尽管很多福尔摩斯故事都以维多利亚时代为背景，但它们也常常反映20世纪的观念，有时被当作柯南·道尔的喉舌。例如在《雷神桥谜案中》，当福尔摩斯责骂无情的美国富翁内尔·吉布森时，他的情感表达了英美之间不断升级的紧张局势。福尔摩斯还常常表现出反德的情怀，这在当时英国是较为普遍的。这一点在《福尔摩斯谢幕演出》的爱国事件中表现得最为明显。这个故事发表于1917年，正值第一次世界大战期间，里面讲到一个德国特工和他的上司讥讽英国这个“驯良单纯的民族”。不过，他最后却被六十左右的福尔摩斯轻易打败。

所以说，虽然福尔摩斯从背景上说也许是维多利亚时代的人，但我们在故事中却可以明显感觉到进步和现代的气息。福尔摩斯处于一个发达的世界，目睹了当时的很多奇迹，比如电报、留声机、科学的检测方法、方便的国内外旅行，甚至还有20世纪的象征——汽车。柯南·道尔本人就是最早一批拥有汽车的人，他还不知道如何开车之前，就买了一辆，并且报名参加了一场国际汽车拉力赛。从很多方面来讲，柯南·道尔都像他笔下的大侦探一样，是一个冒险家，一位先驱者。■

> **我深信不疑，真相的曙光终将到来。**
>
> 歇洛克·福尔摩斯
> 《雷神桥谜案》

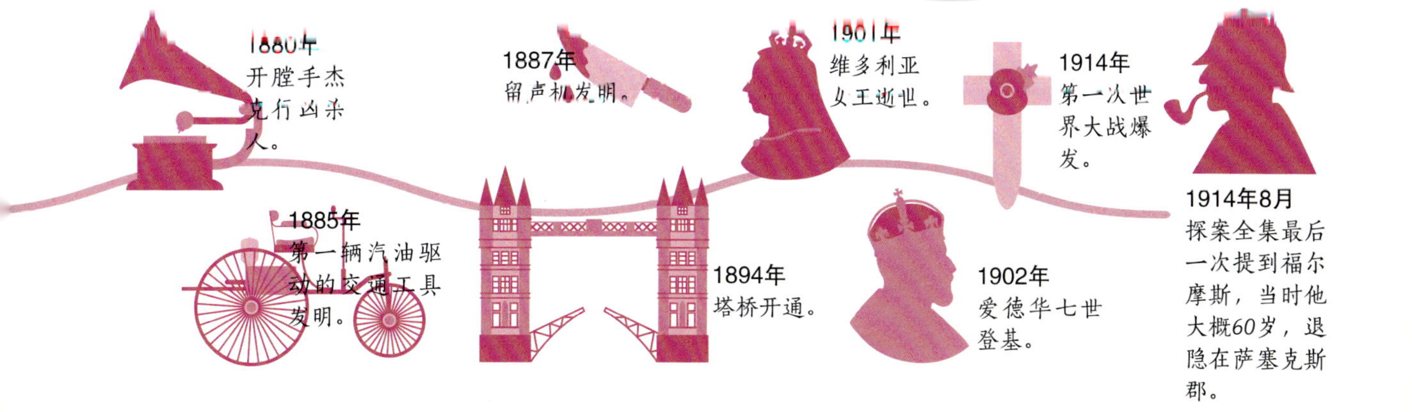

什么东西也不能像日常生活那么稀奇古怪

福尔摩斯与社会

鉴于福尔摩斯故事的风靡，柯南·道尔的读者如果把探案全集看成是维罗利亚时代生活的真实反映，也情有可原。不过，小说中福尔摩斯所处的社会不一定与现实完全相符。

乍一看，故事里反映的似乎就是典型的维多利亚时代晚期的观念。不过，如果再深入一点，我们会发现其中描写的社会更为复杂，从中我们可以看到柯南·道尔本人既保守又激进的想法和价值观。

社会经纬

既然探案全集讲的是犯罪与罪犯的故事，那么它们很可能会揭示19世纪末20世纪初英国的社会经济差距。不过，探案全集对社会地位的处理比较模糊。

1889年，社会研究者查尔斯·布思发表了第一份伦敦“穷人分布图”，说明了这座城市大部分地区凄惨的生活条件。

布思根据工资将伦敦人分为八个阶层，在这些平面图中，伦敦的每条街道都按照不同阶层涂上不同的颜色。黄色街道表示“富有的中上层和上层阶级”，而黑色街道表示住在拥挤房屋中“品行不端的最下层人民，与罪犯相差不多”。根据布思的地图，超过三分之一的伦敦人都处于贫困状态。布思说伦敦的穷人“品行不端，与罪犯相差不多”，我们今天听起来似乎有些震惊。不过，在福尔摩斯所处的年代，贫穷和犯罪往往会被同时谈及。“恶棍”（villain）这个词更是加强了二者的关系，这个词最初是指出身低微的乡下人或农奴，但逐渐演变为从事非法行为的人。

在《红发俱乐部》中，福尔摩斯发出了一番感慨，看起来与布思等社会改革家的探索精神很像。“我的嗜好之一就是努力搜集关于伦敦的准确知识。”不过，正如文学批评家弗朗哥·莫雷蒂所指出的，布思地图上画出的贫穷街区与福尔摩斯小说中的案发地点几乎没有重合。

这种选择是柯南·道尔有意而为之，因为他的写作对象是中产

社会探险家

在查尔斯·狄更斯的小说中，犯罪总是不公导致的结果——贫穷悲惨与奢华富足。相反，在福尔摩斯的故事中，犯罪往往是“专业”罪犯的专利，尤其是上层阶级的犯罪爱好者或投机分子。这种差异可能源自两位作者对伦敦熟悉程度的不同。

狄更斯通过探访伦敦最穷的街区，获得了贫民窟的第一手资料。这种方法为美国作家杰克·伦敦以及后来的乔治·奥威尔等社会冒险家打下了基础。

不过，柯南·道尔很少亲自去探访他所描述的地点，而是利用过去的地图完成这一使命。他笔下的伦敦罩着一层儒雅的光芒，富有的街区与大英帝国广阔的版图相得益彰，而与贝克街东边几英里以外肮脏的工人阶层住区相去甚远。

在福尔摩斯所处的世界中，休闲的上层社会与喧闹的都市形成了鲜明对比，这一点在右图可窥见一斑。此图为詹姆斯·迪索1876年的一幅画作，描绘上层人士在泰晤士河划船的场景。

阶级（虽然他的作品吸引了社会各个层次的读者）。最早的《暗红习作》和《四签名》中，大部分案情都发生在伦敦南部“落伍”的郊区。此后，福尔摩斯的冒险之旅大多发生在伦敦富裕的街区或是英格兰东南部“明媚美好的田园”。在布思的地图上，贝克街标注的颜色为红色，“富裕的中产阶层”，这也是再正常不过的。

一流的表现

《四签名》之后，福尔摩斯故事的场景变化源自于人气的飙升。相应地，其中的人物（包括受害者和凶犯在内）一般都比较富裕。其中的大人物，比如《第二块血迹》中的贝林格勋爵，给故事增加了些许魅力。同样，福尔摩斯的首号敌人莫里亚蒂也被刻画为“一个贵族罪犯”，目的是增加对他的钦佩。

福尔摩斯和他的读者似乎对下层阶级都没什么兴趣。虽然福尔摩斯接下了几位工人阶层的主顾，比如《骑自行车的孤身旅人》中的家庭女教师维奥莱特·史密斯，不过他最期待的还是中上层阶级带来的、挑战他智力的难题。

尽管如此，福尔摩斯还是毫不费力地穿梭于社会的各个阶层之中。他雇佣当地街上的小流氓当帮手，也就是“贝克街侦缉特遣队”，还像舞台演员一样熟练地伪装成各色人等。此外，他仅仅通过一个人的外表，就能判断出他所属的社会阶层。虽然福尔摩斯的阶级意识十分敏锐，但他自己的背景——一位受过教育的乡绅后代——在故事中却没怎么提及。故事中最重要的只是福尔摩斯的智力和能力。从这一方面来讲，他代表了19世纪现代的进取精神，他在《马斯格雷夫典礼》说过的一句话就是很好的体现，“我已经决定了，要靠自个儿的脑子来过日子”。正如批评家伊恩·皮尔斯所说，这也许把福尔摩斯塑造成了典型的“维多利亚时代的新新男

左图为查尔斯·布思绘制的伦敦穷人分布图的第41部分，其中包括富勒姆和切尔西。不同颜色代表不同的富裕程度，福尔摩斯的很多故事都发生在富裕的街区，也就是图中红色或黄色标出的区域。

> **我发现他（福尔摩斯）熟人很多，而且三教九流无所不有。**
>
> 华生医生
> 《暗红习作》

在福尔摩斯故事所发生的年代，伦敦的船坞区蒸蒸日上。这里连接着首都和遥远的殖民地，所有外国势力都从这里流入英格兰。

士……完全靠头脑生活的精英人才”。

实际上，福尔摩斯似乎不怎么看重狭隘的社会阶级划分，也绝不盲从于阶层的设定。他关心的是问题的细节，而不是所涉及的个人。正如他在《单身贵族》中所说，“主顾的身份地位并不重要，重要的是案子是否有趣”。因为这种态度，我们甚至发现他有时候会开上层人士的玩笑。比如，在《波西米亚丑闻》中，他不断贬损波希米亚国王的地位。

福尔摩斯偶尔也表现出进步人士的倾向。他称赞新建的公立学校为“照亮未来的明灯”，由此可见他支持有计划、有节奏的社会改革。这一角度反映了柯南·道尔本人的自由主义观念。这位作家在《海军协定》中隐晦地批评了索尔斯伯利侯爵领导的保守党政府。不过，如果把福尔摩斯看成是英国蒸蒸日上的中产阶级的典型，似乎有些过头。他还有一种贵族式的不端态度，包括对并肩作战的“愚蠢”警察的傲慢与蔑视。他注射可卡因，拉小提琴，这些都十分契合浮华的波西米亚主义，而他满足于破案过程带来的乐趣而非钱财，反映了当代人对“为了艺术而艺术”的膜拜。《四签名》和奥斯卡·王尔德经典的唯美颓废主义小说《道林·格雷的画像》受托于同一场晚宴，这一点也没有什么值得惊讶的。

来自殖民地的纪念品

19世纪末，伦敦东区的码头是世界各地的来客和船只进出伦敦的主要场所。这里既是大英帝国全球贸易必不可少的一部分，也是各种犯罪和罪恶的滋生地。令人奇怪的是，在探案全集中，只有几起案件提到了码头。不过，很多故事都是以英国作为超级殖民大国这一点展开的。很多英国人认为，大英帝国有义务在全球传播“启蒙价值观”，就像福尔摩斯肩负着保护英国的任务，使其免遭外国势力的侵袭。纵观整套探案全集，来自异域的怪人怪物经常给有序的帝国都市注入凶险元素。

例如，来自殖民地或者曾在那里住过的人往往有一段不堪的历史。当这段历史被揭露以后，所有的体面将会支离破碎。将罪犯运送到澳大利亚是《“苏格兰之星”号三桅帆船》的主要情节，而富有的地主约翰·特纳之前曾加入澳大利亚的一个匪帮，这也是《博斯库姆溪谷谜案》的故事之源。曾经在殖民地待过的这些人被秘密的强权行为所束缚，而这些不为人知的过去就是打开这一切的钥匙：在《“苏格兰之星”号三桅帆船》中，约翰·特纳被曾经目睹其不法行为的佃户所勒索；同样，凶狠的哈德森因为知道老维克多·特雷弗多年前曾参与反叛，所以肆

伦敦好比是一个巨大的污水池，大英帝国境内所有的游民懒汉都会不由自主地流到那里去。

华生医生《暗红自作》

无忌惮地凌驾于他之上。

还有一些物件或生物也象征着英格兰之外的腐化堕落。比如，在《斑点带子》中，罗伊洛特医生从印度加尔各答带回了一条沼泽蝰蛇。罗伊洛特本人也代表着一系列的恶毒品质，主要表现为暴力倾向，这一点因为在印度待过而变本加厉。

种族的角色

福尔摩斯仅去过几次伦敦码头，其中一次出现在《垂死的侦探》中，福尔摩斯利用了一种来自外国的微妙危险。他假装染上了“一种从苏门答腊传过来的一种病，原本在那些苦力当中流行”。苏门答腊是印尼群岛中的一个岛屿，曾是荷兰的殖民地。“苦力”（coolie）最初是指在当地雇佣的、没有什么技术含量的亚洲工人。不过，到19世纪时，这个词语与“恶棍”（villain）一样，成为一个贬义词。与“恶棍”一词不同的是，“苦力”目前在西方几乎不再使用。

> **脾气暴烈得近于癫狂……依我看，这个毛病因为他曾经在热带地方待了很长时间而变本加厉。**
>
> 海伦·斯托纳《斑点带子》

在探案全集中，还出现过其他有关种族的尖锐语言和原型。在《三尖别墅》中，福尔摩斯风言冷语地嘲讽黑人拳击手斯蒂夫·迪克西，尤其是他的外貌。在《四签名》中，安达曼群岛的土著侏儒“童加”，一直被称作“小童加”。此外，《维斯特里亚别墅》中的邪恶气氛大多源于阿洛伊修斯·加西亚的海地厨师，他是伏都教信徒。除了这种粗线条的描绘，关于这个厨师还有一段描述：“此人黑白混血，体躯庞大，狰狞可怖，面色黄褐，五官显具黑人特征。”

在其他故事中，黑人往往被称为“魔鬼”或“恶魔”，这种词在当时并不少见。当时的人们坚信英国的白人文化至高无上，甚至会将黑色皮肤与低劣以及令人反感的文化行为联系在一起。

不过，虽然柯南·道尔无意颠覆当时盛行的种族偏见，但是他对种族的刻画还是细致入微的。在《黄色脸孔》中，他富有同情心地刻画了一段混血关系，与当代人的态度截然相反。

男性情谊

柯南·道尔创造了一位侦探外加一位叙述者（这种做法源于埃德加·爱伦·坡），这样一来破案过程可以娓娓道来，从而化身为一个完整的故事。

此外，这种写法要求必须不惜一切代价保证侦探和记录者之间的情谊，比如华生的妻子玛丽·莫

英雄主义与男子气概

美国的海外殖民地以及领土曾经数不胜数，分散在世界的各个角落，所以英国也曾被誉为“日不落帝国”。不过，到19世纪末，焦点聚焦在了帝国主义这一名词上。当全世界的政治和金融力量集中在一个小小岛国岌岌可危的政权上时，难怪英国人民普遍都会担心国家的衰落。

在这种大背景下，女权主义批评家认为，柯南·道尔等人的小说积极推崇一种以英雄主义和男子气概为主的理想文化，目的是给动荡的年代注入一种怀旧的精神。在《阁楼上的疯女人》（1979）中，桑德拉·吉尔伯特和苏珊·古巴将其归入了“侦探小说”以及男孩独享的体裁，“这类故事几乎从来没有涉及过女性”。

据此观点，福尔摩斯因其客观推理以及英勇精神的优点，代表着对那个由理性白人男子主导的帝国秩序的怀念。

斯坦因剧情需要死去，华生医生再次搬回了贝克街221B。同样，福尔摩斯结婚或开始恋爱，对故事来说也绝对是一场灾难。

福尔摩斯和华生之间的这种兄弟情义在文学史上由来已久，可以追溯到鲁滨逊和“星期五”，还有汤姆·索亚和哈克贝利·费恩。这种男性之间的情谊在“男孩小说”中十分常见。实际上，柯南·道尔的榜样——英国小说家H.莱特·哈葛德——在冒险故事《所罗门王宝藏》（1885）中塑造了艾伦·夸特曼这位讲述者，并将此书“献给所有大男孩和小男孩”。

有些批评家指出，罗伯特·贝登堡-鲍威尔1908年出版的《童军警探》，塑造了20世纪英国“男子气概”的特征。在这本书的“追踪”部分，英国战争英雄以及童子军的创始人特别提到了《希腊译员》和“住家病人”，建议童军团长们把这些故事读给自己的队员听。

男人的世界

与哥哥迈克罗夫特不同，歇洛克·福尔摩斯并没有加入伦敦的私人绅士俱乐部，但贝克街221B看上去也是一个以男性主导的场所——在这里，有关性别角色的麻烦问题已被剪掉。尽管如此，福尔摩斯偶尔还是会想起女士。

大侦探（及其创造者）对女性的态度变化不一，但主要反映了维多利亚时代男性的典型想法。虽然福尔摩斯似乎并不赞赏女性的智力，但他常常不怕麻烦地帮助女性，解除她们的嫌疑。此外，女性角色在福尔摩斯故事中往往处于边缘位置，即使她们与情节有关，也很少有机会占据大幅篇幅。她们一般都是需要男性帮助的主顾，或是无助的受害者。

华生经常说福尔摩斯是一台毫无情感的“推理机器”。在《波西米亚丑闻》中，华生写道：“要扮演情人的角色未免会落入画虎类犬的境地。他从来不会提及那些温柔软弱的情感，即使提及也必然带上挖苦与讽刺。”因此，艾琳·阿德勒这位在智力上胜过了福尔摩斯的“女投机分子”，的确是一位特殊的女性。福尔摩斯提到她时，总是说“那位女士”。艾琳大胆机智，有趣的是，她是美国人，没有欧洲“旧大陆”社会传统的束缚，所以能够设立自己的原则标准。

除了艾琳·阿德勒以外，还有几处例外，提到了处于次要地位的女性，比如《三尖别墅》中的伊萨多拉·克莱因，还有《维斯特里亚别墅》的伯尼特小姐。不过，这些女性并非英雄。克莱因是个典型的蛇蝎美人，而伯尼特的报仇之旅契合了怨妇的形象。

在福尔摩斯故事中，如果女性比较积极，她们的决定往往是灾难性的。《第二块血迹》中的特瑞

柯南·道尔撰写福尔摩斯小说的时候，主张妇女参政权的妇女正在抗议，为女性争取与男性同等的选举权，不过这一运动在福尔摩斯小说中从未提及。

洛尼·霍普夫人很漂亮，也很理智，但正是因为她插手国家大事，才导致了故事中的谜案，而正是福尔摩斯的出手才使一切恢复了平静的秩序。同样，在《希腊译员》中，如果苏菲·克拉提得斯没有被邪恶的哈罗德·拉蒂默所迷惑，他的哥哥可能也不会死。

像这种维多利亚时代晚期不足称道的女性，故事中还有很多例子。有的女性角色歇斯底里，报复心重，例如《纸盒子》中的萨拉·库欣；有的简单温顺，比如萨拉的姐姐苏珊；有的复仇心切，诡计多端，比如《雷神桥谜案》中的吉布森太太；还有的冷酷无情，比如《显贵的主顾》中的维奥莱特·德·默维列小姐。

鉴于探案全集中女性角色的边缘位置，我们很容易忘记故事发表时妇女正在争取更高的社会地位。不过，虽然妇女的教育和社会流动性在不断提高，但大多数女性还处于从属地位。柯南·道尔这方面做出了一定的表率，点出了这种不公平的现象。他写了《福田宅邸》等故事，其中描述了一段存在家暴的婚姻，希望借此说明妇女陷入困境的情况。

但是，柯南·道尔的墓志铭“真实如钢，耿直如剑”会让人联想起“男子气概”和“骑士精神”[illegible]品质。在他的自传《回忆与历险》(192[illegible])中，他确实提到“众所周知，女性会使宴会增色不少，但她们往往会降低交谈的质量”。不过，他认为这是因为男士为了迎合而改变了话题，而不是因为女性的愚笨——即便他归结于后者，也是剑指当代社会的种种束缚。

> 女人天生就喜欢秘密活动，而且喜欢把秘密留给自己。
>
> 歇洛克·福尔摩斯《波西米亚丑闻》

全面的刻画？

总而言之，柯南·道尔在处理当代阶层、种族和性别问题时并不容易。当时社会分裂不断加剧，他正是在这一流沙的基础上刻画的社会场景。因为工业化、人口增长和城镇化，英国面临着巨变。柯南·道尔描绘的社会反映了这一变化的世界，表明了他的自由主义观念与当时流行的保守价值观之间的冲突。

虽然福尔摩斯是白人、男性，属于中产阶级，也生活在维多利亚时代，[illegible]在现代读者中产生共鸣。如今，我们所在的社会柯南·道尔可能无法辨认，但福尔摩斯故事的魅力却丝毫未减。■

我在观察和推理这两方面都有点儿天赋

演绎之艺术

“推理”（ratiocination）一词常常用来表示顾问侦探歇洛克·福尔摩斯的破案方法。这个词来源于拉丁语中的“ratiocinari”，意为“计算或思索”。推理按照一步一步的过程进行，先是观察，然后搜集证据，形成一条有根据的推论，即有逻辑的结论。

根据《牛津英语词典》，“推理”一词最早用于17世纪的西欧，当时理性主义刚刚诞生。这种哲学思想认为，理性而非经验或上帝的启示是知识的主要来源，也是检验知识的主要方法。福尔摩斯是这一传统的继承者，他运用自己理性仔细的观察演绎能力帮助主顾，破获警察往往摸不着头脑的案件。警方总是受到标准“程序”的种种束缚。

亚里士多德的影响

不过，推理的根源实际上可以追溯得更远，它源自古希腊哲学家和自然科学家亚里士多德（公元前384年—公元前322年）。亚里士多德虽然是柏拉图的学生，但他很快摒弃了柏拉图学派的核心思想（即观察到的自然世界只近似于理想的缥缈世界），而是提倡通过观察自然界的特点来得出结论（通常是理论性的结论）。

上图为古罗马时代的亚里士多德大理石半身像，是根据最早的古希腊雕像仿造的。亚里士多德率先将逻辑列为一个单独的学科，因为可以称其为“推理之父”。

亚里士多德在物理、数学、天文学、植物学、生物学、伦理学、艺术和政治等各个领域进行探索，开创了第一套清晰连贯的西方哲学体系，将每个领域变成了一门学术性“学科”。在亚里士多德的方法中，最重要的就是逻辑，这种逻辑基于推论，源自观察、物证、经验实验以及常识。简言之，就是源自推理。

亚里士多德后来提出的演绎和实证过程，对英国方济会修士罗杰·培根（1214—1292）以及未来几个世纪很多“自然哲学家”的科学研究至关重要。观察自然想象，往往细到不能再细，几乎是他们所有调查的核心。其中很多人都使用各种当代发明，比如放大镜、温度计、望远镜、显微镜等。这些发明让他们得以深入观察，福尔摩斯也用了这些工具。

演绎法

到19世纪80年代柯南·道尔开始撰写福尔摩斯故事的时候，亚里

推理的形式

演绎

这种公式化的推理方式经常出现在经典的侦探小说中，它以不可争议的事实为基础，原则是：如果**前提**正确，那么**结论**必然正确。

归纳

归纳是一种基于假设的推理方式，在福尔摩斯的故事中，华生和警方经常使用这种方法。其中得出的**结论**仅仅是某一前提**可能**推导出来而非必然推导出来的结果。

溯因推理

溯因推理，亦称“最佳解释推理”。当一件事情有**多种解释**时，福尔摩斯常常使用这种**推理方式**。如下图所示，福尔摩斯使用溯因推理，以确定哪种解释**与证据最匹配**。

在一间密室发现一位死者，没有证据表明存在外部影响。

→ 是超自然现象吗？ → 没有证据支撑。

→ 是谋杀吗？ → 没有证据支撑。

→ 是自杀吗？ → 证据显示，这个原因**最可能**成立。 → **因此，运用溯因推理，最佳解释是死者为自杀。**

士多德的思想以及实证逻辑的示范已经成为西方大多数教育和科学体系的核心。推理，也就是基于所有证据的演绎，是福尔摩斯解决问题的主要方法。不过，福尔摩斯还使用不同的演绎和逻辑组件，所以他经常赶在闷头干活、按章办事的普通警方探员的前面。

例如，“归纳法”是数学和化学（福尔摩斯所学的专业）中使用的一种方法。在归纳过程中，可能会完全根据一个实验或形势的具体情况，得出一个理论性的推论，而这个实验或形势本身有悖于人们所接受的知识。福尔摩斯的确会采用这种方法，但它往往会受到福尔摩斯对牵扯人物的看法的影响。例如，在《恐怖谷》中，福尔摩斯最后通过权衡可能的答案，以及自己对主要涉案人物的洞察，得出了一个必然的结论。

不过，福尔摩斯更经常使用的还是“溯因推理”，从字面理解，就是把一个人，在福尔摩斯的案件中就是一种想法，从可能的犯罪场景中去除，从而只剩下一个假设问题“如果……会怎么样？”在《翻唇男子》中，福尔摩斯使用这种方法，收到了很好的效果。他是这样推理的：失踪的内维尔·圣克莱尔从未离开那间最后看到他的屋子。那间屋子里有他的衣服和一位年老的乞丐。福尔摩斯通过这样一个问题：“如果他从未离开这间屋子，会怎么样呢？”由此可以推理出，那个乞丐实际上就是圣克莱尔假扮的。

破案时使用推理法并非柯南·道尔的发明，他的作品建

"DUPIN STEPPED TO THE CARD-RACK AND TOOK THE LETTER."

埃德加·爱伦·坡是最早在故事中使用推理法的人。右图是《失窃的信》（1844）中的一幅插画，所画的是他笔下的人物迪潘。

立在美国作家埃德加·爱伦·坡（1809—1849）开创的“神秘谋杀案”的基础上。爱伦·坡的兴趣十分广泛，从当代科学到密码分析，再到灵异小说。他出版了三篇讲述侦探C.奥古斯特·迪潘的短篇小说。其中，迪潘运用推理破案。他观察证据，往往把自己放到罪犯的位置，最后得出致命的结论。后来的作家，比如威尔基·柯林斯，甚至查尔斯·狄更斯，都写过侦探小说。不过，他们的热情没有柯南·道尔那么浓厚。通过笔下的福尔摩斯，柯南·道尔强化了推理的概念，将逻辑浓缩成重要的结论。

知识充足的大脑

柯南·道尔生动地将福尔摩斯刻画为一个从根本上重视科学的个人，一个采用法医学破案的先驱（华生初次见到福尔摩斯时，福尔摩斯在伦敦圣巴塞洛缪医院做医学和化学研究）。这个场景成为福尔摩斯破获大多数谜案的钥匙。

但是，在第一部福尔摩斯小说《暗红习作》中，柯南·道尔有趣地限制了笔下这位古怪而杰出的大侦探的智力。当华生渐渐了解高深莫测的新伙伴时，他惊奇地发现福尔摩斯对自己要学习的知识具有选择性：他对文学、哲学、天文学或政治一无所知，不过却十分熟悉化学，全面通晓“惊悚文学”（讲述犯罪案件），也了解英国法律的“实务知识”。福尔摩斯并不在意其中暗含的批评，指出自己只在意有益于自己工作的东西。福尔摩斯对华生说：“在我看来，人的大脑最初就像一间空无一物的楼阁，里面的摆设得靠你自己去选去放。”福尔摩斯在往自己的大脑中存放事实和信息时十分谨慎，他放的都是对演绎法和破案有用的资料，而舍弃了那些他认为不必要的东西，甚至包括有关科学和宇宙的基本事实。福尔摩斯解释说：“总有那么一天，你每增加一点新的知识，就会把以前知道的某件事情忘掉。”

观察细节

《暗红习作》之后的40年间，柯南·道尔进一步揭露了福尔摩斯的破案方法。他关注的细节虽然微小，但却是案件显著的特点。这些细节往往会被人遗漏，但却是福尔摩斯破获很多谜案的关键，也总是让华生大吃一惊。福尔摩斯破案的秘诀正是冷静的硬逻辑，以及对细节的敏锐感。他在《身份问题》中说："袖子十分重要，拇指指甲饱含深意，鞋带也能说明一些大问题，这些我都教过你，可你总也学不会。"

此外，还有一点也同等重要，福尔摩斯对一些看似神秘的资料具有广博的知识，比如马车和自行车轮胎留下的痕迹，或是脚印；案发现场的各种烟灰（当时几乎每位男士都吸烟）；灰尘颗粒提供的微小线索，这一切都为福尔摩斯破案提供了额外信息。此外，福尔摩斯定期查看他自己做的"大本子"，他每天都会对伦敦各家报纸刊载的私人启事进行整理，剪下来贴到本子里。这些启事往往是隐蔽或加密的沟通方式，用福尔摩斯的话说，"对研究奇特事件的学者来说，它无疑是古往今来最为难得的狩猎场"。

> 在科学的问题上，千万个权威也比不上一个小小的论证。
>
> 伽利略（1564—1642）

持久的影响

福尔摩斯的故事中体现了历史的发展：大量的新研究快速进入公众的视野和日常生活，同时警方执法也越来越科学，越严格。心理分析作为一种研究性格的全新视角也愈发流行，不过我们很难证明弗洛伊德对柯南·道尔的影响程度。但是，正是通过福尔摩斯的演绎法，柯南·道尔将一种科学严谨的新态度注入了推理小说，进而影响了以后一百多年的犯罪小说。■

达尔文与推理

查尔斯·达尔文的开创性之作《物种起源》（1859）也许是19世纪最具影响力的科学论著，其中将推理发挥到了极致。在这本内容详细的书籍中，达尔文（1809—1882）提出了自然选择的理论，即"适者生存"，进一步得出进化论。这本书是亚里士多德逻辑和演绎的最佳例证，在全球引发了讨论，出版当日即售罄。

达尔文的很多重要前提都来自于看似神秘而细小的线索，这是多年来他研究化石、地质学，以及动物和鸟类行为积累而来的。他的结论往往大家已经接受的知识、传统和偏见格格不入。在柯南·道尔的笔下，大侦探福尔摩斯也采用了这一方法，不过他必须快速行动，以缉获凶犯。

什么都不如第一手材料管用

犯罪学与法医学

我们所知道的犯罪学和法医学出现于19世纪，20世纪末已经在刑事侦查中确立了地位。不过，它们的源头却可以追溯到18世纪，当时化学、物理、植物学、动物学、地质学和解剖学都得到了巨大的发展。科学知识的增长，促使破案方法更理性，更多的基于证据而非推测，因此也为警方提供了更多的可能性。柯南·道尔把福尔摩斯塑造为法医分析和推理法的始祖。作为19世纪的一名侦探，福尔摩斯在很多领域都走在时代的前列。

作为一门科学，犯罪学的发展主要得益于德国心理学家和神经解剖学家弗朗茨·约瑟夫·加尔（1758—1828）、意大利社会学家切萨雷·贝卡里亚（1738—1794）和

改革家、政治家罗伯特·皮尔爵士（*1788—1850*）创立了英国的第一支警察部队。皮尔（*Peel*）的昵称为“鲍勃”（*Bob*），所以警察也被称为“*peeler*”或“*bobbie*”，这一叫法持续至今。

伦敦科文特花园的看守所建于*1729*年。*1829*年，新成立的伦敦警察厅将其作为由托马斯警官主管的*F*区总部。

切萨雷·隆布罗索（1835—1909）。贝卡里亚发表了《论犯罪与刑罚》（1764）一书。他在书中指出，犯罪是人性的特点，具有地方性。隆布罗索持反对意见，认为心理、社会和遗传情况会将人引向犯罪之路。

城市扩张与犯罪

18世纪末，英国的人口剧增，城市化进程加快，尤其是伦敦、曼彻斯特、利物浦、爱丁堡、格拉斯哥，还有欧洲很多其他工业城市（尤其是巴黎），因此新的社会挑战应运而生。城市的扩张增加了人口密度，罪案更容易隐藏，罪犯也可以隐匿于人群之中。所以维持治安，控制犯罪，破获伪造、殴打、抢劫、杀人案件，以及有组织的犯罪团伙成为刻不容缓的问题。在此之前，破案基本上限于当地，在较小的社区中，依靠对当地的了解以及相对简单的信息收集来破案。不过，这往往会掺入谣言、传闻或偏见。16和17世纪的“审巫案”从某种程度上就是如此，其中当地的怨恨可以通过诽谤指控解决。

19世纪初，第一支正规警察力量开始调查案件。1812年，曾经是名罪犯的尤金·法兰索瓦·维多克在巴黎成立了国家警察，这是一支正派但野心勃勃的队伍，聘用改过自新的罪犯担任警员。1829年，罗伯特·皮尔与维多克磋商后，成立伦敦警察厅，总部在伦敦白厅的苏格兰场。很多年后，随着人口的激增，美国1908年才成立调查局，1935年约翰·埃德加·胡佛引入了跨州的联邦职权范围，成立联邦调查局，胡佛任第一任局长。这些警务机构的目的是在全国甚至全球范围内收集信息，传递情报。国际刑警组织也是法国的创新成果，该组织成立于1923年，旨在全球范围内分享信息，传播信息。

除了新式的警务机构以外，还需要一种新的侦查维度和破案方法，其中运用到了很多新技术和方法。19世纪，这一领域的主要进步（柯南·道尔对此非常熟悉）分为三类：收集情报，尤其是地下组织的活动；收集整理犯罪“类型”的细节和特点（颅相学和人体测量术）；科学分析在案发现场收集的法医学物证，即质问、照片、血型等独特资料。还有一个因素很重

> **警察就是公众，公众就是警察。**
>
> 罗伯特·皮尔爵士
>
> 《警务原则》（1829）

要，就是一系列基础设施体系的发展：大众媒体、铁路、高效的邮政服务，以及高速通信，尤其是电报的发明。这一切在福尔摩斯解开眼前的谜团时都充分加以利用。

收集情报

从16世纪末和17世纪初开始，积累对“嫌疑犯”不利的证据主要是为了保证国家安全，这在非天主教国家尤为显著，因为这些国家十分担心天主教的颠覆行动。例如，英国曾发生企图暗杀女王伊丽莎白一世（巴宾顿案，1585年）、轰炸议会和国王詹姆士一世（火药阴谋，1605年）的事件。这种潜在的危险催生了一个“重视观察”的文化，也开启了侵犯个人隐私的大门。此外，这一体系还依靠窃听信息，以及敲诈折磨可能的嫌疑人。西班牙、法国、俄国、哈布斯堡帝国以及其他欧洲国家组建了“秘密警察”部队，他们唯一的任务就是收集情报。

> **通过颅相学，我们已经对人脑有了一个相当清晰的了解。**
>
> 乔治·库姆
> 《人体构造》（1828）

到19世纪初，整个欧洲的警察力量十分擅长为众多嫌疑人编制定罪卷宗。有很多小说举例说明，国家对个人自由和隐私的侵犯引发了偏执，弗兰兹·卡夫卡的小说《审判》（1925）就是其中一例。不过，从各处收集整理情报确实阻止了很多罪案的发生，这是毫无疑问的。福尔摩斯正好处于两者之间：他倾向于依靠自己的观察，同时也利用警方的情报帮助自己破案。

颅相学

根据阶层、社会背景和体型特征对人进行分类，始于19世纪初德国颅相学的发展。这种分类建立在看似科学的方法上，可以追溯到古希腊科学家伽林。弗朗茨·约瑟夫·加尔声称，头颅的大小和形状标志了一个人的智力、性格和道德，因此有助于对犯罪类型加以分类。加尔还绘制了“大脑图谱”，将大脑分为27个“器官”，有主管味觉和嗅觉的区域，还有促发犯罪冲动的区域。

这些大脑图谱当时十分流行，1820年加尔的学生乔治·库姆及其当医生的弟兄安德鲁成立了爱丁堡颅相学协会。虽然该协会1870年解散，但相应的博物馆1886年之前一直开放。柯南·道尔肯定很了解协会的工作，他在爱丁堡学医时很可能去过那里。在福尔摩斯故事

开膛手杰克

1888年，伦敦发生了一系列残忍的谋杀案，伦敦东区至少五名妓女被杀，社会一片骇然。虽然警方收集并检验了法医学证据，但当时苏格兰场的技术比较基础，法医鉴定并非既定程序，所以他们集中精力在大量犯罪嫌疑人中展开调查，以确认凶手。警队外科医生托马斯·邦德通过解剖死者的尸体，给凶手建立了最早的“犯罪档案”。苏格兰场不愿意与媒体分享调查的细节，因为担心这会向凶手透露信息。因为缺少信息，记者通过推测，刊登了耸人听闻的报告，大肆批评警方的方法。媒体的指责，加上案件始终未破，给苏格兰场的声誉造成了不好的影响。迄今为止，该案件始终未结，不过关于凶手的身份有诸多推测。

右图中，一位颅相学家正在摸一个小男孩的头骨，以评估他的未来发展。虽然这种方法并不科学，但在19世纪初十分流行。

THE BOY—WHAT WILL HE BECOME?
FROM A DRAWING BY F. DADD.

中，柯南·道尔笔下的很多男性凶犯都有一些“犯罪特征”，比如身材高大、蓄有胡须、皮肤黝黑、眉毛偏低，我们可以在《六尊拿破仑胸像》、《蓝色石榴石》、《斑点带子》读到。

这种伪科学持续了一个多世纪之久，还用来为种族霸权提供证据。纳粹党人十分热衷于颅相学，党卫军首脑海因里希·希姆莱（1900—1845）收集了很多头骨，用来证明他所支持的种族优越性和犯罪倾向。

人体测量学

法国犯罪学家阿方斯·贝蒂荣（1853—1914）在颅相学的基础上又迈进了一步，开创了人体测量学。贝蒂荣精确测量了罪犯和犯罪嫌疑人身体各部分的数据（比如脖子、胳膊、腿和脚的长度），然后进行物理分析。他也给罪犯拍照，但主要目的是为了分析，而非记录面部特征。不过，这为后来的犯人照片档案奠定了基础，照片档案目前是犯罪档案的重要部分。

笔迹分析

贝蒂荣还进一步发展了另外一门专业——笔迹分析。法国天主教牧师让-伊波利特·米雄发明了笔迹学，他认为每个人的笔迹都是独特的，反映了各种潜在的心理特征。不过，笔迹是可以模仿和伪造的，可能造假或认错，所以是不可靠的，一直以来不足为信。

1894年一起臭名昭著的案件中，有一位名为阿尔弗雷德·德莱弗斯的法国炮兵军官，犹太血统，被误判为叛国罪。贝蒂荣确认了德莱弗斯的笔迹，以此作为指控他的重要证据。德莱弗斯直到1906年才免罪释放。

福尔摩斯十分擅长分析笔迹，在《莱古特镇谜案》中，他通过一张手写的便条找确认了凶手。这篇小说发表时（1893年），笔迹学在英国还鲜为人知，对于很多读者而言，这可能是他们第一次听说这门学问。

用照片记录罪犯这一做法始于19世纪40年代。1871年，英国通过一项法律，要求任何被捕人士必须拍照留案。

指纹与数据集

有一种早期的犯罪现场调查方法是正确的，即指纹的独特性。1892年，阿根廷警官胡安·沃塞蒂希通过带血的手指印证明了一个女杀人犯的罪行。她在犯罪现场留下了指纹，不可否认地确定了她在场的证据。很多地方的警察局，比如印度加尔各答，都采用这种方法。爱德华·理查德·亨利爵士1897年在加尔各答成立了第一个记录指纹的机构。1886年，伦敦警察厅拒绝记录指纹以确认凶手，但1901年纽约城市服务委员会采用了这一体系。在不到十年的时间里，指纹成为国际上确认凶手的重要工具。

柯南·道尔动笔写福尔摩斯的故事时，犯罪记录、犯人照片和指纹等数据集还处于萌芽阶段。不过，他已经将这些元素融入了作品中，例如在《诺伍德的建筑商》，指纹在破案的过程中起到了重要作用。但是，如何管理并共享这种信息在当时仍是一个挑战。

血型

1900年，奥地利生物学家卡尔·兰德斯坦纳（1868—1943）首次将血样分为A、B、O三种类型。不过，此类研究从19世纪70年代便已开始。1902年，确认了第四种血型AB。柯南·道尔应该知道法医分析领域的这些进步，并受到了启发。比如，在第一部福尔摩斯小说《暗红习作》中，福尔摩斯告诉华生，他发明了“歇洛克·福尔摩斯鉴定法”，一种“准确无误鉴定血渍的方法”，不管是新的还是旧的血渍都可以鉴定出来，因此有助于确定凶手。他告诉一头雾水的华生，这种方法极具意义。“世上有千百个逍遥法外的罪人，要是以前就有这种方法的话，那些人早就为他们的罪行付出代价了。”

法医病理学

柯南·道尔显然对法医病理学（通过检查尸体确定死因的科

> **嗨，伙计，这可是多年以来最具实用价值的一个法医发现啊。**
>
> 歇洛克·福尔摩斯

霍利·哈维·克里平医生

臭名昭著的克里平医生杀妻案中有一些要素，值得用福尔摩斯的方法调查一番。克里平医生是美国的一位顺势疗法医师，他和妻子科拉住在伦敦。不过，1908年克里平与埃塞尔·勒尼夫传出绯闻。1910年1月，科拉失踪，同年7月克里平和情妇逃跑，踏上了去加拿大的船只。苏格兰场的迪尤警官要求再次搜查克里平的家，结果在地下室发现了人体残骸。病理学家伯纳德·斯皮尔斯伯里在尸体中发现了毒药东莨菪碱，确定瘢痕组织与科拉之前的手术相同。克里平和埃塞尔到达加拿大后被捕。经庭审，克里平被判有罪，最终处于绞刑，而埃塞尔无罪释放。法医病理学在给克里平定罪上起到了重要作用。不过，一个世纪后的DNA检测发现，警方发现的并不是科拉的尸体，而是一位男性。他是谁，是否被克里平所杀，科拉哪里去了，这些问题至今仍是一个谜。

学）很感兴趣。这门科学发展得很快。19世纪末，法医病理学的从业者一般被称作“医疗检查者”或“警方的外科医师”，也就是“法医”。在柯南·道尔（以及福尔摩斯）的事业中，英国有几起备受瞩目的案件，其中就涉及伯纳德·斯皮尔斯伯里（1877—1947）等法医病理学家的功劳。斯皮尔斯伯里的分析把很多臭名昭著的凶犯送上了绞刑架，霍利·哈维·克里平医生就是其中之一。

对犯罪小说的喜爱

从19世纪初开始，喜欢读报的公众渴望知道案件中骇人听闻的细节，柯南·道尔不仅满足了公众的需要，还充分利用了伽尔、贝卡里亚、隆布罗索等人的社会学理论。毕竟，柯南·道尔是一名医生，很了解医学界的学术文章。他在写福尔摩斯小说的时候，犯罪学快速发展，缩小了推测与法医病理学之间的距离。柯南·道尔的头脑逻辑性和分析性很强，他知道很多理论和发现，所以他可以走在公众的前面，通过福尔摩斯的非凡智慧一次又一次地在读者中引起波澜。■

英国最重要的法医学家、病理学先驱伯纳德·斯皮尔斯伯里爵士对受害者和罪犯进行了成千上万次尸检。

你了解我的方法，只管去用好了

犯罪小说和侦探小说

文学作品从来都不乏反派人物，从荷马的作品到《圣经》，再到乔叟和莎士比亚等大师的作品，到处可见恶棍的角色。不过，这些人物最后的毁灭或是自然公义，或是命运做出的审判，直到近代作品中，才出现福尔摩斯这样的侦探人物。

犯罪小说的起源

18世纪末，大多数欧洲小说分为两个类别：社会喜剧和哥特小说。犯罪小说是从哥特小说演变而来的。早期的支持者包括萨德(1740—1814)，他塑造了18世纪八九十年代恶贯满盈的罪犯形象，手法极具吸引力，而马修·路易斯撰写了《修道士》(1796)等哥特式神秘小说。有些小说，比如皮埃尔·德·拉克洛的《危险关系》(1782)，甚至跨越了两种类型的界限。虽然这些小说中都写到了犯罪活动，但并没有破案的侦探。

到了19世纪上半叶，犯罪小说的方向发生了改变。美国诗人、批评家、小说家埃德加·爱伦·坡（1809—1849）及其同时代的奥诺

> 我并不否认这仅仅是我的想象，不过，想象孕育真相，例子数不胜数。
>
> 歇洛克·福尔摩斯
>
> 《恐怖谷》

1813年12月31日，时任保安部部长尤金·法兰索瓦·维多克抓获了巴黎最出名的罪犯让-皮埃尔·福萨尔。

雷·德·巴尔扎克（1799—1850）、维克多·雨果（1802—1885）、大仲马（1802—1870）、埃米尔·加博里奥（1832—1873）在小说中界定了侦探和犯罪学家的概念，确立了犯罪小说的形式，也就是柯南·道尔后来成名的领域。

到19世纪中后期，信奉自然主义的作家开始研究犯罪状况。他们认为，基因和社会元素决定了人格。这一时期的代表作包括法国作家埃米尔·左拉的小说《红杏出墙》，以及俄国小说家陀思妥耶夫斯基的《罪与罚》。前者描述了泰蕾丝·拉甘弑夫的故事，后者探寻了一个精神病患者的心理。

20年后，柯南·道尔创造了歇洛克·福尔摩斯，可以说福尔摩斯这个人物产生的影响最为巨大，最为持久。

福尔摩斯的前辈们

从某种程度上说，犯罪小说起源于一个法国人的真实经历，他就是众所周知的尤金·法兰索瓦·维多克。从巴尔扎克到加博里奥，法国很多作家都从维多克的身上汲取了灵感。维多克最初是个微不足道的罪犯和间谍，后来在巴黎组建了法国刑事侦查的秘密组织“保安部”。实际上，巴尔扎克是维多克的密友，他的《高老头》、《幻灭》和《贝姨》等小说中的侦探人物都是以维多克为原型创造的。巴尔扎克笔下最著名的侦探是雅克·科林，通常化名为“伏脱冷”。大仲马也在《巴黎的莫希干人》中融入了维多克的事迹，具体的人物代表是杰卡尔先生。此外，在《悲惨世界》（1862）中，雨果也基于维多克的丰功伟业创造了多个角色，

尤金·法兰索瓦·维多克

尤金·法兰索瓦·维多克（1775—1857）生于法国阿拉斯一个中产阶级家庭。维多克青少年时，就触犯了法律。他后来加入法国军队，在决斗中杀死了至少两个对手。[illegible]后来因为伪造和侵犯他人的罪行被判入狱，出狱后成为[illegible]间谍。

后来维多克洗心革面。到1811年末，他决定运用自己在犯罪领域的经验，帮助英国当局，在巴黎警察局下面成立了保安部。他雇佣曾经的罪犯，甚至鼓励他们与黑社会建立联系。维多克最后辞去保安部的工作，1833年成立了第一家私家侦探社。维多克是最早的专业“犯罪学家”之一，他将自己收集情报的能力与法医学方法结合在一起，甚至为罪犯以及他们的行动建立卡片索引，这就是犯罪数据库的早期版本。

查尔斯·狄更斯（*1812—1870*）是维多利亚时代英国最受欢迎的作家，也是悬疑大师。像当时很多作家一样，他的小说也在杂志上连载。

比如洗心革面的罪犯冉·阿让和坚持追捕阿让的警官沙威。当时，维多克的事迹无论在纸媒还是舞台上都得以广泛传播，但内容的真实性还有待考证。

埃米尔·加博里奥甚至把维多克的生平写入了通俗小说，1866年他开始出版“勒考克警探”系列。维多克的名气也传到了美国。当爱伦·坡创作侦探小说时，显然受到了这位法国名人的启发。很多人认为，爱伦·坡的这部小说是有史以来第一本纯粹的侦探小说。他在描述C.奥古斯特·迪潘的破案方法时，使用了“演绎”和“推理”等术语，横向思维是迪潘破案的重要特征。实际上，柯南·道尔承认，爱伦·坡的小说为后来的犯罪小说树立了榜样。他说，关于迪潘的那三篇小说“为某一文学领域的发展打下了根基”。其中的第一篇《莫格街谋杀案》是“密室谜案”的范本。在此类案件中，凶案看起来是不可能发生的。第二篇是《玛丽·罗热疑案》，小说根据纽约的一件真实谋杀案所著，迪潘重现了神秘受害者最后几天的生活。第三篇故事是《失窃的信》，其中侦探与勒索者就那个“一览无遗”的问题展开了心理斗争。这些外国作家的作品大部分都传到了英国，影响了犯罪小说这种体裁的发展，促使其成为通俗小说中最重要的分支之一。

> **如果不是爱伦·坡将生命的气息吹进了侦探小说，我们可能没有机会与它们见面。**
>
> 亚瑟·柯南·道尔

英国的悬疑小说

威尔基·柯林斯（1824—1889）是英国第一位重要的犯罪小说家，著有《白衣女人》和《月亮宝石》，发表时间比柯南·道尔的福尔摩斯早大约20年。正如当时很多小说一样，这两本小说也是先以连载的形式发表。英国连载小说巨擘查尔斯·狄更斯（1812—1870）也尝试过悬疑题材，将之融入他的小说中，比如《雾都孤儿》和《我们共同的朋友》。他有两部最著名的侦探小说：一是《荒凉山庄》，所涉人物是巴克特探长；二是《艾德温·德鲁德之谜》，这部小说狄更斯去世前尚未完成，讲述了早期一位业务私家侦探迪克·达奇利的故事。

同一时期的作家还有爱尔兰的乔瑟夫·雪利登·拉·芬努（1814—1873），他创作了以魔幻和超自然为题材的哥特式神秘小说。同时，他也创作了经典的侦探推理小说，比如《维尔德之手》、《蜿龙庄园》和《神秘的镜子》，后者宣称是“神秘”侦探黑塞利乌斯医生的回忆录。

福尔摩斯登场

1887年，柯南·道尔发表了第一部福尔摩斯小说《暗红习作》。在这部小说中，他融入了法医学、详细的犯罪现场调查，以及仔细的性格分析。当福尔摩斯在《斯特兰德杂志》站稳脚跟，成为一位关键

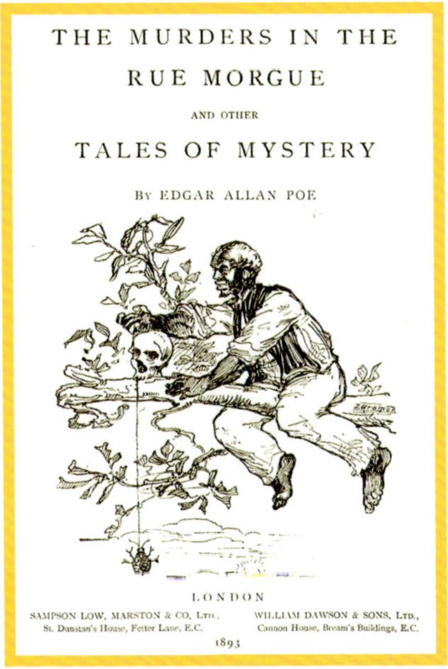

上图为埃德加·爱伦·坡1893年出版的小说集，其中收录了他1841年的小说《莫格街凶杀案》，以及《玛丽·罗热疑案》。

人物时，可谓名声大噪，读者越来越多。所以，我们可以理解，1893年柯南·道尔决定结束大侦探的创作时，为什么会在公众中引起轩然大波。柯南·道尔似乎没有意识到他的小说竟然如此受欢迎。不过，即使没有福尔摩斯，通俗犯罪小说也会站稳脚跟，以各种排列方式进入20世纪和21世纪。

福尔摩斯的同辈人

除了福尔摩斯以外，同一时代还涌现出了其他颇受欢迎的侦探人物，被称为“福尔摩斯穷人版”的英国侦探塞克斯顿·布莱克就是其中之一。从1893年开始，第一批布莱克作品开始在各大报刊刊载，作者不一。第一篇小说《失踪的百万富翁》的作者是哈里·布莱斯。和福尔摩斯一样，布莱克也住在贝克街，也有一个宽容的女房东。这一系列小说一直写到1978年，共计4000多个故事，被改编为舞台剧、广播剧和电视剧等多种形式。

同一时代，还有一位侦探作家名叫G.K.切斯特顿（1874~1936）。除了描写警察与无政府主义者的惊悚小说《名叫“星期四”的人》，切斯特顿还创造了谦逊的侦探“布朗神父”。布朗是一位天主教神父，破案方法与福尔摩斯类似。不过，作为神父，他通过听人忏悔来了解别人的情况。1911年到1935年间，切斯特顿创作了五卷本短篇小说，布朗神父也因此晋升为英国犯罪小说中的主要一员。

此外，还有很有其他出色的作家受到了柯南·道尔的影响，比如柯南·道尔的妹夫E. W. 赫尔南

小报《联合旗帜》，俗称《低俗怪谈》，称自己为“优质小说文库”，曾连载了很多故事。图中的封面年代为1900年，作品讲述的是塞克斯顿·布莱克侦探。

> **所有人都想坦白自己的罪行，甚过于筋疲力尽的野兽对水的渴望。**
>
> G. K. 切斯特顿
>
> 《伦敦新闻画报》(1908)

在《业余神偷拉菲兹》中创作了拉菲兹这一集绅士、小偷和英雄为一身的人物；E. F. 本特利写下了著名的侦探推理小说《特伦特的最后一案》，其中具有绅士风度的侦探飞利浦·特伦特爱上了一位犯罪嫌疑人，因此得出了错误的结论。

侦探小说的类别

20世纪初，犯罪小说清晰地分为三大类别：以福尔摩斯等神探为主要刻画对象的小说、低俗的犯罪小说，以及通常涉及险恶阴谋的谍报惊悚小说（见320页）。柯南·道尔创作的侦探悬疑小说，与后两类小说的界限十分分明，以骇人听闻和吊人胃口为特色的后两类小说则更为流行。

英国的“黄金时代”

两次世界大战之间的这段时间被称为侦探小说的“黄金时代”。这一时期的侦探小说以福尔摩斯的小说为蓝本，主要讲述经典的谋杀案，背景为英国的上层阶级，里面的业余侦探往往胜过警方。毫无疑问，黄金时代最成功、最著名的

作家非阿加莎·克里斯蒂（见下页图）莫属，但也涌现了很多其他优秀的作家及作品。

例如，多萝西·L. 塞耶斯的彼得·温姆赛勋爵系列，首部作品为《谁的尸体》；玛格丽·阿林汉姆的阿尔伯特·坎皮恩系列，首部作品为《布莱克·杜德利的犯罪》；奈欧·马许的艾霖侦探系列，如《一个死了的男人》；莱斯利·查特里斯的圣徒西蒙·谭波拉系列小说，随后被拍成影视作品《圣徒》。1928年，谭波拉初次登场。他是一名业余侦探兼骑士，不屑于法律的束缚，天生喜欢侦探与正义之事。

还有一位侦探推理小说家是约翰·迪克森·卡尔（1906—1977）。卡尔虽为美国人，但他的大多数作品都以英格兰为背景。他旅居英国多年，所以他的作品往往被归于英国犯罪小说的行列。他笔下的侦探包括颓废迷人但比较邋遢的基甸·菲尔博士（可能以G. K. 切斯特顿为原型），以及贵族亨利·梅尔维尔爵士。《三口棺材》中有一章，菲尔博士给大家上了一堂课，总结了自己破获密室犯罪的手法。此外，卡尔还写了一本关于柯南·道尔早期生活的传记。

> **如今很少有哪部侦探小说会让我猜不透，但卡尔先生的作品总是带给我惊奇。**
>
> 侦探小说家阿加莎·克里斯蒂
> （189—1976）

埃德加·华莱士（1875—1932）是一位高产的英国作家，曾在美国待过一段时间，成为那里一位著名的剧作家。他几乎靠个人力量营造了写作犯罪推理小说的氛围。在20世纪20年代的巅峰时期，他一年能卖一百多万本书。他的代表作包括《四位正直的人》、《绿色弓箭手》和J. G. 里德系列故事（1925年结集成册）。

侦探小说女王

阿加莎·克里斯蒂被誉为20世纪的侦探小说女王（1890—1976），也是全球最畅销的小说家，作品销量仅次于《圣经》和莎士比亚的作品。此外，她的作品被译为103种语言。尽管她的社会地位很高，但作品还是以"中产阶级"为对象，因此迎合了全球大众的口味。在漫长的职业生涯中，阿加莎·克里斯蒂共出版了66部侦探小说和14篇短篇小说，还创作了世界上上演时间最长的戏剧作品《捕鼠器》。她还有很多著名作品，包括经常被英国推理作家协会提名为最佳犯罪小说的《罗杰疑案》，销量过亿的《无人生还》。

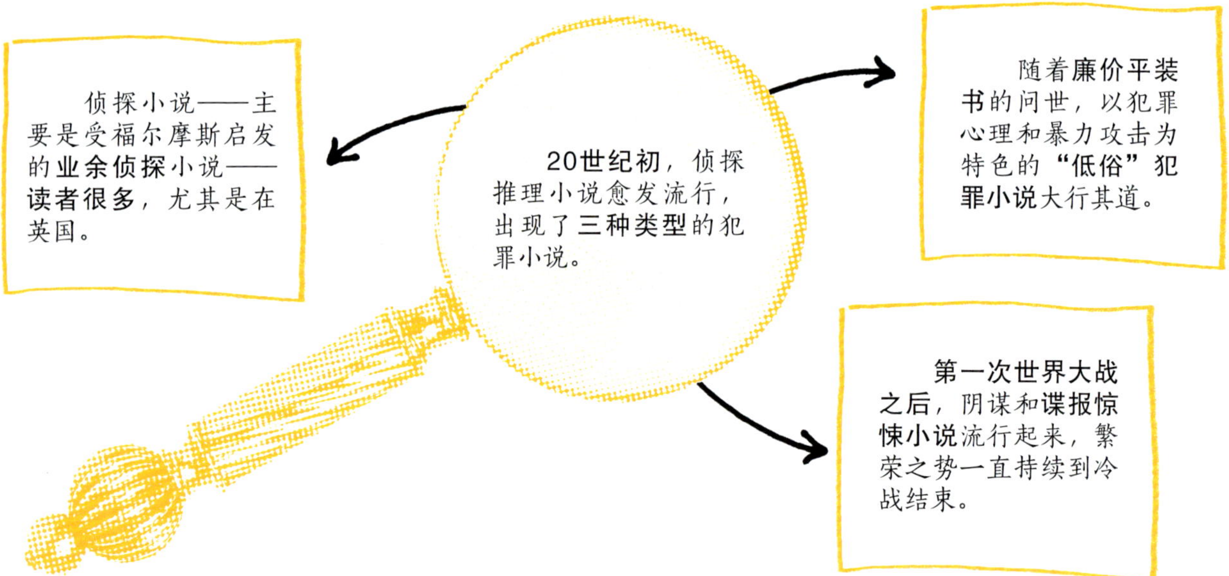

《斯特兰德杂志》从1891年一直经营到1950年，连载了很多作家的作品。右图是1935年一期杂志的封面，主要作品是阿加莎·克里斯蒂的《客舱66号谜案》，主角为比利时侦探赫尔克里·波洛。

克里斯蒂极具创造力，笔下主要有两大侦探：一位是类似于福尔摩斯的前比利时专业侦探赫尔克里·波洛，另一位是善于观察人性的业余侦探简·马普尔小姐。在每个故事中，这两位侦探都对其中的主要角色都进行了细致的心理分析，并且密切观察那些看似无关紧要、往往会被忽略的证据细节，这一点是从福尔摩斯学来的。波洛最早出现在《斯泰尔斯庄园奇案》，这部小说也开启了克里斯蒂的职业生涯。随后，波洛还出现在了其他33部作品中。马普尔的初次登场是在1926年的短篇小说《星期二晚间俱乐部》，1930年收录在小说《寓所谜案》中。此外，还有11部长篇小说和20多篇短篇小说都有她的身影。就像切斯特顿笔下的“布朗神父”一样，马普尔是一个喜欢独处和沉思的角色，以谨慎谦虚的态度研究每起案件。围绕波洛和马普尔，拍摄了很多电影，扮演的演员也为数不少。

美国的“黄金时代”

范·达因（原名威拉得·亨廷顿·莱特，1888—1939）塑造的唯美主义神探菲洛·万斯，是美国推理小说最早的成功人物，采用的破案方法与福尔摩斯类似。范·达因充分研究了这一类型的小说，创作了侦探人物菲洛·万斯，最终写成了《班森杀人事件》以及其他11部长篇推理小说。

曼弗雷德·班宁顿·李（1905—1971）和弗雷德里克·丹奈（1905—1982）这对表兄弟，合用笔名埃勒里·奎因创作了一系列侦探小说。奎因也是小说中的主人公，在调查方面极具天赋。第一部小说《罗马帽子之谜》发表之后，奎因名声大噪。如今，奎因已经成为一个品牌，成为很多人心中的人物，[illegible]。

不过，在美国，真正继承福尔摩斯的斗篷和猎鹿帽的侦探人物当属尼罗·沃尔夫（见322页）。他是一个有头脑、喜欢坐着办案的侦探，创作者为雷克斯·斯托特。

硬汉派

20世纪30和40年代，美国出

尼罗·沃尔夫

美国有一位最奇怪的福尔摩斯继任者，那就是雷克斯·斯托特（1886—1975）笔下的尼罗·沃尔夫。沃尔夫比福尔摩斯身材庞大，是一位私家顾问侦探，住在曼哈顿上城的“布朗斯通”宅邸。他有一位厨师弗里茨，还有一位助手阿奇·古德温。古德温和华生一样，扮演着叙述者的角色。

沃尔夫（56岁）在33部长篇小说和40多部中短篇小说始终没有改变。他分析案情时喜欢闭上眼睛，边倚在加长的椅子上品尝美食，边沉浸在谜案之中。他几乎足不出户，通过收集信息、询问警察和疑犯，完全利用演绎法破案。

沃尔夫的背景一直是一个谜。有些福学家认为他来自东欧，还有的福学家认为他是福尔摩斯和艾琳·阿德勒的私生子。和福尔摩斯一样，沃尔夫的演绎法建立在广博知识和丰富经验的基础上，人们绝对不会怀疑他的结论。

《埃勒里·奎因探案集》被拍成四季电视剧。第一季于1950年播出，主演为理查德·哈特。哈特1951年去世后，李·鲍曼（上图）开始饰演奎因。

现了另外一种犯罪小说风格。这种小说讲求的是实事求是、不动感情、勇敢坚毅，其中的侦探愤世嫉俗，与福尔摩斯迥然不同。这种风格被称为“硬汉派”侦探小说。达希尔·哈米特（1894—1961）和英裔美国作家雷蒙德·钱德勒（1888—1959）被视为“硬汉派”侦探小说的鼻祖。

哈米特笔下有三位主角，即《血色收获》中大陆侦探社的无名探员、《马耳他之鹰》中的萨姆·斯佩德，以及《瘦子》（1934）中的尼克·查尔斯。他们办理的案件只有通过睿智的侦查工作才能破获。不过，雷蒙德·钱德勒笔下的神探菲力普·马罗能力没有那么强，他往往通过跟踪迷人的蛇蝎美人，最后得出神秘但充满暴力的结论，例如《夜长梦多》和《再见，吾爱》。

福尔摩斯留给英国的遗产

福尔摩斯身后一个多世纪的时间里，一直始终影响着英国很多推理小说家。

P. D. 詹姆斯（1920—2014）写下了充满智慧和独创性小说，这些小说的故事往往发生在偏僻的地方。她在《一份不适合女人的工作》（1972）中创造了女侦探科迪莉亚·格雷，之后又发表了一系列以亚当·达尔格利什为主角的小说，其中第一部为《教堂谋杀案》。

与此同时，鲁斯·伦德尔成为犯罪心理小说之母，她用芭芭拉·薇安为笔名发表了一系列作品。她的主要代表作塑造了喜欢细致分析的韦克斯福德巡警。《韦克斯福德巡警》系列小说首次出版于1964年，第一部名为《杜恩来的死

亨弗莱·鲍嘉1946年在第一部《夜长梦多》电影中出演钱德勒笔下的菲力普·马罗，劳伦·白考尔饰演维维安·拉特利奇。

[illegible]问世。

柯林·德克斯特（1930— ）创造了急躁的莫尔斯神探以及他的搭档刘易斯。实际上，德克斯特的模式与柯南·道尔十分相似，因为刘易斯像华生一样，经常做些跑腿的工作，而莫尔斯负责破案。从《开往伍德斯托克的末班车》开始，该系列小说一直持续到1999年，共计出版13部小说。

伊恩·兰金（1960— ）从未将自己的作品看作是类型小说，不过他的雷博思探长系列小说从《不可忘却的游戏》（1987）开始，一直持续至今，现已有18部小说问世。他本人也成为现代最著名的犯罪小说家之一。雷博思是个既让人喜欢又令人讨厌的人物，他跟随自己的直觉，兼有福尔摩斯式的逻辑，以及菲力普·马罗的强硬。

很多后来的神探往往饱受爱情或家庭因素、酗酒问题、过去的秘密或回忆的侵扰，这一点在爱伦·坡的犯罪小说中多有暗示，在福尔摩斯小说中更是十分鲜明——福尔摩斯时而会陷入抑郁，时而要依靠毒品。

当代的犯罪小说

福尔摩斯影响着各个国家的犯罪小说家，不过以美国为重。

美国犯罪小说家约翰·D.麦克唐纳（1916—1986）塑造了特拉维斯·麦基这一人物。他是佛罗里达州的一位船主，也是个自由职业者，[illegible]件。在麦基破案的过程中，读者扮演着[illegible]的角色，[illegible]，通过[illegible]索逐渐把线索连成一串，并且像福尔摩斯一样，用这些线索将坏蛋绳之以法。

美裔加拿大作家罗斯·麦克唐纳（原名肯尼斯·米勒，1915—1983）撰写了一系列以加拿大私家侦探卢·阿彻为主要角色的小说。

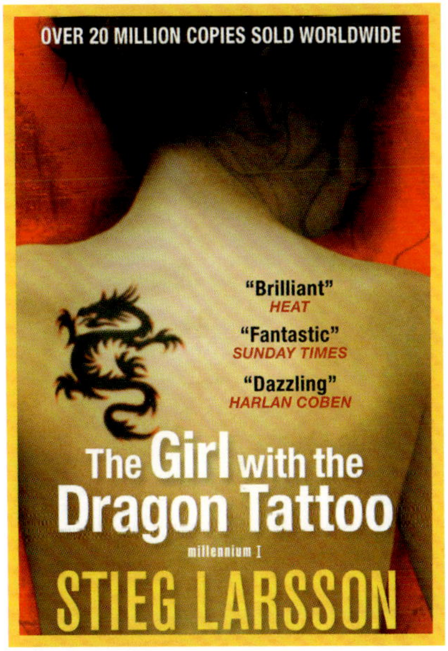

瑞典作家斯蒂格·拉森（1954—2004）计划推出十本书，上图为第一本，但只完成了三本。这些书被改编成电影，十分成功。

虽然阿彻可能会诉诸暴力，但他的侦探工作无可厚非。

就像福尔摩斯树立了注重科学的侦探形象，美国作家帕特里夏·康韦尔（1956— ）十分擅长描写令人反胃的现代法医检验。她笔下的女主人公凯·斯卡佩塔利用自己精湛的技艺检验遗体，直面邪恶的罪犯，如《尸体农场》。

现在，犯罪小说已经成为[illegible]，在法国、西班牙、俄罗斯、日本和斯堪的纳维亚。很多非英语作家，比如斯蒂格·拉森和皮埃尔·勒迈特，在全球的名声越来越大。无论作者来自于哪个国家，也不管他的风格如何，毫无疑问，他们都受到了柯南·道尔笔下坚不可摧的福尔摩斯的影响。■

既然有人会编，自然有人会解

歇洛克·福尔摩斯的粉丝

1891年，首次在《斯特兰德杂志》上发表的福尔摩斯探案短篇小说掀起了歇洛克·福尔摩斯热潮。这名大侦探很快就名满全球，自此便成为世界知名的非凡人物，且经久不衰。

畅销杂志的诞生

福尔摩斯首次现身的两本小说《暗红习作》（见36~45页）和《四签名》（见46~55页）还算比较畅销，但将其知名度推向新巅峰的却是《斯特兰德杂志》上发表的短篇故事。这些短篇故事惊险迭起，圆满结案，每页都配有西德尼·佩吉特的插画，每月出版，堪称完美。读者们开始疯狂迷恋福尔摩斯，《斯特兰德杂志》很快成为英国最畅销的杂志。

令人震惊的事件

柯南·道尔厌倦了自己创造的人物，在1893年发表的《最后一案》中结束了福尔摩斯的生命。此时（至少对柯南·道尔来说是这样），粉丝们对福尔摩斯的热衷程度才真正展现出来。福尔摩斯死后，人们的反应证明了这位神探有多受欢迎。读者们愤怒了；两万多读者退订了《斯特兰德杂志》。杂志社和柯南·道尔纷纷收到心痛的读者寄来的抗议信（就像狄更斯笔下的小耐儿在《老古玩店》中夭折时一样）。人们甚至佩戴黑纱以示悼念，并在街上拦下柯南·道尔进行质问。这令柯南·道尔大为震惊。福尔摩斯只是虚构的，是作者想象出来的人物。此后，《斯特兰德杂志》的员工把福尔摩斯的死亡称为“令人震惊的事件”。

将近十年后，柯南·道尔让福尔摩斯起死回生，继而续写了32部福尔摩斯探案故事。同时，他也欣然接受世界其他地方的福尔摩斯

2014年，113名歇洛克·福尔摩斯的粉丝聚集在伦敦大学学院，他们装扮成大侦探的模样，打算在数量上创造世界纪录。

这位大侦探的五座雕像分别竖立在苏格兰、日本等世界各地，歇洛克·福尔摩斯在全球的知名度可见一斑。自*2014*年起，作为“会说话的雕塑”计划的一部分，伦敦的歇洛克·福尔摩斯塑像变得生动逼真：路人用智能手机扫一下雕像下的二维码，就可以听到由安东尼·霍洛维茨撰写、埃德·斯托帕德朗读的一段人物独白。

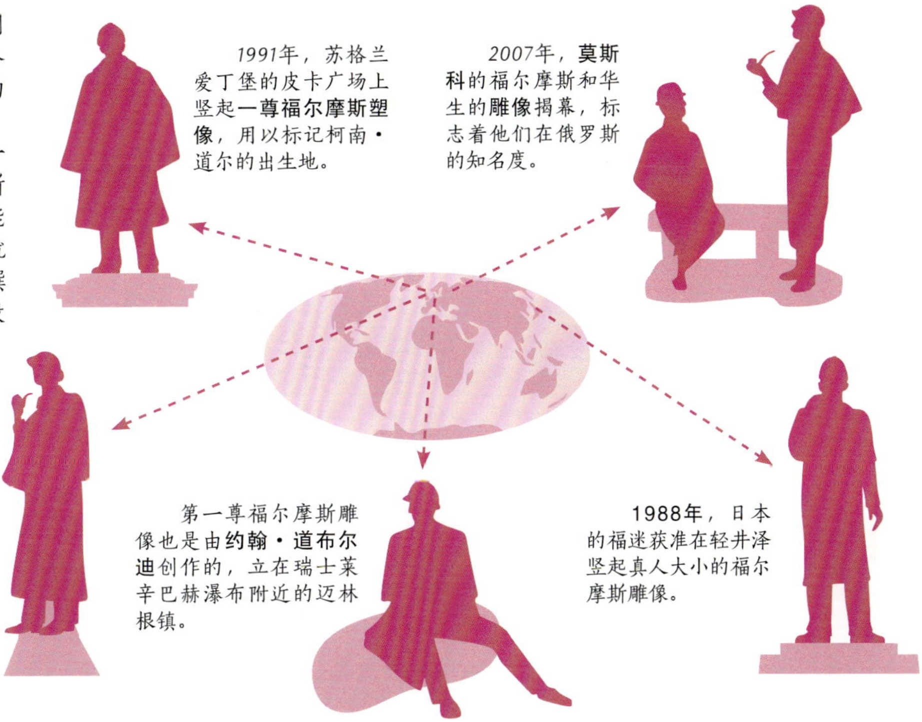

式的侦探人物，从未想过要阻止别人写类似故事的尝试，也的确有人很快就做出了此番尝试。

对福尔摩斯的诙谐改写

最早改写福尔摩斯故事的作者常常为其取很滑稽的名字。1892年，《懒人》杂志发表了《歇洛·康姆斯探案集》。1893年，《笨拙》杂志刊登了《皮克洛克·鲁斯探案集》。就连著名作家也对福尔摩斯进行了幽默的改写。1903年，佩勒姆·格伦维尔·伍德豪斯为《笨拙》杂志撰写了《到处找麻烦的达德里·琼斯》。马克·吐温写了短篇小说《案中案》，描写歇洛克·福尔摩斯去了加利福尼亚，表现得像个十足的傻瓜。

福尔摩斯热潮同时席卷欧洲。1908年，德国一本杂志把福尔摩斯热潮描述成“像维特热潮和浪漫的拜伦模仿潮一样的文学病”。当时巴黎发生了两起耸人听闻的谋杀案，多家报纸竟然虚构出对福尔摩斯的采访，想竭力查出案件的真相。

正典之作

1911年，牛津大学一位名叫罗纳德·诺克斯的年轻神学家写了一篇题为“歇洛克·福尔摩斯的文献研究”的文章，分析了福尔摩斯探案故事。他模仿学者围绕《圣经》展开的细致文本分析，用“正典”或“圣集”这样的圣经用语来指代福尔摩斯探案全集。此后，柯南·道尔的这套作品就被称作正典，其他人数不尽的模仿作品被称为非正典作品。在美国，具有探究精神的粉丝自称歇洛克迷（Sherlockians），而在英国，他们更愿被称为福迷（Holmesians）。

> 你可以嫁掉他，杀掉他，想怎么样他都随你。
>
> 亚瑟·柯南·道尔
>
> 《致剧作家威廉·吉列》（1896）

非正典之作

福尔摩斯的粉丝对这位大侦探的阅读欲望是永不满足的，甚至柯南·道尔在世之际，他们就开始创作自己的福尔摩斯故事。比如，1927年柯南·道尔发表最后一

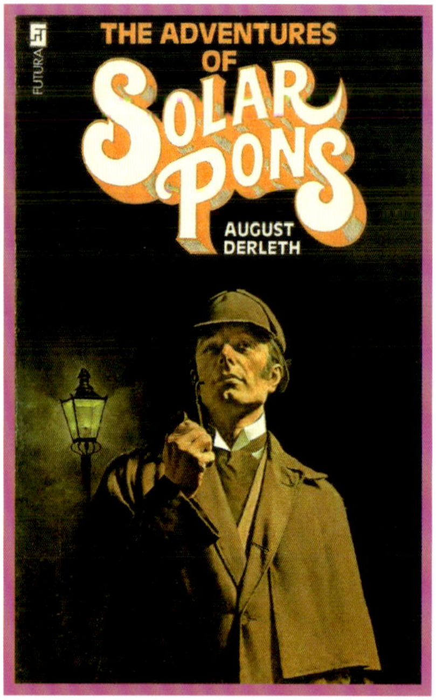

奥古斯特·德雷斯请求柯南·道尔继续创作福尔摩斯的故事，却被婉言拒绝。于是他开始独自创作索拉·庞斯探案故事，上图是伦敦初版的封面。

个故事时，美国青年奥古斯特·德雷斯开始创作有关侦探索拉·庞斯的短篇小说《普雷德街的歇洛克·福尔摩斯》。接下来的十年中，德雷斯写了70多部广受欢迎的小说。从此，不计其数的作家尝试重塑福尔摩斯，柯南·道尔的儿子阿德里安也是其中一位。

在这些故事中，有的保留了柯南·道尔的创作风格，有的则将福尔摩斯引入了全新的世界，甚至将其带入了当今社会。有的故事选取并夸张了福尔摩斯的某些特点（比如对药物的依赖），有些更为激进的作品将其刻画成了对抗吸血鬼、纳粹的超级英雄，无所不能。

福尔摩斯还在其他作品中多次露面，比如，他在1993年凯斯·奥特利创作的《艾米丽·V的案件》中破获案情，在鲍里斯·阿库宁创作的《土念珠》中与侦探艾拉斯特·方多林联手破案。电影和电视作品中重新塑造的福尔摩斯形象更是丰富多样，充满想象。

歇洛克·福尔摩斯社团

当今世界上至少有400个福尔摩斯社团，其中最著名的当属1934年由克里斯托弗·莫利在纽约创立的贝克街侦缉特遣队（BSI），该社团得名于福尔摩斯雇佣的流浪儿小分队。社团成员包括艾萨克·阿西莫夫、富兰克林·D.罗斯福等重量级人物。贝克街侦缉特遣队实行邀请入会制，在北美拥有众多的福尔摩斯“子社团”，比如华盛顿的红圈会、普罗维登斯的跳舞小人社等。每个社团都有各自的隐晦仪式，但大体上会员们会聚在一起讨论这位伟大的侦探，观看影片，装扮模仿，交流探讨案情细节。还有一个重要的福尔摩斯社团，即伦敦的歇洛克·福尔摩斯社团。1952年，他们出版了《歇洛克·福尔摩斯期刊》，主要刊登福迷朋友的新闻、评论、文章和批评。

> **玩‘游戏’必须要像在伦敦大板球场打郡板球赛一样郑重，稍有浮夸就会气氛尽毁。**
>
> 多萝西·L.赛耶斯
> 《不受欢迎的观点》（1951）

日本也是30多个福尔摩斯社团的发源地，其中日本歇洛克·福尔摩斯俱乐部的会员多达1200名。日本的轻井泽还有雕塑家佐藤喜则创作的福尔摩斯雕像。葡萄牙有里斯本诺拉·克雷纳漂流者社团，他们以《住家病人》中顺葡萄牙海岸航行的诺拉·克雷纳号命名。印

大游戏

全球有300多个社团都致力于从各种证据中找寻福尔摩斯和华生生活中的“真实”事件。“大游戏”，或称“伟大的游戏”、“游戏”，得名于福尔摩斯著名的感叹语“好戏开场啦”。“大游戏”是基于不可当真的假设展开的：福尔摩斯和华生是真实存在的历史人物，探案全集是真实事件的记录。亚瑟·柯南·道尔被看作是著作的代理人。故事中任何矛盾的地方都被视为有意为之，或是华生的疏忽，而不是作者匆忙创作中发生的必然失误，这就为大游戏的玩家提供了大量的矛盾之处以供查证。例如，他们企图揭示华生提到他妻子时前后不一致的原因。他们还对“大裂谷时期”（即从福尔摩斯葬身莱辛巴赫，到《空屋子》中重新露面这段时期）抱有浓厚的兴趣。

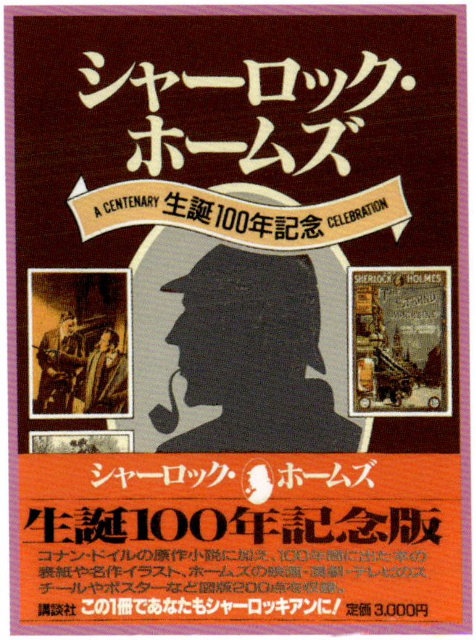

右图是艾伦·艾尔斯所著《歇洛克·福尔摩斯百年纪念》的日文版本，1987年专为日本歇洛克·福尔摩斯俱乐部翻译，这是他们的几部出版物之一。

度、俄罗斯、德国以及世界其他地方都有数不尽的福尔摩斯社团。

伦敦的福迷

粉丝给贝克街221B寄了不计其数的信件。从20世纪30年代开始，设立于此处的艾比国家建筑协会不得不安排一名秘书，专门处理大批和福尔摩斯相关的信件。1990年，位于贝克街239号的歇洛克·福尔摩斯博物馆落成。尽管它位于237号和241号之间，英国皇家邮政最终将其重新编号为221。1999年，约翰·道布尔迪（瑞士迈林根福尔摩斯雕像的创作者）创作的福尔摩斯铜像在贝克街地铁站外揭幕。地铁站内还有马赛克墙砖做成的福尔摩斯侧影。

此外，[illegible]

他地方留下了印记。据称，华生是在皮卡迪利广场的克莱蒂伦酒吧首次听说福尔摩斯的名字，于是这个迷人的酒吧设立了一个牌子，特此纪念。特拉法加广场附近的一家酒吧忠实还原了这位侦探在贝克街的书房（最初是为1951年的英国节所创作的），该酒吧的名字起得也很得当，为歇洛克·福尔摩斯酒吧。

风靡不断

首个福尔摩斯故事问世以来，一百多年过去了，福尔摩斯的热潮看似已席卷至21世纪。由本尼迪克特·康伯巴奇和马丁·弗瑞曼主演的BBC热播电视剧《神探夏洛克》在全世界引来了大批新粉丝。2014年，狂热的粉丝头戴猎鹿帽，手持烟斗，聚集在伦敦大学学院附近，打算创下史上最多人装扮成这位名侦探的世界纪录。这名大侦探还有其他形式的化身：他出现在宝莱坞的音乐中，演过现代纽约哈莱姆地区的美国黑人；还出现在日本漫画中，在无数的漫画中与其他虚构人物联手，比如蝙蝠侠和德古拉；甚至还扮演过漫画书《大青蛙布偶秀》中的木偶冒失鬼。

更严肃些的歇洛克迷和福迷朋友喜欢参加定期举行的歇洛克·福尔摩斯辩论，来自世界各地的专家也为此聚集到伦敦大学学院。她们还参加各种歇洛克·福尔摩斯社团举办的大量集会。

从原版《斯特兰德杂志》到歇洛克·福尔摩斯的邮票、徽章、海报和啤酒杯垫，福尔摩斯纪念品有着巨大的商机。不过，粉丝们并不满足。可以说，正是因为福尔摩斯的流行，才有了如今我们所知的粉丝圈。福尔摩斯的适应性以及公众的热情似乎真的永无止境。■

在贝克街的歇洛克·福尔摩斯博物馆中，游客能看到这位大侦探久负盛名的书房。书房位于一层毗邻街道的位置，室内陈设真实还原了原著中的描述。

要想成功地扮演某个角色，最好的办法就是成为那个角色

舞台和银屏上的福尔摩斯

柯南·道尔笔下令人瞩目的小说人物，配上西德尼·佩吉特为探案集绘制的生动插画，共同缔造了出神入化的魅力。长久以来，这名侦探英雄和他的军医伙伴成为最好的戏剧素材。一百多年来，歇洛克·福尔摩斯成为流行文化的标志人物，出现在成百上千部戏剧、电影、电视剧甚至俄罗斯芭蕾舞中。

这些出现在众多媒体中的无数身影提升了歇洛克·福尔摩斯的传奇身份。每一次改编和诠释都是对他独特个性的不断挖掘和探索。在舞台和银屏上，哈德森太太、莫里亚蒂教授、艾琳·阿德勒和雷斯垂德警探等剧中配角也更加惹人注目，为福尔摩斯的独特世界增添了更多的细致情节和缤纷色彩。

帷幕拉起

柯南·道尔曾多次尝试写舞台剧，但却以失败告终。直到19世纪20年代，他创作了一部歇洛克·福尔摩斯的五幕剧。美国戏剧制作人查尔斯·弗罗曼对这部作品很感兴趣，但读后并不十分满意。他说服柯南·道尔，美国演员、剧作家威廉·吉列是重写这部剧本并主演这部舞台剧的最佳人选。柯南·道尔欣然接受，放弃了这个剧目。起初，他唯一的条件就是不能让福尔摩斯在剧中恋爱。然而很快他被说服，并写信给吉列："你可以嫁掉他，杀掉他，想怎么样他都随你。"

1899年，这部剧目在纽约上演，大部分剧情源于《波西米亚丑闻》和《最后一案》。评论家对此

他的魅力堪称罕见……他扮演的福尔摩斯令我惊叹。

柯南·道尔评价艾利·诺伍德的表演

剧嗤之以鼻，但观众们却为之喝彩。威廉·吉列后来多次带着这部剧巡演。1916年，他曾出演了一部改编的电影，人们一直担心这部电影已经遗失，直到2014年奇迹般地在法国发现。柯南·道尔确实后来又写了两部戏剧，在伦敦舞台上演。一部是1910年的三幕剧《斑点带子》，一部是独幕剧《王冠上的钻石》，后改编成探案故事《马泽林钻石》。

灯光、镜头、福尔摩斯

电影业的题材在很大程度上依赖文学作品，所以歇洛克·福尔[illegible]作灵感来源，也就不足为奇了。从1910年到1920年，共出品了50多部福尔摩斯的电影。这些影片主要分为两类，一类忠实原著的情节和人物，取得了不同程度的成功；另一类仅保留了福尔摩斯的基本特点，将其置身于全新的情境中，忽略了他身上大多数独有的特征。

1922年，高德温公司根据威廉·吉列那部成功的戏剧拍摄了电影《歇洛克·福尔摩斯》，极受女性欢迎的约翰·巴里莫尔饰演了年轻英俊的福尔摩斯。与其形成鲜明对比的是德国演员古斯塔夫·冯·赛弗提斯扮演的古怪的莫里亚蒂教授。莫里亚蒂的表演极有气势，令人害怕，以至于这部电影在英国首映时片名竟改成了《莫里亚蒂》。

英国演员艾利·诺伍德被广大观众视为无声电影时代最伟大的福尔摩斯扮演者，他也是第一位成功塑造《斯特兰德杂志》中这个人物的演员。两年间，他为斯托尔电影公司拍摄了47部影片，尽管他没有佩吉特插画中鹰鼻瘦削的面容，但他扮演的福尔摩斯一样令观众心悦诚服。他甚至剃了自己的发际以重现福尔摩斯特有的“高额头”。

有声电影中的福尔摩斯

柯南·道尔有生之年没能看到第一部歇洛克·福尔摩斯有声电影（庚斯博罗电影公司1930年拍摄的《巴斯克维尔的猎犬》），但这或许也无妨，因为这部电影算不上成功之作。接下来的几年中，伦敦的阿瑟·万特纳被评论家称赞为“最完美的福尔摩斯”的表演者。他演了五部福尔摩斯电影，在《歇洛克·福尔摩斯的胜利》和《银色飞》中[illegible]

《四签名》（1923）是斯托尔电影公司拍摄的歇洛克·福尔摩斯系列电影中的最后一部。柯南·道尔很欣赏艾利·诺伍德（饰演福尔摩斯）的精湛表演。

1899年，由吉列担任编剧的《歇洛克·福尔摩斯》在百老汇初演，一炮走红，随后在美国、英国巡回演出。后来还重新上演了多次。

领衔主演

有趣的是，19世纪30年代末之前拍摄的所有福尔摩斯电影，时间背景都与拍摄时间相吻合，而不是原著中的维多利亚时代或爱德华七世时期。

另一个有趣的现象是，饰演华生的演员名字总是列在演员表的后面，与饰演福尔摩斯的演员名字

《剃刀边缘》（1946）中，雷斯伯恩和布鲁斯分别饰演福尔摩斯和华生，这是他们出演的第14部，也是最后一部福尔摩斯影片。其故事情节改编自《跳舞小人》。

相隔甚远。不过，1939年这一情况发生了改变。1939年3月，美国二十一世纪福克斯电影公司出品了《巴斯克维尔的猎犬》，由英国演员巴兹尔·拉思伯恩和奈杰尔·布鲁斯分别饰演福尔摩斯和华生，故事背景为维多利亚时代晚期。这部影片大卖，几个月后，福克斯公司就出品了由原班人马出演的续篇《福尔摩斯冒险史》。这次，华生医生与福尔摩斯并列演员表首位。

长久以来，电影导演一直对华生这个角色倍感纠结。原著中，华生是故事的叙述者，这很难在屏幕上体现出来。21世纪福克斯公司想办法解决了这个问题，他们将华生刻画成一个笨手笨脚的滑稽人物，提升了他的电影形象。同时，巴兹尔·拉思伯恩与佩吉特插画中的福尔摩斯极为相似，凭借其魅力，他成为当年电影观众心目中最真实的福尔摩斯。他的表演为福尔摩斯后来的银屏形象树立了标杆。

这两部电影开启了雷斯伯恩和布鲁斯开始饰演福尔摩斯和华生的开端，不久之后，他们还参演了广播剧《歇洛克·福尔摩斯新冒险史》，这部广播剧非常成功，连续上演了很长时间。后来，福克斯公司不再继续为造价高昂的以维多利亚时代为主题的电影投资。1942年，环球影片公司开始拍摄一系列由雷斯伯恩和布鲁斯主演的B级影片，电影以贝克街的二人组为主，将他们的角色安排在了当时的伦敦。环球拍的最初三部影片以当时的第二次世界大战为背景。福尔摩斯亲自与德国人交战，还揭露了纳粹间谍的真实面目。让大侦探脱离原来的社会背景，有利于摆脱柯

> **华生总是说我是现实生活中的戏剧家，我身上确实有那么一点艺术家的气质，它一刻不停地督促我去追求完美的舞台效果。**
>
> 歇洛克·福尔摩斯
>
> 《恐怖谷》(1915)

南·道尔对他的影响，从而将其升级为独立的角色。但是，雷斯伯恩逐渐厌倦了扮演这一角色。1946年，他决定结束福尔摩斯电影的演艺生涯，至此总共演过14次福尔摩斯。20世纪50年代，他偶尔以福尔摩斯的形象出现在电视上，还出演过一部并不成功的百老汇戏剧。

福尔摩斯恐怖电影

20世纪50年代中期，汉默电

哈德森太太

尽管在福尔摩斯故事中房东哈德森太太并没有台词，但她也现身于很多部影视改编作品中，这些作品借她来展现福尔摩斯富有人情和偶尔幽默的一面。哈德森太太初次露面是在阿瑟·万特纳饰演的福尔摩斯影片中，片中她是个略显顽皮的伦敦东区人，很爱和房客开些无伤大雅的玩笑。在雷斯伯恩主演的系列电影中，她是个慈母般的苏格兰女人。在《歇洛克·福尔摩斯的私生活》中，她也是个伦敦东区人，举止滑稽，脾气暴躁。

在杰里米·布雷特主演的电视剧中，罗莎莉·威廉姆斯饰演的哈德森太太更引人注目。她对房客的感情显露无遗，但随着时间的推移，她对福尔摩斯的行为方式渐感气恼。在BBC的《神探夏洛克》中，尤娜·斯塔布斯饰演的哈德森太太很喜欢福尔摩斯，但也绝望地声明“我是你的房东，不是你的管家！”

影公司拍摄了彩色影片《弗兰肯斯坦》和《德古拉》，在全球大火成功。此后，他们将注意力转向柯南·道尔略带恐怖色彩的小说《巴斯克维尔的猎犬》。领衔主演是恐怖片专业户彼得·库辛，当他得知制片人詹姆斯·卡雷拉斯在前期宣传时将其饰演的大侦探定位成“性感的福尔摩斯”时，他略感惊讶。华生由汉默电影公司另一演员安德鲁·莫瑞尔饰演，他意将华生表现为“一个实实在在的人物，而不是福尔摩斯的小跟班”，最终塑造了逼真、有说服力的华生医生形象。

奈杰尔爵士电影公司是一家由亚瑟·柯南·道尔爵士产权会设立的英国公司，负责将作者的作品拍摄成电影。该公司制作了另一部“福尔摩斯恐怖电影”——《恐怖的研究》。影片的故事情节着重于这位世界上最伟大的侦探与最邪恶的杀手开膛手杰克之间的较量。为了占据年轻人这一市场，公司充分利用了当时广受欢迎的蝙蝠侠热播剧，在演员表中将福尔摩斯写为“歇洛克·福尔摩斯——最早的蝙蝠侠”。

1979年，在英国和加拿大共同制作的优秀影片《午夜追杀》中，福尔摩斯与开膛手杰克再次相遇，好莱坞老戏骨克里斯托弗·普卢默和詹姆斯·梅森分别饰演福尔摩斯和华生。这两位演员在片中的人物关系更具温情，首次展示了两个人物间更具人情味的一面。

电视剧中的福尔摩斯

20世纪50年代初，英国和美国纷纷推出福尔摩斯电视剧，福尔摩斯的电视生涯就此展开。第一部是BBC制作的6集迷你剧（现场拍摄，故没有胶片）。美国制作的39集电视剧《歇洛克·福尔摩斯》属于小成本电视剧，在法国拍摄，1954年播出。为了吸引年轻观众，制片人邀请俊美的罗纳德·霍华德饰演福尔摩斯。他的表演生动而富有吸引力，霍华德·玛丽恩·

这部由福尔摩斯恐怖漫画改编的电影出品于*1965*年，其中大侦探与维多利亚时代臭名昭著的连环杀手开膛手杰克展开了智慧上的较量。

此图为汉默电影公司1959年改编的《巴斯克维尔的猎犬》的电影剧照，其中的人物是彼得·库辛饰演的福尔摩斯和弗兰克兰主教（小说中是弗兰克兰先生）。

克劳福德扮演的华生则是个滑稽可笑的角色。

1964年，BBC拍摄了第二部电视剧，《斑点带子》为首集，转年又拍摄了12集。道格拉斯·威尔莫在剧中戴上了猎鹿帽，他在表演中高度模仿了巴兹尔·拉思伯恩，因为忠实原著而备受称赞。但是，威尔莫对剧本和拍摄标准很不满，有时甚至自己重写剧本，最终他拒绝出演下一部电视剧。

1968年，彼得·库辛继威尔莫之后出演了两季《巴斯克维尔的猎犬》，该剧成为最忠实原著的改编版之一。然而，在拍摄第二季的16集时，库辛遇到了威尔莫曾面临的类似问题。不过，库辛对角色的忠诚度、对细节的关注度始终如一：他要求演出服饰必须与佩吉特插画中的完全一致，从而推翻了大侦探身着披肩外套的说法："那不是披肩外套……那是带风帽的长外套"。

> 福尔摩斯成为一名破案专家时，科学界就少了一位思维敏锐的哲人，舞台上也少了一位技艺精湛的演员。
>
> 华生医生《波斯米亚丑闻》(1891)

广播剧中的福尔摩斯

巴兹尔·拉思伯恩不再在银幕上饰演福尔摩斯时，他也同时退出了美国的广播剧。不过，奈杰尔·布鲁斯继续饰演华生，与其他人饰演的福尔摩斯配戏。在英国，这位大侦探较晚涉足广播界，直到20世纪50年代，才有了第一部福尔摩斯广播剧。饰演福尔摩斯和华生的是两位杰出演员卡尔顿·霍布斯和诺曼·谢利。卡尔顿·霍布斯的声调又高又尖，异常奇特，诺曼·谢利的声音让人听起来则有种酸梅布丁的感觉，二人的表演很成功。今天看来，这对表演者的声音无疑已经过时，但当时却是红极一时的。

广播剧中最著名的福尔摩斯和华生或许当属约翰·吉尔古德爵士和拉尔夫·理查德森爵士，他们都是英国最出色的莎士比亚剧的演员，1954年出现在BBC出品的福尔摩斯短剧中。

1988年，BBC决定将柯南·道尔所有的歇洛克·福尔摩斯故事，包括小说在内，改编成广播剧。于是接下来的十年间，探案全集中的作品均被录制播出。

古怪的福尔摩斯形象

20世纪60年代，彼得·库辛主演了一系列福尔摩斯电视剧；20世纪80年代，杰里米·布雷特开始饰演福尔摩斯，成为最引人瞩目的福尔摩斯形象之一。在这20年间，还涌现了一些古怪的福尔摩斯形象。其中举止最文雅的当属1970年比利·怀尔德导演的《歇洛克·福尔摩斯的私生活》了。罗伯特·斯蒂芬斯饰演的福尔摩斯仿佛女人的化身，一头卷发，动作迟缓，语调中拖着鼻音。BBC热播电视剧《神

> **每个人的心中都一个明确的歇洛克·福尔摩斯形象，每个读者都有自己完美的标准，所以没有哪个演员能符合这一标准。**
>
> 杰里米·布雷特
>
> 《英国电视杂志》的采访（1991年）

探夏洛克》的联合制作人马克·加蒂斯曾说，“我和史蒂文·莫法特为《神探夏洛克》编剧时曾以这部电影为样本”。后来，在1976年的《歇洛克·福尔摩斯在纽约》中，邦德的扮演者罗杰·摩尔饰演了一个侠盗西蒙般的福尔摩斯。1971年的黑色喜剧片《他们也许是伟人》中，演艺界名人乔治·C.斯考特饰演了一位思维、行动都很像福尔摩斯的纽约律师，乔安娜·伍德沃德饰演了史上第一位女华生。1976年，《百分之七的溶液》中，福尔摩斯的扮演者是舞台剧演员尼科尔·威廉森。片中的福尔摩斯神经质且情绪焦躁，西格蒙德·弗洛伊德为他诊治吸食可卡因所诱发的精神病。

1985年，斯皮尔伯格出品《少年福尔摩斯》，其宣传语是“充满爱意的推测”。影片讲述了如果福尔摩斯和华生是在寄宿学校认识的，那会有怎样的故事。随着神秘事件的发生，年轻的莫里亚蒂和雷斯垂德警探也出现在片中。福尔摩斯在片中日渐成熟，开始使用曲柄烟斗，戴猎鹿帽，而注定失败的爱情巧妙地暗示了他为何在后来的生活中一直对女性持冷淡的态度。

世界各地的福尔摩斯

20世纪30年代，德国电影业出品了几部福尔摩斯电影，定位基本都是野外冒险影片。1937年的《巴斯克维尔的猎犬》中，持枪的福尔摩斯身穿皮外套，头戴鸭舌帽。这部电影是阿道夫·希特勒的最爱，1945年，在这位独裁者伯格霍夫山间别墅的私人收藏中，找到了这部电影的副本。基于BBC的道格拉斯·威尔莫系列电视剧，德国1967年出品了一部电视剧，戏剧演员埃利希·舍洛扮演的福尔摩斯是个衣衫褴褛、依赖毒品的侦探。

1979年到1986年之间，苏联电视台出品了一系列歇洛克·福尔摩斯影片，共11集，后4集1986年改编成电影院版的《20世纪来临》。影片由列宁格勒电影制片制

柯南·道尔在《福尔摩斯探案全集》中塑造的原型，几乎适用于任何艺术形式或体裁。可以说，没有哪个虚构人物能像福尔摩斯这样适用于各种改编。福尔摩斯经久不衰的适应性本身就是个值得研究的课题。

作，苏联演员瓦西里·利万诺夫和维塔利·索洛明分别出演福尔摩斯和华生，二人均有“英国式”的外貌，与佩吉特插画中的形象相似。改编的剧情十分忠于原著，但融入了很多幽默内容。

最经典的福尔摩斯？

20世纪80年代和90年代初，英国演员杰里米·布雷特在格拉纳达电视台制作的电视剧中饰演的福尔摩斯，被很多人视为经典。布雷特想要塑造一个真正的福尔摩斯，在他之前，没有哪位演员能够兼具柯南·道尔笔下描述的诸多特征。就像该电视剧制作人迈克尔·考克斯评论的那样，布雷特“有嗓音，有智慧，有风度，有身形，身手不凡，伪装后能掩人耳目，还会骑马，无所不能。”

对于世界上无数的粉丝而言，布雷特就是福尔摩斯。在他令人着迷的表演中，刻意控制的古怪行为、略显矫饰的风度和狂怒时的爆发共同塑造了经久不衰的大侦探形象。与布雷特搭档的是两位优秀但风格迥异的华生：戴维·布克的表演感情细腻，有时很愉悦；爱德华·哈德威克的表演镇定从容，有着强烈的忠诚度和忍耐力，这个角色他饰演了八年。

杰里米·布雷特在格拉纳达电视台制作的电视剧（*1984—1994*）中饰演福尔摩斯。他承认这是“我演过的最有难度的角色”。

21世纪的福尔摩斯

到了21世纪，全世界对贝克街这位超级侦探的痴迷和以往一样强烈。2009年和2011年，英国导演盖·里奇为电影爱好者们呈现了一个夸张、卡通化的大侦探，属于动作英雄版本。这个福尔摩斯有着无政府主义的风格，他的全部弱点和习惯都被放大或加以讽刺，该角色由美国演员小罗伯特·唐尼饰演。

同时，在电视荧幕上，最近有两部剧集大胆地都将这位侦探和他的世界切换到现代。在2012年美国上映的《基本演绎法》中，歇洛克·福尔摩斯（英国演员约翰尼·

> **我认为人们爱的不是歇洛克·福尔摩斯或华生医生，而是他们之间的友谊。**
>
> 史蒂文·莫法特
>
> BBC《神探夏洛克》的编剧

动画形象

在最古怪的福尔摩斯形象中，有一些是为孩子们设计的卡通形象。早在1946年，达菲鸭就在《储钱猪惊天大劫案》中遇到了这位侦探。1986年，迪士尼出品了《傻老鼠与大笨狗》，老鼠侦探巴索和他的朋友大卫·Q.道森医生住在贝克街221B的壁脚板中。他们的对手是像莫里亚蒂一样的拉提根教授，由文森特·普赖斯配音。

20世纪80年代，福尔摩斯的鬼魂出现在《史酷比》的一集中，而在《忍者神龟》的“简单极了，我亲爱的乌龟”一集中。在1999年美国电视剧《福尔摩斯在22世纪》中，一位生物学家将福尔摩斯复活，使之与克隆的莫里亚蒂抗衡。雷斯垂德警探的“机器人”阅读了华生医生的日志，以他的姓名、面容、声音和言谈举止行事。2010年，福尔摩斯还出现在剧场版的《猫和老鼠与福尔摩斯》中。

盖・里奇导演的《大侦探福尔摩斯》（*2009*）的故事背景是19世纪80年代的伦敦。小罗伯特・唐尼饰演的福尔摩斯放荡不羁，而裘德・洛饰演的华生很有耐性，但常被激怒。这部电影的第二部于2011年上映。

李・米勒饰演）是个正在康复的戒毒者，帮助纽约市警察局破案。女华生（刘玉玲饰演）以前是外科医生，本来是做福尔摩斯的戒毒陪护的（以防他再次吸毒），但却成了福尔摩斯的助手，两人开始共同侦破案件。莫里亚蒂和艾琳・阿德勒（成为福尔摩斯的情人）等正典中的人物，也逐渐加入其中，带来了意想不到的曲折情节。

同时，在英国一对自称是歇洛克・福尔摩斯粉丝的编剧史蒂文・莫法特和马克・加蒂斯想出了一个新创意，将柯南・道尔的故事主人公带到了当代充满高科技的伦敦。2010年，BBC播出了《神探夏洛克》的第一季。这一大胆的构思不仅让这位大侦探保留着特有的福尔摩斯式的风格，还利用现代科技侦查案情。他甚至还有个名为“演绎法”的网站。

这部电视剧在全球获得巨大成功，尤其在年轻观众中反响强烈。原著中的诸多细节被编入紧凑、幽默又吸引人的情节中。主演也与文学作品中福尔摩斯和华生初次见面时的年龄相仿。本尼迪克特・康伯巴奇饰演的福尔摩斯是个性格古怪的人。尽管他高傲自大，有时还缺乏社交技巧，但还是魅力无穷。马丁・弗瑞曼饰演的华生情感脆弱，具有独立自主的思维能力，忠于他的同伴。福尔摩斯“诈死”后再次出现在华生面前时，华生充满暴力的反应比原著中的温和反应更真实一些。安德鲁・斯科特饰演的莫里亚蒂，可能是这个反派人物最令人胆战心惊的一个版本了，同时也对福尔摩斯起了相当好的衬托作用。

从125年前首次出版开始，歇洛克・福尔摩斯在媒体中的亮相几乎从未中断。柯南・道尔创造的这一人物势不可挡地超越了文学的范围，成为一个世界的奇迹，还一直吸引着一批批新的观众，为他们带来欢乐。■

BBC电视剧《神探夏洛克》大胆地将福尔摩斯和他的同伴带到了现代。本尼迪克特・康伯巴奇饰演福尔摩斯，马丁・弗瑞曼饰演的华生用博客记录他们的冒险事迹。

形形色色的福尔摩斯

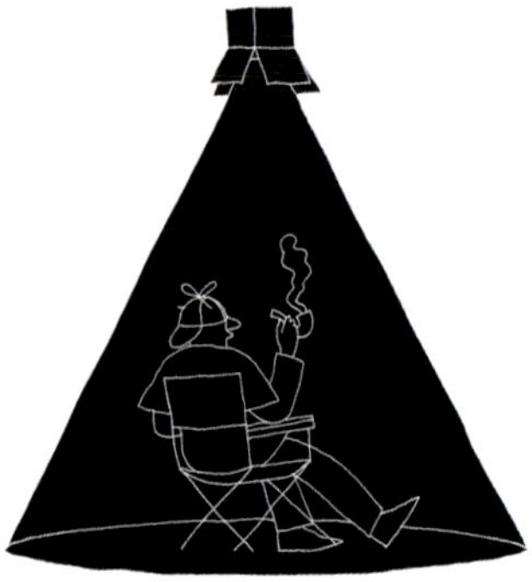

自从福尔摩斯的名字初次出现在杂志上，他已多次登上了戏剧舞台和影视银屏，几乎每十年就会出现新的改编版、新的冒险故事，涉足新的领域。柯南·道尔本人最先写了有关福尔摩斯的第一部舞台剧，后来成为威廉·吉列的舞台剧《歇洛克·福尔摩斯》（1899）的蓝本。在小说中，福尔摩斯的形象基本要靠读者去想象，而在银屏上，无论是他的优点还是缺点，都能被彻头彻尾地展现出来。有些形象很容易被观众遗忘，但很多经典形象已经成为这位大侦探的鲜活化身，在一代代观众心中流传，比如雷斯伯恩、库辛、布雷特以及康伯巴奇扮演的福尔摩斯。

《歇洛克·福尔摩斯》

舞台剧（1899）

这部舞台剧最初由柯南·道尔撰写，最终版本由威廉·吉列改编、导演并亲自出演。故事情节来源于正典中的内容。尽管柯南·道尔起初对是否让福尔摩斯结婚这个情节顾虑重重，但最终还是点头同意。对于福迷朋友们，这是一次具有重大影响的改编，因为正是在这部舞台剧中，福尔摩斯使用了如今标志性的欧石南曲柄烟斗。此外，剧中他还频繁使用放大镜，还有这句经典台词“哦，简单极了，我亲爱的伙伴”。

《福尔摩斯历险记续》

电影（1921—1923）

这是一系列片长较短的无声影片，每一部讲述柯南·道尔原著中的一个探案故事，但大部分现已遗失。60岁的英国演员艾利·诺伍德在1921年到1923年间拍摄了47部福尔摩斯电影，因其轮廓鲜明的容貌和锐利的目光而闻名。这些电影虽然没有以维多利亚时代为背景（而是设定在电、汽车、巴士都已很普遍的伦敦），但情节十分忠于原著。

《福尔摩斯归来记》

电影（1929）

这是有声时代的第一部福尔摩斯电影，一部所谓的“有声电影”。派拉蒙影业公司有权选择福尔摩斯、华生和莫里亚蒂这些角色，但对任何福尔摩斯故事却没有所有权，所以最初的版本只能借鉴柯南·道尔原著中不同的情节编造而成。缺乏智慧的华生形象（H.里维斯-史密斯饰演）在这部电影中首次出现。影片的开头是一起谋杀案，凶器是带有致命毒针的假香烟，这正是后来莫里亚蒂（哈里·T.莫雷饰演）想要杀害福尔摩斯（克里夫·布洛克饰演）的凶器。影片结尾的台词正是福尔摩斯标志性的口头禅“简单极了，我亲爱的华生”，正典中从未出现过这句话，所以这部电影中首次出现了这句话。

《巴斯克维尔的猎犬》

电影（1939）

巴兹尔·拉思伯恩共出演了14部福尔摩斯电影，这是其中的第一部，他也因此跻身于饰演过福尔摩斯的重要演员之列。尼格尔·布鲁斯饰演的华生是个惹人喜爱但有些滑稽的人物，浪漫的理查德·格林领衔主演亨利·巴斯克维尔爵士。这是第一部以维多利亚时代为背景的福尔摩斯影片，扮演华生的演员在演员表中和福尔摩斯排位相同。尽管情节忠实原著，但那只恶魔般庞大的猎狗只比一般的狗大一点。

《福尔摩斯冒险史》

电影（1939）

“龙猫崇拜谜案！能把人扼住、碾碎，又能消失的残忍武器！末日的信天翁！英国宝石王冠！”通过20世纪福克斯公司的宣传语，这部电影中的冒险情节一览无遗，片中的福尔摩斯由雷斯伯恩饰演。据称，本片的最初版本是基于吉列1899年的舞台剧《歇洛克·福尔摩斯》写成的。片中，莫里亚蒂向福尔摩斯挑衅，将世纪大案的计划告诉福尔摩斯，欲令其名声尽毁。

《死亡珍珠》

电影（1944）

这是环球影片公司制作的20部系列电影中的一部，由雷斯伯恩和布鲁斯分别出演福尔摩斯和华生。电影改编自《六尊拿破仑胸像》，片中福尔摩斯犯了极少出现的错误，丢失了著名的但看似受过诅咒的珍珠，但他必定会将其寻回。这个系列的影片成本很低，制作时间较短，没有固定的拍摄周期。因为福尔摩斯与华生之间的幽默和那些令人毛骨悚然的情节而受到观众的关注。这个系列中的其他影片还包括《红爪子》（1944）和《绿衣女子》（1945）。

《歇洛克·福尔摩斯》

电视剧（1953—1954）

这部美剧虽已消失在电视剧史的迷雾中，但却是与柯南·道尔的儿子阿德里安合作完成的。阿德里安热衷于让父亲独创的福尔摩斯永久流传。剧中饰演福尔摩斯的是年仅39岁的罗纳德·霍华德，饰演华生的是霍华德·马里恩·克劳福德。该剧在法国拍摄，所以有些伦敦的地点会显现出奇怪的高卢特色。在柯南·道尔原著的基础上，剧中采用了全新的非正典故事情节，剧本出自一些在欧洲创作的编剧之手，他们曾被好莱坞列入黑名单。这是2012年美剧《基本演绎法》之前，美国制作的唯一一部福尔摩斯电视剧。

《巴斯克维尔的猎犬》

电影（1959）

这个改编版本是以哥特式恐怖片著称的默电影公司制作的。果真《巴斯克维尔的猎犬》原著中的黑暗、恐怖元素都生动地搬上了银屏。演员包括汉默电影公司的经典搭档彼得·库辛（饰演福尔摩斯）和克里斯托弗·李（饰演亨利·巴斯克维尔爵士）。该影片由汉默电影公司的王牌导演泰伦斯·费希执导，此前他已成功让公司的弗兰肯斯坦和德古拉伯爵系列重新焕发活力。公司原本计划拍摄一系列电影，这只是其中的第一部，但计划最终搁浅。库辛后来还再次出演过福尔摩斯。

《恐怖的研究》

电影（1966）

该影片由詹姆斯·希尔执导，（他更为知名的作品是1966年和他人共同导演的《狮子与我》）。片中，他别出心裁地让福尔摩斯紧紧追踪开膛手杰克。这个臭名昭著的杀人犯让维多利亚时代伦敦东区的人们陷入恐慌之中。仅有的线索就是一个贵族家庭的家族饰章和一盒手术器械，其中缺了一把手术刀。奇怪的是，这部电影在英国作为暴力且具有性虐待场面的电影投放市场；而在美国却被视为一部夸张的蝙蝠侠式的动漫人物恶搞剧。约翰·内威尔饰演了有信誉的、精力充沛的福尔摩斯，唐纳德·休斯敦扮演他身边的华生。

《歇洛克·福尔摩斯》

电视剧（1965—1968）

BBC出品的这部电视剧最初将道格拉斯·威尔莫饰演的福尔摩斯塑造成揶揄搞笑的角色。和其他很多出演福尔摩斯的演员一样，威尔莫与西德尼·佩吉特为《斯特兰德杂志》所供插画中的福尔摩斯长相十分相似。威尔莫谢绝了出演第二季的机会，彼得·库辛因此成为第二季的主演。库辛本人也是福迷，以前还出演过汉默电影公司1959年出品的《巴斯克威尔的猎犬》。该剧改编了原著中的很多探案故事，从《斑点带子》开始，一共29集，后来库辛出演的这部分被拍成了彩色电视剧。

《福尔摩斯的私生活》

电影（1970）

这部模仿版的影片由比利·怀尔德和I.A.L.戴尔蒙德共同担任编剧，且由比利·怀尔德执导。影片讲述了一个非正典的故事。福尔摩斯（罗伯特·斯蒂芬斯扮演）和华生（柯林·布莱克利扮演）接手了一个独特离奇的案件，案子涉及失踪的侏儒、海军实验和尼斯湖水怪。这也是第一部戏称福尔摩斯和华生有同性恋关系的电影，在福尔摩斯的粉丝中引起了很大的争议。

影片中大量的配乐出自米克洛什·罗饶之手，主要是他的小提琴协奏曲。

《百分之七的溶液》

电影（1976）

1974年尼古拉斯·梅耶撰写了小说《百分之七的溶液》（见341页），这部电影便改编自这部福尔摩斯仿作。片中吸食可卡因成瘾的福尔摩斯患有高度妄想症，认为自己被数学导师莫里亚蒂教授迫害。莫里亚蒂在影片中被刻画成了一位虚弱的老人。福尔摩斯被人说服，跟踪莫里亚蒂去了维也纳，但并不知华生和迈克罗夫特·福尔摩斯在秘密计划让福尔摩斯去找世界闻名的精神分析学家西格蒙德·弗洛伊德治疗自己的毒瘾。演员包括饰演颓废福尔摩斯的尼科尔·威廉森、饰演莫里亚蒂的劳伦斯·奥利弗，以及饰演弗洛伊德的艾伦·阿金。

《血色十字花》

舞台剧（1978）

该剧由保罗·乔瓦尼编剧和导演，改编自《四签名》。最初在百老汇上演，通过先进的灯光效果，在舞台上重现了沿河追踪的场面。后来又在伦敦和洛杉矶上演，杰里米·布雷特饰演华生。1991年，拍成由查尔顿·赫斯顿主演的电影。

《午夜追杀》

电影（1979）

有关英国皇室卷入开膛手杰克凶杀案的说法千奇百怪，而这部电影则是最成功的作品。该片由英国和加拿大共同出品，采用广受质疑的理论去解释杰克的身份，还声称克里斯托弗·普卢默饰演的福尔摩斯感情充沛。当第三个妓女伊丽莎白·史泰德恐怖地惨死于开膛手杰克之手时，这位大侦探受邀破案，他发现英国首相、内阁大臣和共济会会员均与此案有牵连。

《福尔摩斯冒险史》

电视剧（1984—1994）

格拉纳达电视台出品的这部剧集根据原著中的探案故事改编而成，共6个系列41集。在很多爱好者的心中，杰里米·布雷特演的这位大侦探就是福尔摩斯的原型，他塑造的福尔摩斯感情热切，表演扣人心弦。最初扮演华生的是戴维·布克，后来由爱德华·哈德威克长期扮演华生。事实证明这部电视剧非常受欢迎，在英国和美国热播，被广泛认为是迄今为止最忠实福尔摩斯原著的改编版本。后来出品的几个系列名为《福尔摩斯归来记》、《福尔摩斯旧案钞》和《福尔摩斯回忆录》。

《死亡面具》

电影（1984）

这部电影是71岁的库辛同意出演的最后一部福尔摩斯电影。片中华生的扮演者是76岁的银屏老将约翰·米尔斯。故事背景设在1913年，警方在泰晤士河中发现了几具尸体，死者的面部因恐惧而扭曲，但找不出明确的死因。于是警方找到当时已退隐的福尔摩斯帮忙侦破。在另外一起案件中（或许和前案有关系），他还应邀寻找一位失踪的王子，以阻止英国与德国之间即将爆发的战争。

《歇洛克的最后一案》

舞台剧（1987）

该剧由查尔斯·马洛维茨担任编剧，A.J.安东执导，有时会和马修·郎1974年制作的同名舞台剧相混。《歇洛克的最后一案》是一部黑色喜剧，福尔摩斯（弗兰克·兰格拉饰演）收到了莫里亚蒂儿子的死亡威胁，然后又被失望的华生囚禁。马洛维茨为福尔摩斯固有的模式增添了有趣的变化，而且这部舞台剧广受好评。

《福尔摩斯的秘密》

舞台剧（1988）

该剧由杰里米·保罗编写，他此前还创作过格拉纳达电视台出品的几集福尔摩斯电视剧，剧中杰里米·布雷特饰演福尔摩斯。《福尔摩斯的秘密》上演时，演员对角色的态度不够明确，十分苦恼，演出的效果也备受争议。该剧只有两名演员，爱德华·哈德威克饰演华生。尽管该剧评论较差，演员们的表演却受到称赞。剧名中提到的“秘密”正如尼古拉斯·梅耶在《百分之七的溶液》中描写的那样，奸诈狡猾的莫里亚蒂是福尔摩斯受毒瘾影响后想象出来的。

《歇洛克·福尔摩斯之生与死》

舞台剧（2008）

这是戴维·斯图尔特·戴维斯写的第二部福尔摩斯舞台剧。就像第一部一样，大侦探依旧由罗杰·卢埃林饰演。戴维斯既没有参照正典中的故事，也没有单纯进行模仿创作，而是去探索这个虚构人物与其创作者之间的关系。剧中，柯南·道尔已厌倦了福尔摩斯，急切想摆脱他亲手创作的这个著名人物。于是，他创作了邪恶的莫里亚蒂来为他完成这一任务。当然，事实证明福尔摩斯比柯南·道尔想象中的更具适应性，于是冒险就此展开。这部舞台剧中的人物穿梭于想象和现实中，甚是有趣。

《歇洛克·福尔摩斯》

电影（2009）

该片由盖·里奇导演，他拍摄的“伦敦犯罪电影”尤为出名。这部电影是对福尔摩斯题材影片的幽默重塑，片中的福尔摩斯成为好莱坞式的动作英雄。片中的故事不是正典中的内容，背景是维多利亚时代的伦敦，小罗伯特·唐尼和裘德·洛分别演福尔摩斯和华生。剧情包含了科幻和超自然的元素，这对侦探搭档与他们从前的敌人艾琳·阿德勒结成看似不可能的同盟。他们必须联手，从最近刚复活的布莱克伍德公爵手中拯救英国、美国，进而拯救全世界。影片结尾揭示了阿德勒与莫里亚蒂的联系，为2011年的续集埋下了伏笔。

《神探夏洛克》

电视剧（2010至今）

该剧由BBC出品，本尼迪克特·康伯巴奇饰演福尔摩斯，马丁·弗瑞曼饰演华生。这部标新立异的电视剧为21世纪的观众重塑了福尔摩斯的形象福尔摩斯用上了手机和全球定位系统，他著名的“抽三斗烟才能解决的问题”也由大量的尼古丁贴片取代。该剧的编剧史蒂文·莫法特和马克·加蒂斯根据柯南·道尔的原著改编了部分剧集。原有的人物被赋予了新的身份，比如艾琳·阿德勒在该剧中是个女性施虐狂。剧中加入了新的角色，比如本尼迪克特·康伯巴奇的父母方达·泛森和蒂莫西·卡尔顿在片中饰演福尔摩斯的父母。

《大侦探福尔摩斯：诡影游戏》

电影（2011）

该片是2009年由小罗伯特·唐尼主演的《大侦探福尔摩斯》的续集，由盖·里奇再次执导。该片依旧保持了前一部影片轻松、快节奏、打戏不断的风格。华生为了和心上人玛丽·莫斯坦结婚，结束了协助福尔摩斯破案的生涯。莫里亚蒂为了让最近结识的军火和武器供应商获利，欲将整个欧洲卷入一场战争。福尔摩斯只身一人揭露了莫里亚蒂的阴谋。新婚的华生自然很快加入这起案件，与福尔摩斯并肩作战。这部续集中出现了斯蒂芬·弗雷饰演的福尔摩斯的哥哥迈克罗夫特，以及杰瑞德·哈里斯饰演的沉默得令人毛骨悚然的莫里亚蒂。

《基本演绎法》

电视剧（2012至今）

该剧由美国的哥伦比亚广播公司出品，背景设在当今的纽约。约翰尼·李·米勒饰演的福尔摩斯被父亲从伦敦送往纽约，以便戒掉毒瘾，恢复健康，父亲雇用了前外科医生琼·华生（刘玉玲饰演）监视并支持福尔摩斯戒毒。纽约市警察局得知福尔摩斯以前曾为苏格兰场破案，自然也要充分利用他的才华，于是华生就成了福尔摩斯的新学徒。有趣的是，这是自1953年罗纳德·霍华德出演福尔摩斯以后美国拍的第一部福尔摩斯电视剧。

《福尔摩斯先生》

电影（2015）

该片中的大侦探由伊恩·麦克莱恩爵士饰演，故事背景为第二次世界大战之后。福尔摩斯90多岁高龄，早已退休，年轻岁月时的声誉早已远去，只想独自一人照料他的蜜蜂。年轻时与罪犯做斗争，如今福尔摩斯却要与衰老抗衡，与短期记忆的缺失做斗争。影片于回忆福尔摩斯的最后一个案子展开，他不满华生（此时已去世）发表这个探案故事时对事实过度润色，并改写了结局。他急切想把记录更正过来，所以必须尝试记起多年前发生的事件。这部电影刻画了福尔摩斯最具人情味的一面。

其他人笔下的福尔摩斯

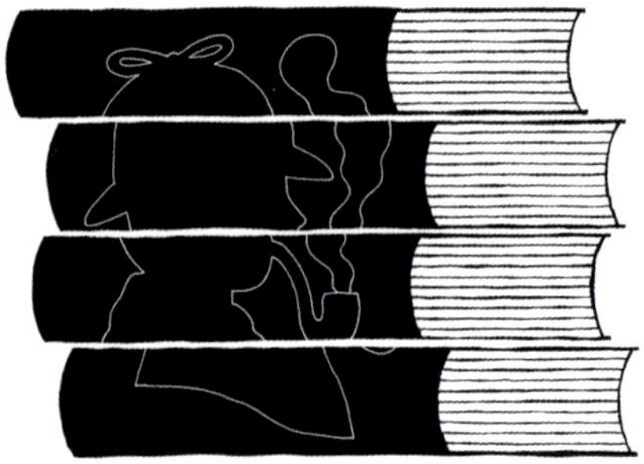

很多人都尝试创作新的福尔摩斯故事，有的在原著的基础上做了巧妙的改编，有的则完全没有热情与新意。甚至柯南·道尔还在世的时候，很多作家就继承了他的衣钵，比如文森特·斯塔瑞特，他1920年发表了《哈姆雷特的冒险》。其他仿作很快接踵而来，不过第一部重要作品当属1944年埃勒里·奎因的选集《歇洛克·福尔摩斯失败史》。随着20世纪的不断进步，福尔摩斯的对手越来越奇怪。他不仅要与吸血鬼德古拉对峙，还与查林杰教授与H.G.威尔斯一起对付火星人，难怪他后来开始寻求心理分析学家西格蒙德·弗洛伊德的帮助。

《福尔摩斯的功绩》

阿德里安·柯南·道尔和约翰·迪克森·卡尔（1954）

《福尔摩斯的功绩》包括12篇短篇小说，由柯南·道尔的儿子和黄金时代著名侦探小说家迪克森·卡尔合著而成。他们的计划是，根据福尔摩斯探案全集中华生给出的线索，推测相关的案情，然后共同写出新的故事。这些故事包括《海盖特的奇迹》和《阿巴斯红宝石》。福迷朋友认为，这些故事有些乱枪打鸟的感觉，但确实小获成功。其中有几篇故事像原著一样，刊登在《科利尔周刊》上。

《福尔摩斯与开膛手杰克》

埃勒里·奎因/保罗·费尔曼

《福尔摩斯与开膛手杰克》，亦称《埃勒里·奎因与开膛手杰克》，是根据詹姆斯·希尔1965年的电影巧妙改编而成的一部小说。在一个颓废贵族不受信任的案件中，推理作家、业余侦探埃勒里·奎因代替了福尔摩斯。这篇小说被视为第一篇真正的现代福尔摩斯仿作，也标志着大侦探与同时代的开膛手杰克的初次见面。随后，类似小说数不胜数。

《福尔摩斯的私生活》

迈克尔·哈德威克和莫利·哈德威克（1970）

这部小说根据比利·怀尔德和I.A.L.戴尔蒙德1970年（见337页）的戏仿电影改编而成。小说严格按照电影情节写就，其中包含很多神秘元素，比如一个心烦意乱的女人、心不在焉的丈夫、一座苏格兰城堡，甚至还有尼斯湖水怪。此外，小说还在福尔摩斯和华生的友谊上做了一点文章。随后的1971年，他们是同性恋这一话题，在拉里·汤森的淫秽小说《福尔摩斯的性爱历险》中得到了充分的展现。

《福尔摩斯的后继冒险：无与伦比的同伴》

菲利普·何塞·法默（1974）

这篇离奇古怪、别出心裁的故事发生在第一次世界大战期间。备受尊崇的美国科幻作家法默让故事中年老的福尔摩斯和华生去非洲寻找一种极新的武器。这篇故事见证了他们与著名的虚构人物泰山王子的见面。故事内容令人兴奋，包含着科幻故事的多种元素。

《莫里亚蒂归来》

约翰·加德纳（1974）

加德纳在把注意力转到福尔摩斯身上之前，其笔下的博斯·奥克斯间谍小说已经证明，他是一位成功的仿作者。这一系列间谍小说相当于詹姆斯·邦德系列的喜剧版。《莫里亚蒂归来》的背景设定在维多利亚时代的伦敦，作为故事的中心，莫里亚蒂像之前的福尔摩斯一样起死回生。故事以莫里亚蒂和他的妓女情妇萨尔·霍奇斯为主，其中充满了犯罪元素，描写十分到位。从勒索到谋杀，他们二人联手操控着一切。1975年，加德纳续写了《莫里亚蒂复仇记》。

《百分之七的溶液》

尼古拉斯·梅耶（1974）

《百分之七的溶液》首次发表时，荣登纽约的畅销榜。这本小说不仅为福尔摩斯故事注入了大量新意，还模仿了柯南·道尔优雅的写作风格。其中的案件涉及凶险的绑架以及战争的威胁，不过正如篇名所示，大侦探的毒品注射才是关键。为了戒除毒瘾，福尔摩斯需要帮助寻求心理分析学家西格蒙德·弗洛伊德的帮助。梅耶后来还写两部福尔摩斯仿作，《西区的恐怖》（1976）和《金丝雀驯师》（1993）。

《苏门答腊巨鼠》

理查德·L.博耶（1976）

对大多数福迷朋友来说，探案全集中隐约提到但没有刊出的故事引起了诸多猜测。其中最引人遐想的当属《萨塞克斯吸血鬼》中提到的“苏门答腊巨鼠”了。据福尔摩斯所说，“世人尚未准备好听这个故事”。《苏门答腊巨鼠》的故事据称根据华生死后留在伦敦个银行保险库中的手稿写成，主题包括死亡和一只杀人的动物，与《巴斯克维尔的猎犬》相似。不过，作为探案全集中的一个老面孔，行凶者确实出其不意。博耶还写过其他福尔摩斯故事，比如《钟岩的灯光》和《鹰巢城的山崖》。

《福尔摩斯退场》

罗伯特·李·霍尔（1977）

《福尔摩斯退场》属于科幻作品，是一篇极具新意的小说，其中福尔摩斯和他的哥哥迈克罗夫特再次联手对付再次复活的莫里亚蒂。此时，福尔摩斯已经退隐，所以只是偶尔出现在故事中，而是由华生扮演主角，这也许会让福迷朋友很伤心。不过，这部小说揭露了很多未曾知晓的“事实”，比如福尔摩斯在哪里学会的这身非凡本事？他的哥哥有什么秘密？福尔摩斯和莫里亚蒂之间究竟是什么关系？小说以意想不到的转折结尾。

《最后一个福尔摩斯故事》

迈克尔·迪布丁（1978）

这是一篇阴郁的哥特式小说，几乎有些变幻无常，背景为维多利亚时代的伦敦。其中福尔摩斯和华生正在东区追踪开膛手杰克。与众不同的是，柯南·道尔本人成为小说中的人物。他在故事中是华生的医生朋友，帮华生准备写下案情。此外，莫里亚蒂也是书中人物。虽然案情围绕众所周知的开膛手展开，也有很多其他作者尝试过类似题材，但迪布丁的方法十分大胆。福迷朋友认为这本小说颇有争议，众说纷纭。

《福尔摩斯–德古拉档案》

弗雷德·萨贝哈根（1978）

这是一部极具原创性的福尔摩斯小说，叙述者是华生和具有超自然力量的大反派德古拉伯爵。故事发生在1878年的伦敦，充满悬疑，涉及一位疯狂的科学家、遭受瘟疫的老鼠、无血的尸体，这一切构成了柯南·道尔和布莱姆·斯托克的世界。不少作者写过福尔摩斯和德古拉的故事，但这一篇不同的是，二人采取了合作的态度。不过，故事后面揭示的二人关系更令人惊讶，更饱受争议。在洛伦·D.埃斯特曼的《福尔摩斯对决德古拉：血腥伯爵的冒险》（1979）中，福尔摩斯与德古拉伯爵再次相遇。

《贝克街之外的岁月》

凯·范阿什（1984）

这部小说呈现了另一个文学世界和虚构人物，其中福尔摩斯与傅满州博士上演了一番对决。傅满州博士是萨克斯·罗默笔下的远东坏蛋。故事设定在1914年的威尔士，作者对威尔士进行了详尽的描述。作为一部犯罪小说，整个故事仿佛是一部动作片。福尔摩斯和他的主顾皮特里博士差点儿在一处废弃的矿井死掉。因为华生叙述的真实性，这本书受到福迷朋友的高度评价。此外，像柯南·道尔原著中的福尔摩斯一样，傅满州出现的次数很少，案情主要围绕追逐展开。1971年，范阿什撰写了萨克斯·罗默传记《邪恶大师》。

《养蜂人的徒弟》
劳丽·R.金（1994）

《养蜂人的徒弟》是劳丽·R.金笔下的福尔摩斯系列小说的第一篇，她从玛丽·罗素的角度详细讲述了大侦探晚年的冒险生活。玛丽·罗素是个15岁的美国女孩，父母去世后住在萨塞克斯。第一次外出时，福尔摩斯开始训练新徒弟的演绎法。二人很快着手调查一起险恶的绑架案。因为女主角的强大，这本书以女权主义特色闻名。在这一系列的第二本书《荒谬的妇女政权》中，劳丽·R.金让没有性欲的大侦探娶了精力旺盛的罗素，很多福迷朋友十分愤怒。当然，福尔摩斯第一次结婚是在威廉·吉勒特1899年的舞台剧《歇洛克·福尔摩斯》（见336页），并且得到了柯南·道尔的认可。

《福尔摩斯的曼陀罗》
嘉央诺布（1999）

这部小说主要讲述柯南·道尔笔下的禁欲主义英雄在“大裂谷”时期的事迹。他化名为希格森，以挪威探险家的身份游历印度和西藏。这部小说假设诺布发现了失传很久的稿件，这份稿件由福尔摩斯当时的搭档孟加拉间谍胡里·琼德尔·慕克吉所写，记录了福尔摩斯当时的故事。慕克吉是拉迪亚德·吉卜林的小说《基姆》（1901）中的人物。《福尔摩斯的曼陀罗》主要讲述了福尔摩斯如何保护13岁的达赖喇嘛免遭罪犯大师的暗杀。随着情节的推进，故事愈发神秘。

《病人之眼：福尔摩斯的黑暗开端》
戴维·皮里（2001）

《病人之眼》是戴维·皮里所著系列小说中的第一部，其中柯南·道尔替代了华生，著名医生约瑟夫·贝尔（福尔摩斯的原型）替代了福尔摩斯，讲述了贝尔和道尔联手破案的故事，涉及维多利亚时代隐藏的威胁和性虚伪。故事中，一位年轻女子患有不同寻常的眼病，柯南·道尔对病人的症状十分好奇。此外，她总能看到一个骑自行车的幽灵。一位西班牙富商的死亡吸引了两位侦探的全部注意力，直到病人的眼病以及孤独的骑车人问题更为严重，二人才回过头来。

《最后的解决方案》
迈克尔·查邦（2004）

在这篇简短的故事中，大侦探已经到了迟暮之年，早已被人遗忘，隐居在安静的乡下。时值第二次世界大战，当地人只知道这位80多岁的老人（故事中没有名字）曾经是位有名的侦探。他现在的生活只是养养蜜蜂，而非破获案件。一天，一位名叫莱纳斯·斯坦曼的九岁聋哑人来找他。莱纳斯刚从纳粹德国逃出来，只带了一个伙伴，就是一只带着谜团的非洲灰鹦鹉。鹦鹉口中反复说的德国数字究竟有什么含义？故事中充满了深深的愁思，维多利亚时代最伟大的侦探在20世纪40年代被疏离和遗忘。

《蒙面侦探》
戴维·斯图尔特·戴维斯（2004）

在这部别出心裁的小说中，之前有关福尔摩斯和华生的一切都发生了天翻地覆的改变。他们刚认识的时候，华生并不是华生，哈德森太太是位演员，二人都是莫里亚蒂雇来监视这位年轻侦探的。他们要向莫里亚蒂汇报大侦探的行动，阻止他接近犯罪大师。甚至迈克罗夫特也不是原来的样子。故事的情节巧妙地将柯南·道尔的《暗红习作》和《最后一案》结合起来，重塑了福尔摩斯和华生刚在一起时的生活，在那个重大日子，莱辛巴赫瀑布的意外结局将故事推向高潮。

《福尔摩斯与开膛手杰克》
琳西·斐（2009）

这部小说再次讲述了开膛手杰克和福尔摩斯的血腥相遇，不过与迈克尔·迪布丁的《最后一个福尔摩斯故事》等小说截然不同。故事中，福尔摩斯对全球第一个连环杀手穷追不舍，其中加入了很多历史细节，催生了早期的小报新闻业（福尔摩斯本人就是人格诋毁的受害者）以及羽翼渐丰的临床心理学。这部小说是一本备受好评的福尔摩斯仿作。

《丝之屋》
安东尼·赫洛维兹（2011）

《丝之屋》与很多重新塑造福尔摩斯的仿作不同，赫洛维兹紧扣原著，忠实地临摹柯南·道尔的风格。故事的背景为维多利亚时代的伦敦，情节曲折，有时富有戏剧性，其中包含很多我们熟悉的主题：来自表面美好、实则暗流涌动的家庭的富有主顾；可怕的持刀谋杀案；涉及残忍爱尔兰侨民、发生在美国的暴力故事；还有详尽的福尔摩斯演绎法。因为对象是现代读者，很多主题都是柯南·道尔未能触及的。

《莫里亚蒂教授：德伯家的猎犬》

基姆·纽曼（2011）

这本书是对福尔摩斯传奇故事的大胆尝试，重新讲述了福尔摩斯原著中的7篇故事，集中在我们所不知道的莫里亚蒂和莫兰此前涉及的案件。作者甚至给故事重起了名字，来表明它们的新视角：《暗红习作》变为《朱砂卷》，《希腊译员》变为《没有骨气的希腊人》。在这些故事中，莫里亚蒂和莫兰展现了最为残忍、最为恶毒的一面，他们位于国际犯罪网络的中心，这一点福尔摩斯并没有完全意识到。在前面几个故事中，福尔摩斯几乎未被提及，只在最后一个故事《最后一案》中才完全现身。这一点于柯南·道尔创造莫里亚蒂的手法一样。

《上帝的气息》

盖伊·亚当斯（2011）

故事发生在19世纪末，蕴含着强烈的超自然气息。伦敦发生一具被压死的尸体，虽然周围全是雪，却没有任何脚印。需要由福尔摩斯和华生解决这个谜案，他们前往苏格兰拜访唯一一位可能提供帮助的人——现实生活中邪恶的神秘学者和小说家阿莱斯特·克劳利。故事由刚刚鳏居的华生讲述，大部分时间福尔摩斯都处于缺席的状态。故事有一点很有趣：既有现实生活中的人物，也有虚构的人物，比如符文专家和鬼神学家朱利安·卡斯韦尔，这个人物源自M.R.詹姆斯的恐怖短篇小说《铸造的符文》（1911）。

《亡者之土》

罗伯特·瑞安（2012）

在这部小说中，华生和福尔摩斯产生严重分歧后，华生随英国皇家陆军军医队同赴1914年遭受战争蹂躏的法国工作。这里发生了一系列死亡事件，与战壕的大规模杀戮不同，尸体奇形怪状，尸首不全，受害者似乎是被吓死的。华生独自一人，肩负起了调查谜案的责任。第一次世界大战引发的恐惧为可怕的夜间墓地袭击搭建了平台。福尔摩斯仅处于暗处，被称作“那个老人”。不过，两位朋友和好的希望一直未断。

《福尔摩斯：战争之神》

詹姆斯·洛夫格罗夫（2014）

小说像动作片一样，充满紧张的氛围。年迈的华生拜访在南唐斯丘陵隐居的福尔摩斯时，发现了一具尸体，受害者从很高的地方坠落。是谋杀还是自杀？死者的情人指出，他身上文着埃及象形文字。最近发生的几起死亡案件引起了大家的怀疑，这是不是某个秘密组织的行径？

《福尔摩斯：灵魂之盒》

乔治·曼恩（2014）

曼恩曾写过以超自然人物纽伯里和霍布斯为主人公的作品。在《福尔摩斯：灵魂之盒》这部引人入胜的小说中，曼恩用上了先前作品的主题。故事设定在第一次世界大战期间，伦敦遭受齐柏林飞船的轰炸。步入暮年的福尔摩斯和华生各自过着独立的生活，因为福尔摩斯哥哥迈克罗夫特的召唤，二人相聚。社会上一些有钱有势的人以古怪的方式结束了自己的生命，他们死前曾出现怪异的行为。一位英国议员发表了支持德国的演说后，光着身子跳入了泰晤士河；一名高级军事顾问建议向德国投降，随后走进伦敦动物园投身于虎口；一位有名的妇女参政权论者宣布放弃运动后，跳向铁轨，被火车压死。面对这一切，迈克罗夫特知道显然有什么大事正在酝酿之中。这些事肯定事出有因，福尔摩斯和华生及时展开调查。

柯南·道尔的其他作品

毫无疑问，亚瑟·柯南·道尔爵士最有名的作品就是福尔摩斯探案故事，人们广泛认为这才是他真正的代表作。不过，在创造大侦探之前，柯南·道尔已经发表了不少短篇推理小说，比如《“北极星”号船长》（1883）和有关“玛丽·西莱斯特”号的故事《J. 哈伯库克·杰夫森的自白》（1884）。这两篇小说的灵感都来自柯南·道尔当船医时的经历。福尔摩斯让柯南·道尔备受好评，不过，他很快厌倦了这个角色，希望可以把心思放在“更好的题材”上。在“大裂谷”时期以及《福尔摩斯旧案钞》之后，他创作了很多作品，包括历史史诗、奇幻小说、深度的心理小说等。不过，令作者难过的是，这些作品并未被人们铭记。

《神秘的克虏伯》
（1889）

这本哥特式神秘小说发表的时间比《暗红习作》晚一年。故事发生在苏格兰，涉及一个家族秘密和期待已久的复仇。书中写道，在一个偏僻的地方出现了三个神秘的和尚，这明显模仿了威尔基·柯林斯的《月亮宝石》（1868），这是柯南·道尔年轻时最喜欢的小说之一。

《米卡·克拉克》
（1889）

这部小说象征着柯南·道尔作为小说家的首次重要成功。小说记录了1685年的蒙默思叛乱，起义试图推翻信奉天主教的国王詹姆斯，用信奉新教的人取而代之。所有事件是透过米卡·克拉克的眼睛记录的。米卡是个小男孩，受到一个厌世雇佣兵的影响，对周围的宗教极端主义大失所望。他得出结论，忍耐对所有人都有益。米卡可能表达了柯南·道尔本人的观点，他曾是天主教徒，后来幻想破灭。

《白衣军团》
（1891）

这部历史小说是柯南·道尔首次模仿他所崇拜的沃尔特·司各特。故事涉及英格兰、法国和西班牙，讲述了黑太子爱德华1366—1367年支持佩德罗一世争取王位之后的事情。小说的主人公是骑士奈杰尔·洛林爵士，1906年柯南·道尔在小说《奈杰尔爵士》再次提到此人。

《难民》
（1893）

这部历史小说的时间设定在法国国王路易十四在位时期（1638—1715），中心主题是通过废除公民权利来迫害胡格诺派教徒。小说做了细致的调研，细节描写丰富，讲述了胡格诺教派一个名叫阿莫里·德卡蒂纳的卫兵的故事。他最后移民到很多新教徒定居的美国。

《寄生虫》
（1894）

写这部小说的时候，柯南·道尔的第一任妻子已病入膏肓，因此被视为柯南·道尔个人感情流露最充分的一本小说，探索了心理和性迷恋的力量。故事中，令人讨厌的催眠术师彭克洛萨小姐过着寄生式的生活，控制着年轻的吉尔罗伊教授和他的未婚妻的心灵，并决定破坏二人的感情。小说并没有获得成功，柯南·道尔随后放弃了这本小说。

《斯塔克·芒罗书信集》
（1895）

就这本书而言，柯南·道尔的风格发生了转变，这是一部稍做伪装的自传，引入了作者自己生活中的不同事件。全书由12封信构成，是刚刚从医学院毕业的斯塔克·芒罗写给美国朋友赫伯特·斯旺伯勒的书信。信中详细描述了他尝试与聪明但另类的詹姆斯·卡林沃思合开诊所，但却以失败告终，这反映了柯南·道尔的早期生活。

《准将杰拉德的功绩》
（1895）

柯南·道尔笔下的喜剧人物准将杰拉德，取自现实生活中的马博特上校。杰拉德是拿破仑军队中一名耀武扬威的军官。虽然自高自大，但他无所畏惧，足智多谋，充满想象力。这部作品最先出现在《斯特兰德杂志》中，1896年最早的多篇小说以图书的形式出版。1903年《杰拉德准将的冒险》发表。

《罗德尼·斯通》
（1896）

这部小说以摄政王时期的徒手拳击为背景，将成年的罗德尼·斯通与一起谋杀案编织在一起。罗德尼·斯通也是小说的叙述者。柯南·道尔在小说中融入了著名化化公子博·布鲁梅尔的故事，以及当年的很多事件，展现了当时的风情。他认为这是一部成功之作。

《“科罗斯科号”的悲剧》
（1898）

这部小说讲述了一群欧洲游客的故事。他们乘坐“科罗斯科号”往尼罗河上游行驶，遭遇了由德尔维希战士组成的一个抢劫团伙的袭击，并被诱拐。这显然是为英国帝国主义辩护，尤其是对其侵略北非辩护。同时，故事也反映了当时很多欧洲人对伊斯兰教的巨大怀疑。

《失落的世界》
（1912）

这部奇幻小说介绍了柯南·道尔笔下另一位迷人的人物：乔治·爱德华·查林杰教授。他是一位长着红头发、脾气暴躁的探险家。凡遇到和他意见不一致的人，他都会大发脾气。查林杰教授像福尔摩斯一样，也是基于现实生活中的个人创造的，他就是生理学教授威廉·拉瑟福德。柯南·道尔在爱丁堡大学学习医学时，拉瑟福德教授在那里教书。小说的故事情节极具想象力，讲述了查林杰在亚马孙流域一处高原探险的故事，那里恐龙尚未灭绝。这部小说的影响力十分深远，给后来很多讲述史前怪兽生活在现代世界的作品带来了灵感，比如1993年的电影《侏罗纪公园》。查林杰教授后来还出现在小说《有毒地带》（1913）和《迷雾之国》（1926）中。

《仙子的到来》
（1922）

柯南·道尔因为上当受骗，写下了这部小说。上当的理由就是“柯亭立的仙子”。1917年，一对年轻的表姐妹，埃尔茜·怀特和弗朗西丝·格里菲思，声称她们在花园里看到了仙子，还拿出照片作为证据。柯南·道尔轻易相信了她们的说辞，并给予大力支持，希望借此鼓励唯灵论的信仰。不过，事与愿违，媒体讽刺他，怀疑他太容易上当。1983年，两位当事人表示，她们因为欺骗柯南·道尔而使他遭人奚落一直很内疚，真相终于大白。

《玛拉柯深渊》
（1929）

这篇小说是柯南·道尔的最后一部作品，副标题是“失落的海底世界”。作为短篇小说，故事主要讲的是玛拉柯教授带领的探险队发现了沉没的城市亚特兰蒂斯。同行的还有年轻的动物学家赛勒斯·黑德利，以及机械专家比尔·斯坎伦。载着他们前往大西洋底的潜水艇就是比尔建造的。这部小说既有科幻的成分，也有唯灵论启示的意味，亚特兰蒂斯人暗示了此次探险的崇高理想。

《不安的故事》
（2000）

这本集子汇集了柯南·道尔1890—1921年所写的短篇小说，其中包括《透特的戒指》（1890），讲述了一个古埃及木乃伊起死回生的故事。《透特的戒指》和柯南·道尔后来所写的《249号》（1892），给1932年的电影《木乃伊》带来了灵感。此外，《“北极星”号船长》（1883）也收录其中，这个故事模仿了玛丽·雪莱1818的哥特式经典小说《弗兰肯斯坦》中的高潮部分。

索 引

加粗显示的页码内有详细介绍。

A

B

C

K

L

M

X

Y

Z

致谢

Dorling Kindersley would like to thank Andrew Heritage for his assistance in planning and commissioning the book; Antara Moitra, Vineetha Mokkil, Tejaswita Payal, and Ira Pundeer for proofreading; Helen Peters for the index; Sam Atkinson, Hannah Bowen, Lizzie Davey, Helen Fewster, Ashwin Khurana, Stuart Neilson, Andy Szudek, and Cressida Tuson for editorial assistance; and Stephen Bere for design assistance.

PICTURE CREDITS

The publisher would like to thank the following for their kind permission to reproduce their photographs:

(Key: a-above; b-below/bottom; c-centre; f-far; l-left; r-right; t-top)

15 Alamy Images: INTERFOTO (tr). **Museum of London:** (bl). **18 Rex Features:** Associated Newspapers (br). **19 Corbis:** (tr). **20 Getty Images:** SSPL / Glenn Hill (bl). **21 Alamy Images:** Dean Hoskins (br). **22 Alamy Images:** David Angel (crb). **23 Alamy Images:** Pictorial Press Ltd (tr). **24 Getty Images:** Culture Club (tl). **25 Getty Images:** Time Life Pictures / Mansell / The LIFE Picture Collection (bl). **26 Alamy Images:** Hemis (bl). **27 Alamy Images:** AF Fotografie (tr). **28 Alamy Images:** Mary Evans Picture Library (bl). **29 Getty Images:** UniversalImagesGroup (tr). **The Library of Congress, Washington DC:** LC-USZ62-136386 (bl). **30 Getty Images:** Time Life Pictures / Mansell / The LIFE Picture Collection (br). **31 Rex Features:** ITV (tr). **40 Alamy Images:** Mary Evans Picture Library (t). **43 Alamy Images:** @ csp archive (bl); Mary Evans Picture Library (tr). **44 Corbis:** (bl). **TopFoto.co.uk:** ullsteinbild (tr). **45 AF Fotografie:** Private Collection (br). **50 Getty Images:** Roger Viollet Collection (tc). **Toronto Public Library:** (bl). **51 Alamy Images:** ILN (tr). **Museum of London:** (tl). **52 Rex Features:** Everett Collection (tl). **53 Alamy Images:** Chronicle (br). **55 Bridgeman Images:** Private Collection / Bourne Gallery, Reigate, Surrey (t). **57 Rex Features:** ITV (tr). **58 Alamy Images:** Photos 12 / Archives du 7e Art / Hartswood Films (bl). **60 Getty Images:** Culture Club (t). **61 Getty Images:** Hulton Archive (bl). **63 Rex Features:** ITV (br). **64 Corbis:** (clb, bl). **65 Mary Evans Picture Library:** (tl). **67 Alamy Images:** Baker Street Scans (tr). **69 Getty Images:** Hulton Archive (tl). **71 Dreamstime.com:** Alexei Novikov (br). **72 Getty Images:** Time Life Pictures / Mansell / The LIFE Picture Collection (bl). **75 Alamy Images:** Baker Street Scans (br). **77 Rex Features:** Everett Collection (br). **79 TopFoto.co.uk:** City of London / HIP (tr). **81 Getty Images:** Hulton Archive / Culture Club (tr). **Museum of London:** (br). **83 Alamy Images:** Heritage Image Partnership Ltd (tr). **85 Alamy Images:** Mary Evans Picture Library (tl). **86 Bridgeman Images:** Private Collection / Archives Charmet (tl). **88 Rex Features:** ITV (t). **89 Bridgeman Images:** © Look and Learn / Illustrated Papers Collection (bl). **91 Alamy Images:** Baker Street Scans (tr). **93 Alamy Images:** coin Alan King (bl). **94 Alamy Images:** The National Trust Photolibrary (br). **95 Alamy Images:** Everett Collection Historical (tr). **97 Dorling Kindersley:** The Natural History Museum, London (bc). **Rex Features:** Everett Collection (tr). **99 Rex Features:** ITV (tr). **101 Alamy Images:** Baker Street Scans (tr). **107 Getty Images:** The Print Collector / Print Collector (tr). **108 Getty Images:** Popperfoto (tr). **110 Rex Features:** ITV (br). **111 AF Fotografie:** Private Collection (cra). **113 Corbis:** Bettmann (tl). **115 Alamy Images:** Mary Evans Picture Library (tl). **117 Corbis:** Fine Art Photographic Library (b). **118 Getty Images:** Time Life Pictures / Mansell / The LIFE Picture Collection (br). **119 Getty Images:** Hulton Archive / Ann Ronan Pictures / Print Collector (tr). **121 Rex Features:** Everett Collection (tr). **122 Alamy Images:** Baker Street Scans (bl). **124 Getty Images:** Universal History Archive (tl). **125 Getty Images:** Hulton Archive (bl). **127 Getty Images:** Hulton Archive / Oxford Science Archive / Print Collector (tl); Universal History Archive (bl). **129 Alamy Images:** Baker Street Scans (br). **130 The Library of Congress, Washington DC:** LC-USZ62-79139 (cb). **131 Corbis:** Christie's Images (b). **132 Getty Images:** Hulton Archive (c). **133 Getty Images:** De Agostini (bl). **135 Alamy Images:** Mary Evans Picture Library (tr). **137 Corbis:** Peter Aprahamian (bl). **Rex Features:** ITV (tl). **139 Getty Images:** Hulton Archive / English Heritage / Heritage Images (tl). **141 Alamy Images:** Baker Street Scans (br). **143 Mary Evans Picture Library:** © The Boswell Collection, Bexley Heritage Trust (br). **144 Getty Images:** Time Life Pictures / Mansell / The LIFE Picture Collection (tl). **Rex Features:** ITV (br). **146 Evgeny Murtola:** (bl). **147 The Sherlock Holmes Museum (www.sherlock-holmes.co.uk):** (tr). **156 Alamy Images:** Pictorial Press Ltd (tl). **157 Alamy Images:** AF Fotografie (bl). **Photoshot:** UPPA (tr). **159 Alamy Images:** AF Fotografie (bl). **Mary Evans Picture Library:** Peter Higginbotham Collection (tr). **160 Alamy Images:** Derek Stone (b). **161 Alamy Images:** John Warburton-Lee Photography (tc). **163 Alamy Images:** Mary Evans Picture Library (tl). **165 Rex Features:** ITV (bc). **166 Courtesy of Pobjoy Mint Ltd:** (br). **Getty Images:** Transcendental Graphics (tl). **169 Rex Features:** ITV (tl). **172 Alamy Images:** Mary Evans Picture Library (tl). **174 Rex Features:** Everett Collection (bc). **175 Mary Evans Picture Library:** (tl). **176 Alamy Images:** Chronicle (br). **177 Alamy Images:** thislife pictures (tl). **179 TopFoto.co.uk:** (tl). **180 Corbis:** Lebrecht Authors / Lebrecht Music & Arts (tc). **181 Rex Features:** ITV (br). **183 Getty Images:** Hulton Archive / Guildhall Library & Art Gallery / Heritage Images (bl). **185 Corbis:** (tr). **186 Bridgeman Images:** Ashmolean Museum, University of Oxford, UK (br). **187 Alamy Images:** Pictorial Press Ltd (tr). **189 Rex Features:** Universal History Archive / UIG via Getty images (bl). **191 Corbis:** Alan Copson / 145 / Ocean (bl). **Images courtesy of The Strand Magazine (www.strandmag.com):** (tr). **195 akg-images:** (tl). **197 Alamy Images:** Lordprice Collection (tr). **Getty Images:** Universal History Archive (bl). **198 Getty Images:** Hulton Archive / Print Collector (c). **199 Images courtesy of The Strand Magazine (www.strandmag.com):** (br). **201 Alamy Images:** Chronicle (tr). **203 Alamy Images:** Lordprice Collection (bl). **204 Rex Features:** ITV (tl). **205 Alamy Images:** Chronicle (tl). **206 Rex Features:** ITV (tl). **216 Alamy Images:** INTERFOTO (tr). **218 Alamy Images:** Gary Lucken (cla); Tony Watson (tl). **219 The Library of Congress, Washington DC:** LC-DIG-ds-01522 (tr). **TopFoto.co.uk:** (bl). **220 Alamy Images:** Lebrecht Music and Arts Photo Library (bl). **221 Alamy Images:** North Wind Picture Archives (tr). **222 Alamy Images:** Photos 12 (br). **223 Rex Features:** ITV (tr). **225 Alamy Images:** Mary Evans Picture Library (tr). **226 By permission of The British Library:** (br). **228 The Library of Congress, Washington DC:** LC-DIG-ggbain-03246 (bl). **229 Rex Features:** ITV (t). **230 Alamy Images:** adam parker (br). **231 Getty Images:** Hulton Archive / Print Collector (t). **233 Alamy Images:** Historical image collection by Bildagentur-online (tr). **235 Alamy Images:** REDA &CO srl / Paroli Galperti (tr). **237 Lebrecht Music and Arts:** Lebrecht Authors (tr). **238 Science & Society Picture Library:** Science Museum (bl). **239 Getty Images:** Hulton Archive / General Photographic Agency (tr). **241 Alamy Images:** Chronicle (t). **242 Corbis:** Underwood & Underwood (bl). **243 Alamy Images:** Pictorial Press Ltd (tl). **244 Alamy Images:** Patrick Guenette (bl). **Rex Features:** ITV (tl). **246 Alamy Images:** Mary Evans Picture Library (cb). **247 Alamy Images:** Classic Image (bl). **253 Getty Images:** Hulton Archive / Museum of London / Heritage Images (bl). **Images courtesy of The Strand Magazine (www.strandmag.com):** (tr). **255 Alamy Images:** INTERFOTO (tr). **257 Alamy Images:** Chronicle (br). **258 Rex Features:** ITV (c). **259 Alamy Images:** Mary Evans Picture Library (bl). **261 Getty Images:** Buyenlarge (tr). **263 Alamy Images:** The Natural History Museum (bl). **Rex Features:** ITV (tr). **265 Alamy Images:** LatitudeStock / David Williams (t). **268 Getty Images:** UIG / Leemage (bl). **269 Alamy Images:** Mary Evans Picture Library (t). **271 Alamy Images:** Chronicle (tr). **273 Rex Features:** ITV (tr). **274 Alamy Images:** Pictorial Press Ltd (cb). **275 Getty Images:** Universal History Archive (t). **277 Corbis:** (tr). **280 Images courtesy of The Strand Magazine (www.strandmag.com):** (tl). **281 Image courtesy of Biodiversity Heritage Library. http://www.biodiversitylibrary.org:** Princeton Theological Seminary Library (archive.org) (tr). **282 Corbis:** Minden Pictures / Hiroya Minakuchi (tl). **283 Alamy Images:** eye35.pix (br). **285 Alamy Images:** North Wind Picture Archives (bl). **287 Getty Images:** Hulton Archive / Art Media / Print Collector (tl). **288 akg-images:** Paul Almasy (crb). **289 Getty Images:** DEA PICTURE LIBRARY (t). **296 Getty Images:** F J Mortimer (bl). **297 Getty Images:** DEA PICTURE LIBRARY (tr). **298 Corbis:** Arcaid / English Heritage / York & Son (tr). **301 Bridgeman Images:** Wakefield Museums and Galleries, West Yorkshire, UK (tr). **The Art Archive:** Museum of London (bl). **302 Alamy Images:** Chronicle (tl). **303 Alamy Images:** Mary Evans Picture Library (bl). **305 Getty Images:** Hulton Archive / Museum of London / Heritage Images (tr). **306 Alamy Images:** The Art Archive / Gianni Dagli Orti (cb). **308 Alamy Images:** Mary Evans Picture Library (tl). **309 Science Photo Library:** Sheila Terry (bl). **310 Science Photo Library:** Sheila Terry (crb). **311 Getty Images:** Hulton Archive / Museum of London / Heritage Images (tl). **312 Alamy Images:** Pictorial Press Ltd (br). **313 Getty Images:** Hulton Archive / Oxford Science Archive / Print Collector (tr). **314 Getty Images:** SSPL (tl). **315 Getty Images:** Edward Gooch (tl); Hulton Archive / Topical Press Agency (br). **317 Alamy Images:** Mary Evans Picture Library (bl). **TopFoto.co.uk:** RV1893-13 (tr). **318 Science Photo Library:** NEW YORK PUBLIC LIBRARY (tl). **319 Bridgeman Images:** Private Collection (tl). **Getty Images:** Hulton Archive (cb). **321 Alamy Images:** Mary Evans Picture Library (tr). **322 Getty Images:** DuMont (tr). **Kevin Gordon / / kevingordonportraits.com :** (tl). **323 Hodder & Stoughton:** Cover Of The Girl With The Dragon Tattoo By Stieg Larsson (tr). **Rex Features:** Everett Collection (tl). **324 TopFoto.co.uk:** PA Photos (bl). **326 Roland Smithies / luped.com:** (tl). **327 Alamy Images:** Gregory Wrona (br). **Roland Smithies / luped.com:** (tl). **329 AF Fotografie:** (cb). **The Library of Congress, Washington DC:** LC-USZC2-1459 (tr). **330 The Ronald Grant Archive:** (tl). **331 Alamy Images:** Universal Art Archive (br). **332 Alamy Images:** AF archive (tl). **334 Alamy Images:** AF archive (tl, tr). **335 Alamy Images:** Photos 12 / Archives du 7e Art / Hartswood Films (bl); World History Archive (tr)

参考文献

《福尔摩斯探案全集》，李家真译注，中华书局，2012（10）